APPLICATIONS

DE LA ZOOTECHNIE

DU MÊME AUTEUR

ORGANISATION, FONCTIONS PHYSIOLOGIQUES ET HYGIÈNE DES ANIMAUX DOMESTIQUES ; — 1 vol. in-18 avec gravures. . . . . 3 fr. 50

PRINCIPES GÉNÉRAUX DE LA ZOOTECHNIE ; 1 vol in-18 avec gravures . . . . 3 fr. 50

APPLICATIONS DE LA ZOOTECHNIE AUX ESPÈCES ÉQUINES (cheval, âne, mulet, institutions hippiques); 1 vol. in-18 avec gravures . . . . 3 fr. 50

APPLICATIONS DE LA ZOOTECHNIE AUX ESPÈCES BOVINE, OVINES ET PORCINE (bœuf, mouton, chèvre et porc); 1 vol. in-18 avec gravures (sous presse) . . 3 fr. 50

L'ensemble de ces quatre volumes forme un traité complet de l'**Économie du bétail.**

MONTEREAU. — IMPRIMERIE ZANOTE.

ÉCONOMIE DU BÉTAIL

APPLICATIONS

DE LA

ZOOTECHNIE

PAR

ANDRÉ SANSON

Professeur de zootechnie

Directeur et rédacteur en chef de la *Culture* ; ex-chef de service à l'École vétérinaire de Toulouse; membre de la Société impériale et centrale vétérinaire; du comité central de la Société d'anthropologie de Paris; secrétaire de l'Association scientifique de France, etc., etc.

BŒUF — MOUTON — CHÈVRE — PORC

Ouvrage orné de 89 gravures

PARIS

LIBRAIRIE AGRICOLE DE LA MAISON RUSTIQUE

26, RUE JACOB, 26

1867

AVERTISSEMENT

Dans ce volume, comme dans celui consacré à l'étude des espèces équines et publié antérieurement, toutes les gravures représentant des types de race sont des portraits authentiques d'individus ayant, à de très-rares exceptions près, été distingués par le jury dans les concours d'animaux reproducteurs, principalement dans le concours universel de 1856. Ces gravures ne sont, en général, que la simple copie exacte des lithographies si remarquablement exécutées, à l'Imprimerie impériale, d'après le daguerréotype et jointes à la précieuse collection des comptes rendus publiés par l'administration de l'agriculture.

La fidélité de ces lithographies n'a jamais été mise en doute par personne; et, du reste, ce n'est pas sur les points qui nous intéressent particulièrement, quant à la détermination des races, que la fantaisie des artistes aurait pu s'exercer. Les idées préconçues qu'ils auraient pu subir et qui leur sont souvent imposées par les auteurs ou les éleveurs qui dirigent leur crayon, sont relatives à des parties du corps des animaux, qui, à notre point de vue purement zoologique, n'ont aucune importance. Nous ne les reproduisons même pas, pour ne point détourner l'attention de la véritable caractéristique de la race sur laquelle nous avons voulu l'attirer exclusivement. Cette caractéristique est tout entière dans la forme de la tête, ainsi que nous l'avons précisé dans le volume qui a précédé celui-ci. C'est donc la tête seule, le véritable portrait des individus, que nous avons fait représenter, dans les espèces bovine, ovine et porcine que nous étudions dans le présent volume, de même que nous avons agi pour les espèces équines, dans le précédent.

Il n'est pas nécessaire, sans doute, de répéter la remarque faite dans l'avertissement de celui-ci, au sujet du caractère qu'une telle façon de procéder communique à nos études. Le cachet de précision et de sincérité scientifiques qu'elles en reçoivent n'échappera pas, nous l'espérons, du moins; et nous avons la confiance que la solidité des principes fondamentaux de la zootechnie exposés et discutés par nous en ressortira d'une manière irrécusable.

C'est notre plus ferme désir, dans l'intérêt de l'économie du bétail.

Avril 1867.

APPLICATIONS

DE LA ZOOTECHNIE

ESPÈCES BOVINES

(Genre *Bos*, L.)

Caractères génériques. — Le genre *Bos*, de Linné, fournit un des meilleurs exemples de l'incertitude de la caractéristique tirée des formes anatomiques, pour déterminer le genre naturel auquel appartiennent les animaux. Il suffit, pour s'en convaincre, de rappeler la définition qu'en a donnée Cuvier. Voici cette définition : « Quadrupèdes ruminants, à pieds fourchus et à cornes creuses, qui se distinguent des autres genres de cette famille, tels que les chèvres, les moutons et les antilopes, par un corps trapu, par des membres courts et robustes, par un cou garni en dessous d'une peau lâche qu'on appelle *fanon*, par des cornes qui se courbent d'abord en bas et en dehors, et dont l'axe osseux est creux intérieurement, et communique avec les sinus frontaux. »

On peut dire sans hésiter que pas un seul des caractères génériques distinctifs énoncés par l'illustre naturaliste n'est exact. Sans qu'il soit nécessaire, pour le prouver, de passer en revue les diverses espèces qui sont considérées comme composant le genre, la connaissance des races de bœufs domestiques que nous avons à décrire suffira, et bien au delà. Qui ne sait, en effet, que, parmi ces races, celles qui n'ont point le corps trapu, ni les membres courts et robustes, ne sont pas rares? Ignore-t-on, de même, que bon nombre d'entre elles sont dépourvues de fanon et que d'ailleurs le fanon pourrait tout aussi bien être invoqué pour caractériser le genre auquel appartient le mouton? Les cornes de celui-ci, quand elles existent, ne sont-elles pas le plus souvent courbées d'abord en bas et en dehors, et leur axe osseux n'est-il pas creux intérieurement et communiquant avec les sinus frontaux? En outre, ne verrons-nous pas qu'il y a des races de bœufs naturellement dépourvues de cornes?

Ce n'est donc point dans les formes extérieures, que peuvent être trouvés les caractères génériques que nous cherchons. Si le genre, avec la notion que nous en avons actuellement, est une réalité de la classification naturelle, sa caractéristique véritable doit être tirée d'ailleurs. L'ordre naturel des ruminants est, lui, bien réel. Il y a évidemment un groupe d'animaux pourvus d'un estomac à compartiments multiples, et qui ont la faculté de faire revenir dans leur bouche les aliments d'abord ingérés, pour les mâcher de nouveau et les insaliver. La fonction de la rumination et les organes qu'elle suppose ne souffrent pas d'exception. Mais pour distinguer en divers genres les individus de cet ordre, il n'y a qu'un criterium positif et certain : c'est celui de la faculté de se féconder entre eux lorsque, par des artifices plus ou moins difficiles à réaliser, on les décide à s'accoupler. Je ne sache pas, en effet, que parmi des animaux vivant en état de sauvagerie ou en état de liberté, l'on ait jamais observé l'accouplement instinctif entre individus appartenant à des types distincts.

Vraisemblablement, cette faculté de fécondation possible doit tenir à certaine communauté des caractères anatomiques des agents essentiels de la fonction, ovule ou spermatozoïde; c'est ce qu'une étude attentive de leur constitution nous apprendrait sans doute ; mais l'examen n'en a point encore était fait à ce point de vue ; et en ce sens il ne serait peut-être pas tout à fait exact de dire que la caractéristique du genre, non plus que celle de ce qu'on appelle improprement l'espèce (ainsi que nous l'avons remarqué dans un autre volume à propos des espèces équines), ne peut pas se tirer de la constitution anatomique.

Quoi qu'il en soit, pour laisser aux mots le sens que la langue générale leur a donné, nous devons ici nous borner à conclure que seules les familles bovines qui sont capables de se féconder entre elles composent naturellement le genre *Bos*, dans l'ordre des ruminants. Nous ne nous préoccuperons pas autrement de leurs formes extérieures, en particulier, et de la subdivision arbitrairement établie, par les naturalistes, dans cet ordre, d'après la présence ou l'absence des cornes ; de là il résulte cette contradiction singulière, que les bœufs sans cornes n'en demeurent pas moins classés dans le sous-ordre des ruminants à cornes.

Nous savons que le genre, en histoire naturelle, embrasse un certain nombre d'espèces, caractérisées par la faculté de fécondité continue ou indéfinie, tandis que le genre a pour caractéristique la fécondité limitée seulement. Nous savons aussi que le mot n'a pas dans la langue un sens parfaitement conforme à celui pour lequel il est adopté dans la classification zoologique, ou plutôt qu'il ne peut plus l'avoir, d'après nos études sur le type naturel; mais il ne nous appartient pas d'en prononcer la réforme : il faut l'accepter provisoirement. La confusion des notions entraîne nécessairement des confusions de termes, et nul n'est en mesure, à l'heure présente, de déterminer exactement le nombre des espèces véritables ou des races du genre *Bos*, faute d'expérimentations suffisantes.

Force nous est donc d'énoncer purement et simplement les espèces admises, quant à présent. Ce sont : le bœuf domestique (*B. taurus*); les buffles (*B. bubalus* et *B. arni*); le bison (*B. Americanus*); l'aurochs (*B. urus*); le yak (*B. grunniens*); le zébu (*B. indicus*); etc.

De ces sept espèces ou prétendues espèces, trois seulement sont domestiques, et, parmi ces trois, deux n'ont aucun intérêt pour nous. Les buffles, en effet, sont utilisés en Europe sur une échelle trop restreinte, et la zootechnie ne s'en est pas assez occupée pour que nous puissions nous y arrêter. Reste donc le *B. taurus*, notre bœuf domestique, dont l'importance économique est au contraire de premier ordre. Quant à l'espèce du yak, domestique au Thibet et en Chine, et que l'on tente d'acclimater chez nous, sans se soucier assez des considérations économiques qui dominent toute question d'acclimatation, et sur lesquelles nous aurons occasion de revenir dans un cas moins facile à résoudre au premier abord, si cette espèce devenait jamais domestique en France, ce ne pourrait être qu'au détriment de la fortune publique, attendu qu'elle est bien manifestement inférieure à notre bœuf sous tous les rapports, au point de vue de la zootechnie. Sa véritable place est donc dans les ménageries publiques ou privées, avec les autres, plus haut nommées, du bison, de l'aurochs et du zébu, qui n'intéressent que les naturalistes.

LIVRE UNIQUE

BŒUF DOMESTIQUE (B. taurus, L.)

CHAPITRE PREMIER

CARACTÈRES SPÉCIFIQUES ET ORIGINES

Caractères spécifiques. — Étant admise la définition que nous avons adoptée, bien qu'elle fût, ainsi que nous l'avons dit à propos du cheval, en opposition avec la notion qui correspond au mot dans la langue générale ; cette définition zoologique étant admise, dis-je, il serait superflu de rechercher dans la forme des individus les caractères distinctifs de l'espèce bovine domestique. C'est la caractéristique du type naturel, premier élément de toute classification, qui se tire de sa forme, non pas celle de l'ensemble des individus susceptibles d'accouplement indéfiniment fécond ; en un mot, c'est la caractéristique de la race, non celle de l'espèce. A moins d'abandonner ce dernier terme pour lui substituer l'autre, avec la signification que nous donnons à celui-là, on doit maintenir avec soin la distinction ; car il est bien certain que la reproduction indéfinie du type par l'hérédité directe, qui est le propre de la race, correspond exactement à l'idée que les anciens se faisaient de l'espèce *(species)*.

C'est en ce sens, par exemple, que le fait est exprimé

par le mot hébreu (*mine*) de la Genèse; et il est évident aujourd'hui que les déterminations spécifiques des naturalistes ne peuvent plus satisfaire à la condition. Le système artificiel de la variabilité, limitée ou non, du type originel, sous l'influence des milieux, ne peut plus rien expliquer, du moment qu'il est établi par l'observation et par l'expérience que le propre des caractères typiques est précisément de n'avoir jamais varié, dans la limite du temps que les recherches attentives peuvent embrasser.

On reconnaîtra bien à ces caractères la *notion positive* de l'espèce, telle qu'elle résulte de son étude expérimentale; mais on ajoutera qu'il y a en outre une *notion philosophique*. J'avouerai que je ne comprends pas la distinction, dussé-je passer pour un esprit de petite portée. Je ne pourrais admettre, dans tous les cas, une philosophie ayant pour objet, dans la science, de dépasser l'enchaînement logique des faits connus, en donnant carrière à l'imagination.

En réalité, autant il y a de races véritables, autant de types spécifiques dans le sens exact du mot, c'est-à-dire autant de formes déterminées se reproduisant indéfiniment, dans la suite des générations. Les vrais caractères spécifiques seraient donc, d'après cela, les caractères typiques de la race, pour le bœuf comme pour tous les autres animaux.

Mais ce n'est pas ainsi qu'on l'a entendu jusqu'ici, en histoire naturelle. Nous devons nous conformer, jusqu'à nouvel ordre, aux usages de la science. Par conséquent, nous considérerons comme appartenant à la même espèce tous les bœufs, quelles que soient leurs formes diverses, capables de donner, par l'accouplement sexuel, des produits indéfiniment féconds; produits purs ou métis, peu importe; les espèces étant distinctes seulement dans le cas où le produit est un hybride, c'est-à-dire un individu incapable de former souche avec un autre individu de sexe différent, mais de même origine que la sienne.

Il n'y a pas d'autre caractéristique certaine.

Dans l'espèce du bœuf domestique, le mâle est appelé *taureau;* privé de son attribut sexuel par l'émasculation, il conserve sa désignation spécifique de *bœuf;* la femelle porte le nom de *vache;* le jeune mâle s'appelle *veau*, jusqu'à ce que l'attribut sexuel se soit montré, et devient *taurillon*, s'il reste entier, ou *bouvillon* s'il a été émasculé; la jeune femelle, d'abord *vèle*, devient *génisse* après l'âge d'un an, jusqu'à ce qu'elle ait fait son premier veau.

Origines. — La notion dite philosophique de l'espèce, dont nous avons parlé plus haut, a porté les naturalistes aux conjectures les plus variées sur l'origine de nos bœufs domestiques. Voici ce qu'en a dit le dernier d'entre eux qui se soit occupé de la question :

« Si nous ouvrons, encore une fois, la Genèse, le *Zend-Avesta*, les *Védas*, les *Kings*, nous y voyons le bœuf associé partout au cheval et au mouton, dès l'origine de la civilisation. Mais de ces antiques sources ne nous viennent ici que des enseignements incomplets. Sont-ce bien des bœufs du même sang que les nôtres, qu'Abraham recevait en don des Égyptiens; que les anciens Perses nourrissaient, par grands troupeaux, avec un soin religieux, et que les Chinois attelaient, il y a plus de quarante siècles, pour les travaux de l'agriculture et pour le service des armées? Sont-ce bien des bœufs ordinaires qui traînaient les chars des Indiens et leur servaient de « coursiers ? » Et ces « nourrices chargées de lait, à la mamelle lourde et traînante, » que célèbre l'antique *Rig-Véda*, sont-elles les ancêtres de nos vaches?

« Nous ne saurions l'affirmer. Des passages, très-courts et vagues, que nous avons trouvés dans les anciens livres de l'Asie, quelques-uns peuvent se rapporter, sinon au buffle, du moins au zébu ou bœuf à bosse; et comment faire ici le partage entre le bœuf ordinaire et le zébu? Chose impossible, au moins pour nous, si nombreux que soient les passages que nous avons recueillis dans ces livres, et surtout dans le *Zend-Avesta*.

« Mais il est d'autres preuves, et celles-ci décisives, de l'existence du bœuf en Orient. D'une part, on a sur le dieu Apis des témoignages précis, qui permettent de reconnaître en lui un véritable bœuf, et non un zébu; et de l'autre, nous trouvons le bœuf domestique représenté, et ici sans incertitude possible, sur les monuments de l'Égypte et sur ceux de l'Assyrie. Les peuples de ces deux pays possédaient aussi le zébu, ou du moins le connaissaient; mais il est indubitable qu'il était alors, et bien plus tard encore, beaucoup moins répandu en Orient qu'il ne l'est de nos jours. Hérodote qui avait voyagé en Orient, Aristote qui connaissait si bien l'Égypte, la Perse et l'Inde, parlent à plusieurs reprises des bœufs de l'Orient et des particularités de leur organisation, jamais de leur bosse.

« Le bœuf sans bosse, le *Bos taurus*, a donc été domestiqué très-anciennement dans l'Orient; et c'est là le fait capital. Que la domestication du bœuf date de l'époque du *Chou-King* et du *Rig-Véda*, ou de quelques siècles plus tard; qu'on l'ait possédé depuis l'Égypte jusqu'à la Chine, ou seulement de l'Égypte à l'Assyrie, la conclusion est la même : c'est en Orient que doit être cherchée sa patrie originaire.

« Non cependant comme l'entendait Aristote. Selon lui, l'Arachosie « nourrissait un bœuf sauvage, différant du bœuf domestique, comme le sanglier diffère du cochon. » Mais ce bœuf sauvage était très-robuste, à cornes renversées, à pelage *noir :* caractères d'après lesquels il est facile de reconnaître le buffle.

« Non pas non plus comme Cuvier l'a un instant, nous ne dirons pas admis, mais conjecturé, au commencement de notre siècle. Le bœuf, disait alors Cuvier, pouvait bien être un « rejeton » du zébu, et celui-ci, à son tour, descendre de l'yak. Conjecture inadmissible, même à cette époque, comme Cuvier lui-même l'a bientôt reconnu; on ne la trouve pas même rappelée dans ses ouvrages ultérieurs, où le bœuf est dit par lui, comme par Buffon, d'origine européenne : c'est, du reste, le seul point sur lequel Cuvier s'accorde avec ses devanciers. Buffon et, d'après lui, Pallas et tous les autres naturalistes modernes, avaient vu dans le bœuf un aurochs modifié; Cuvier veut, au contraire, qu'il descende d'un animal « anéanti par la civilisation, » mais dont les ossements fossiles, très-peu rares dans les terrains d'alluvion, attestent l'antique existence sur notre sol.

« De ces deux origines, la première est depuis longtemps rejetée. L'aurochs est, aujourd'hui surtout, trop bien connu pour que l'opinion de Buffon puisse conserver un seul partisan. Pour ne citer qu'un des caractères qui séparent ce bœuf sauvage des bœufs domestiques, il a quatorze paires de côtes. Nos races bovines en ont treize, comme la plupart des ruminants. L'aurochs, malgré son nom consacré par l'usage, n'est donc pas l'*urochs*, le *bœuf primitif*.

« Les bœufs fossiles décrits par Cuvier sont beaucoup

plus voisins que l'aurochs de nos bœufs domestiques; mais ils le sont moins que Cuvier ne l'avait cru. Son disciple et collaborateur Laurillard a fini, abandonnant lui-même l'opinion du maître, par regarder comme « probable » que « ces bœufs fossiles différaient de nos espèces. » Et, en fût-il autrement, l'origine européenne de nos races bovines en serait-elle mieux démontrée? On trouve aussi en Europe, et précisément dans les mêmes terrains, des ossements fossiles qu'on a cru pouvoir rapporter à l'*Equus caballus :* qui les a jamais érigés en preuves de l'origine européenne du cheval? L'espèce chevaline a pu exister sur notre sol en d'autres temps géologiques ; mais, dans les nôtres, c'est en Asie que l'homme en a fait la conquête, et c'est là que sont les vrais ancêtres de nos races (1).

« Les faits sont parfaitement analogues, et par conséquent la conclusion est logiquement la même pour le bœuf; et bien que nous ne puissions encore déterminer pour lui plus que pour le mouton et le porc, quelle espèce est particulièrement la souche de nos races domestiques, les faits zoologiques concordent trop bien avec les témoignages historiques, pour qu'on puisse récuser la conclusion commune des uns et des autres. Des quatre groupes naturels d'espèces entre lesquels on a récemment fractionné le genre *Bos* de Linné, c'est, comme on sait, à celui des *taurus* qu'appartient le bœuf domestique. Or, les auteurs, d'accord sur ce point, le sont également sur un autre : la patrie de toutes les espèces connues de ce groupe, c'est l'Asie, soit continentale, soit insulaire. C'est donc en Asie, d'après les analogies zoologiques, comme

(1) Voir la réfutation de cette assertion dans notre volume des espèces équines.

d'après toutes les présomptions historiques, que nous devons chercher la patrie primitive du bœuf, aussi bien que celle des cinq autres espèces domestiques du genre *Bos*, le gayal, le zébu, le yak, le buffle et l'arni (1). »

Tel est l'état de la science, au sujet de l'origine de nos races bovines domestiques, ou plutôt de ce qu'on appelle la patrie originaire de l'espèce dont elles forment l'ensemble. Cette patrie serait l'Asie, d'après l'auteur que nous venons de citer un peu longuement, pour ne rien négliger de ce qui pouvait éclaircir une question si obscure.

Mais l'obscurité n'en demeure pas moins grande, car il est à peine besoin de faire remarquer que cet auteur s'est laissé aller à l'illusion, sur un point de sa thèse, et à l'erreur sur l'autre. Que les documents écrits, d'abord, nous fassent trouver la trace de la domesticité du bœuf en Asie avant qu'elle se puisse montrer en Europe, il n'y a rien là de bien étonnant, ni surtout de concluant sur le point en question. Cela ne saurait prouver que les races européennes sont venues d'Orient ; tout au plus y pourrait-on voir la preuve, jointe à tant d'autres, que la civilisation a marché d'Orient en Occident. Il est plus facile d'admettre l'importation en Europe de l'art de domestiquer les bœufs, que celle des nombreuses races que nous possédons, surtout quand on songe à la facilité de la domestication, vu les aptitudes natives de l'espèce, comparée à la difficulté de l'acclimatement.

Ensuite, nous savons maintenant ce que peut valoir l'argument tiré de l'exemple du cheval. Il est démontré,

(1) Isidore GEOFFROY SAINT-HILAIRE, *Histoire naturelle générale des règnes organiques*, t. III, p. 89 et suiv. Paris, 1862. Victor Masson et fils.

par une étude anatomique plus approfondie des races chevalines de l'Orient et de celles d'Occident, que les premières n'ont pas pu être les souches de celles-ci. La même étude, appliquée aux races bovines, conduit à la même conclusion. Les documents historiques, quand ils ne sont pas corroborés par elle, n'ont plus que la portée de simples hypothèses, qui peuvent guider les recherches, mais ne sauraient les suppléer. Ce que nous savons des ossements fossiles trouvés dans les alluvions européennes et que Cuvier attribue au *Bos primigenius*, se rapporte assez bien à la constitution ostéologique de nos bœufs actuels, pour que nous soyons autorisés à considérer comme plus probable l'opinion de Cuvier que celle qui lui est opposée par Isidore Geoffroy Saint-Hilaire. Vraisemblablement, il n'y aurait pas eu discontinuité dans l'espèce du bœuf, en nos climats, entre les races de l'époque géologique moderne. Les races actuelles auraient vécu en même temps que celles du *Bos primigenius*.

CHAPITRE II

FONCTIONS ÉCONOMIQUES ET TYPES DE CONFORMATION

1. Fonctions économiques

Spécialités de service. — Nous avons posé les principes en vertu desquels l'espèce du bœuf domestique remplit dans nos sociétés quatre fontions simultanées ou successives (1). On sait qu'elle fournit de la force mécanique

(1) *Principes généraux de la zootechnie*, p. 32.

pour les travaux de culture du sol, du lait et de la viande pour la nourriture de l'homme, enfin qu'elle concourt à la production des matières fertilisantes; et cette dernière partie de son rôle social n'est pas la moins importante de ses fonctions économiques, bien qu'elle ait pendant longtemps le moins préoccupé les auteurs des écrits sur le bétail.

L'erreur commune, à cet égard, propagée par une école célèbre en économie rurale, et qui compte encore de nos jours quelques représentants attardés, consiste à croire qu'on a atteint le but économique de la culture progressive la plus avancée, lorsqu'on est arrivé à entretenir une tête de gros bétail ou son équivalent par chaque hectare de terre cultivé. Telle est la formule favorite de l'école à laquelle nous faisons allusion, et que l'on a justement qualifiée d'école du produit brut. Ainsi formulée, d'une façon absolue, la doctrine laisse de côté l'élément essentiel de sa valeur.

Sans doute il est important, pour que les récoltes atteignent les plus hauts rendements possibles, de produire les matières fertilisantes ou les fumiers en abondance; mais ce qui importe surtout à l'économie particulière d'une exploitation bien réglée, de même qu'à l'économie publique, c'est que ces matières soient produites dans de certaines conditions de prix de revient. Or, la formule de tout à l'heure, beaucoup trop vantée en son sens absolu, laisse entière cette partie du problème. Elle appartient, il est vrai, à la zootechnie, dont il ne paraît point que l'école du produit brut ait jamais eu aucune idée nette. Nous ne voulons soulever ici sur ce sujet aucune polémique. Toutefois, il sera permis de constater que le prix de revient des fumiers dépend exclusivement, et des spéculations adoptées pour le bétail de l'exploitation, et de la manière dont ces spéculations sont conduites. Ce prix de revient est au demeurant le meilleur criterium pour juger de la valeur et du mérite des entreprises zootechniques. Ce n'est pas assez de nourrir beaucoup de bétail, il faut encore et avant tout que ce bétail soit choisi, produit ou entretenu dans les meilleures conditions de bénéfice net.

On ne saurait trop répéter que les enseignements de la zootechnie ne doivent pas avoir d'autre but. Les méthodes, dont l'application spéciale à chacune des espèces animales est notre objectif actuel, ne sont que des moyens pour y arriver. L'idéal économique de la production animale est d'obtenir gratuitement les fumiers, qui sont les résidus de fabrication, dans cette production, et même de pouvoir les compter en surcroît de bénéfice. Ce résultat, vers lequel il faut toujours aspirer, dépend de l'attention et de la compétence avec lesquelles la formule qui termine notre chapitre sur le rapport des fonctions économiques du bétail avec la situation aura été respectée (1).

En vain contesterait-on cette formule, quant à sa vérité ou à sa clarté. Nous n'apercevons point comment elle aurait pu être rendue plus simple. Pour quiconque se donnera la peine d'étudier un tel sujet avec toute l'attention que nécessitent les éléments complexes dont il se compose, il deviendra évident que les produits des animaux domestiques ont d'autant plus de valeur qu'ils sont plus recherchés; qu'ils sont d'autant plus recherchés que la consommation en est plus nécessaire ou plus étendue; enfin que leur somme, pour chaque organisme producteur, est en raison de l'aptitude de cet organisme : d'où il suit que le

(1) Voy. *Principes généraux*, p. 58.

bénéfice des entreprises zootechniques est, ainsi que le dit la formule, en équation avec les aptitudes productrices correspondant exactement à la situation économique.

Toute formule est nécessairement abstraite. L'important est qu'elle soit exacte. De celle-là nous donnerons de nombreuses preuves pratiques, en passant la revue des diverses races de l'espèce bovine. Pour l'instant, bornons-nous à insister plus spécialement sur la fonction de cette espèce considérée au point de vue de la production des engrais.

Dans l'évaluation du prix de revient de ces derniers, la comptabilité agricole commet, le plus souvent, une erreur qui semblera manifeste, dès qu'on l'aura remarquée. A plusieurs reprises, j'y ai, pour mon compte, appelé l'attention. Les bases d'évaluation adoptées étant entachées d'arbitraire, le résultat du calcul se trouve faux, de toute nécessité. En effet, le prix de revient des fumiers résulte de la balance du compte bétail, dans lequel entrent toutes les dépenses occasionnées par l'achat, la nourriture, le loyer des bâtiments, les frais d'entretien et de surveillance, etc. Or, les fourrages consommés par le bétail lui sont généralement comptés au prix du marché, bien qu'ils aient été produits dans l'exploitation. L'agriculteur qui compte ainsi se place dans la condition de celui qui achèterait des fourrages sur le marché, pour nourrir son bétail. Il complique gratuitement sa comptabilité, en supposant une façon de procéder que l'économie rurale réprouve, autant du reste que les règles de cette même comptabilité bien comprise.

Toutes les parties d'une exploitation agricole sont, par la nature des choses, solidaires. Les cultures fourragères doivent avoir un compte ouvert, comme le bétail. Par rapport à celui-ci, leurs produits sont des matières premières ; elles ne peuvent donc entrer logiquement dans son compte que pour la valeur réelle qu'elles représentent, c'est-à-dire pour leur prix de revient. Si ce prix de revient n'est pas inférieur au cours de la denrée, c'est que les procédés de production laissent à désirer. En tout cas, le compte bétail ainsi établi liquide définitivement les opérations. Il permet de savoir deux choses : 1° s'il y aurait eu avantage à vendre les fourrages au marché, plutôt que de les faire consommer par le bétail ; 2° si la quantité de fumier produite par ce bétail aurait moins coûté en l'achetant à ce même marché.

Supputer d'abord à son profit un écart entre le prix de revient de la nourriture et le prix pour lequel cette nourriture est comptée au bétail, c'est incontestablement fausser le sens de la liquidation finale. Si les animaux ont été d'abord l'occasion d'un premier bénéfice, en payant à l'agriculteur les fourrages qu'ils consomment sur le pied d'un prix tenu pour rémunérateur par la généralité des producteurs, on est mal venu ensuite à exiger d'eux qu'ils fassent ressortir leur fumier à un taux plus bas que celui du marché. Ils peuvent satisfaire à une telle exigence, toutefois, mais c'est à la condition qu'ils seront exploités suivant les règles qu'indique la science zootechnique, à la condition que leurs aptitudes soient mises en rapport avec les fonctions économiques commandées par la situation..

Et c'est ici le lieu d'insister aussi sur la question fort débattue de la nécessité du travail du bœuf, dans bon nombre de situations économiques de notre pays. Il importe que nous soyons à cet égard bien compris. La question, telle qu'elle se pose à notre époque aux méditations de l'économiste observateur, semble facile à résoudre. Il n'est pas exact que l'on soit jamais obligé de transiger ou de composer avec les principes scientifiques, dans aucun cas de la pratique, ainsi que cela a été dit à l'occasion de cette question. Chacun de ces principes, considéré isolément et en soi-même, est nécessairement absolu; mais où la transaction est obligatoire, c'est dans leur combinaison, dans la mesure d'application de chacun d'eux aux conditions des choses présentes.

Dans le cas dont il s'agit, par exemple, entre les plus hauts degrés des deux aptitudes de l'espèce bovine à produire de la viande ou du travail, il y a incompatibilité. Ceci est un principe physiologique incontestable et incontesté. Quant à l'appréciation du bœuf, comme producteur de force mécanique, comparativement au cheval, son infériorité absolue ne peut pas non plus faire doute. Mais à côté de ces notions physiologiques en viennent aussitôt se placer d'autres, tout aussi impérieuses, quoique d'un autre ordre: ce sont les notions économiques. Celles-ci s'imposent par les faits; on les découvre, on ne les gouverne pas.

L'économie rurale nous dit, souvenons-nous-en, que la question du travail du bœuf est « une véritable question de système de culture. » Nous, zootechnistes, nous sommes bien forcés de prendre cette question dans les termes où elle nous est posée par des situations que nous connaissons d'ailleurs parfaitement. Nous savons que dans bon nombre de ces situations, le travail du bœuf est de tous le plus économique et le plus efficace, même dans la mesure de l'aptitude naturelle de cet animal; et nous ne faillirons à aucun principe scientifique, nous ne transigerons avec aucun, en soutenant que le bœuf de travail y doit être maintenu, tant que ces situations subsisteront, et même toujours pour certains travaux qui exigent plus de ténacité que de vigilance.

Mais où la composition commence, c'est lorsqu'on entreprend de combiner les divers éléments du problème, de manière à rapprocher le plus possible des nécessités imposées par la loi économique ce qui, dépendant de la loi physiologique, est propre à mettre le bœuf travailleur en état de satisfaire néanmoins de plus en plus à sa fonction ultime de producteur de viande.

En ces termes, la question que nous examinons se présente sous un autre aspect. Au lieu de l'envisager au point de vue d'une spécialisation mal comprise et conçue tout à fait en dehors des lois économiques, spécialisation purement spéculative, nous la considérons d'après les données mêmes de l'observation. La marche normale du progrès nous indique la solution. Ici comme partout la loi économique commande. Elle amène, par la force des choses, à la fois une extension de l'emploi du bœuf au travail et une diminution dans l'intensité et dans la durée de ce travail.

Que voyons-nous, en effet, à mesure que s'accroît la demande de la viande, par suite de l'accroissement des besoins de la consommation ? Nous voyons les bœufs travailleurs être livrés à la boucherie à un âge de moins en moins avancé. Au lieu de fournir une longue carrière de travail, ils vont donc de bonne heure goûter le repos et l'abondance qui doivent, hélas ! les préparer à la mort. D'un autre côté, n'est-il pas évident que toutes les circonstances amenées par le progrès agricole, et dont nous avons déjà parlé, l'amélioration des chemins, des véhicules, des instruments aratoires, des terres même, ont eu et auront de plus en plus pour conséquence de diminuer l'intensité du travail exigé de chaque individu en particulier ? Le progrès des assolements, en faisant une plus large place aux cultures fourragères, entraîne l'augmentation du nombre des travailleurs, pour une besogne qui n'est pas à beaucoup près augmentée dans les mêmes proportions, par une culture plus perfectionnée. Aussi, du fait de toutes ces circonstances, l'incompatibilité va-t-elle diminuant entre les deux fonctions économiques du bœuf dont nous nous occupons. L'étude spéciale des races nous en montrera des exemples nombreux.

Nous avions donc raison de dire, en posant sur ce sujet les principes généraux, que la vraie solution du problème consiste à diminuer, pour l'espèce bovine, la nécessité du travail, non pas à rêver une spécialisation chimérique, en tant qu'elle soit absolue, du bœuf de boucherie ou du bœuf de travail. A aucun titre il ne pourrait être économique de spécialiser l'aptitude de l'espèce bovine pour le travail. La tendance du progrès est au contraire de la réduire sans cesse, dans les limites des nécessités actuelles de l'économie rurale.

L'objectif de la zootechnie, pour chaque espèce, est la fonction économique prédominante. Pour le cheval, c'est la production de la force mécanique, son utilité sociale étant par-dessus tout celle d'un moteur; pour le bœuf, c'est la production des matières alimentaires : le reste est accessoire. On arrive au but le plus tôt et le plus économiquement qu'on peut; mais l'homme de progrès ne doit jamais le perdre de vue. Sur la route qui conduit à ce but, les uns sont encore loin, d'autres s'en rapprochent, d'autres enfin le touchent ou l'ont atteint déjà. Voilà quelle est la situation. Faisons voir maintenant ce but sous sa forme concrète.

2. Types de conformation

Beautés absolues. — Depuis longtemps l'observation a fait reconnaître que, dans les conditions ordinaires de la pratique, une conformation particulière correspond, chez l'espèce bovine, à chacune des fonctions économiques de cette espèce. M. Jamet revendique avec une grande ténacité, en toute occasion, le mérite d'avoir le premier constaté le fait et d'en avoir déduit la doctrine de la spécialisation des aptitudes, à laquelle le nom de Baudement demeure attaché. Ses prétentions, aux deux égards, sont également insoutenables. M. Jamet les appuie lui-même seulement sur des passages de son *Cours d'agriculture*, publié en 1846. Or, voici ce qu'on peut lire dans l'ouvrage de sir John Sinclair, dont la traduction française a paru en 1825 :

« Il est à propos d'ajouter que la nature semble avoir destiné les différentes races d'animaux, à divers objets. *On ne connaît pas une race de bétail à cornes, également bien adaptée à la boucherie, à la laiterie, et au trait; et autant que l'expérience nous permet d'en juger, les qualités qu'on doit rechercher pour ces divers usages, sont incompatibles entre elles, et appartiennent à des animaux de formes et de proportions différentes.* Par exemple, un gros bœuf du *Hereford* dépérirait dans des pâturages de montagnes; et un mouton de la grande race de *Leicester* n'est pas destiné à voyager à une grande distance, ou à chercher sa nourriture dans un canton aride et montagneux. Un éleveur judicieux doit donc déterminer le principal objet qu'il a en vue, et s'efforcer d'élever la race du bétail qui convient le mieux à ce but, ou, en d'autres termes, qui payera le mieux la nourriture qu'il lui consacrera. Il ne peut y parvenir qu'en apportant une grande attention aux principes généraux de l'éducation du bétail, au système qui est le mieux adapté à sa situation particulière, et aux procédés qui ont été pratiqués par les cultivateurs qui se sont le plus distingués dans cet art.

« On peut remarquer, en parlant du bétail en général, qu'on doit avoir en vue de varier leurs races, leur taille et leurs habitudes, de manière à les adapter le mieux possible à fournir à nos principaux besoins, et de manière à les approprier à la situation, au climat, aux produits et aux autres circonstances générales du pays (1). »

Que M. Jamet ait quelque part formulé sur le sujet quelque chose de plus net et de plus précis que ces préceptes pratiques de Sinclair, c'est ce que personne n'osera soutenir. Mais en déniant au premier le bénéfice de la priorité qu'il revendique, dans la constitution théorique de la spécialisation du bétail, personne non plus, du moins parmi ceux qui sont en mesure de distinguer une doctrine scientifique d'une conception purement empirique, n'aura l'idée de faire remonter ce bénéfice jusqu'à l'auteur anglais.

Et c'est l'occasion de remarquer combien sont vaines toutes ces revendications. La découverte des vérités est toujours une œuvre collective. On n'en citerait pas une seule qui ait apparu tout d'un coup et dans tout son éclat. Chaque travailleur y apporte son contingent de lumière. Les derniers venus sont seulement favorisés, parce qu'ils

(1) *L'Agriculture pratique et raisonnée*: par sir John Sinclair: traduit de l'anglais par C. J. A. Mathieu de Dombasle. T. Ier, p. 204. — Paris, 1825. Mme Huzard.

peuvent tirer parti des progrès réalisés autour d'eux, et leur part dans l'œuvre commune en est nécessairement agrandie. Les vérités n'appartiennent donc en propre à personne exclusivement. Tout inventeur a eu des prédécesseurs et rien n'est plus facile que de lui en trouver. Il n'y a que les erreurs qui soient la propriété exclusive de quelqu'un et doivent porter chacune un nom d'homme.

Baudement n'a jamais eu, que nous sachions, la prétention d'avoir avant quiconque observé ou constaté le fait dont il s'agit. Son bagage de connaissances, sur les races animales, était d'ailleurs fort léger, et même à peu près nul, lorsqu'il conçut la doctrine zootechnique appelée par lui spécialisation. C'est par une toute autre voie qu'il y a été conduit. Au lieu de procéder, comme ses devanciers, de l'étude particulière des races à la formule des préceptes, il s'est inspiré de la connaissance des lois physiologiques et économiques, pour entrevoir des méthodes qui fussent également applicables à toutes. L'observation est venue ensuite les corroborer, preuve qu'elles étaient fondées sur des principes scientifiques solides. C'est là ce qui distingue de l'empirique le savant.

Et c'est aussi pour le même motif qu'on commettrait une confusion regrettable, si l'on considérait les préceptes de sir John Sinclair ou ceux de M. Jamet comme des applications véritables de la spécialisation de l'espèce bovine, telle qu'elle a été conçue par Baudement; si l'on croyait que la doctrine oblige, en principe, à la conservation de types spéciaux de conformation pour chaque spécialité de service, dans cette espèce. Dominée par les considérations économiques, elle tient compte, avant tout, de la fonction prédominante, à laquelle les autres ne peuvent être opposées que d'une façon transitoire. D'après cela, il ne peut y avoir qu'un type idéal de conformation, composé de beautés absolues, qui sont transitoirement remplacées par des beautés relatives aux exigences du service que l'animal doit fournir durant sa vie.

Le criterium de la beauté absolue, chez le bœuf, c'est l'aptitude à la production de la viande, destination finale de tout animal de l'espèce. L'objectif de l'amélioration zootechnique est la réalisation du type de conformation du bœuf de boucherie. Seules les nécessités économiques y peuvent apporter leur correctif, qui s'applique à la conservation provisoire ou définitive du bœuf de travail ou de la vache laitière, dont l'incompatibilité n'est pas si absolue qu'on pourrait le penser de prime abord, en ne tenant pas compte des changements introduits et à introduire dans l'économie rurale. Nous essayerons de dissiper, sur ce point, une autre confusion, trop souvent faite, entre le type de conformation et le degré de précocité, qui, pour être étroitement liés l'un à l'autre, ne laissent pas cependant que de se prêter à certaines compositions commandées par les exigences de la pratique.

Bœuf de boucherie. — Il importe de rectifier, à certains égards, les idées reçues au sujet du type parfait de la conformation du bœuf de boucherie. On l'a trop présenté comme étant réalisé par les plus beaux individus de la race de Durham. En s'exprimant ainsi, l'on ne veut pas parler seulement des restrictions à faire, quant à la qualité de la viande arrivée à l'extrême limite de la précocité. Ceci est un côté de la question qui sera examiné plus loin, de même que celui de la hâtivité du développement, au point de vue économique de la production. Il ne s'agit, en ce moment, que de la conformation, que des formes générales les plus propres à satisfaire le goût français, en fait de viande de bœuf, toute considération de qualité étant écartée. Sous ce dernier rapport, nous n'avons rien à envier à personne, et nos voisins d'outre-Manche le savent bien. Les Iles Britanniques ne leur fournissent aucune viande qui vaille pour le goût celle de nos bretons et de nos vendéens. Il sont bons juges et ils le reconnaissent à l'occasion.

D'après cela, la meilleure conformation du bœuf de boucherie (grav. 1) est donc celle qui le met en état de fournir la plus forte proportion possible de viande nette, c'est-à-dire de chair pouvant être livrée à la consommation. Ce n'est pas tout : il faut encore, pour atteindre la perfection, que le plus fort développement se montre dans les régions du corps qui produisent les morceaux les plus estimés. Or, c'est par là précisément que la conformation commune du durham pèche, à notre point de vue français. L'animal perfectionné de la race courtes cornes a la culotte peu fournie, la hanche et la cuisse relativement maigres. La raison en est que les Anglais font peu de cas de la viande de ces régions, tandis que chez nous elle forme la première catégorie. Il n'est donc pas exact de prendre son type pour celui de la beauté absolue. Vrai au point de vue anglais, il ne l'est pas complétement à notre point de vue à nous; il a un défaut que nous devons chercher à corriger.

En thèse générale, on peut dire que la notion de cette beauté absolue résulte du rapport qui existe entre l'étendue du tronc ou du corps et celle des membres. Plus ce rapport s'établit au bénéfice du premier, plus l'animal est beau; car son rendement à l'étal du boucher s'augmente d'autant. La disproportion en faveur du corps, suivant toutes les dimensions, est en raison directe de l'ampleur

Grav. 1. — Type parfait de la beauté zootechnique du bœuf.

de la poitrine. Celle-ci commande, ainsi que les observations de Baudement l'ont expérimentalement établi, toutes les autres dimensions en hauteur, en épaisseur et en longueur. Et, d'après la loi de corrélation anatomique, l'ampleur de la poitrine, qui résulte d'un arc plus prononcé de la partie supérieure des côtes, entraînant une étendue plus considérable des apophyses transverses des vertèbres lombaires, un écartement plus grand et une direction plus horizontale des os du bassin, il s'ensuit que toute la région supérieure du corps forme une sorte de plan horizontal sensiblement rectangle. De cette façon le corps, au lieu de se rapprocher de la forme d'un cylindre ou d'un prisme à coupe ellipsoïde, comme c'est le cas pour les sujets communs de l'espèce, arrive à celle d'un parallélipipède aux angles plus ou moins arrondis, ce qui est la condition de son plus grand développement.

Pour apprécier les meilleures conditions de la conformation du bœuf, il faut comparer entre elles les dimensions suivantes du sujet considéré : 1° la hauteur du sol au garrot et à la croupe, avec la hauteur du sternum au garrot, qui donne la profondeur de la poitrine; 2° la longueur de la tête à la queue, avec la hauteur totale; 3° la longueur de l'attache de la queue à la pointe de la hanche, avec la longueur totale; 4° enfin la distance entre les hanches et celle entre les deux épaules, ou la largeur du poitrail. Les rapports entre ces diverses quantités, qu'ils soient obtenus rigoureusement à l'aide de mensurations exactes en mètres et centimètres, ou bien que le coup d'œil exercé les saisisse seulement, donnent les proportions de la belle conformation.

Plus l'animal a le thorax profond, par rapport à sa taille; plus il est *près de terre*, en termes vulgaires; avec cela, plus il est long de corps et de croupe, et épais de partout, vulgairement *bien roulé :* plus il est dans les conditions pour donner la plus forte proportion de viande nette relativement à son poids absolu ou poids vif.

Il va sans dire que sa grande dimension en longueur ne doit pas dépendre de l'étendue de l'encolure. Celle-ci ne saurait jamais être trop courte ni trop fine : la viande qu'elle donne est de médiocre qualité. D'après les considérations que nous avons fait valoir, le mérite de la longueur du corps se tire surtout de la grande étendue des deux régions de la croupe et des lombes, dont les parties musculaires fournissent à la boucherie ses meilleurs morceaux.

A tous égards, ce sont là, dans la conformation de l'espèce bovine, des beautés absolues, valant toujours en dehors de toute idée de spécialisation ; et c'est ce dont il importe de se bien convaincre, parce qu'elles ont été trop exclusivement considérées comme l'apanage d'une seule race, qui même ne les possède pas toutes, ainsi que nous l'avons fait remarquer. Il n'importe pas moins d'observer qu'elles ne sont incompatibles avec aucune aptitude, car on peut s'assurer que dans toutes les races il se présente des sujets qui les possèdent à divers degrés. Il suffit, pour cela, de relever les chiffres des rendements constatés après les concours de Poissy, où l'on a vu des bœufs salers et gascons, appartenant par conséquent aux races les plus travailleuses et les moins précoces, donner des rendements en viande nette de 66.667 et 67.191 pour 100, tandis que les durhams ne dépassaient pas 66.026 pour 100.

Ces considérations seront contestées, on doit s'y attendre ; cependant, en y réfléchissant, ceux qui seraient disposés à les contester s'apercevront qu'elles sont parfaitement conformes à l'observation. S'il est vrai que les conditions de conformation dont il s'agit soient une conséquence nécessaire du développement hâtif, ainsi que d'autres attributs de la précocité dont nous allons parler, il l'est également qu'elles peuvent résulter d'une combinaison équilibrée des deux modes suivant lesquels s'exerce la gymnastique fonctionnelle. Nous en avons vu la preuve dans l'analyse des effets de l'entraînement du cheval de course, dont la cavité thoracique et les organes musculaires acquièrent un si remarquable développement. Chez le bœuf, la capacité fonctionnelle du poumon n'est pas en rapport avec l'étendue de la cavité qui le contient; elle n'est pas en rapport avec le volume de l'organe, mais bien avec son poids spécifique ou relatif. C'est une question d'aptitude, et non pas seulement une question de conformation.

La remarque en avait été déjà faite, mais en donnant de l'observation une fausse interprétation. L'ampleur de la poitrine, disait-on, et toutes les conséquences qu'elle entraîne pour la conformation du corps, tiennent à ce que le meilleur fonctionnement des organes contenus dans la cavité thoracique assure une santé robuste et une meilleure élaboration de tous les éléments nutritifs; une respiration active et une circulation puissante assurent la bonne exécution de toutes les autres fonctions : vérité incontestable, quant aux fonctions de relation, mais paradoxe physiologique inexplicable, en ce qui concerne celles qui ont pour effet l'élaboration et l'accumulation de la graisse, ainsi que la sécrétion du lait. La vérité est qu'il ne faut pas confondre, en ces matières, le contenant avec le contenu, non plus que l'organe avec la fonction, du moins, pour être plus exact, les apparences de l'organe.

Aux beautés absolues que nous avons indiquées, viennent s'ajouter, chez le bœuf étroitement spécialisé pour la boucherie, des beautés relatives qui sont les conséquences de sa spécialisation même. Ces beautés sont les attributs nécessaires, infaillibles, de la précocité. Elles ont été signalées d'une manière générale lorsque nous avons exposé la théorie de celle-ci (1). Il suffira de les préciser en ce moment, pour ce qui se rapporte à l'espèce bovine. Elles marquent le but vers lequel l'amélioration de l'espèce doit être dirigée, en tenant compte des atermoiements imposés par les circonstances économiques.

La première et principale est l'exiguïté proportionnelle du volume des os. L'animal se rapproche d'autant plus du type de la perfection idéale, que ses os sont plus minces comparativement au volume de son corps. Toutes choses d'ailleurs égales, le bœuf élevé spécialement pour la boucherie tirera de sa nourriture un parti d'autant meilleur, qu'il aura la tête et les membres plus fins. Ce sont là des indices certains de précocité. Joignez à cela une peau mince et souple sur toute l'étendue de la surface du corps, dépourvue de fanon au cou et sous le sternum, et garnie d'un poil fin, cotonneux, donnant au doigt qui le touche la sensation d'une mousse légère ; de plus une physionomie placide, un regard doux et calme, et vous aurez toutes les conditions réunies d'un individu apte à s'engraisser avec la plus grande facilité, d'une parfaite machine à transformer en viande les aliments qu'on lui donne ; vous aurez, en un mot, le type idéal du bœuf de

(1) Voy. *Principes généraux*, p. 195.

boucherie, au point de vue de l'abondante production en un temps donné.

En résumé, tenant compte, comme il convient, de toutes les données du problème économique posé dans notre pays à la production de la viande de bœuf, il faut placer dans l'ordre suivant les qualités de conformation à rechercher :

1° L'ampleur de la poitrine, la longueur du corps et particulièrement celle de la croupe, la largeur de celle-ci et des lombes, l'épaisseur du garrot, la rectitude du plan supérieur ou de la table, comme disent les éleveurs, et enfin la brièveté du col : toutes dispositions qui ont pour conséquence une réduction de la longueur relative des rayons inférieurs des membres et une augmentation de l'étendue de leurs rayons supérieurs, ainsi que des régions musculaires qui les entourent, de l'épaule et de la culotte;

2° La finesse des membres et de la tête, la minceur et la souplesse de la peau, l'absence de fanon, le moelleux de la bourre et le calme de la physionomie.

Les qualités du premier ordre sont compatibles avec l'exercice de toutes les fonctions exigées de l'espèce, avant qu'elle n'arrive à sa destination finale de l'abattoir ; celles du second y étant jointes, caractérisent le bœuf spécialisé pour la boucherie.

Bœuf de travail. — D'après tout ce qui a été dit précédemment au sujet du travail du bœuf, en économie rurale, on a compris qu'il ne pouvait pas être question de décrire un type spécial de conformation pour le bœuf travailleur. La tendance du progrès à réaliser, dans les aptitudes naturelles de l'espèce bovine, est de diminuer autant que possible la somme de force mécanique exigible de chaque individu. En attendant que l'état des choses agricoles permette de réduire l'intensité de celle qui est nécessaire pour exécuter les travaux de culture auxquels le bœuf est employé, la situation des choses économiques entraîne logiquement la réduction de sa durée.

En effet, la carrière de travail du bœuf se termine à un âge de moins en moins avancé, à mesure que les besoins de la consommation de la viande s'accusent davantage, par la diffusion du bien-être dans les populations. Les attelages passent plus jeunes des mains des cultivateurs dans celles des engraisseurs, et par le fait ils se renouvellent plus souvent. La proportion des bœufs de cinq ans, sur les marchés d'approvisionnement, augmente sans cesse, et bientôt sans doute les animaux de cet âge formeront la totalité de ceux abattus pour la boucherie. On le sait, en toute industrie la demande veut être satisfaite, et c'est à la faim qu'on résiste le moins. La consommation de la viande ne peut donc manquer d'enlever dans une mesure sans cesse plus forte les bœufs à la charrue.

En cet état, les qualités du bœuf de boucherie primeront nécessairement celles du bœuf de travail, et le cultivateur s'arrangera pour suffire à ses travaux, tout en se mettant dans le cas de répondre le plus avantageusement possible à la demande des engraisseurs. Il suffit d'observer attentivement ce qui se passe dans les régions où la petite et la moyenne culture dominent, et où les travaux sont exécutés exclusivement par des bœufs, pour s'apercevoir que les choses se font ainsi déjà. Le principe économique de la division du travail aidant, le phénomène se réalise au mieux. Nous n'y insisterons pas en ce moment; la démonstration s'offrira d'elle-même à l'occasion des races dont les sujets sont ainsi exploités. Pour l'instant, il suffit de constater que la marche normale du progrès économique amène une diminution de plus en plus prononcée dans la durée de la carrière de travail de chaque individu de l'espèce bovine. Cela étant, il ne sera pas nécessaire d'insister non plus pour faire admettre l'absence d'utilité de spécialiser absolument l'aptitude. Procéder autrement, ce serait subordonner le principal à l'accessoire, ce qui, dans aucun cas, n'a jamais été de la sagesse.

La spécialisation, ici, n'est point dans la nature des choses; on ne peut la concevoir que spéculativement. Il est certain qu'elle ne serait pas économique. Une longue vie de travail, pour le bœuf, quelle que fût l'excellence de son aptitude, ne compenserait assurément pas le bénéfice qu'on en retire en le livrant de bonne heure à l'engraisseur.

Ce serait un calcul facile à faire, dans lequel l'intuition des petits cultivateurs de l'Ouest, qui font travailler des bœufs de Salers ou de Parthenay, nous a déjà devancés. Ces petits cultivateurs renouvellent chaque année, ou tous les deux ans au plus, leur paire de bœufs. Leurs travaux finis, ils prélèvent chaque fois un bénéfice. Il n'est pas douteux que s'ils gardaient la même paire de bœufs jusqu'à la fin de la carrière de travail qu'elle pourrait fournir normalement, la différence du prix de vente au prix d'achat ne serait point équivalente à la somme de leurs petits bénéfices annuels, sans parler de l'augmentation des risques de maladie et de mort.

Dans cet agencement de l'économie du bétail, amené par la force des circonstances, la quantité totale de puissance mécanique à déployer par l'animal, durant sa courte carrière, est donc relativement minime; et comme, au demeurant, l'aptitude est en raison de l'exercice de la fonction, il s'ensuit que la conformation subit naturellement les modifications qui l'accommodent transitoirement aux nécessités de cette fonction. Le bœuf qui travaille, même modérément, se développe dans des conditions tout autres que celui dont les fonctions de relation restent au repos. Son système osseux acquiert des proportions plus fortes, parce qu'il avance moins dans la voie de la précocité. Son aptitude mixte comporte toutes les qualités de conformation rangées plus haut dans le premier ordre établi pour le bœuf de boucherie. L'ampleur de la poitrine, la longueur et l'épaisseur du corps, tout ce qui, en somme, rapproche celui-ci de la forme du parallélipipède, est parfaitement compatible avec l'aptitude au travail. L'observation le montre tous les jours et la raison théorique en est facile à trouver. Cela, chez le bœuf de travail, ne saurait atteindre un développement trop prononcé. Il n'en est plus de même pour le reste. Le volume et la force des membres, la largeur des articulations, la mollesse du tempérament accusée par la finesse de la peau, doivent se mesurer sur l'intensité des efforts musculaires qu'il s'agit d'obtenir.

Il n'y a pas à cet égard de limites précises à poser. La mesure est variable comme les circonstances. L'espèce bovine, en ce sens, considérée en général, est dans un état continuel de transition. Le type est partout et il n'est nulle part. Telles sont les conditions d'élevage de l'espèce dans les pays travailleurs, que sous l'influence de la préoccupation prédominante de la production de la viande, il se réalise de lui-même dans la juste mesure.

On pourrait dire, s'il était permis de s'exprimer ainsi, qu'il se fait en cela de la spécialisation relative. Et c'est la seule bonne, après tout, puisqu'elle respecte à la fois toutes les nécessités économiques. Rêver un type absolu de beauté, pour la conformation du bœuf de travail, à la façon des types que comporte l'espèce chevaline, pour les divers services auxquels elle est propre, n'a jamais pu entrer dans l'esprit d'un zootechniste au courant des principes scientifiques qui régissent la production du bétail.

Vache laitière. — Y a-t-il un type de conformation qui soit particulièrement propre à favoriser l'aptitude à la sécrétion du lait, dans l'espèce bovine? La plupart des observateurs l'ont cru, et le sujet a donné lieu à beaucoup de discussions. Il est permis de dire qu'en décrivant les formes spéciales de la bête laitière par excellence, ils avaient trop généralisé leurs observations. Fondées sur l'examen d'un petit nombre de races, parmi celles qui, dans notre pays, se font remarquer par l'abondance de leurs mamelles, ces observations peuvent être considérées aujourd'hui comme insuffisantes pour donner du problème une solution motivée.

Une étude plus complète des races bovines de notre époque réputées les plus laitières, de celles de l'Angleterre surtout, montre que les auteurs anciens, et parmi les modernes Lemaire, M. Lodieu et quelques autres, en assignant à la bonne laitière une conformation spéciale du corps, s'en étaient laissé imposer par des apparences trompeuses. L'étroitesse de la poitrine, par exemple, sur laquelle ils ont le plus insisté, n'est évidemment pas une condition nécessaire, en fait : l'existence incontestable des familles remarquablement laitières de la race de Durham et la qualité reconnue des vaches d'Ayr, le prouvent avec surabondance. Il est établi par là que l'ampleur du thorax n'est en aucune façon un obstacle à l'activité sécrétoire des mamelles.

On ne saurait admettre, toutefois, avec M. Magne, que cette ampleur en soit une condition. De part et d'autre, dans la controverse à laquelle le sujet a donné lieu, il ne s'est produit que des hypothèses. L'observation superficielle semblait donner raison à tout le monde, dans la limite des faits apparents sur lesquels chacun s'appuyait. Il est certain que les vaches flamandes, cotentines, hollandaises, ont la poitrine étroite et serrée, par rapport au développement de leur train postérieur. Il ne l'est pas moins que les vaches d'Ayr et de Durham l'ont ample et profonde.

Il n'est point douteux non plus, contrairement à ce qui a été soutenu, qu'une grande activité de la sécrétion mammaire n'est pas compatible avec une grande activité de la respiration. Les plus simples notions de la physiologie nous en donnent le motif. Les combustions respiratoires, c'est-à-dire les combinaisons des matériaux du sang avec l'oxygène, sont en rapport avec les quantités de cet oxygène introduites dans l'économie. Or, parmi les principes immédiats du sang, les premiers comburés sont nécessairement les plus combustibles, les principes hydro-carbonés gras ou sucrés, qui entrent pour la plus forte part dans la constitution chimique du lait. Plus l'oxygène du sang se renouvelle fréquemment, par une respiration active, plus il y en a de comburés, et par conséquent moins il en reste, à alimentation égale, pour passer dans la sécrétion mammaire.

Ces notions étaient donc favorables à l'opinion qui considérait l'étroitesse de la poitrine, impliquant une moindre activité de la respiration, comme une condition nécessaire de l'aptitude laitière. Les raisonnements à l'aide desquels on essayait de présenter le fonctionnement actif des poumons comme favorisant toutes les fonctions, et en particulier la fonction des mamelles, avaient le tort d'être absolument antiphysiologiques. Les constatations rigoureuses de Baudement sont venues prouver que les faits sur lesquels ces raisonnements étaient appuyés ne contredisent en aucune façon la théorie. On sait en effet maintenant, ainsi que nous l'avons déjà montré en plusieurs occasions, que l'aptitude respiratoire des poumons n'est pas toujours en rapport exact avec l'ampleur de la poitrine, ni avec le volume de ces organes : elle dépend uniquement de la densité de leur tissu, de la multiplicité des vésicules dans les parois desquelles s'effectue l'échange entre l'oxygène de l'air et l'acide carbonique du sang.

La théorie physique et les observations contradictoires en apparence sont donc, d'après cela, parfaitement concordantes. C'est le résultat habituel auquel conduit l'analyse scientifique des faits bruts, dont les apparences trompent souvent les observateurs superficiels, trop pressés de trouver dans leur propre esprit la raison des choses.

De ce qui précède, il est permis de conclure que l'aptitude laitière n'implique point la nécessité d'une conformation spéciale. La théorie et l'observation sont d'accord pour prouver, au contraire, qu'en général le type qui convient le mieux à cette aptitude est celui que nous avons décrit plus haut pour la boucherie, en y joignant quelques particularités relatives à la fonction, ou plutôt à l'organe qui l'accomplit.

Sauf la question de l'ampleur de la poitrine, sur laquelle nous venons de nous expliquer, il n'est aucun observateur compétent qui ne signale, parmi les caractères de la bonne laitière, ceux qui sont en même temps propres au type parfait de l'animal producteur de viande. C'est qu'en effet les deux aptitudes, pour être d'un exercice simultané impossible, — parce qu'elles puisent aux mêmes sources les mêmes matériaux, — ne sont pas moins de nature à s'exercer successivement dans les meilleures conditions, en raison même de cela.

Nous en aurons la démonstration en extrayant, par exemple, de la description donnée par M. Lodieu, les caractères qui ne sont pas exclusivement propres à la race laitière qu'il avait en vue. Voici ces caractères :

« Tête peu volumineuse, plutôt longue que courte et carrée; sèche, féminine et éveillée.

« Naseaux plus petits que bien ouverts.

« Cornes petites ou moyennes, effilées, plates plutôt que rondes, de texture fine, blanchâtre, lisses et peu vivaces (?).

« Œil saillant, à fleur de tête, regard vif, mais limpide et d'une grande douceur.

« Paupières fines, bien ouvertes et jaunâtres au pourtour.

« Oreilles minces, plus allongées que celles des bêtes de travail et d'engrais, inclinées un peu en arrière avec souplesse, tapissées d'une couche jaunâtre et peu velues à l'intérieur.

« Encolure longue et déliée comme celle de la chèvre, et peu chargée de peau dans le bas.

« Corps long, ayant la forme d'un œuf, et bas sur jambes.

« Jambes fines, celles de devant proportionnellement un peu plus courtes que celles de derrière.

« Échine horizontale, sèche plutôt que solidement fournie et arrondie, offrant en outre plusieurs fossettes entre les saillies osseuses des reins et d'une partie du dos.

« CUISSES grandes, écartées, présentant de larges surfaces sur les côtés interne et externe, mais peu fournies et plates plutôt que rondes.

« REINS longs, larges et secs.

« CROUPE étendue, surtout dans la région des hanches, mais très-peu chargée de chair et plutôt plate qu'arrondie.

« BASSIN large, profond et bien développé d'avant en arrière.

« QUEUE mince, cylindrique à l'origine, flexible, longue et dont le panache tombe fort au-dessous des jarrets.

« PEAU fine, moelleuse, grasse, souple, mobile, bien détachée et formant de nombreux replis sous la queue, au pourtour de la vulve, de l'anus et de l'ombilic.

« POILS courts, peu tassés, doux, fins et bien lustres (1). »

Évidemment, il n'est aucun de ces caractères qui ne se trouve chez la femelle, en état de maigreur, de l'une quelconque des races bovines spécialisées pour la boucherie. Qu'on y ajoute la poitrine ample, arrondie, l'épaule oblique et saillante, le poitrail ouvert, ainsi que l'indique M. Eug. Tisserant (2), plutôt qu'une « poitrine petite, c'est-à-dire courte, *très-resserrée, entre les épaules surtout*, et peu profonde, » des « épaules petites, sèches, souvent obliques et mal attachées, présentant une pointe saillante où se trouve un creux assez large pour y fixer les bouts de trois doigts, » un « garrot mince et peu élevé, » des « côtes

(1) J. Lodieu, *Vaches laitières*. Paris, V. Masson, 1856.

(2) *Guide des propriétaires et des cultivateurs dans le choix, l'entretien et la multiplication des vaches laitières*. Lyon, Savy, 1861.

courtes, minces et plates plutôt qu'arrondies en forme de cercle à partir de l'échine du dos ; » qu'on opère ce seul changement dans la description donnée par M. Lodieu et par Lemaire avant lui, et l'on aura tout ce qui caractérise la conformation générale de la plus belle vache maigre de Durham, de la vache de Durham bonne laitière en pleine lactation.

C'est là, pensons-nous, ce qui ne peut pas être contesté. La conclusion pratique qui en découle est que, dans le choix des vaches laitières, les qualités de conformation propres au type de boucherie ne peuvent pas être un obstacle fondé, si d'ailleurs les signes particuliers de l'aptitude s'y trouvent réunis. La plupart de ces qualités, indiquées par tous les observateurs, sont communes aux deux types, ainsi que nous venons de le montrer, et celles sur lesquelles ont porté les dissidences n'ont pas — cela est prouvé maintenant — l'importance qui leur avait été attribuée avant les recherches précises de Baudement.

Étant admis donc que le type de boucherie et le type laitier sont identiques, sous le rapport de la conformation générale, il nous reste à signaler les particularités qui dénotent le plus haut degré de l'aptitude spéciale dont nous nous occupons. Ainsi seront posées toutes les bases de la sélection relative, en vue de la reproduction de l'espèce ou seulement de l'exploitation industrielle des individus.

M. Tisserant a parfaitement indiqué ces particularités dans son *Guide* plus haut cité. Le mieux sera de les lui emprunter, avec les explications judicieuses qu'il en donne.

Après avoir parlé de la colonne vertébrale ou échine droite, longue, large, flexible, sèche sans être saillante ni tranchante, accompagnant une conformation régulière du tronc, une certaine légèreté dans le squelette, de la longueur et de la largeur dans les reins, indices de la possibilité ou de la probabilité d'un grand développement du ventre, toutes particularités d'organisation, dit-il, à rechercher dans la bonne laitière, M. le professeur Tisserant ajoute : « C'est à la partie supérieure de l'*échine* que se trouvent les *portes du lait du dessus* ou *sources du dos*, formées par des enfoncements ou sillons transversaux correspondant aux intervalles qui séparent les vertèbres dorsales les unes des autres.

« Les *portes du dessus* sont plus profondes, plus visibles dans les bêtes maigres que dans les grasses. Leur existence coïncidant avec une échine allongée, est regardée comme un bon signe.

« Chez les vaches âgées, qui ont fait un grand nombre de veaux, dont le ventre reste toujours volumineux, l'échine est creuse, et les bêtes sont dites ensellées. Cette disposition prouve plutôt en leur faveur que contre elles. »

Le point capital, dans les beautés relatives de la vache laitière, est celui-ci :

« Mamelles *volumineuses*, *pendantes* librement entre les jambes, recouvertes par une *peau fine*, *souple*, *lâche*, revenant de suite sur elle-même après avoir été pincée, de *couleur jaunâtre* ou *indienne*, selon Guenon, garnie de *poils fins*, peu nombreux, couverte d'une *matière grasse*, onctueuse, qui se détache en petites parcelles quand on gratte la surface avec l'ongle.

« La forme et la direction des mamelles est indifférente ; qu'elles soient portées en avant ou bien pendantes entre les cuisses, cela importe peu, pourvu qu'elles présentent les caractères que nous signalons et qu'elles soient volumineuses.

« Sur les bonnes laitières, on voit ramper dans l'épaisseur des mamelles, principalement quand ces bêtes sont pleines, des veines nombreuses décrivant des flexuosités ou des zigzags; ce sont les *veines du pis*.

« Le pis gonflé par le lait doit être résistant à la pression, mais élastique; après la traite, il doit revenir à son volume ordinaire, rester mou, flasque, sans résistance et sans dureté.

« Quand on examine les mamelles pleines de lait, il ne faut pas se laisser tromper par leur grosseur et par la résistance qu'elles font à la main. Cet état peut provenir en effet de ce que les organes sont *charnus* ou *gras*, c'est-à-dire de ce qu'il entre dans leur composition beaucoup de tissu cellulaire aggloméré ou une grande quantité de graisse.

« Le *pis charnu* ou *gras* diminue peu de volume pendant la traite; il conserve de la dureté, de la consistance, et résiste à la pression sans avoir une véritable élasticité. Cette résistance n'est pas égale dans tous les points. En outre, la peau qui le recouvre est toujours sensiblement plus grossière, plus épaisse, moins mobile et moins souple.

« Il est souvent difficile de distinguer le *pis charnu* du *pis graisseux*. Cependant on ne rencontre guère celui-ci que sur les animaux d'un embonpoint prononcé. Il est commun chez les vaches appartenant aux races précoces, propres à la boucherie, chez les vaches châtrées depuis quelques mois et sur toutes celles que l'on engraisse.

« La grosseur du pis peut être aussi le résultat de l'accumulation du lait dans son intérieur. Cet état constitue l'*empissement;* il est quelquefois suivi d'une maladie locale grave, s'il se prolonge trop, ou bien il peut entraîner la perte momentanée ou définitive du lait. D'autres fois les marchands flagellent le pis avec des orties pour le faire gonfler.

« Ces deux ruses sont assez faciles à reconnaître et à déjouer. Néanmoins il ne faut pas acheter une vache dont le pis est douloureux, ou dont le lait n'a pas un aspect naturel...

« Les TRAYONS ou mamelons doivent être de *forme régulière*, *allongés*, *écartés* les uns des autres, égaux dans leur développement, sans irrégularités ni verrues à leur surface, à *large ouverture*, plutôt *grands* que petits, proportionnés toutefois au volume des mamelles, surtout à leur largeur, et recouverts d'une *peau fine*, *souple*, semblable à celle du pis.

« On repoussera toujours les vaches dont un des trayons est plus petit, flasque, plissé ou configuré autrement que les autres, les vaches dont une partie des mamelles paraît diminuée ou réduite, quoique l'on ait dit que ces défauts étaient sans influence sur la production du lait. Ils caractérisent les bêtes que Guenon appelle *poupèques*.

« Presque partout on donne la préférence aux vaches qui, outre les quatre trayons ordinaires, en portent encore en arrière ou de côté deux autres plus petits et saillants. On croit que la faculté lactifère est proportionnée au volume et à la longueur de ces derniers. Il ne faut pas attacher une importance trop grande à cette particularité, mais on aurait tort de ne pas en tenir compte. »

En outre des dispositions concernant les mamelles, les signes les plus positifs de l'aptitude laitière sont fournis par les veines abdominales ou lactées et par les veines périnéennes. Le volume et l'étendue du système veineux ont dans le cas une grande importance, parce qu'ils témoignent, chez les individus où ce système atteint un très-grand développement, de la prédominance des fonctions digestives et sécrétoires. C'est ce que fait remarquer M. Tisserant, en ajoutant que la bonne laitière a toujours un système veineux très-développé.

« Les *veines abdominales* ou *lactées*, dit-il, sont grosses comme le doigt sur les vaches qui ont fait des veaux. Elles s'étendent de chaque côté du ventre, vers sa partie inférieure, des mamelles où elles ont leur point de départ, jusqu'en arrière et en dessous de la poitrine : là elles disparaissent et se perdent en se plongeant dans des ouvertures appelées vulgairement *portes de dessous* ou *fontaines du lait*. Il est facile de sentir sous la peau les *veines mammaires*, ainsi que les *fontaines du lait*. Dans les vaches fraîches au lait, bonnes et peu âgées, les veines sont de la grosseur du pouce, et l'ouverture qui leur livre passage pourrait recevoir aisément l'extrémité du doigt. On accorde la préférence aux bêtes dont les veines sont grosses, longues, flexueuses. Quand les vaches ne donnent plus de lait et que les veines sont moins gonflées par le sang, on juge du développement antécédent de ces vaisseaux par la largeur des ouvertures ou *portes de dessous*. Assez fréquemment, ces veines se divisent avant de pénétrer dans les *portes de dessous*. On doit tenir compte alors de la pluralité des ouvertures.

« La grosseur, la flexuosité des veines mammaires ont été de tout temps regardées comme un bon signe. Mais on doit se rappeler qu'une jeune bête pourra être excellente bien qu'elle n'ait pas encore les veines grosses, et qu'une vache âgée peut les avoir très-volumineuses et n'être plus une abondante laitière. Il faut se rappeler enfin que dans une veine variqueuse, présentant des renflements et des rétrécissements alternatifs, ce sont ces derniers qui donnent la mesure de l'écoulement.

« M. de Dombasle regardait la grosseur des *veines du lait* ou *vaisseaux lactifères* comme étant le seul indice à peu près infaillible de la qualité des vaches, et auquel on dût s'arrêter dans le choix de ces animaux (1).

« Les *veines périnéennes*, sur lesquelles M. Magne a appelé l'attention dès 1847, s'élèvent de la partie postérieure des mamelles, et rampent en décrivant des flexuosités sous la peau fine qui recouvre l'espace compris entre les fesses et la région supérieure et postérieure des cuisses. On ne les aperçoit pas sur les médiocres laitières, ni sur celles qui n'ont encore porté qu'une ou deux fois. Souvent aussi, sur les vieilles vaches, elles sont cachées par des plis que la peau forme en cet endroit.

« C'est dans les fortes laitières, entre deux âges, ouvertes du derrière, portant de beaux écussons, bien nourries, ayant vêlé depuis peu, que les veines périnéennes sont le plus apparentes. Il peut être nécessaire, pour les bien voir, d'appuyer la main un peu fortement au-dessus du pis. »

M. Tisserant fait honneur à M. Magne de la découverte de ce signe fourni par le développement des veines périnéales. Il est incontestable que la première indication s'en trouve dans les écrits du professeur de zootechnie de l'École d'Alfort ; mais il est à notre connaissance personnelle que l'initiative des recherches relatives aux rapports qui peuvent exister entre les vaisseaux du périnée et les qualités de la bonne laitière, revient à M. Yvart, alors inspecteur général des écoles vétérinaires. C'est à ce mo-

(1) *Annales* de Roville, t. V.

ment qu'on s'occupait beaucoup de vérifier la valeur du système Guenon, dont nous allons maintenant parler. Étant élève à Alfort, nous y avons vu M. Yvart faire exécuter sous ses yeux, par le professeur d'anatomie, des recherches qui se rapportaient au sujet dont il s'agit.

Système Guenon. — Cultivateur dans la Gironde et marchand de vaches, Guenon fut le premier à remarquer que les poils de la face postérieure des mamelles sont couchés de bas en haut, au lieu de l'être de haut en bas, comme ceux de tout le reste du corps. Il remarqua de plus que ces poils, formant ce qu'on appelle en général des *épis*, dans la robe ou le pelage de tous les animaux, se prolongent plus ou moins sur la région du périnée, suivant une figure à laquelle il a donné le nom d'*écusson* ou de *gravure*. D'après ses observations, poursuivies sur les races de vaches qu'il avait le plus souvent occasion de voir dans la région qu'il habitait, il conçut tout un système d'appréciation, au moyen duquel il se faisait fort de déterminer exactement à la fois la quantité et la qualité du lait qu'une vache était capable de donner, ainsi que la durée de la lactation. Il divisa les vaches en ordres et en classes, qu'il désigna par des noms souvent bizarres, basés sur la figure de l'écusson.

Comme la plupart des inventeurs, Guenon généralisa les résultats de ses observations jusqu'à l'exagération. Appelé par le gouvernement à soumettre son système à des épreuves pratiques devant une commission, Guenon dépaysé se trompa souvent dans ses évaluations, et il ne manqua pas, suivant l'usage, de détracteurs passionnés. Toutefois, on est heureux de pouvoir constater une fois de plus que dans une de ces luttes qui se livrent malheureusement trop souvent entre la médiocrité envieuse et le génie, ce fut le vrai qui triompha, grâces surtout au bon sens de M. Yvart, président de la commission chargée de déterminer la valeur de la méthode. On fit la part de l'exagération naturelle, pour ne voir que les fondements sérieux des signes découverts par Guenon, et avec le concours et les encouragements de l'État, le modeste cultivateur de la Gironde, déjà couvert de médailles et de distinctions par un grand nombre d'associations agricoles, put faire imprimer à l'Imprimerie nationale une nouvelle édition de son système d'appréciation des vaches laitières (1).

Il demeure avéré, en effet, que l'aptitude laitière, chez la vache, est en raison de l'étendue de l'écusson mammaire et périnéal et de certaines particularités de cet écusson indiquées par Guenon. Sans nous astreindre à suivre les ordres et les classes, qui n'ont point d'importance absolue, nous allons exposer sommairement ce qu'il y a de fondé dans sa méthode.

Disons d'abord, en thèse générale, que la faculté laitière se mesure par l'étendue de l'épi ou écusson, et que cette étendue se compte aussi bien en largeur qu'en hauteur, soit qu'elle se prolonge sur la face interne des cuisses, ou qu'elle gagne en haut sur la région du périnée. La figure de l'écusson paraît indifférente, pourvu que ses contours soient réguliers. Dans l'examen, il importe donc d'en bien suivre les marques, et de se représenter, quels que soient les replis de la peau, la surface couverte de poils ascendants, comme si on l'avait par la pensée étalée sur un plan horizontal.

(1) *Traité des vaches laitières et de l'espèce bovine en général*, par F. Guenon, praticien, etc. 3e édition, considérablement augmentée. Paris, Imprimerie nationale, 1851.

Pour faciliter cet examen, nous allons donner ici l'indication et la représentation de quelques-unes des figures d'écusson les plus répandues dans la nature.

« Le lecteur est déjà prévenu, dit Guenon dans l'ouvrage cité, qu'il ne doit chercher dans les dénominations que j'ai imaginées ni étymologie ni combinaisons scientifiques; les noms que j'ai donnés à mes classes sont purement arbitraires, et répondent tout simplement à l'idée que je m'en suis formée. »

La disposition qui comporte la plus grande étendue possible est celle appelée *Flandrine* (grav. 2), parce que,

Grav. 2. — Écusson de *Flandrine*.

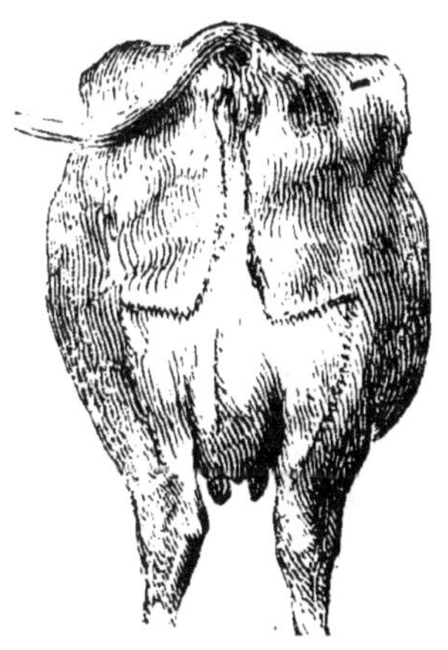

Grav. 3. — Écusson de *Lisière*.

d'après l'auteur de la dénomination, les vaches qui la présentent « sont les meilleures de nos provinces, et que la race des vaches de Flandre, remarquable entre toutes les races par l'ensemble de ses bonnes qualités, possède, ordinairement du moins, les signes caractéristiques » dont il s'agit. On voit qu'elle occupe toute la surface du périnée, en même temps que toute la face interne des cuisses, en se prolongeant même jusque sur leur bord postérieur.

Toutes les autres ne peuvent être que des réductions de celle-là. Il y a d'abord la *Lisière* (grav. 3), dans laquelle les poils ascendants n'occupent que le centre du

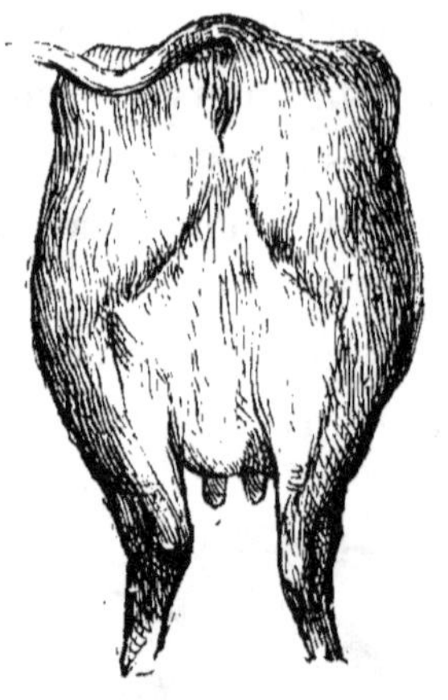

Grav. 4. — Écusson de *Courbe-ligne*.

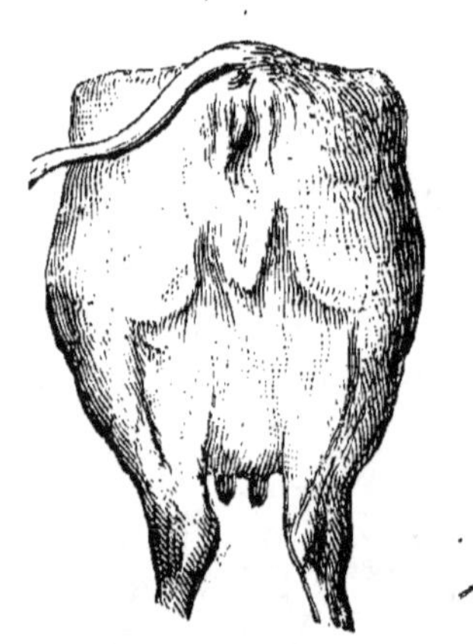

Grav. 5. — Écusson de *Bicorne*.

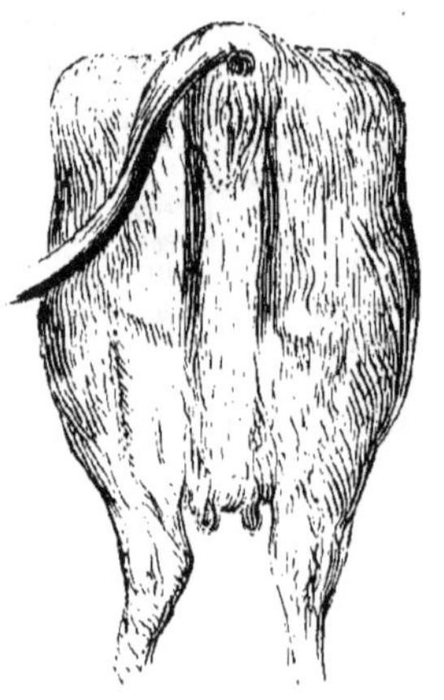

Grav. 6. — Écusson de *Double-lisière*.

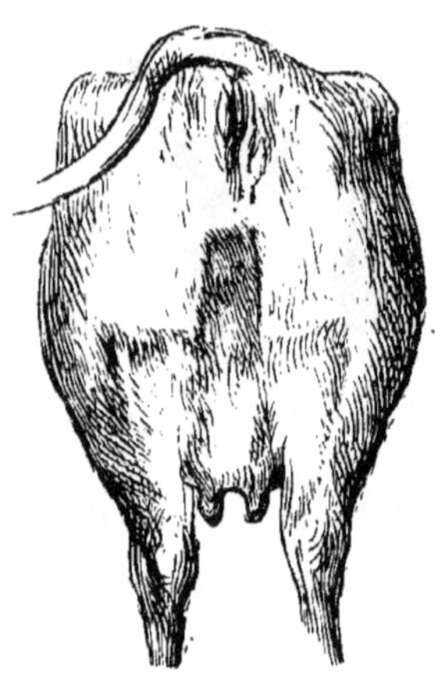

Grav. 7. — Écusson de *Poitevine*.

périnée, jusqu'à la vulve; puis la *Courbe-ligne* (grav. 4) qui s'arrête vers le milieu de ce même périnée, par une ligne courbe; ensuite la *Bicorne* (grav. 5), qui ne diffère de la *Double-lisière* (grav. 6), qu'en ce que, dans la première, les deux branches ascendantes de l'écusson s'arrêtent plus tôt et que la bande de poils descendants qui les sépare ne gagne pas les mamelles, comme dans la seconde. La *Poitevine* (grav. 7) diffère de la *Lisière* seulement par l'arrêt brusque et à angles droits des poils ascendants vers le milieu du périnée. Enfin la *Carrésine* (grav. 8) n'a pas du tout de poils ascendants sur le périnée. Ceux-ci s'arrêtent au-dessus des mamelles, suivant une ligne droite.

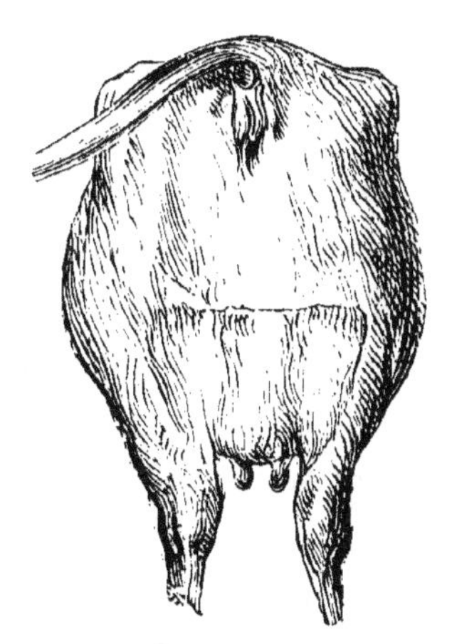

Grav. 8. — Écusson de *Carrésine*.

Guenon a considéré que dans tous les cas possibles de l'écusson, la peau d'une couleur jaunâtre ou nankin, qu'il appelle *indienne*, parsemée de taches noires ou rousses, et dont il se détache, lorsqu'on la gratte, des pellicules grasses, dénote, avec la quantité, la qualité butyreuse du lait. Son observation à cet égard est généralement tenue pour vraie.

Indépendamment de ces signes principaux, il en est de secondaires dont la valeur a été également confirmée. Ceux-ci sont des signes négatifs, qu'il n'est pas moins important de connaître.

« J'ai donné, dit Guenon, le nom de *bâtardes* aux vaches qui, lorsqu'elles sont arrivées à une nouvelle gestation, perdent leur lait sur-le-champ, ou du moins peu de jours après. On en trouve dans toutes les classes et dans tous les ordres : quelquefois elles sont grandes laitières, mais dès qu'elles sont pleines de nouveau, elles ne donnent plus de lait où le perdent très-promptement; on ne sait à quoi attribuer cette fuite du lait; on lui assigne diverses causes, dont aucune n'est la vraie: cela ne dépend nullement de la volonté de l'animal, comme beaucoup de personnes le supposent; c'est tout simplement parce qu'il est né avec cette disposition. Les signes caractéristiques qui font reconnaître ces défauts dans chaque classe et dans chaque ordre sont remarquables par leur poil montant ou descendant, qui forme des épis au-dedans ou au dehors de l'écusson. »

Tous les épis secondaires n'ont pas cette signification négative. Cela dépend de leur situation. Deux plaques ovalaires de poils descendants, situés à la face postérieure des mamelles, au-dessus de chaque trayon, sont, par exemple, des indices favorables, surtout lorsque les poils en sont fins. Un tel épi placé au centre de l'écusson périnéal est au contraire un signe de bâtardise, selon l'expression de Guenon. Il en est de même d'un ou de deux petits épis ascendants et également ovalaires situés, en dehors de l'écusson, de chaque côté ou vers un seul des côtés de la vulve; de même aussi de deux petites bandes de poils ascendants, grossiers, hérissés ou enchevêtrés, occupant les mêmes places; de même enfin des échancrures ou irrégularités des contours de l'écusson, dont nous avons déjà signalé implicitement les inconvénients, en mettant au nombre des bons signes le caractère opposé.

M. Tisserant, dans son excellent *Guide*, appelle avec grande raison l'attention sur les supercheries dont les maquignons se rendent coupables, en cherchant à imiter, par la tonte de la région périnéale, les meilleures marques fournies par l'examen de l'écusson. Il n'est pas toujours facile, comme il le dit fort bien, de se mettre en garde contre l'erreur ainsi provoquée. On doit donc s'en défier beaucoup. « A l'aide d'un examen très-attentif et en passant doucement la main sur la surface, de bas en haut et de haut en bas, on pourra, dit-il, reconnaître la supercherie. » Il ajoute avec non moins de raison que « ces détails, ces petites difficultés, sur lesquels glissent volontiers les observateurs superficiels, parce qu'ils les trouvent trop minutieux, ont leur importance pratique. C'est souvent pour les avoir négligés, que des propriétaires ont accusé d'inexactitude la méthode de Guenon. Il n'est pourtant pas juste de la rendre responsable des inattentions ou de l'ignorance que beaucoup de personnes apportent dans son application. »

Au point de vue zootechnique, auquel nous devons surtout nous placer ici, il serait fort insuffisant de s'en tenir à l'indication des signes qui précèdent, en tant qu'ils puissent servir seulement au choix des vaches adultes, pour l'exploitation de leur aptitude laitière. Il convient encore de savoir s'il ne s'en trouve point des traces appréciables chez les jeunes femelles, et qui puissent permettre de juger, sous ce rapport, de leur valeur à venir, de même que chez les mâles de tout âge. L'exercice de la sélection n'en pourrait être que grandement facilité.

La question a dû nécessairement se poser en ces termes à tous les esprits, dès que la découverte de Guenon fut reconnue comme vraie. Les recherches auxquelles on s'est livré dès lors ont permis de la résoudre par l'affirmative. Encore à ce propos, nous ne saurions mieux faire que de citer M. Tisserant. C'est un plaisir que nous nous donnons, toutes les fois que nous rencontrons faite et bien faite la besogne qui nous incomberait.

« Les gravures, dans les jeunes sujets des deux sexes, sont plus difficiles à apercevoir, dit-il, à cause de leur plus faible étendue, et parce que leurs bords sont très-souvent cachés ou dissimulés sous les poils touffus qui couvrent la région. Elles existent cependant avec leurs formes caractéristiques, la plus simple observation suffit pour l'établir, et dès ce moment les animaux peuvent être classés.

« Ces marques ont moins de développement relatif qu'elles n'en acquerront plus tard ; mais déjà on peut voir qu'elles sont mieux dessinées et plus visibles sur les vêles que sur les veaux mâles. Elles y prennent, en outre, des formes plus variées.

« L'écusson paraît longtemps petit et limité sur la génisse; ce n'est qu'après le deuxième ou troisième vêlage qu'il atteint toute son étendue réelle et qu'il se dessine exactement. Toutefois les différences signalées ici sont plus prononcées pour les bonnes vaches.

« Le développement progressif que subit la marque, et qui paraît être dans une proportion plus forte que l'accroissement général de l'individu, atteste un rapport entre cette marque et la fonction des mamelles. Il est, ce me semble, fait judicieusement remarquer l'auteur, un argument assez décisif à opposer à ceux qui voudraient nier l'utilité du système de Guenon pour le choix des animaux. »

Tous les caractères généraux de la conformation typique de la vache laitière, passés en revue dans ce chapitre, sont également ceux qui conviennent au taureau concourant à sa reproduction. Cela va sans dire. Il en est de même quant à la valeur de l'écusson. Seulement les marques y sont beaucoup moins variées. Il suffira de faire remarquer à cet égard que, proportions gardées entre les bourses et les mamelles, leur étendue relative y a la même valeur, comme indice de l'aptitude à procréer des vaches laitières. Il ne faut donc jamais manquer d'en tenir compte.

CHAPITRE III

DES RACES BOVINES ET DE L'AMÉLIORATION DE LEURS PRODUITS

Classification des races. — Il a été pendant assez longtemps admis, parmi les auteurs qui s'occupaient du gros bétail de la France et de son amélioration, que ce bétail tenait en Europe, par sa valeur, un rang inférieur. Il n'était pas question alors d'autre chose que de le transformer, par des croisements avec les races étrangères, et particulièrement avec la race anglaise de Durham, ou de lui substituer quelques-unes de ces races par des importations directes. De nombreuses tentatives de ce genre ont été faites durant le second quart du siècle présent. Les éleveurs français ne se distinguaient, en ce temps-là, que par ces importations ou par les efforts qu'ils faisaient pour arriver à la création de prétendues races nouvelles, au moyen d'une sorte d'amalgame dont les résultats, fort heureusement, n'appartiennent plus guère maintenant qu'à l'histoire.

L'objectif du progrès, en économie du bétail, est en effet aujourd'hui tout à fait changé. Les expositions universelles et les concours régionaux, en permettant de juger comparativement de nos richesses, sont venus déplacer le point de vue. Les enseignements de la zootechnie aidant, on s'est enfin aperçu que notre propre situation n'était pas si inférieure qu'on l'avait cru, en se basant sur des conceptions absolues et purement spéculatives, tout au moins sur des observations insuffisantes. La donnée économique introduite dans le problème a fait voir qu'il devait recevoir une toute autre solution. Elle a montré qu'il y avait lieu de se préoccuper surtout de la conservation de nos races françaises, en se proposant d'améliorer leurs produits.

Nous sommes désormais fixés sur les principes qui doivent régir l'exploitation de l'espèce bovine, ainsi que celle de toutes les autres espèces domestiques ; il était bon, toutefois, de rappeler encore ces principes, au moment où nous allons en aborder l'application, en décrivant les races qui peuplent notre pays.

Faisons remarquer d'abord qu'en vertu de la caractéristique zoologique dont nous avons démontré le fondement, il se trouvera que ces races ne sont pas, à beaucoup près, aussi nombreuses qu'on le croit en général. La tendance des éleveurs, insuffisamment éclairés sur cette caractéristique, est à la multiplication des divisions et des catégories, fondées sur de simples nuances dans les caractères secondaires, qui n'ont pour la distinction des races aucune espèce de valeur, et ne peuvent avoir d'autre effet que d'obscurcir l'application utile des méthodes zootechniques. Ce qui importe en toute chose, c'est avant tout le vrai.

Il faut, dans l'étude zootechnique des races, séparer soigneusement ce qui est sous la dépendance du milieu dans lequel ces races vivent à l'époque actuelle, et ce qui en est absolument indépendant. Il n'est pas nécessaire, sans doute, d'insister pour faire comprendre à quel point la notion que nous introduisons dans l'étude des races élargit le champ de la sélection, ce qui est, on n'en disconviendra point, une condition favorable de l'amélioration de leurs produits. Prenant à la lettre — comme il doit être pris — l'axiome relatif au croisement, on devrait restreindre le choix des reproducteurs à l'étendue de la tribu, arbitrairement considérée comme formant une race, en raison de ses caractères secondaires, et ne pas sortir du petit groupe de familles qui la constituent; il serait interdit de les aller chercher dans d'autres tribus plus avancées sur la voie de l'amélioration.

S'il est vrai que le croisement détruise les races croisées, en ce sens qu'il les absorbe dans la race croisante ou les amène à l'état de variabilité désordonnée, suivant le degré auquel il s'arrête ou le nombre de générations durant lesquelles il est pratiqué; s'il est vrai que, selon les expressions heureuses de M. Naudin (de l'Institut), les métis soient incapables de former des agrégations uniformes et capables de durer indéfiniment; si tout cela est vrai — et l'expérience l'a mis hors de doute — il importe au premier chef que les races véritables soient bien délimitées, afin que, dans la pratique, on sache exactement ce que l'on fait.

Il ne s'agit donc point seulement en cela de pures subtilités zoologiques ou théoriques, de simples questions de dénomination, ainsi qu'on serait peut-être disposé à le croire, au premier abord; nous aurons plus d'une occasion, au cours de ce chapitre, d'en faire sentir l'utilité, lorsque nous rencontrerons des races divisées en plusieurs tribus.

Quel ordre devons-nous adopter pour la description de ces races formant notre population bovine, et quelles dénominations faut-il préférer pour les désigner ?

Ici commence l'embarras, car il ne semble pas possible de se dispenser, dans tous les cas, de faire une part plus ou moins forte à l'arbitraire. Lorsqu'il y a plusieurs tribus, nous pouvons du moins nous conformer à l'usage, le plus souvent, et désigner les races véritables par le nom qui leur est généralement donné, sauf à grouper autour de la souche ces tribus ou branches que les transactions humaines en ont détachées, dans des temps plus ou moins éloignés. Pour bon nombre, ces transactions se continuent encore aujourd'hui et nous éclairent ainsi sur le sens des migrations antérieures. Pour d'autres, celles-ci sont solidement assises sur des documents historiques. Cela, du reste, n'a qu'une médiocre importance ; l'essentiel est que la communauté d'origine soit établie par l'identité des caractères typiques.

Quant à la classification des races en groupes analogiques, la difficulté se dresse plus grande. Aucun auteur ne l'a, jusqu'à présent, vaincue complétement ; et la raison en est que cette difficulté paraît bien décidément invincible. Il n'y a, sous aucun rapport, rien de tranché qui permette des délimitations tout à fait fondées.

Nous ne nous arrêterons point à discuter les bases qui ont été proposées par les divers auteurs préoccupés de l'utilité d'une classification. Il serait superflu de montrer à quel point quelques-unes d'entre elles s'éloignent de toute vérité. La moins défectueuse de ces bases, parce que, au demeurant, elle est encore la moins inutile, est celle qui se fonde sur la fonction économique. C'est celle-là que nous adopterons, mais en faisant bien observer au préalable qu'elle ne peut avoir rien de précis ni de définitif. Ce que nous avons répété dans le précédent chapitre, au sujet des fonctions économiques de l'espèce bovine, nous dispensera d'en développer les raisons.

Il est évident, en principe, que les aptitudes de cette espèce doivent tendre à s'exercer de telle sorte qu'elles ne s'accompagneront plus d'une conformation spéciale qui puisse permettre de la classer à cet égard en groupes distincts. Dans une mesure plus ou moins forte, elles s'y exercent successivement, pour la plupart des races, l'aptitude à la production de la viande tendant à devenir prédominante, attendu que le progrès économique n'oblige en aucune façon à spécialiser les autres.

Seules donc, dans l'état actuel des choses, les races exclusivement propres à la boucherie pourraient former un groupe assez plausible, et encore ce groupe ne serait-il point rigoureux. Il n'est, à notre connaissance, dans aucun pays, aucune race qui ne remplisse au moins deux fonctions, sinon dans tous les cas, du moins par des individus distincts. Ainsi, nous montrerons plus loin, par exemple, que la race de Durham, réputée par excellence spécialisée en vue de la boucherie, compte des familles remarquables sous le rapport de la faculté laitière et exploitées comme telles. La race charolaise, qui s'en rapproche, compte, de son côté, beaucoup de bœufs travailleurs.

C'est par conséquent l'aptitude principale seulement, qui peut servir de base à peu près exacte, quant à présent, à la classification de l'espèce bovine en races de boucherie, races travailleuses et races laitières, et cela provisoirement. Du moins n'en voyons-nous aucune autre qui puisse avoir une utilité pratique.

1. Races de boucherie

Considérations générales. — Ainsi que nous l'avons fait pour ce qui concerne la description de l'espèce du cheval, nous devons prendre ici la population bovine telle qu'elle est, sans nous occuper des origines en ce moment, autrement que pour les indiquer. Nous avons à décrire le bétail de la France. Cela soit dit une fois pour toutes, il nous faut y comprendre toutes les races exploitées par nos éleveurs, qu'elles soient indigènes, réputées autochtones, ou tirées plus ou moins récemment de l'étranger dans des vues d'amélioration.

En raison même de cette dernière considération, il convient que nous commencions par les races étrangères, dans chacun des groupes auxquels elles se rattachent. Les vues qui les ont fait introduire se sont traduites par des résultats qu'il y aura lieu d'apprécier, en passant la revue de nos races indigènes. Nos appréciations seraient fort empêchées, si nous n'avions au préalable connaissance de tous les sujets qui ont concouru à la production de ces résultats.

Quant à la fonction économique de la boucherie, c'est l'Angleterre qui nous a fourni des types étrangers et qui doit vraisemblablement nous en fournir de nouveaux, si les enseignements de la zootechnie ne viennent pas à prévaloir tout à fait. Il convient donc de décrire, non-seulement ceux que nous avons déjà, mais encore ceux dont l'état d'amélioration zootechnique pourrait tenter les introducteurs hardis. Les races anglaises, d'ailleurs, sont fort intéressantes à bien connaître, surtout au point de vue de leur histoire, ainsi que nous l'avons montré en exposant les principes généraux de la zootechnie, car elles fournissent les meilleurs exemples d'application des méthodes d'amélioration du bétail.

Nous comptons bien en tirer grand parti plus loin. En attendant, nous nous bornerons à exposer aussi brièvement que possible les faits qui les concernent, devant au reste suivre le même plan pour nos races françaises.

Race de Durham. — D'abord connue en Angleterre sous le nom de *Tees-water*, parce qu'elle habitait principalement les herbages qui bordent la rivière de la Tees, limitrophe des comtés d'York et de Durham, la race dont il s'agit se faisait remarquer surtout par son aptitude laitière. Elle est plus généralement désignée par le nom du dernier de ces comtés, ou par les expressions de race courtes cornes améliorée (*Short-horned improved*), depuis que les travaux des frères Colling en ont porté la réputation à son apogée, sous le rapport de l'aptitude à l'engraissement. En France, où elle fut introduite sérieusement il y a une trentaine d'années, par MM. Lefebvre de Sainte-Marie et Yvart, au nom du gouvernement, l'appellation de race de Durham a été généralement préférée.

D'abord exclusivement élevée dans les vacheries de l'État, situées en Normandie et dans le Nivernais, elle s'est répandue sur divers points de notre pays, chez les éleveurs amis du progrès, mais particulièrement dans notre ancienne province de l'Anjou. Le dernier concours régional de Nantes (1866) montrait une collection de 46 mâles et de 47 femelles, prouvant à l'évidence que notre élevage français n'a plus rien à envier, sous ce rapport, à l'élevage anglais, et que l'intervention de l'État pourrait sans inconvénient prendre fin. L'initiative privée des éleveurs de la

Mayenne, sans parler de ceux des autres régions, est désormais en mesure d'y suppléer avantageusement.

L'histoire des origines de la prétendue race de Durham est entourée de toutes sortes d'obscurités, accumulées comme à plaisir par les idées préconçues des auteurs qui ont recherché ces origines. La connaissance de la loi de permanence des caractères typiques nous permettra de les dissiper. En nous apprenant ce qui n'a pas pu être, elle nous fixera sur ce qui a été nécessairement. Nous en devrons conclure que les effets du croisement ne sont

Grav. 9. — Taureau durham, 1er prix de la 2e catégorie, 1re section, 1re classe (M. Ch. Towneler, Concours universel de Paris, 1856).

Grav. 10. — Vache durham, 1er pr. 1re catégorie, 1re section de la 1re classe (M. Charles Towneley, Conc. univ. de Paris, 1856).

intervenus en rien dans les résultats des opérations mieux connues du célèbre éleveur de Ketton. Auparavant, indiquons la caractéristique de la race (grav. 9 et 10).

Caractères typiques. — Crâne dolichocéphale; protubérance occipito-frontale (*chignon*) très-saillante; cheville osseuse implantée haut, courte et horizontale, arquée en avant; front plat; face courte, pyramidale, à chanfrein droit, formant un triangle presque isocèle; arcade orbitaire peu saillante; crête zygomatique peu accusée; maxillaire inférieur à branches peu écartées, relevées à angle droit, très-mince à la symphyse du menton. Sur le vivant, ces dispositions du squelette donnent au type du durham un cachet de finesse qui s'accuse par l'étroitesse du mufle et le peu de développement des lèvres, la petitesse relative de la bouche, comparés à l'étendue des joues, par la saillie des yeux à fleur de tête, par des oreilles petites et minces, implantées bas, et des cornes courtes, horizontales et contournées en avant. En somme, physionomie douce et distinguée.

Caractères secondaires. — Mufle rosé; cornes d'une nuance variable du jaunâtre au blanc, suivant les dispositions de la robe; celle-ci est blanche, rouge ou mélangée en diverses proportions de ces deux couleurs, mais bien rarement, si ce n'est même jamais, de manière à former le pelage pie; le plus souvent, lorsque les deux teintes sont mêlées, c'est pour donner le pelage improprement appelé rouan, chez l'espèce bovine, et qui est l'aubère plus ou moins foncé, chez le cheval, suivant que dominent les poils rouges ou les poils blancs; il y a aussi le pelage caille, entremêlé de petits bouquets blancs et rouges; le durham rouge montre parfois de petites marques blanches en quelque point du corps, le plus ordinairement à la tête ou au ventre.

La conformation générale du corps, telle qu'on l'observe à présent, est celle du bœuf de boucherie le plus perfectionné, dont nous avons décrit les caractères précédemment, sauf l'étendue du train postérieur, qui est moindre chez le durham, pour les raisons que nous avons dites aussi. La queue, relativement courte, à base large, porte à son extrémité des crins peu fournis. Toutes les autres formes résultent des dispositions acquises sous l'influence de l'amélioration zootechnique et sont l'effet du développement de l'aptitude à l'assimilation.

La race de Durham est celle qui présente actuellement cette aptitude au plus haut degré; c'est, sans contredit, la plus précoce de toutes les races bovines du monde. On rencontre, chez quelques-unes des autres, des individus ou même des familles qui peuvent lutter avec elle de précocité; seule elle mérite jusqu'à présent d'être qualifiée de race précoce, parce que la précocité est devenue l'apanage de tous ses représentants. Ils atteignent communément l'état adulte, c'est-à-dire le complet achèvement de leur squelette, à l'expiration de la troisième année de leur vie. Or, le bœuf, dans les conditions normales de son développement naturel, n'est adulte qu'à six ans. La raison en est que la race de Durham est une race d'élite, relativement peu nombreuse, élevée, en Angleterre comme en France, non pas pour que ses produits purs soient directement abattus pour la consommation de la viande, mais en vue de fournir des reproducteurs pour la fabrication industrielle de métis améliorés, de machines propres à la transformation des aliments, en les douant d'une partie plus ou moins forte de leur précocité héréditaire.

En même temps que les méthodes zootechniques ont développé cette aptitude si remarquable à la précocité, l'aptitude laitière, qui fut la principale du bétail teeswater, s'est conservée dans un certain nombre de familles, tandis qu'elle s'amoindrissait jusqu'à sa plus simple expression, chez la plupart. Ce fait important explique les controverses auxquelles on s'est livré, soutenant, d'une part, que la race de Durham était une race essentiellement bonne laitière, tandis qu'au contraire, de l'autre, la faculté lui en était absolument déniée.

La connaissance entière des faits montre que, dans ces controverses, les antagonistes avaient également tort, en soutenant des thèses absolues. La vérité est qu'il faut distinguer entre les familles. On cite, en Angleterre, la *Dairy* de M. Whitaker, à Greenholme, près Otley, Yorkshire, composée de vaches de Durham nombreuses et distinguées, et dans laquelle dix de ces vaches auraient donné, en deux traites, 269 lit. 297 par jour, soit en moyenne 26 lit. 929 par tête, ce qui témoigne d'une aptitude assez prononcée. Sans sortir de la France, bon nombre de sujets du même genre y ont pu être observés, et tout récemment encore M. L. de Kerjégu appelait l'attention des éleveurs bretons sur la vacherie de l'École d'agriculture de Rennes, si habilement dirigée par M. J. Bodin, et où l'aptitude laitière se maintient prononcée sur des métisses fort avancées de taureaux de Durham bien choisis. « Quant au lait, ajoutait-il, je rappelle l'expérience de *Métellus*, si persistante dans son succès et si bien constatée par les cultivateurs, dont la spéculation est le lait et le beurre.» —« Issu d'une famille laitière, ce durham possédait une telle puissance de transmission de ses qualités laitières, que les cultivateurs de la banlieue de Brest et de Landernau, qui n'ont des vaches que pour la vente du lait en nature et du beurre, recherchent toujours et payent avec prime les vaches de la descendance de *Métellus*, mort depuis vingt ans (1). »

Il n'en est pas moins vrai que l'aptitude laitière est absente chez la généralité des sujets de Durham, améliorés sans aucun souci de la conserver et seulement en vue de la précocité. Cela ne doit jamais être oublié dans le choix des reproducteurs ; et l'existence d'un *Herd-Book* pour la race de Durham rend facile l'application de notre recom-

(1) *Le Durham laitier*, dans *la Culture*, t. VIII, p. 21.

mandation, attendu que les qualités généalogiques y sont soigneusement indiquées.

Historique. — L'histoire de la race du comté de Durham ne date pas seulement, comme on semble le croire en général, du moment où les frères Colling, contemporains de Backewell, se sont occupés de son amélioration, pour en conduire les aptitudes à un point qu'elles n'ont guère dépassé depuis. Ce qui se rapporte aux travaux de ces éleveurs célèbres et même illustres, en est évidemment la partie la plus intéressante, surtout la plus importante, car on y trouve les enseignements de zootechnie pratique les plus précieux; mais il importe presque autant, au même point de vue, de résoudre définitivement avec les lumières de la science les doutes que la tradition historique a laissé subsister sur les origines de leurs troupeaux, d'où les courtes cornes améliorés se sont ensuite répandus sur toute la surface des Trois-Royaumes, puis enfin sur le continent.

Il est avéré que vers le milieu du dix-septième siècle, le bétail des bords de la Tees, qui était demeuré jusque-là, par ses aptitudes, l'expression pure et simple des herbages luxuriants dans lesquels il vivait, reçut une vive impulsion dans le sens de l'amélioration. La race tees-water, alors comme aujourd'hui d'une couleur invariablement rouge ou blanche, ou présentant le mélange des deux teintes, était d'une forte corpulence, d'une conformation régulière, mais haute sur jambes; elle était laitière, forte mangeuse et d'un engraissement tardif; quelque chose, en somme, qui se rapprochait beaucoup, par les aptitudes du moins, de ce qu'est aujourd'hui notre race normande du Cotentin. On cite de cette époque, comme se distinguant du commun, les troupeaux de la famille des Aislabies, propriétaires de Studley-Park; celui des ancêtres de sir Edward Blackett, à Newby-Hall; enfin, en 1640, celui de sir Hugh Smithson, héritier du titre de duc de Northumberland, à Stanwin, auquel troupeau remonte directement, par sa généalogie, la vache *Duchess*, l'une de celles qui ont le plus contribué aux succès de l'élevage de Colling.

La réputation de quelques-uns des taureaux provenant évidemment des souches qui viennent d'être indiquées s'établissait vers 1750; et c'est alors qu'on prit la coutume de les distinguer par des noms propres. Ceux de *The Old Studley-Bull* (indiquant, selon toute apparence, sa provenance du troupeau des Aislabies), de *Snowden's-Bull*, de *Masterman's-Bull*, nous ont été conservés.

Mais c'est alors aussi que se présente, dans l'histoire de la race actuelle des courtes cornes, une circonstance dont on a voulu tirer parti pour l'obscurcir, dans l'intention, bien entendu, de l'éclairer. Quelques chroniqueurs racontent qu'en 1740, sir William Saint-Quintin, de Scampton, aurait importé des taureaux de Hollande et les aurait accouplés avec des vaches du comté. Sir James Pennymann aurait acheté pour son fermier, M. Snowden, un de ces taureaux et six vaches métisses, de l'une desquelles, fécondée par le taureau, serait né le fameux *Hubback*, considéré à juste titre comme le premier et le plus remarquable améliorateur de la race. *Hubback* eût donc été, d'après cela, non point un pur tees-water, mais bien un métis hollandais au deuxième degré.

Baudement, lorsqu'il faisait dans son cours du Conservatoire impérial des arts et métiers l'histoire de la race de Durham — histoire dans laquelle il se complaisait — avait coutume de repousser cette version par des arguments que nous allons rappeler. Ils ont été consignés dans une notice écrite par son ancien préparateur, qui était aussi son ami, comme tous ceux qui l'ont connu.

« Remarquons d'abord, y est-il dit, que, sans admettre, ce qui a été soutenu cependant, que les animaux importés par sir William étaient d'origine anglaise et provenaient d'un troupeau donné autrefois par le roi d'Angleterre à son gendre, le stathouder de Hollande, qui devait plus tard le détrôner et régner sous le nom de Guillaume III; remarquons, disons-nous, que les races primitives des comtés d'Angleterre qui nous occupent étaient fort analogues à celles qu'on nous présente comme ayant été importées; de sorte que races locales ou races introduites devaient avoir des qualités semblables, et qu'on ne comprendrait nullement comment un taureau hollandais, uni à une vache laitière de la race tees-water, aurait pu produire un durham. — Le taureau hollandais n'a aucune des qualités de finesse qui distinguent les courtes cornes améliorés; et supposer qu'il ait eu une influence décisive sur la création de la race de Durham, c'est déclarer nettement qu'il est inutile qu'un reproducteur ait les qualités qu'il doit transmettre à son produit. — Personne n'a jamais considéré le taureau hollandais comme parfait au point de vue de la boucherie, et Weckherlin dit même : « Si l'on voulait produire des animaux spécialement des- « tinés à l'engraissement, il ne faudrait pas arrêter son « choix sur cette race (1). »

Est-il, en réalité, bien nécessaire de discuter l'assertion de ceux qui veulent faire descendre *Hubback* d'un taureau hollandais, du moment que d'autres, tout aussi autorisés, soutiennent que *Masterman's-Bull* fut son père, et que

(1) P. P. Dehérain, *Annuaire scientifique*, 1875, p. 408.

Snowden's-Bull, le père de celui-ci, le prétendu taureau hollandais acheté par sir James Pennymann, descendait lui-même de *The Old Studley-Bull*, dont la pureté n'est pas mise en doute?

Les arguments de Baudement ne s'appuient que sur des probabilités, assez fortes, à la vérité, si l'on ne considère que l'aptitude; mais que pourrait-on opposer à ce fait, que les caractères typiques de la famille de Durham, comme nous la connaissons maintenant, sont absolument les mêmes que ceux de la race hollandaise? Ou la loi de permanence du type est fausse, ou les courtes cornes d'aujourd'hui descendent de la même souche que les hollandais. Or, la justesse de cette loi est assez solidement établie pour qu'une tradition obscure, au moins, sinon tout à fait apocryphe, ne soit point nécessaire pour la consolider. Il faudrait des documents autrement authentiques, en tout cas, pour admettre comme vrai ce qui serait démontré radicalement impossible, dans l'état actuel de la science.

Il suit de là, que le type est identique des deux côtés du canal, et que par le fait, la question tant agitée devient oiseuse, telle qu'elle a été posée. On peut donc, sans inconvénient, tenir ou non *Hubback* pour un pur descendant des tees-water, du côté paternel. Ce qui semblerait bien prouver qu'en lui cherchant une ascendance métisse on était mû par une idée systématique, par le désir de prouver l'excellence du croisement, comme moyen d'améliorer les races, c'est que, désespérant enfin de la faire accepter, quant au père, on s'est rejeté du côté de la mère. On a prétendu que celle-ci, appartenant à M. Hunter lorsque naquit le célèbre taureau, était de la race kyloe, fort analogue par sa petite taille à celle des west-highlands.

Il n'y avait aucune raison pour qu'une vache kyloe fût entretenue dans une ferme des environs de Darlington, et surtout saillie par un de ces énormes taureaux tees-water déjà si connus; mais au moment où se produisirent ces singulières affirmations, le fils de M. Hunter vivait encore. D'un certificat signé par lui à Hurworth, le 6 juillet 1822, il résulte qu'elles n'ont aucune espèce de fondement. « Je me rappelle, y dit M. John Hunter, la vache élevée par mon père, qui a été la mère d'*Hubback;* on ne la soupçonnait en aucune façon d'avoir en elle ni sang kyloe, ni aucun autre. On a souvent répété dernièrement qu'elle descendait d'une kyloe; mais je n'ai aucune raison de croire, et je ne crois pas qu'il y eût chez elle aucun mélange de sang kyloe. »

Personne, en 1822, n'était apparemment en mesure d'être mieux renseigné. Cela doit couper court à tout débat ultérieur. La descendance des premiers tees-water s'est continuée pure de toute alliance étrangère. La tribu des courtes cornes améliorés doit uniquement ses qualités à la sélection, appuyée par la gymnastique fonctionnelle.

Ceci nous conduit à la phase principale de son histoire.

En 1770, les deux frères Colling, dont le nom est une des gloires de l'Angleterre, débutaient dans la carrière d'éleveur. Robert, l'aîné, âgé de vingt ans, se fixait à Brampton, tandis que le plus jeune, Charles, s'établissait à Ketton, aux environs de Darlington. Il avait dix-neuf ans; il était, malgré sa jeunesse, déjà l'ami de Backewell, reconnu comme le plus grand éleveur de son pays, et s'était sans aucun doute initié, en fréquentant la ferme de Dishley-Grange, aux pratiques de l'élevage perfectionné, inauguré par le célèbre possesseur de celle-ci.

Quoi qu'il en soit, Charles Colling ne tarda point à porter sa propre réputation, dans le perfectionnement des courtes cornes, au plus haut degré, distançant son frère, qui lui-même arriva cependant au premier rang, avec plusieurs autres éleveurs du comté de Durham, parmi lesquels on cite surtout M. Coates, qui produisit le fameux taureau *Patriot*, vendu 13,750 fr.

Le point de départ de sa fortune fut l'acquisition qu'il fit, en 1785, du reproducteur *Hubback*, dont il a été parlé plus haut ; c'est du reste à ce moment seulement qu'il commença ses opérations sur le bétail tees-water ; il l'avait, jusque-là, élevé comme tous ses voisins des bords de la Tees.

Comme à peu près tous les chefs de dynastie ou de noblesse quelconque, *Hubback* eut des commencements aventureux. Tout jeune encore, il avait été vendu au marché, avec sa mère, par M. Hunter, à un forgeron de Darlington. Celui-ci garda la mère et donna le veau en cadeau de noces à sa fille, qui alla habiter en se mariant le village d'Hornby, près de Kircleavington. Le jeune ménage, qui n'était pas riche apparemment, envoyait le veau pâturer sur les communaux d'Hornby, où Waistel et Robert Colling le remarquèrent et l'achetèrent. Charles Colling, qui avait bien prévu ses hautes destinées, mais qui n'en disait mot, attendant l'occasion favorable pour en devenir acquéreur, fut sans doute désappointé, mais il fit tant et si bien, qu'une année après il les décida à le lui céder au prix de 211 fr. 68 de notre monnaie. Ceci est considéré comme son coup de maître.

Dès que Charles Colling devint possesseur de cet animal précieux, dont il avait discerné les qualités merveilleusement propres à le conduire au but qu'il voulait atteindre, son premier soin fut de le réserver exclusivement pour les vaches de son troupeau, quelque prix qu'on lui offrît de ses saillies. *Hubback* était, paraît-il, un modèle accompli de l'animal apte à s'engraisser. Épais de corps, bas sur jambes, il avait la peau remarquablement fine et souple, le poil doux, les cornes petites, lisses, d'une couleur jaune beurre frais, et le tempérament d'une tranquillité parfaite.

Ces dispositions se communiquaient infailliblement à tous ses produits, que l'heureux possesseur obtint le plus nombreux qu'il put. Malheureusement, en raison même de leur exagération, elles affaiblirent bientôt les facultés prolifiques d'*Hubback*, qui, engraissé outre mesure, devint lourd, improductif, et dut être réformé.

Bolingbroke le remplaça. Il devint à son tour le sultan de ce sérail gardé avec un soin jaloux, où figuraient, parmi les vaches les plus célèbres de la race, *Duchess*, dont nous avons déjà parlé, l'ancienne *Daisy*, *Lady Maynard*, et surtout *Phœnix*, la mère du fameux *Favourite*, dont nous avons eu l'occasion de signaler les exploits, à l'occasion de l'étude des effets de la consanguinité (1), et qui procréa, avec sa propre mère, le non moins fameux *Comet*.

Bolingbroke était, comme *Hubback*, trop enclin à la mollesse. Sous son influence ajoutée à celle de celui-ci, et par le fait de la consanguinité adoptée par Colling comme un des plus puissants moyens d'atteindre son but, la fécondité menaçait de s'éteindre dans le troupeau. Elle allait s'affaiblissant, à mesure que les qualités éminentes des deux reproducteurs précédents s'affirmaient davantage par l'hérédité portée à sa plus haute puissance.

(1) Voy. *Principes généraux*, ch. V, p. 131.

Enfin, *Favourite* vint. Un peu moins fin que son père *Bolingbroke*, il se montrait d'une remarquable vigueur. On sait qu'il fit la monte dans la ferme de Ketton durant seize ans consécutifs, et que, en contribuant dans une si large mesure à étendre et à consolider les aptitudes qui ont porté si haut la réputation de la tribu, il fournit en même temps l'exemple d'un emploi des accouplements entre consanguins poussés jusqu'à des limites qui n'ont jamais été atteintes depuis. Nous avons cité notamment une des meilleures vaches du troupeau, *Clarissa*, qui était fille, petite-fille et arrière-petite-fille, jusqu'à la septième génération, de *Favourite*.

La consanguinité, qui est le plus haut degré de la sélection, la condition de la plus haute puissance de l'hérédité, fut donc un des principaux moyens employés par Charles Colling pour constituer son troupeau de sujets d'élite, en fixant les améliorations individuelles obtenues par la gymnastique fonctionnelle. Ainsi avait agi Backewell, auparavant. Et l'on ne conçoit point qu'ils eussent pu faire autrement, d'ailleurs. On trouve précisément, dans l'histoire de Ketton, les preuves réunies des inconvénients et des avantages du procédé. Avec des pères comme *Hubback* et comme *Bolingbroke*, la consanguinité devenait un danger par l'exagération même de l'aptitude qu'elle confirmait; avec *Favourite*, le mal fut réparé.

Colling, du reste, avait fait une tentative pour y remédier d'une autre façon. Il accoupla *Bolingbroke* avec une vache rouge galloway et il en obtint un mâle, qu'il vendit au colonel O. Callaghan, comme une preuve vraisemblablement de son hésitation à introduire un élément étranger; mais, se ravisant, il le racheta, et ce mâle devint le taureau *O. Callaghan's son of Bolingbroke*. Accouplé avec

Old Johanna, vache pure tees-water, il donna *O. Callaghan's granson of Bolingbroke*, qui eut lui-même de *Phœnix*, mère de *Favourite*, une belle génisse, *Lady*, qui fut la souche de la famille connue sous le nom de l'*Alliage*.

Ce nom même prouve le soin pris de conserver absolument pure la généalogie de tout le reste des sujets de Durham, descendance de *Favourite* et de *Comet*. Mais, dans l'espèce, est-il vraiment justifié, sinon au point de vue historique ? Successivement accouplées avec des taureaux purs, les descendantes de *Lady* n'ont pu manquer de donner bientôt naissance à des produits entièrement revenus à la race de leur père. Il serait bien impossible de discerner, dans les caractères des descendants de *Lady*, rien qui rappelât, de près ou de loin, la race galloway. L'impureté qu'on impute à la petite famille appelée l'*Alliage* est entièrement gratuite, aux yeux du physiologiste.

Les opérations de Charles Colling avaient commencé en 1785, ainsi que nous l'avons vu; elles furent closes en 1810 par une vente générale, qui eut lieu le 16 octobre et qui produisit la somme totale de 177,896 fr. 25 c. Le troupeau se composait alors de 17 vaches de 3 à 14 ans; de 11 taureaux de 1 à 9 ans; de 7 veaux mâles au-dessous de 1 an; de 7 génisses de 1 à 2 ans; enfin de 5 génisses de moins de 1 an. Le prix moyen des vaches ressort à 4,121 fr. 25 c. par tête; celui des taureaux à 5,366 fr. 93 c. (*Comet* seul fut vendu 26,250 fr.); celui des veaux, à 2,456 fr. 25 c.; celui des génisses, à 3,367 fr. 50 c.; enfin celui des vêles, à 1,606 fr. 50 c. Cela suffit pour montrer le cas qui en était fait en Angleterre. A la suite de cette vente, cinquante éleveurs offrirent à leur collègue, désormais à la retraite, une pièce d'argenterie portant une inscription ainsi rédigée :

« *Présentée à M. Charles Colling, le grand améliorateur de la race de bétail courtes cornes, par les éleveurs dont les noms suivent, comme une preuve de leur reconnaissance pour les services qu'il leur a rendus par ses judicieux perfectionnements, et aussi comme un témoignage de leur estime pour sa personne. — 1810.* »

Cela vaut bien un titre de noblesse.

Robert ne se retira de la carrière qu'en 1818, moins célèbre que son frère. Cependant, la vente qu'il fit de même de son troupeau, produisit une somme de 196,113 fr. 75 c. pour 61 bêtes, soit en moyenne 3,214 fr. 97 c. par tête. La valeur des animaux de Durham, par la recherche dont ils étaient dès lors l'objet, avait atteint son apogée. Elle n'a pas baissé depuis, en proportion de leur multiplication.

Il reste à relever une autre particularité de l'histoire de la race de Durham, qui a bien aussi son importance, au point de vue du temps qu'il fallut à Charles Colling pour obtenir, à l'aide de la méthode de perfectionnement qu'il suivit, les résultats si remarquables que nous venons de voir. Cette particularité, ainsi que les précédentes, a été déjà relatée par nous (1); mais elle sera encore ici à sa place, car l'exposé des faits y doit confirmer les principes préalablement posés.

On se souvient que l'acquisition d'*Hubback* date de 1785. *Favourite* et *Comet*, son fils, étaient déjà bien connus, lorsque survint la circonstance dont nous voulons parler, et qui ne contribua pas peu à populariser le nom de Colling et la réputation de l'élevage de Darlington. En 1796, c'est-à-dire dix ans seulement après l'introduction

(1) *Principes généraux de la zootechnie*, ch. VIII, p. 229.

d'*Hubback*, était né de *Favourite* et d'une vache des environs, un produit tellement remarquable par son aptitude à l'engraissement, que prévoyant le parti qu'il en pouvait tirer, Charles Colling le fit châtrer; en 1801, c'est-à-dire à cinq ans, il pesait 1,370 kil., tellement il avait accumulé de graisse.

Ce bœuf phénoménal fut vendu, à raison de 3,500 fr., à un M. Balmer, de Harmeley, à la condition qu'il fît construire exprès une voiture pour le promener en Angleterre, sous le nom de *Durham ox* (bœuf de Durham), et l'y exposer à la curiosité publique moyennant rétribution. Dégoûté du métier de puffiste, M. Balmer revendit bientôt le tout à un M. John Day, qui le paya 6,250 fr. Le métier était bon pourtant, paraît-il, car le jour même celui-ci en refusait 13,125 fr., un mois après 25,000 fr., et enfin 50,000 fr. à quelque temps de là.

Durham ox avait parcouru, durant six ans, tous les comtés de l'Angleterre et de l'Écosse, excitant partout le plus vif intérêt, lorsqu'un accident vint mettre un terme à ses exhibitions. Il se démit la hanche à Oxford, en février 1807. Après deux mois de souffrances, on dut l'abattre épuisé; il rendit encore, malgré cela, 1,053 kil. de viande nette et 70 kil. de suif. Quiconque a une idée de la perte de poids que cause aux animaux gras la maladie, conclura facilement sur le poids qu'il devait peser au moment de son accident. Un bœuf fin-gras, exposé au concours de Poissy, a perdu en moyenne une dizaine de kilogrammes lorsqu'il arrive à l'abattoir, après trois jours d'exposition. A ce compte, ce n'est pas risquer beaucoup de se tromper, d'évaluer à environ 2,000 kil. le poids vif de *Durham ox* bien portant.

Un tel résultat, si extraordinaire, avait donc été rendu

possible par environ dix ans des efforts de Charles Colling. On ne peut pas en faire honneur aux seules qualités natives ou acquises de la race commune des tees-water, car il résulte de documents certains, qu'avant l'intervention de l'éleveur de Ketton le rendement moyen des plus beaux bœufs de cette race ne dépassait guère 700 kil. de viande et 105 kil. de suif.

Mode d'élevage. — Les procédés usités en Angleterre et en France pour élever les jeunes animaux de la race de Durham, fournissent un type parfait d'application des méthodes zootechniques de la sélection et de la gymnastique des fonctions de nutrition. A ce titre, au lieu de les exposer en ce moment, nous les réserverons, afin d'éviter des répétitions inutiles, pour le prochain chapitre, où cette application à l'espèce bovine en général sera étudiée d'une manière spéciale. Les pratiques suivies par les meilleurs éleveurs de la race dont il s'agit et de quelques-unes des autres races perfectionnées des Iles Britanniques, nous fourniront les exemples les plus complets à proposer pour la production des sujets d'élite, destinés à répandre, dans nos races françaises encore arriérées, une aptitude plus prononcée à la production de la viande. L'historique qui précède a déjà montré l'influence salutaire de la sélection poussée jusqu'aux dernières limites de la consanguinité.

Rendement. — Nous avons déjà dit quel pouvait être le rendement maximum, en lait, des familles laitières de la race de Durham. Il a atteint près de 27 litres par tête et par jour. Quant au rendement moyen des vaches ordinaires, il se maintient bien au-dessous.

Nous trouvons, à cet égard, dans le travail de M. Dehérain, cité plus haut, les chiffres suivants : Après le vêlage, 11 litres 20; de 3 à 6 semaines (plein lait) 14 litres 33; du vêlage à 2 mois, 13 litres 33; de 3 à 8 mois, 8 litres 35; de 9 à 16 mois, 4 litres 83. Cela suffit largement, on le voit, pour que la race de Durham occupe encore, comme laitière, un rang distingué, sinon pour la spéculation spéciale, du moins au point de vue de l'élevage de ses produits. M. le professeur Tisserant la classe parmi les bonnes laitières, et nous sommes de son avis.

Sous le rapport de la viande, elle n'a pas sa pareille; non point pour la qualité comestible, ni pour le rendement absolu : il résulte au contraire d'une étude comparative, faite par Baudement sur quarante-neuf bœufs de diverses races ou métis, distingués par le jury du concours de Poissy, qu'elle occupe à ces deux titres des rangs inférieurs. Les bœufs de Durham n'ont donné que 66.026 de viande nette et 10.980 de suif pour 100 de leur poids vif, tandis que des comtois ont donné 67.952 de viande et 9.852 de suif, des bretons 67.460 et 12.381, des gascons 67.191 et 10.449 (1).

Mais si, envisageant la question au point de vue relatif, on compare avec ces chiffres l'âge des animaux qui les ont fournis, on voit que l'avantage est aux animaux âgés de trois ans à trois ans et demi. Or, les sujets précoces comme le sont ordinairement tous ceux de la race de Durham, peuvent seuls donner de la viande faite à cet âge-là. Il faut remarquer, en outre, que les bœufs de Durham qui figurent à Poissy sont les rebuts de la race, tandis que les autres sont nécessairement des animaux améliorés choisis parmi les meilleurs de leur race.

Après les détails que nous avons dû consacrer à la race

(1) *Livre de la ferme*, t. Ier, p. 925, tableau.

de Durham, les autres races de boucherie des Iles Britanniques n'offrent plus pour nous qu'un intérêt secondaire, si ce n'est au point de vue purement descriptif. Nous nous bornerons donc à les faire connaître sommairement, attendu qu'aucune ne s'est implantée dans notre pays et qu'elles n'y figurent que dans les concours. Nous reviendrons sur leur mode d'élevage en Angleterre, en même temps que sur celui des courtes cornes, pour le motif indiqué plus haut. Leurs produits sont directement livrés à la consommation, et non pas, comme ces derniers, réservés tous ou à peu près pour la reproduction ou pour la fabrication des métis améliorés.

Race de Hereford. — L'amélioration du bétail de la race du Herefordshire est attribuée aux efforts de Benjamin Tomkins. Simple vacher, il aurait fait en 1769 l'acquisition, pour sa laiterie, de deux vaches qui présentèrent des dispositions à l'engraissement précoce, au lieu d'une faculté laitière prononcée. On rapporte qu'il résolut d'en profiter pour constituer une famille de reproducteurs perfectionnés en ce sens. La première de ces vaches, qui était blanche, paraît-il, fut nommée *Pigeon ;* la seconde, d'un beau rouge, reçut le nom de *Mottle.*

Cela, comme on voit, se passait au temps de Backewell et résulta, sans aucun doute, de l'impulsion du grand éleveur. Le nom de Tomkins n'en demeure pas moins attaché à l'histoire du perfectionnement de la race de Hereford, dont il suffira que nous donnions la caractéristique (grav. 11 et 12).

Caractères typiques. — Crâne dolichocéphale ; protubérance occipito-frontale arrondie ; cheville osseuse peu volumineuse, plantée bas, oblique en avant et en haut, se relevant brusquement à la pointe; front creux; arcade orbitaire saillante; face courte, étroite, à chanfrein droit; crête zygomatique effacée; maxillaire inférieur à branches étroites, peu écartées, se relevant suivant un angle obtus. Sur le vivant, tête petite, fine; mufle étroit; lèvres et bouche petites; oreilles implantées bas; cornes effilées et moyennement longues; œil vif; physionomie ouverte et gaie.

Caractères secondaires. — Mufle rosé; cornes le plus sou-

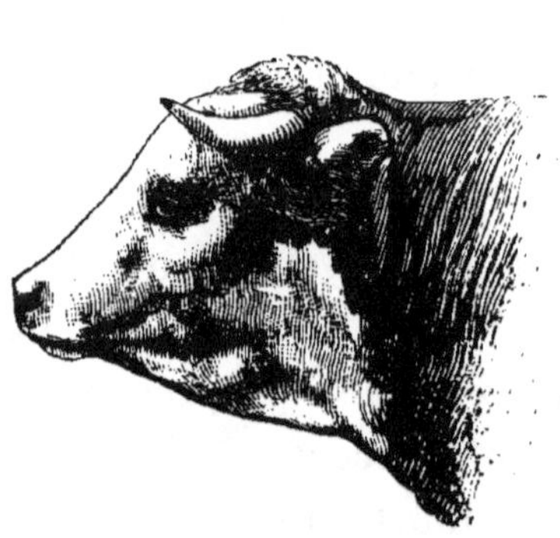

Grav. 11. — Taureau hereford, 1er prix de la 2e catégorie, 1re section de la 1re classe (M. Fisher Hobbs, Conc. univ., Paris, 1856).

Grav. 12. — Vache hereford, 1er pr. de la 2e catégorie, 1re section, 1re classe (M. William Perry, Conc. univ., Paris, 1856).

vent jaune verdâtre et brillantes; robe toujours d'un rouge clair et peu vif sur le corps et aussi toujours blanche à la tête, où le poil est frisé, tandis qu'il est fin et soyeux partout ailleurs. La finesse et la souplesse de la peau, le volume, la taille et la conformation générale du corps, rapprochent d'ailleurs les autres caractères secondaires de l'hereford de ceux du durham, sans qu'ils en atteignent la perfection. Il y a peu de races où l'uniformité du pelage soit plus constante. Tout hereford pur est de couleur rouge avec la face blanche, et quelquefois aussi certains points du dos ou du ventre.

Les bœufs de cette race contribuent pour une forte part à l'approvisionnement de la ville de Londres ; ils sont en plusieurs cas soumis à un léger travail avant leur engraissement. Les femelles, beaucoup moins développées que les mâles, sont de très-médiocres laitières.

Race de Devon. — En fait, la place de cette race ne serait pas ici. Dans son pays, elle se fait surtout remarquer par son aptitude au travail, par la rapidité et la légèreté de ses allures. Dans le comté de Devon, où le sol est accidenté, depuis Burnstaple jusqu'à Tiverton, on attelle ordinairement les bœufs au joug, par quatre, et ils y exécutent tous les travaux des champs aussi rapidement que les chevaux; « et, dit M. le marquis de Dampierre, c'est au trot que les conducteurs les mènent au travail (1). » La race, ajoute le même auteur, n'a sous ce rapport de rivales que dans nos races du Morvan et de l'Auvergne.

Il est douteux, cependant, que, s'il s'agissait d'effectuer un défrichement en terres fortes, elles pussent tenir la comparaison. Les bœufs du Devonshire sont des travailleurs de terrains légers, comme les bretons. Leur faible poids et la finesse de leurs membres l'indiquent assez. En considération de ce que leur viande est très-estimée pour sa saveur, son grain serré, mélangé d'une graisse jaune et fine d'un excellent goût, nous pouvons donc, à notre point de vue français, maintenir la race de Devon (grav. 13 et 14) dans la catégorie des races de boucherie, du moment surtout qu'elle n'est pas non plus forte laitière, bien que son lait soit butyreux.

Caractères typiques. — Crâne dolichocéphale; protubé-

(1) *Races bovines*, etc., dans la *Bibliothèque du cultivateur*. Paris, Librairie agricole, 1859.

rance occipito-frontale basse et peu épaisse ; cheville osseuse implantée haut, mince à la base, immédiatement relevée en avant, surtout chez la femelle; front étroit et plat; arcade orbitaire saillante; face longue et pointue, à chanfrein légèrement déprimé au-dessous de la ligne des yeux, puis se continuant droit; crête zygomatique peu prononcée; maxillaire inférieur étroit, à branches rapprochées, relevées à angle obtus. Sur le vivant, tête petite et maigre, « semblable à celle du chevreuil, » dit M. de Dam-

Grav. 13. — Taureau devon, 1er prix, 3e catégorie, 1re section, 1re classe (M. George Turner, Conc. univ., Paris, 1856).

Grav. 14. — Vache devon, 1er prix, 3e catégorie, 1re section, 1re classe (M. George Turner, Conc. univ., Paris, 1856).

pierre ; mufle étroit, petit ; lèvres minces, bouche petite ; oreilles fortes et velues, plantées haut; cornes longues, minces à la base, très-effilées et légères, dirigées d'abord en avant, puis retournées en haut et en arrière vers leur pointe; œil saillant et expressif; physionomie vive.

Caractères secondaires. — Mufle jaune comme le fond de la peau ; cornes de même nuance, plus foncée au sommet; pelage acajou foncé, sans aucun mélange de blanc en aucun point de la robe; taille moyenne; les femelles beaucoup plus petites que les mâles; corps un peu plat, haut sur jambes; ligne du dos relevée en arrière; queue attachée haut, cuisses peu charnues.

Quelques sujets, améliorés à une époque assez récente, présentent une conformation meilleure pour la boucherie. On cite notamment, sous ce rapport, le taureau *Prince of Wales*, de l'ancien Institut agronomique de Versailles, importé à la vacherie du Pin en 1845, et qui était né chez M. George Turner, le même éleveur dont les animaux, représentés par nos gravures, ont remporté les premiers prix du concours universel de Paris en 1856. Les caractères secondaires de ces deux individus, surtout ceux de la vache, arrivée à son complet développement, prouvaient que dans son élevage de Barton, près Exeter, M. Turner a su tirer bon parti des méthodes zootechniques.

Race de Dishley. — Encore connue, et plus connue même, sous le nom de *longues cornes*, la race du Leicestershire ne nous intéresse qu'en raison de ce que Backewell s'occupa pendant un temps de l'améliorer. Il y renonça bientôt pour concentrer toutes ses forces sur les moutons qui ont légué à la postérité l'illustration de son nom.

Nous ne décrirons point cette race, qui ne compte plus guère de représentants améliorés, et qui se distingue à première vue par l'énorme longueur de ses cornes dirigées en bas, le long de la tête. Il suffit de la signaler, dans un intérêt purement historique, et pour éviter à ceux qui s'occupent des questions de bétail une confusion quelquefois faite entre les bœufs et les moutons de Dishley, à propos des travaux de l'illustre éleveur de Dishley-Grange.

Race d'Angus. — L'histoire toute récente de l'amélioration des produits de la race d'Angus est sans contredit la plus intéressante à connaître pour les éleveurs français; non pas que cette race ait été déjà introduite dans notre pays ou qu'elle doive l'être plus tard, mais parce qu'elle fournit mieux qu'aucune autre des renseignements pratiques sur la manière dont le bétail d'une contrée y suit le développement du progrès agricole.

D'abord entretenue seulement dans le comté écossais de Forfar ou d'Angus, elle a successivement envahi les basses terres (lowlands) de l'Écosse, et elle tend à se répandre de plus en plus vers le sud, le long des côtes de l'Est. Dès à présent, elle concourt pour la plus forte part à l'approvisionnement de la ville de Londres. C'est à coup sûr la meilleure race de boucherie des Iles Britanniques. L'amélioration de ses aptitudes naturelles est attribuée aux efforts de M. Hugh Watson, de Keillow, qui, de 1825 à 1830, a pu en exposer les plus beaux spécimens dans les concours. Aujourd'hui, le sceptre des éleveurs d'Angus est dans les mains de M. W. Mac-Combie, qui a porté le développement et la conformation de ses animaux à un degré de perfection qu'il paraît bien difficile de dépasser.

Baudement a consacré à la race d'Angus une remarquable monographie (1), qu'il sera toujours utile de consulter. Ici, pour demeurer dans notre cadre, nous devons être plus concis et nous borner à décrire seulement les caractères distinctifs de cette race; nous reviendrons plus loin sur son histoire, pour en tirer des exemples fructueux d'application des méthodes zootechniques au bétail de l'espèce bovine. Toutefois, il est un point sur lequel quelques mots doivent être dits, avant d'aborder la caractéristique.

(1) *Encyclopédie pratique de l'agriculteur*, au mot ANGUS.

Un des éléments de cette caractéristique soulève une question zoologique dont l'importance a été mise en évidence par nos discussions sur la permanence des types et sur l'influence des milieux.

La race d'Angus appartient à la catégorie de celles qui sont dépourvues de cornes. Elle a été souvent invoquée dans ces discussions (1) à l'appui de l'opinion qui considère les races et les types comme étant susceptibles de subir des modifications qui en changent radicalement la caractéristique.

On sait que les naturalistes divisent l'ordre des ruminants en deux sous-ordres, celui des ruminants à cornes et celui des ruminants sans cornes. Or, l'espèce du bœuf domestique *(B. taurus)* est rangée par eux dans le premier de ces deux sous-ordres, avec celles du mouton et de la chèvre. Les races qui, dans ces diverses espèces, se montrent dépourvues de cornes, doivent donc nécessairement les avoir perdues accidentellement, sous l'influence du milieu.

Pour ce qui concerne l'espèce du mouton (*Ovis arietes*), cela ne fait pas difficulté : nous savons que la précocité arrête le développement des appendices frontaux; il est permis de prévoir que l'espèce entière passera, dans un temps plus ou moins éloigné, dans le sous-ordre des ruminants sans cornes, à mesure que les méthodes zootechniques seront appliquées à toutes ses races; mais l'existence de bœufs sans cornes dès la plus haute antiquité, en Scythie et en Germanie, ainsi qu'en témoignent des passages fort explicites d'Hérodote et de Tacite, ne permet pas de sup-

(1) *Bulletins de la Société d'anthropologie de Paris*, t. IV, p. 148-220 et suiv., 263 et suiv.

poser que dans ce temps-là on eût poussé la précocité de l'espèce bovine à un point que les plus habiles éleveurs contemporains sont impuissants à réaliser. Les cornes persistent, chez le bœuf précoce, pour les raisons physiologiques que nous avons dites (1), aussi loin que puisse être poussée la précocité, quant à présent.

Il n'est sans doute pas impossible d'admettre qu'on parvienne un jour à réaliser l'arrêt de leur développement, comme cela se fait chez le mouton; mais il semble bien improbable qu'un tel résultat ait pu se produire dans l'antiquité; rien, du moins, dans l'état de la science, n'en autorise la supposition, qui demeure par là une simple hypothèse sans aucun fondement. Force est donc, si l'on veut raisonner scientifiquement, au lieu de plier les faits aux nécessités d'une thèse gratuite, de faire remonter l'existence des races bovines ou de la race bovine sans cornes à l'origine inconnue de toute chose naturelle, et de réformer par conséquent la classification basée sur une connaissance imparfaite ou incomplète des faits.

La vérité est que la division des ruminants en deux sous-ordres est arbitraire et vicieuse, puisque le caractère sur lequel cette division a été établie fait défaut dans plusieurs cas et chez divers genres de l'ordre. Au lieu de se rabattre sur l'exception, ce qui ne laisse pas que d'être singulier lorsqu'il s'agit d'une loi naturelle, mieux vaut y renoncer. C'est le seul moyen d'éviter cette sorte de coq-à-l'âne en vertu duquel des races de bœufs, de moutons ou de chèvres dépourvues de cornes, se trouvent faire partie du sous-ordre des ruminants à cornes. Il n'y a pas de vertébrés sans vertèbres, de mammifères sans mamelles,

(1) Voy. *Principes généraux*, p. 207.

de ruminants qui ne ruminent point; il ne doit point y avoir de ruminants à cornes sans cornes.

Les éleveurs voudront bien nous pardonner cette petite excursion sur le terrain de la zoologie pure. L'occasion de mettre en lumière une vérité scientifique se présentant, nous n'avons pas su résister. Nous prions seulement qu'on retienne bien que le type de la race d'Angus n'est ni plus ni moins ancien que tous les autres, et que personne n'est en mesure de dire pour aucun comment il s'est formé. L'aveu d'ignorance à cet égard, si pénible à faire toujours pour les esprits assez peu scientifiques pour éprouver un insurmontable besoin de tout expliquer, dussent-ils se contenter du probable, et même seulement du possible, cet aveu touche à la plus fondamentale des bases de la zootechnie. Il ne saurait donc être indifférent.

Grav. 15. — Taureau d'Angus, 1er pr., 6e catégorie, 1re section, 1re classe (M. William Mac-Combie, Conc. univ., Paris, 1856).

Sachons qu'il n'existe nulle part aucune race dont on puisse dire à bon escient qu'elle soit nouvelle par rapport aux autres. Toutes les races, y compris celle d'Angus, ont une origine première qui nous échappe absolument; il n'est pas même permis de faire des conjectures en un pareil sujet, si l'on veut demeurer sur le terrain de la science, qui est celui de la vérité telle qu'elle nous est accessible.

Cela posé, voyons la caractéristique du type d'Angus (grav. 15).

Caractères typiques — Crâne dolichocéphale; protubérance occipito-frontale élevée, épaisse, à sommet arqué; toujours absence de cheville osseuse; front étroit, déprimé; arcade orbitaire saillante; face courte, à chanfrein droit, comprimé au niveau des orbites, étroit dans toute son étendue; crête zygomatique saillante; maxillaire inférieur à branches peu écartées, relevées à angle obtus; arcade incisive petite. Sur le vivant, mufle étroit, lèvres minces, bouche petite; léger fanon sous la gorge; oreille large, dressée en arrière; absence normale de cornes; œil petit mais bien ouvert; physionomie un peu sauvage.

Caractères secondaires. — Mufle noir; pelage généralement brun foncé ou noir; taille élevée, corpulence forte; poitrine ample et profonde; train postérieur plus développé que dans aucune des autres races des îles Britanniques, cuisse bien fournie; membres courts et minces aux rayons inférieurs; en somme, conformation harmonieuse et très-rapprochée du beau type de l'animal de boucherie, la race étant en général améliorée.

Rendement. — Les bœufs de cette race pèsent en moyenne de 380 à 400 kil., viande maigre; engraissés, ils atteignent communément de 500 à 570 kil. à un âge peu avancé, la race d'Angus ne le cédant qu'à celle de Durham pour la précocité. En 1857, trois bœufs de plus de quatre ans, exposés au concours de Poissy, ont donné une moyenne de 1,088 kil. Celui de M. Mac-Combie, prix d'honneur du même concours en 1862, a pesé 940 kil. à l'âge de trente-trois mois et quinze jours.

Les vaches donnent de 9 à 14 litres de lait par jour, en pleine lactation. Quelques-unes vont jusqu'à 20 et 23 litres, mais exceptionnellement.

Une statistique remontant à 1857, accuse un total de 423,500 têtes de bétail d'Angus dans les deux comtés qu'il peuple exclusivement et dont l'étendue cultivée est de 640,000 hectares.

Race de West-Highland. — Ainsi que l'indique son nom, cette race peuple les hautes terres de l'Écosse, ces monts popularisés par les romans de Walter Scott, aux souvenirs féodaux si nombreux. Elle en reflète la physionomie agreste, sous l'épaisse couche d'amélioration que la civilisation, depuis le dernier siècle, lui a imposée. Rien ne peut mieux prouver que celle-ci se joue de toutes les

Grav. 16. — Taureau west-highland, 1er prix, 7e catégorie, 1re section, 1re classe (MM. Smith frères, Conc. univ., Paris, 1856).

Grav. 17. — Vache west-highland, 1er prix, 7e catégorie, 1re section, 1re classe (M. le duc de Sutterland, Conc. univ., Paris, 1856).

résistances, et c'est à ce titre surtout que la connaissance des bœufs highlanders (grav. 16 et 17) nous intéresse.

Caractères typiques. — Crâne brachycéphale; protubérance occipito-frontale très-développée et épaisse; cheville osseuse implantée haut, fine, allongée, incurvée en avant et brusquement relevée vers sa pointe; arcade orbitaire saillante; front légèrement bombé; face très-courte, à chanfrein large et droit; crête zygomatique saillante; maxillaire inférieur à branches très-écartées, courtes, et relevées à angle droit. Sur le vivant, poils longs et frisés sur le crâne et la face; cornes longues, effilées, très-pointues et élégamment contournées en forme de lyre; oreille petite et velue, implantée bas; œil vif et hardi; bouche petite; mufle peu étendu; physionomie sauvage.

Caractères secondaires. — Mufle rosé, cornes blanches ou grisâtres, rarement noires à l'extrémité; robe le plus ordinairement d'un rouge brun foncé; poil abondant, épais et frisé sur tout le corps, mais principalement vers les régions antérieures et à la tête, où il couvre presque les yeux; queue longue, terminée par des crins très-fournis; taille petite; col court, épais, à fanon se prolongeant jusqu'au menton; ligne du dos très-droite; poitrine ample et profonde; arrière-train court et un peu large; membres fins et courts; en somme conformation très-régulière.

La race des west-highlands compte en grand nombre maintenant des familles précoces, dont les individus, tout en ayant conservé la rusticité native, atteignent de bonne heure le dernier degré de l'engraissement. Un duc d'Argyle passe pour s'être le premier occupé de leur amélioration vers le milieu du dix-huitième siècle, au temps de Backewell par conséquent. Sa résidence était située dans le comté de son nom, à Inverary, lieu bien connu des lecteurs du célèbre romancier écossais, dans les Highlands de l'Ouest qui ont donné leur nom à la race, améliorée comme toutes les autres par la seule sélection.

Race des steppes. — La race des steppes de la Russie méridionale et de la Hongrie, plus connue sous le nom de *race hongroise*, occupe dans le bassin européen de la mer Noire de vastes étendues de terrain inculte, où elle vit en troupeaux nombreux. C'est elle qui fournit ces attelages primitifs, à l'aide desquels les paysans russes et moldo-valaques conduisent au marché d'Odessa les blés qui ont été, durant si longtemps, l'épouvantail dont les adversaires du libre-échange se sont servis pour effrayer les agriculteurs français.

Les craintes, à cet égard, sont beaucoup calmées, sinon tout à fait dissipées. L'expérience, juge souverain, s'en est chargée. Mais l'extension des échanges internationaux, facilitée en outre par la rapidité des voies de communication, à la place de ce danger imaginaire en a créé un autre bien réel.

La race bovine des steppes, en effet, est devenue par là un centre d'approvisionnement pour l'Europe occidentale. Le nombre des consommateurs de viande va croissant plus vite que celui des bœufs produits dans nos régions. Les bœufs hongrois, qui concouraient seulement à l'alimentation de la Russie et de quelques-uns des États méridionaux de l'Allemagne, franchissent maintenant de plus grandes distances par les voies ferrées et peuvent venir jusque sur nos marchés français et sur ceux de l'Angleterre. Or, il est établi scientifiquement que sur la race des steppes seule, dans de certaines conditions déterminées, le typhus contagieux apparaît spontanément. C'est par des bœufs de cette race qu'il a été introduit encore en Angleterre, en 1865, et qu'il s'est irradié de là par contagion vers la Hollande, la Belgique et la France.

A ce dernier titre surtout, il est donc nécessaire que nous fassions connaître ici le type de la race des steppes, afin que le lecteur soit éclairé sur l'ennemi. Et c'est la place convenable, car bien qu'il travaille en son pays, à l'occasion, le bœuf hongrois ne peut être pour nous qu'un animal de boucherie. Au point de vue, du reste, de l'histoire naturelle des races bovines, le type des steppes (grav. 18) a son intérêt. Il suffira d'être bien fixé sur sa caractéristique, pour faire justice de l'opinion en vertu de laquelle plusieurs zootechnistes en ont fait la souche de quelques-unes de nos races de l'Europe occidentale.

Caractères typiques. — Crâne dolichocéphale très-allongé; protubérance occipito-frontale étroite et arrondie; cheville osseuse implantée haut, petite à la base, dirigée obliquement en dehors et en haut, faiblement arquée en dedans; front arrondi; arcade orbitaire saillante; face longue, à chanfrein étroit et déprimé; crête zygomatique accusée; maxillaire inférieur à branches écartées obliquement, relevées à angle obtus et à bord tranchant arrondi; arcade incisive large. Sur le vivant, mufle large, lèvres épaisses, bouche grande; joue maigre; oreille implantée bas et dressée; cornes très-longues, en forme de lyre; œil grand et calme; fanon très-développé; physionomie douce et craintive.

Grav. 18. — Taureau de Hongrie, 1er pr., 19e catégorie, 1re section, 1re classe (M. le baron Ladislas Wenkheim, Conc. univ., Paris, 1856).

Caractères secondaires. — Mufle noir; cornes noires ou grisâtres dans toute leur étendue; pelage d'un blanc sale uniforme; taille élevée; garrot haut, mince; dos, lombes et croupe étroits, dirigés suivant une ligne oblique en arrière et en bas, à partir du garrot, de telle sorte que le train postérieur paraît moins élevé que le train antérieur;

ol allongé et mince; épaule maigre; poitrine étroite, late; ventre enlevé; croupe courte; culotte et cuisse maigres; queue implantée haut, mince et très-courte; membres relativement longs et peu volumineux; pieds petits t à corne noire.

Nous n'avons à nous occuper ni du rendement, ni du mode d'élevage des sujets de la race des steppes. Elle n'a as pour nous d'autre intérêt que celui signalé plus haut. En établissant sa caractéristique nous avons atteint notre ut.

Là se termine la revue que nous avions à passer des races bovines étrangères ayant de l'intérêt pour nous, dans la catégorie de celles qui sont spécialement ou plus particulièrement propres à la boucherie. Dans l'état de notre économie rurale, la France ne nous en offre véritablement qu'une seule, parmi ses races indigènes ou plutôt autochtones, qui puisse figurer dans cette catégorie sans trop d'arbitraire : c'est la race charolaise, que nous allons maintenant étudier avec le plus de concision possible.

Race charolaise. — Cette race paraît avoir existé de temps immémorial dans une petite circonscription du département de Saône-et-Loire, propre à l'exploitation des herbages par son climat un peu humide et la nature de son sol, dans les environs de Charolles, d'où elle a tiré son nom. De là elle s'est progressivement répandue, en même temps que le système de culture des rives occidentales de la Saône, ainsi que nous le verrons plus loin, dans toute la partie centrale du bassin de la Loire. C'est de ce côté seulement que se manifeste sa puissance d'expansion, la rivière paraissant lui opposer, du côté de l'est, une limite infranchissable. Il est facile, du reste, de s'en rendre raison en considérant à la fois et la constitution géologique des versants jurassiens et l'industrie des populations qui habitent les localités situées au delà de la rive orientale de la Saône. Il fallait à celles-ci du bétail ayant d'autres aptitudes que celles de la race dont nous nous occupons et dont il nous faut tout d'abord décrire la caractéristique (grav. 19 et 20).

Caractères typiques.—Crâne dolichocéphale; protubérance occipito-frontale très-saillante; cheville osseuse im-

Grav. 19.— Taureau charolais, 1er pr., 2e section, 1re catégorie, 1re classe (M. Doury, Conc. rég., Auxerre, 1859).

Grav. 20. — Vache charolaise, 1er pr., 3e catégorie, 2e section, 1re classe (M. le comte de Bouillé, Conc. univ., Paris, 1856).

plantée bas, dirigée horizontalement et recourbée en avant vers sa pointe seulement; front légèrement bombé, surtout entre les arcades orbitaires, qui sont peu prononcées; face courte, à chanfrein étroit et déprimé au niveau des orbites, puis droit; crête zygomatique peu prononcée; maxillaire inférieur à branches peu larges, écartées obliquement et relevées suivant un angle obtus. Sur le vivant, mufle large, aux naseaux bien ouverts; lèvres épaisses, bouche moyenne; ordinairement, léger fanon sous la gorge, joues peu développées; oreilles petites, minces et peu fournies de poils à l'intérieur; cornes d'une longueur moyenne; œil grand et ouvert, physionomie douce et calme.

Caractères secondaires. — Mufle rosé; le repli de la peau partant du menton et formant sous la gorge un fanon onduleux, s'arrête à la naissance du col et ne se prolonge point le long du bord inférieur de l'encolure, comme dans la plupart des races françaises non améliorées; robe uniformément blanche ou faiblement jaunâtre; cornes de la nuance de l'ivoire, souvent verdâtres à leur pointe, chez les sujets les moins fins; peau épaisse mais souple, à poil rare, fin et brillant; encolure courte, épaisse, toujours renflée chez le taureau; taille de 1 mètre 45 centimètres en moyenne, corps ample, membres courts, squelette relativement peu volumineux; culotte très-prononcée, formant une courbe très-accusée en arrière, croupe longue, queue implantée bas, très-large à sa base, noyée entre les ischions, courte et effilée, terminée par un fouet de crins fins.

La race charolaise, considérée en général dans son état actuel, est la moins tardive et la plus tendre à l'engraissement de toutes les races françaises. En quittant les embouches de la rive occidentale de la Saône, pour s'étendre dans les bassins de la Seine et de la Loire, elle a d'abord perdu quelque peu de son aptitude, son système osseux s'est développé davantage, sa physionomie est devenue plus énergique et plus fière; mais sous l'influence des améliorations dont elle a été ensuite l'objet dans la Nièvre et dans le Cher, non-seulement la plupart des sujets ont reconquis la finesse primitive des individus nés dans le Charolais, qui ont de tout temps approvisionné la boucherie de Lyon, mais bon nombre de familles sont arrivées à un degré de précocité qui leur permet de rivaliser même avec le durham, ainsi que nous le montrerons tout à l'heure par des faits irrécusables. Auparavant, il nous faut faire l'historique sommaire de la race depuis le dernier siècle, pour rendre justice aux efforts des éleveurs qui ont à la fois secondé sa puissance d'expansion et développé son aptitude naturelle; car les principes de la zootechnie n'indiquent rien autre que de continuer ce qui a été si bien commencé.

Historique. — C'est chose curieuse et bien digne de méditation, de voir que les événements de ce monde, dont l'homme s'attribue si volontiers la haute direction, se lient toujours à des conditions naturelles, auxquelles il obéit purement et simplement.

Rattacher à la configuration et aux autres propriétés du sol les mouvements des populations qui l'habitent, est désormais une obligation de l'esprit scientifique, en histoire. Les animaux domestiques n'échappent pas plus que les populations humaines à l'influence de la loi naturelle dont il s'agit. Celles-ci, lorsqu'elles se déplacent, emmènent avec elles et leur industrie et leurs auxiliaires, qui s'implantent dans le milieu nouveau, en s'imposant aux anciens habitants par les avantages qu'ils en retirent. C'est ce qui est arrivé pour le bétail du Charolais, lorsque des fermiers partis du bassin de la Saône, allant s'établir dans le Nivernais et dans le val de la Loire, y ont transporté le système de culture des terres en herbages, substitué au système arable autrement pénible et moins lucratif, dans ces régions à sol froid et compacte, difficile à labourer et peu productif.

En ce point, l'envahissement de la région centrale de la France par la race bovine charolaise, si longtemps confinée dans ses embouches naturelles, entre la Côte-d'Or et l'extrémité septentrionale de la chaîne des Cévennes, constitue l'une des pages les plus intéressantes de l'histoire de l'économie rurale de notre pays.

Ce serait sortir des limites qui nous sont imposées par notre sujet même, que d'entrer dans les détails des modifications culturales qui caractérisent ce que l'on a appelé le système charolais, préparant l'introduction du bétail qui nous occupe en ce moment. Il faut constater seulement, pour preuve de la vérité du fait énoncé tout à l'heure, que l'analogie du climat et des terres, la conformité des sytèmes de vallées sur le versant occidental de la colonne vertébrale de la vieille Gaule, selon l'expression des géographes, avait pour ainsi dire prédestiné le bassin de la Loire à nourrir une seule race de bétail.

Que le rôle d'en chasser devant elle toutes les autres, de faire disparaître la petite race du Morvan et de refouler celle de l'Auvergne, pour dériver vers l'Ouest le cours de ses immigrations, soit échu à la race charolaise, c'est ce qui ne surprendra personne connaissant ses aptitudes natives. Du moment que l'exploitation en herbages se substituait presque partout au labourage, nulle n'aurait pu tirer meilleur parti de la nouvelle végétation. Dans les prairies et même dans les métairies du bassin de la Loire, jusque sur les plateaux au bas desquels coule l'Allier, le bétail rouge devait faire place au bétail blanc; et c'est ce qui est arrivé.

Encore une fois, nous ne suivrons point, ainsi que l'a fait avec une sorte de prédilection, au demeurant bien naturelle, M. Chamard, auteur d'une excellente monographie de la race charolaise (1), chacune des phases de cet envahissement. Son point de départ nous repor-

(1) Dans l'*Encyclopédie pratique de l'agriculteur.*

terait vers 1770, époque à laquelle un des membres de la famille Mathieu d'Oyé quitta le Charolais pour aller inaugurer, dans les environs de Nevers, à la ferme d'Anlezy, le système d'exploitation de son pays. Les résultats qu'il obtint furent si avantageux, que bientôt il eut de nombreux imitateurs, non-seulement parmi ses compatriotes venus comme lui dans le Nivernais, mais encore parmi les agriculteurs de la province, exploitant jusque-là, comme agents de leur culture, des bœufs travailleurs du Morvan et ceux de Salers.

Au premier rang de ces agriculteurs, il faut placer Jacques Chamard, le père de l'auteur cité plus haut, parce que, indépendamment de ce qu'il adopta, comme les autres, la spéculation des herbages et de l'engraissement des bœufs charolais, il conçut et exécuta une vaste entreprise d'élevage amélioré, en prenant pour base la sélection des reproducteurs. Jacques Chamard, mort récemment chargé d'ans, s'établit en 1808 à Meauce, dans le val de l'Allier, et ses succès d'éleveur avaient déjà produit de remarquables résultats autour de lui, lorsque, conséquence désastreuse de la guerre, ce fléau détestable entre tous, le typhus, vint en 1815 ravager le pays et lui enlever en quelques jours quatre-vingts têtes de bétail. Ceci, soit dit en passant, doit être porté au débit du compte de gloire de l'épopée impériale. Mais qu'est-ce que la ruine des travailleurs du bien public, à côté de la fumée des exploits guerriers que l'on chante dans les chaumières, où les mères pleurent silencieusement leurs fils qui ne reviendront plus !

Un tel désastre n'était cependant pas fait pour décourager l'éleveur de Meauce. C'est à cela que se reconnaissent les hommes marqués au front du sceau du progrès : ils savent vaincre la mauvaise fortune. Ce qu'il avait entrepris et réalisé dans le val de l'Allier, Jacques Chamard le recommença sur un autre point. En 1818, il s'établit à la ferme de la Maison-Rouge, près de Germiny-l'Exempt, dans le département du Cher; et c'est de ce moment que date la première introduction des charolais dans ce département, où ils ont reçu depuis de si remarquables perfectionnements dans le sens de la précocité. « Le soin qu'il apporta dans le choix des reproducteurs, dit son fils, fit bientôt de sa souche l'une des plus renommées sous le rapport de la naissance et de l'aptitude à prendre la graisse; le nombre des animaux qu'il vendit dans les vingt dernières années de ses opérations ne saurait être calculé aujourd'hui, mais ce qui est digne de remarque, c'est qu'il en fut acheté dans ses écuries pour retourner en Saône-et-Loire. »

Pour donner une juste idée de l'ensemble des travaux de Jacques Chamard, en sa double qualité d'éleveur et d'agriculteur, il suffira d'ajouter que la ferme de la Maison-Rouge, louée 1,800 francs lorsqu'il la prit, se loua 8,500 francs après ses vingt-sept années d'exploitation. Les changements survenus dans la valeur du numéraire ne suffiraient pas pour expliquer tout seuls une telle plus-value.

Toutefois, les opérations d'élevage avaient été bornées à concentrer pour ainsi dire les qualités acquises au plus haut degré, sous la seule influence du système d'exploitation usité de temps immémorial dans le Charolais; on avait seulement fait choix toujours des individus les mieux conformés et les plus aptes à l'engraissement à l'herbe, pour les reproduire, sans se préoccuper de pousser plus loin, à l'aide de méthodes nouvelles, l'aptitude de la race.

C'est à un autre éleveur que revient l'honneur de l'initiative dans cette direction.

Peu de temps après l'établissement de Jacques Chamard dans le Cher, Louis Massé, dont les fils continuent brillamment l'œuvre, commençait en 1822, au domaine des Bourgoins, près la Guerche, un élevage qui devait avoir pour conséquence la création d'une famille de charolais dont la précocité ne le cède guère à celle des races anglaises. Ses premières vaches furent achetées chez son voisin, dont nous venons de parler, et chez l'un des premiers importateurs de la race en Nivernais, M. Ducret. Il suivit purement et simplement leur mode d'exploitation, d'abord aux Bourgoins, puis à Martout durant plusieurs années. Dans ces localités, la finesse du type charolais des embouches de la Saône ne se maintint point. Les produits obtenus acquéraient un squelette plus développé, une peau plus épaisse, un poil plus abondant et moins fin; bref, l'accommodation au nouveau milieu ne se montrait point favorable au résultat poursuivi. Alors, du reste, en dehors du Charolais, le bétail importé subissait partout cette transformation d'aptitude, dans la Nièvre aussi bien que dans le Cher.

Louis Massé eut le mérite de s'en apercevoir et d'entreprendre le premier de l'y soustraire, et de plus de perfectionner les qualités qui étaient propres à la souche originelle. Il adopta pour cela les pratiques de la gymnastique fonctionnelle unies à la sélection la plus attentive. Les reproducteurs furent soumis à la stabulation et à une alimentation aussi abondante que riche. Le trèfle, la luzerne, les vesces, le maïs, les betteraves, les carottes, les farineux, les tourteaux leur furent donnés à discrétion : on stimula leur appétit par la variété des aliments.

A l'exemple de Charles Colling, on fit en outre, dans les accoupementls, usage de la consanguinité poussée à ses dernières limites. Les sujets les plus améliorés par le régime suivi furent constamment unis entre eux, et bientôt les produits de l'élevage de Martout acquirent une telle supériorité, que toutes les médailles, dans les concours de boucherie ou de reproducteurs, furent pour eux. Leur réputation s'établit si bien qu'en moins de dix ans une centaine de reproducteurs vendus à de très-hauts prix sortirent des étables, pour aller ailleurs transmettre les améliorations réalisées.

C'est par leur précocité et par les attributs de conformation qu'elle entraîne, qu'ils se faisaient dès lors remarquer. Dès les premiers temps de l'institution du concours de Poissy, M. Massé en fut le lauréat habituel, et ses animaux lui valurent successivement quinze médailles d'or, six d'argent et trois de bronze.

Il n'est pas besoin d'insister pour faire comprendre l'influence exercée par les taureaux de Martout sur l'ensemble de la population charolaise dans la région. Leurs caractères d'ampleur, de finesse du squelette, tout ce qui est, en un mot, la conséquence physiologique de la précocité du développement, se retrouve à des degrés divers chez les charolais d'aujourd'hui, dont la conformation se rapproche tellement de celle du durham, que les observateurs superficiels ne manquent point de l'attribuer dans tous les cas à ce qu'ils appellent l'infusion du sang anglais.

Dès que parurent les premiers sujets améliorés de Martout, dans l'impuissance où l'on était alors de se rendre compte autrement des résultats obtenus (la doctrine du croisement florissait en ce temps-là sans partage), on insinua que des croisements par le durham avaient été opérés clandestinement. Rien n'est plus dénué de fondement. Jamais M. Massé n'avait introduit aucun taureau de Durham dans sa vacherie, et il n'y en avait d'ailleurs nulle part dans le Cher. Il se trouve pourtant encore de prétendus connaisseurs qui attribuent la finesse de la tête, l'absence de fanon, l'ampleur de la poitrine, la rectitude et la largeur du dos et des lombes, chez les animaux charolais, à l'influence nécessaire du croisement dont il s'agit, opéré à une époque plus ou moins reculée; comme si ces caractères de conformation n'étaient pas le propre des sujets précoces, dans toutes les races, par quelque procédé que la précocité leur ait été communiquée, et comme si, aussi bien, l'hérédité seule n'était pas le moins efficace de tous les moyens d'en assurer le maintien!

Cela ne mérite même pas d'être réfuté. Il n'est pas permis, à l'heure qu'il est, de confondre un charolais pur avec un métis durham-charolais, de quelque degré qu'il soit, en ne considérant que les caractères zoologiques ou les caractères zootechniques. Et puisque la question se présente, vidons-la tout de suite, avant de poursuivre l'histoire des opérations effectuées dans ces derniers temps sur le bétail charolais.

Les métis héritent, à des degrés divers et dans des proportions variables, des caractères différents de leurs ascendants. En quoi le charolais pur diffère-t-il du durham pur? les deux étant supposés arrivés à peu près au même degré de précocité, ce qui n'est point une supposition gratuite.

Laissons de côté les caractères typiques, au sujet desquels il ne peut pas y avoir de dissidence. Jamais personne de compétent ne confondra la tête d'un charolais, si amélioré qu'il soit, avec celle d'un durham. On a pu admettre, tout au plus, que l'influence du sang durham, intervenue dans la généalogie, pour nous servir des métaphores trop usitées, en transmettant l'aptitude à l'engraissement précoce ait rendu la tête du charolais plus fine, tout en lui laissant sa physionomie propre. Cette conception ne serait admissible, toutefois, qu'à la condition que l'aptitude jouît d'une puissance héréditaire supérieure à celle des caractères typiques. Or, une telle hypothèse est le renversement des lois connues de l'hérédité physiologique. L'aptitude ne se transmet point sans les organes qui la portent : l'hérédité se manifeste avant tout par des signes objectifs. Un individu ne peut être métis que s'il présente un mélange des caractères propres à chacune de ses deux souches. Pour être autorisé à dire qu'un charolais a hérité du durham, il faut donc pouvoir signaler dans sa conformation quelque chose qui soit propre à celui-ci et qu'aucun charolais pur n'ait jamais présenté.

Chez les réels métis des deux races, cela n'est en vérité point difficile : leur arrière-train diffère essentiellement de celui du charolais, si nettement caractérisé par sa culotte abondamment fournie de muscles et descendant presque jusqu'au jarret, suivant une courbe voisine du demi-cercle ; comme chez le durham, la ligne est au contraire droite ou presque droite, la cuisse mince et l'arrière-train en somme très-peu développé, contrastant avec la largeur des lombes et l'ampleur de la poitrine, qui appartiennent au même titre à toutes les races améliorées par la méthode à laquelle se sont conformés les Chamard, les Massé et tous les autres éleveurs distingués qui, auparavant, en même temps ou après, se sont occupés du perfectionnement de l'aptitude de la race charolaise.

Avant donc de mettre en doute la pureté d'une souche charolaise, il faut être en mesure de signaler, chez les sujets qui en proviennent, le caractère que nous venons d'indiquer. Toute assertion seulement basée, en thèse générale, sur la finesse du squelette, sur l'ampleur de la poitrine et sur le fait de l'introduction de taureaux de Durham dans quelques vacheries du pays, dont nous allons maintenant nous occuper, est purement gratuite. Au reste, la race charolaise est maintenant en possession d'un *Herd-Book* ou livre de généalogies. Ceux qui disent légèrement que tous les charolais améliorés ont une dose plus ou moins prononcée de sang durham, doivent être d'abord mis en demeure de le prouver. On verra ensuite, en se basant sur les lois démontrées du métissage, si le retour à la pureté ne s'est pas effectué, en comptant le nombre des générations. Il ne faut pas confondre, en ces matières, l'histoire des familles avec leurs attributs physiologiques. Ceux-ci seuls ont de l'importance en zootechnie.

Comme question historique, il est bien établi que la famille de Martout est demeurée exempte de toute alliance avec la race de Durham. L'influence qu'elle a exercée sur l'ensemble de la race charolaise, par les nombreux reproducteurs perfectionnés qu'elle a répandus dans le pays, ne saurait être justement contestée, et cette influence est de pure sélection absolue.

C'est dans la Nièvre que furent introduits les premiers animaux anglais, par M. Brière d'Azy, en 1822. Leur élevage n'eut aucun succès. Bien longtemps après, alors que la réputation de la vacherie de M. Louis Massé était déjà faite, MM. Tachard, Acher et Chamard importèrent, eux aussi, des reproducteurs de Durham dans le Cher, mais ils n'y eurent qu'une existence passagère, hors d'état de laisser des traces durables.

Il n'en est pas tout à fait de même pour ce qui concerne les sujets provenant de la vacherie de Villars, fondée en 1826 par le comte de Bouillé, père de M. le comte Charles de Bouillé, le célèbre éleveur de south-downs français, qui a continué du reste l'élevage des charolais de la souche paternelle. Cette vacherie, d'abord uniquement composée de bêtes charolaises achetées chez les meilleurs éleveurs du pays, reçut en 1830 l'adjonction de sujets de Durham provenant de chez M. Brière d'Azy. L'élevage de ces derniers fut mené de front et des croisements furent en outre opérés jusqu'à 1843, époque à laquelle la pleuropneumonie, sévissant à Villars, enleva la plus grande partie des reproducteurs anglais. Cette circonstance, jointe aux difficultés d'écoulement des produits, fit que M. de Bouillé renonça définitivement à l'élevage des courtes cornes, pour concentrer tous ses efforts sur les charolais.

Au premier noyau de la vacherie, l'éleveur actuel, M. Charles de Bouillé, joignit de nouveaux sujets distingués, dont quelques-uns provenant notamment de l'élevage de M. Suif, dont le bœuf pur charolais pouvait disputer au concours de Poissy, en 1866, la coupe d'honneur des jeunes à un durham âgé seulement d'un mois de moins. Un peu plus tard, il y introduisit un jeune taureau de la souche de M. Massé.

Suivant les errements de ce dernier, l'élevage de Villars fut conduit désormais en combinant seulement la gymnastique fonctionnelle avec la sélection : peu de reproducteurs furent pris en dehors du troupeau, sans le moindre souci des prétendus inconvénients absolus de la consanguinité. Aussi dès 1844, le mérite des animaux de Villars était reconnu, et ils se vendirent dès lors fort bien comme reproducteurs; ils ont obtenu depuis, chaque année, dans les exhibitions publiques, de nombreux prix. Mais, il faut le dire, bon nombre d'entre eux ont conservé quelques uns des caractères de la race de Durham, et ceux-là sont faciles à distinguer, au milieu des autres charolais. Nous l'avons constaté bien des fois dans les concours, surtout pour les vaches.

C'est que les croisements par le durham ont été poussés assez loin à Villars avant 1843, et que leur pratique y a duré assez longtemps pour assurer chez les produits l'atavisme de la race étrangère, ce à quoi les accouplements consanguins entre métis n'ont pu que contribuer. Toujours est-il que l'on rencontre fréquemment, chez les sujets de M. de Bouillé, l'arrière-train du durham, la ligne droite de la culotte et le peu de largeur de la cuisse unis aux caractères typiques du charolais, et aussi parfois les caractères typiques du durham unis aux caractères secondaires du charolais. Ces sujets sont, en propres termes, en état de variabilité désordonnée, quelle que soit, d'ailleurs, l'excellence de leur aptitude.

De son côté, M. Tiersonnier a pratiqué également dans la Nièvre, pendant assez longtemps, l'élevage simultané de la race de Durham et de la race charolaise, et la production des métis de ces deux races, en vue de l'engraissement. Les nombreux succès obtenus par lui dans les concours régionaux et surtout au concours de Poissy, l'ont placé au rang des premiers éleveurs de notre pays, bien qu'il ne puisse compter, en bonne justice, au nombre des améliorateurs de la race charolaise. L'histoire doit réserver ce titre pour les noms de Chamard et de Massé, sans nuire au mérite des autres éleveurs qui ont contribué à étendre son domaine, en secondant l'initiative des premiers.

En somme, telle qu'elle se présente actuellement dans la région qu'elle habite, la race charolaise présente assez communément, dans ses caractères secondaires, un degré de perfectionnement qui rend difficile, pour des yeux non suffisamment exercés, de discerner entre les charolais purs et les métis durham-charolais à divers degrés. Par la finesse de son type, l'ampleur et la profondeur de sa poitrine, le peu de développement de ses membres, la largeur de son plan supérieur, attributs communs à tous les sujets précoces, ainsi que par la finesse de la peau et du poil, le charolais amélioré ne diffère pas du durham, à proprement parler; sa caractéristique propre se tire seulement de ses formes typiques et de la conformation de son arrière-train, par laquelle il se montre en réalité supérieur à l'animal d'élite d'outre-Manche, au point de vue des goûts de la consommation française.

Si donc l'introduction du durham a joué un rôle incontestable dans l'histoire de son perfectionnement, ce n'est pas en lui donnant de son sang, comme on a coutume de le dire, mais bien en mettant sous les yeux des éleveurs un modèle à imiter par les procédés au moyen desquels ce modèle a été lui-même réalisé.

Voilà ce qu'il n'est plus permis de méconnaître, à moins de fouler à la fois aux pieds l'histoire et les enseignements de la physiologie.

Rendement. — Du document cité plus haut, il résulte que six sujets charolais, fins gras, examinés par Baudement à la suite du concours de Poissy, ont pesé en moyenne 926 kil. 667 et qu'ils ont rendu 610 kil. 667 de viande nette, 83 kil. 833 de suif et 55 kil. de cuir, plus

70 kil. 500 d'issues. Ce rendement, qui ne peut être considéré que comme un maximum, donne une proportion de 65.899 pour 100, en viande nette. La vache charolaise qui a eu le 1er prix en 1866 et qui pesait, arrivée à l'abattoir, 740kil., a donné 471 kil. de viande, 66 de suif et 43 de cuir. Il n'y a guère, en outre, parmi les bœufs français, que les normands et les garonnais pour atteindre un poids vif plus élevé.

Il est bon de remarquer que les chiffres ci-dessus, bien qu'ils soient exceptionnels et qu'il ne faille pas les prendre comme expression du rendement moyen de la race, n'en conservent pas moins leur valeur comparative, à l'égard des autres races que nous aurons à examiner au même point de vue.

Quant à la qualité de la viande, la race occupe un rang relativement inférieur. Le chiffre 100 étant pris pour maximum, la viande charolaise n'a obtenu que 89.567 dans le classement établi par le jury de Poissy dans les sept concours de 1852 à 1859, après examen et dégustation de 41 animaux de cette race. Cette appréciation concorde avec l'impression générale; mais elle se complique, nous n'avons pas besoin de le dire, d'une question de prix de revient et de bénéfice, qui seule intéresse particulièrement les éleveurs et les engraisseurs.

Sous le rapport de l'aptitude laitière, la race charolaise est de celles qui ne peuvent faire l'objet lucratif d'une spéculation spéciale, et personne d'ailleurs n'y a songé. Les vaches donnent en général de 9 à 10 litres de lait par jour, durant la période de leur plus forte lactation. Eu égard à leur volume, c'est peu; mais cela suffit largement pour assurer le bon élevage des veaux. On estime qu'il faut environ 30 litres de ce lait pour obtenir 1 kilogr. de beurre de médiocre qualité, et 3 litres seulement pour un fromage de 600 gr. La richesse supplée donc sous ce rapport à la quantité ; et c'est l'essentiel pour l'élevage.

Mode d'élevage. — D'après ce que nous avons dit précédemment, on sait que l'élevage de la race charolaise est lié à l'exploitation des terres de vallée en herbages qui, dans la région, portent le nom d'embouches ou d'embauches. C'est par l'extension de ce mode d'exploitation aux vallées de la Nièvre, du Cher, et en dernier lieu de l'Allier, que s'est produite l'extension de la race elle-même. Les prairies, à mesure qu'elles se forment, sont peuplées du bétail blanc qui en est maintenant reconnu comme le meilleur consommateur.

Anciennement, dans le Charolais, les élèves étaient mis à l'herbage avec leur mère et la tetaient à volonté durant sept à huit mois. C'est à cet égard que la réforme introduite par les premiers améliorateurs de la race tend de plus en plus à se généraliser. Chez les bons éleveurs, dont le nombre est maintenant grand sur toute l'étendue de la région, les élèves ne tettent leur mère que deux fois par jour, et ils reçoivent un supplément de nourriture composé de racines, de farineux et d'un peu de foin choisi, dès qu'il leur est possible de le mâcher. Ils se sèvrent d'eux-mêmes, le plus souvent, aussitôt que l'herbage où ils vont paître de bonne heure leur fournit de quoi se rassasier.

C'est surtout la coutume de rentrer à l'étable les jeunes animaux, dès la venue du premier hiver, et de leur donner à discrétion, durant l'hivernage, des racines, du foin ou du regain de bonne qualité, qui se généralise avantageusement pour l'amélioration de la race et qui est à recommander. Au printemps suivant, ils sont remis dans les herbages, pour rentrer encore à la saison froide. Cela réalise l'expression pittoresque adoptée par Baudement, pour la méthode qui conduit le bétail à la précocité : « Le repos au sein de l'abondance. » Les mâles, bistournés de bonne heure, sont dressés à deux ans et demi pour le travail. Les génisses, élevées à part, sont saillies à deux ans et font par conséquent leur premier veau dans leur troisième année. Si elles ont des qualités exceptionnelles comme mères, on ne les engraisse qu'à l'âge de huit à neuf ans, pour les livrer à la boucherie ; dans le cas contraire, elles ne font que deux ou trois veaux avant d'être réformées, la spéculation principale étant l'engraissement.

Pour le commun des sujets, on ne peut qu'engager les éleveurs de charolais à persévérer dans les errements qu'ils suivent, en soignant de plus en plus le choix de leurs reproducteurs. Ces errements ont fait la fortune de leur pays, en quintuplant la valeur locative des terres. Pour les sujets d'élite, destinés à faire des reproducteurs, ils sont également dans la bonne voie. Nous ne pouvons avoir qu'une prétention, c'est celle de les mettre à même de se rendre compte scientifiquement de leurs procédés. Tout ce qui se fait dans la région habitée par la race charolaise est avoué par la science : conservation de la race par une sélection attentive, attestée par l'établissement d'un *Herd-Book* spécial ; amélioration de l'aptitude à la précocité par l'action de la gymnastique fonctionnelle; fabrication de produits par le croisement durham. Il y a là une organisation économique de la production, une division naturelle du travail, dont chaque élément concourt, pour sa part, au résultat avantageux que certains observateurs superficiels, en le constatant, ne savent pas assez attribuer à ses motifs réels

De ce que, par exemple, le métis durham-charolais tteint plutôt un rendement plus élevé que le charolais ur, ils en concluent volontiers qu'il y aurait lieu de ivrer toutes les vaches charolaises au taureau de Durham, e songeant pas qu'une telle pratique serait précisément e moyen infaillible d'arriver bientôt, pour une étendue lonnée d'herbage, et à une production moindre de poids if et à un moindre rendement en viande d'une qualité inérieure. On ne rompt pas ainsi impunément les harmonies conomiques. Le croisement durham-charolais n'est avanageux qu'à la condition d'être maintenu au premier degré. ela est démontré pour tous ceux qui ont étudié la question avec compétence. Or, par là même, la conservation de a race est assurée, et l'on peut prédire sans crainte qu'au rain dont vont les choses, il ne s'écoulera pas un long emps avant que, sous aucun rapport, elle n'ait plus rien envier à celle de Durham.

2. Races travailleuses.

Considérations générales. — Il convient de répéter ci, avant d'aborder la revue des races que nous classons ans la catégorie des travailleuses, que cette catégorie ne eut avoir rien de définitif ni de bien déterminé. L'aptiude en vertu de laquelle nous l'établissons va sans cesse iminuant, à mesure que l'agriculture fait des progrès, au énéfice de l'aptitude à la production de la viande. Les écessités économiques précipitent en ce sens le mouvenent, en réduisant davantage la période de la vie des œufs durant laquelle ils sont employés à la culture des erres. L'engraissement devient le but prochain, tandis que le travail n'est plus, dans bon nombre de cas, que l'accessoire.

Ce n'est point que la plupart des agriculteurs des régions où les travaux de culture s'exécutent exclusivement avec des bœufs, se rendent compte de la transformation qu'ils subissent dans leurs habitudes. Non; la consommation de la viande augmente, la demande des engraisseurs s'accroît et fait hausser le prix de ce que ceux-ci appellent la viande maigre; sollicités par l'appât du bénéfice, les agriculteurs vendent de bonne heure leurs attelages aux engraisseurs et ils les soignent en vue de ce débouché, réduisant le plus possible les fatigues qu'ils leur imposent.

Voilà comment l'aptitude au travail perd du terrain, à mesure que les autres en gagnent.

C'est donc plutôt comme expression de la situation agricole qu'au point de vue spécial de la zootechnie, qu'il y a lieu de décrire à part les races dites travailleuses de l'espèce bovine. Cette situation agricole, en France, comportera toujours, vraisemblablement, le travail du bœuf, mais dans une mesure de plus en plus restreinte, comme intensité et comme durée, par le fait de perfectionnement des procédés de culture. La grande variété géographique et climatérique de notre pays lui impose une variété non moins grande dans les systèmes de culture. Il en résultera seulement la nécessité d'une conciliation entre les diverses aptitudes de l'espèce bovine, au lieu de la spécialisation qui n'est économiquement possible que sur quelques points bien délimités, dont le climat est analogue ou même identique à celui de l'Angleterre, par exemple.

Sous le bénéfice de ces considérations, décrivons maintenant les races qui, dans leur état actuel, fournissent principalement du travail, avant d'aller achever leur carrière à l'abattoir.

Race vendéenne. — Nous commençons nos descriptions par cette race parce que, suivant nous, elle est, de toutes les races françaises, celle qui marque le mieux la transition entre les races spécialisées pour la boucherie et les races travailleuses. Par ses aptitudes naturelles, elle serait admirablement disposée pour atteindre en peu de temps au plus haut degré de la précocité, si elle était soumise au régime de la méthode qui y conduit.

La race vendéenne nous fournit les meilleurs arguments pour la démonstration de l'une de nos thèses favorites de zootechnie. Nous avons à revendiquer pour elle plusieurs populations bovines, considérées à tort comme formant des races distinctes et qui ne sont, en réalité, que des tribus de la race vendéenne, que des rameaux détachés de sa souche. Les prétendues *races parthenaise*, *choletaise*, *nantaise*, *maraichine*, *marchoise*, *d'Aubrac*, *d'Angles*, *de la Causne*, *du Mézenc*, ont toutes une origine commune, sont toutes issues de la souche vendéenne, et présentent les mêmes caractères typiques.

Pour quelques-unes d'entre elles, il n'y a plus à discuter : c'est chose admise par tous ceux qui ont pu voir d'un œil compétent des sujets nantais, parthenais et maraichins, et même marchois, réunis dans une exposition publique. Il sera moins facile sans doute d'obtenir gain de cause en ce qui concerne le bétail d'Aubrac, autour duquel se groupent les autres races supposées. La question est plus neuve; mais la solution étant tout aussi vraie, nous pouvons espérer qu'elle ralliera néanmoins tous les esprits attentifs ayant sérieusement étudié les principes que nous avons exposés pour la détermination des races.

Il ne sera pas nécessaire, évidemment, de revenir en cette occasion sur les avantages zootechniques à retirer de la connaissance exacte de la vérité à cet égard. On saisit tout de suite que l'identité de type, dans les divers groupes indiqués, élargit singulièrement pour chacun d'eux le champ de la sélection possible et utile.

Il faut dire maintenant pourquoi nous adoptons la qualification de vendéenne pour la race dont il s'agit, plutôt que l'une ou l'autre de celles énumérées plus haut et qui sont attribuées aux divers groupes de population qu'elle forme, depuis le littoral océanique jusqu'aux Cévennes.

La raison en est simple et tout historique.

Il ne paraît point douteux que la vaste région qui s'étend de l'embouchure de la Loire à celle de la Gironde, fût peuplée de bétail avant le centre de la France, et surtout les parties d'une altitude élevée qui forment à présent les départements de la Creuse, de la Lozère et de l'Aveyron. Le bœuf est un animal de plaines et même de marécages ; c'est l'industrie humaine qui, en se développant, l'a conduit jusque dans les vallées des pays montagneux, presque tous couverts de forêts, du reste, dans l'ancienne Gaule.

Le type dont nous nous occupons, et qui ne se trouve nulle part ailleurs en Europe, est donc selon toute probabilité originaire des plaines du littoral vendéen, jadis marécageuses dans la plus grande partie de leur étendue et desséchées à présent. Il s'est irradié de là vers le Sud-Est, en suivant le versant méridional des hauteurs qui séparent le bassin de la Loire de celui de la Garonne en partant des montagnes de l'Auvergne pour venir mourir, après de nombreuses ondulations, au plateau de Gatine, en Poitou, à 136 mètres au-dessus du niveau de la mer. Ce plateau même, couvert de pâturages mêlés d'ajoncs et d'un caractère tout particulier, qui en a fait un théâtre de choix pour la chouanerie, est depuis longtemps un des centres principaux d'élevage de la race, en raison de quoi les bœufs qu'elle fournit aux cultivateurs du Poitou et de la Saintonge, y sont exclusivement désignés par l'épithète de *Gâtinaux*.

Or, ce qui rend encore plus plausible que les tribus établies dans la Marche et dans les vallées des monts d'Aubrac et du Mézenc, sont parties de la région vendéenne, c'est qu'on peut encore constater de nos jours un courant d'émigration dirigé dans le même sens et qui établit de proche en proche, par le commerce, des communications indiscontinues entre les populations. Ce courant se croise avec un autre, non moins curieux, dont nous aurons à nous occuper plus tard, et qui va, celui-là, des montagnes d'Auvergne vers l'occident, avec une régularité périodique dont la seule raison paraît être entièrement du ressort de ces nécessités naturelles signalées à l'occasion de la race charolaise. Nous y reviendrons en lieu convenable; pour l'instant, il convient seulement de justifier le point de départ attribué au bétail de type unique habitant les localités considérées.

Ce bétail, doué de la force d'expansion par l'abondance de sa reproduction, a dû gagner du terrain du côté des terres, limité qu'il était par la mer, vers l'ouest. A mesure que les travaux de desséchement ont transformé en prairies les marais du littoral, il a envahi ces prairies jusqu'aux embouchures de la Charente, d'une part, et de la Loire, de l'autre, où il a constitué les populations dites maraichine et nantaise, le pays étant demeuré plus marécageux vers le premier des deux fleuves que vers le dernier, ce dont la configuration des côtes donne une facile explication.

C'est tout à fait dans ces derniers temps qu'on a eu l'idée d'appeler parthenaise la race à laquelle le commerce de la boucherie de Paris donne la qualification de choletaise, du nom de la petite ville de Cholet, en Vendée, aux environs de laquelle les bœufs de cette race amenés sur les marchés de Sceaux et de Poissy sont engraissés, comme nous le verrons plus loin. On a cru devoir la nommer ainsi, parce que la ville de Parthenay, dans les Deux-Sèvres, est située au centre de ce plateau de Gatine, tout à l'heure mentionné comme un des principaux lieux de production et d'élevage.

Par son origine la plus probable, et, en tout cas, par l'importance actuelle de son principal centre de population, la race dont la caractéristique va être, après cette discussion, établie, mérite donc à tous égards la qualification de vendéenne que nous lui attribuons, en souhaitant qu'elle ait la bonne fortune de désintéresser tout le monde. L'usage, du reste, commençait à grouper plusieurs de ses tribus sous la désignation de races vendéennes. Nous ne faisons que substituer le singulier au pluriel, en ramenant à l'unité ce que la vérité scientifique ne permet pas de laisser à l'état de pluralité.

Décrivons maintenant le type vendéen (grav. 21 et 22).

Caractères typiques. — Crâne brachycéphale ; protubérance occipito-frontale large, épaisse et peu élevée ; cheville osseuse oblique de bas en haut à sa base, implantée haut, dirigée un peu en avant et brusquement relevée ; front large et plat ; arcades orbitaires très-saillantes et séparées par une dépression qui se continue de chaque côté de la base du nez ; face moyennement allongée ;

crête zygomatique peu prononcée ; chanfrein un peu camus ; maxillaire inférieur à branches écartées obliquement, relevées à angle obtus ; arcade incisive grande. Sur le vivant, mufle élargi, bouche grande, à lèvres épaisses ; joue petite ; fanon naissant du menton pour se prolonger sous la gorge et le long de l'encolure ; oreille large, épaisse, plantée haut, relevée en arrière et velue à l'intérieur ; cornage moyen, à pointes relevées, souvent

Grav. 21. — Taureau vendéen (parthenais), 1er prix, 1re catégorie, 2e section, 1re classe (M. Louis Tesson, Conc. univ., Paris, 1856).

Grav. 22. — Vache vendéenne (tribu d'Aubrac), 1er prix, 3e section, 2e catégorie, 1re classe (Conc. régional d'Albi, 1859).

dirigées en arrière ; expression douce et calme de la physionomie.

Caractères secondaires. — Quelques-uns de ces caractères se montrent avec une telle constance d'uniformité dans la race, qu'ils ont presque la valeur de caractères typiques : de ce nombre sont le mufle et les bords des paupières noirs, entourés d'une sorte d'auréole de poils d'un blanc argentin, que fait encore plus ressortir la nuance roux foncé des poils de la face, toujours chez le taureau, et souvent aussi chez la vache, au moins vers les yeux et à l'intérieur des oreilles. Cette nuance brune s'étend à l'encolure et à l'épaule ; elle forme aussi fréquemment des sortes de marbrures sur le reste du pelage, qui est d'un jaune fauve plus ou moins foncé, ou jaunâtre, avec des nuances plus claires le long du dos, sous le ventre et à la face interne des cuisses, où elles deviennent souvent du gris argenté déjà signalé à la face. Les cornes, d'un blanc jaunâtre à la base, sont toujours d'un noir très-vif, comme le mufle, vers la pointe et dans la moitié environ de leur étendue.

La taille et la conformation varient suivant la tribu que l'on considère. En Poitou et en Vendée, la taille va de 1 m. 35 à 1 m. 45; moins élevée dans la Gatine, elle croît à mesure que l'on s'approche du littoral, en remontant vers l'embouchure de la Loire, où les vaches dites nantaises acquièrent un grand développement, ainsi que les bœufs, réputés à juste titre très-forts travailleurs; cela les a fait mettre par M. Jamet au premier rang des races françaises, sous ce rapport, preuve qu'il n'avait peut-être pas vu d'assez près les bœufs auvergnats et les bœufs gascons.

Quoi qu'il en soit, dans sa région originaire, la race vendéenne a l'encolure courte, fortement musclée, avec un fanon très-prononcé; la poitrine profonde, à côte peu arquée souvent; le garrot bas et large; l'épaule longue, oblique et bien musclée; la ligne du dos droite, les lombes larges; les hanches écartées, la croupe longue, horizontale, bien fournie de muscles; la culotte descendue, formant une courbe très-peu prononcée; la queue implantée bas, longue et terminée par un bouquet abondant de crins d'une nuance foncée; les membres courts, forts, aux articulations larges.

Les bœufs ainsi conformés sont lourds, lents au travail, mais d'une grande ténacité. Ils ont la peau d'une finesse relative assez grande, très-souple, et la placidité de leur caractère les dispose à un facile engraissement, dont ils ont d'ailleurs, ainsi qu'on vient de le voir, toutes les autres aptitudes à un degré assez prononcé.

Dans la Creuse, la race n'arrive pas à un si fort développement : elle y a la poitrine moins ample et moins profonde; bien que plus petite de taille, elle est moins près de terre, comme on dit. Plus loin, vers les Cévennes, dans l'Aubrac, le Mézenc, et sur les plateaux de l'Aveyron, elle acquiert de la taille et du volume, mais en restant moins ample et plus élancée qu'en Gatine et en Vendée : elle y perd de son aptitude pour la boucherie, en devenant plus leste au travail et plus robuste. Mais ces modifications, qui se produisent sous l'influence du milieu, n'altèrent en rien la caractéristique, qui demeure identique partout (voy. grav. 22).

Partout aussi les individus mâles, après le bistournage, en perdant leur qualité sexuelle perdent les nuances vives de leur robe; du moins cela arrive à la plupart, dont le pelage pâlit toujours plus ou moins, surtout dans la Loire-Inférieure.

Dans les prairies marécageuses de la Charente-Inférieure, où les animaux vivent à peu près constamment dehors, ils conservent un poil grossier, abondant, de nuance foncée, une peau épaisse et des formes moins régulières; tout cela est dû, sans aucun doute, à ce qu'ils vivent constamment dehors, sous ce climat humide et variable à l'excès.

Rendement. — Au point de vue de la boucherie, le rendement maximum auquel peut atteindre la race vendéenne est remarquable. Baudement l'a trouvé, pour un poids vif de 850 kil., de 520 kil. en viande nette, de 118 kil. en suif, le poids du cuir étant de 51 kil. et celui des issues de 51 kil.

On comprend fort bien, après cela, que le commerce de Paris accorde ses préférences aux bœufs choletais; car si ces bœufs, dans leur état actuel, exempt de toute amélioration méthodique, rendent une proportion si forte d'un suif intérieur excellent, avec de la viande d'une supériorité incontestable, le rapport de leur poids net au poids vif ne semble pas avoir, en définitive, toute l'importance qu'on serait peut-être disposé à lui accorder au premier abord. Et il est au moins douteux, en outre, que la production de cette viande ait autant coûté que celle d'autres bœufs rendant au delà de 61.117 pour 100 de leur poids vif, comme le choletais considéré comparativement par Baudement.

La race vendéenne n'est pas moins remarquable sous le rapport de son aptitude à la production du lait. Les vaches dites bonnes laitières y sont communes, et cela aussi bien dans les tribus d'Aubrac et du Mézenc que dans celles de la Creuse, du Poitou et de la Vendée. Dans les vallées des monts d'Auvergne, elles sont exploitées précisément pour la fabrication des fromages appelés *fourmes*.

Dans la Creuse, nous avons visité la très-belle vacherie de M. Martin de Lignac, composée de quarante vaches importées pour la plupart du Poitou, et nous avons constaté sur les livres les rendements obtenus. Ces quarante vaches, abondamment nourries de fourrages naturels provenant des anciennes prairies tourbeuses assainies par M. de Lignac, donnaient 430 litres d'un lait très-riche par jour, durant la période de la plus forte lactation, et en moyenne de 1,800 à 2,000 litres chacune, d'un vêlage à l'autre. C'est avec ce lait que l'ingénieux propriétaire de Montlevade fabrique des fromages façon Chester très-estimés, et des conserves précieuses pour les voyages en ner, à l'aide d'une vaporisation méthodique et de l'emploi du procédé Appert.

Le rendement rigoureusement constaté à Montlevade, est à peu près celui de la race partout, et notamment en Poitou. Là, les vaches sont généralement plus beurrières que dans le marais, où leur rendement en lait est plus élevé. 10 à 12 litres du lait d'une bête poitevine donnent en moyenne 500 grammes d'un beurre de bonne qualité.

En somme, il est peu de races bovines en France réunissant à de tels degrés les aptitudes qui rendent l'espèce capable de remplir sa triple fonction économique ; on peut même dire qu'il n'y en a point. Aucune, par conséquent, n'est plus estimable, si l'on veut tenir compte, ainsi qu'il convient, des nécessités économiques. Cela indique clairement la marche à suivre pour l'améliorer ; et cette marche n'est pas, à coup sûr, celle au bout de laquelle se trouverait la spécialisation complète pour le travail, préconisée par un auteur qui semble disposé à partager la France entière, mais fort inégalement sans doute, en deux parts seulement, pour livrer l'une à la race travailleuse par excellence, d'après lui, à la race qu'il appelle nantaise, et l'autre à la race de Durham, douée de toutes les qualités au plus haut degré, hormis celle-là. C'est ainsi qu'il entend la doctrine de la spécialisation de l'espèce bovine, dont il est bien, ainsi comprise, l'incontestable inventeur.

Mode d'élevage. — L'exploitation de la race vendéenne, dans la principale des régions qu'elle habite, offre un intéressant exemple de l'application du principe économique de la division du travail. Ceci n'est point le résultat d'une délibération des éleveurs. Les lois naturelles, en toute combinaison humaine, ont ce caractère curieux qu'elles s'imposent sans que ceux qui s'y conforment aient conscience d'autre chose que du résultat final, en ce qui les concerne. C'est la situation agricole qui commande ici; et tout, sous le rapport de la spécialité des fonctions, va pour le mieux.

En Gatine, dans le Bocage vendéen, les élèves naissent. A la fin de leur première année, ils sont vendus aux agriculteurs qui ont à exploiter une étendue de terre assez considérable pour produire, en prairies ou en pâtures, plus de nourriture qu'il n'en faut pour entretenir les animaux de travail. Dans le Bocage même, dans la Vienne et au delà vers le courant d'émigration plus haut signalé; du côté de la mer, vers ce qu'on appelle en Vendée le marais et le desséché, en remontant vers la Loire; enfin dans les marais situés entre la Sèvre niortaise et la Charente, les agriculteurs achètent les veaux de Gatine pour faire consommer leurs fourrages. Ils les gardent jusqu'à l'âge de deux ans environ; et c'est à ce moment qu'ils sont, après avoir été bistournés vers dix-huit mois, appareillés par paires, et qu'ils passent dans les mains des petits cultivateurs du Poitou et de la Saintonge, principalement, et aussi de la Loire-Inférieure, qui les dressent au travail et leur font exécuter leurs labours en terres légères et leurs charrois.

Ces jeunes bœufs, à la fois animaux de croît et de travail, sont l'objet de soins attentifs, de la part du cultivateur qui sait fort bien que son bénéfice, lorsqu'il les vendra, la saison nouvelle venue, sera en raison de l'attention qu'il aura mise à les soigner et de la façon dont ils en auront profité. De ses mains, en effet, ils passent successivement dans celles d'autres cultivateurs dont les travaux exigent plus de force, jusqu'à ce que l'engraisseur s'en empare pour les emmener, soit sur la rive droite de la Sèvre, entre cette rivière et la Loire, où ils sont confinés dans des étables obscures jusqu'à ce que, gras, ils soient vendus au marché de Cholet, puis dirigés vers Paris ; soit dans les herbages de la Normandie, pour la même destination.

Il est bien rare à présent que ce dernier terme de la carrière du bœuf vendéen arrive plus tard que la sixième année. La demande toujours croissante des engraisseurs, sollicités eux-mêmes par l'immense débouché parisien, a produit tout naturellement ce résultat. Les cultivateurs ayant la coutume, dans toute la région, de changer chaque année leur attelage, à moins de circonstances particulières, ils ne pouvaient manquer de les céder au plus offrant. Or, le plus offrant, dès que les bœufs n'ont plus de petites dents, c'est maintenant l'engraisseur.

Depuis l'institution des concours régionaux, l'ensemble de la race vendéenne s'est amélioré, comme celui de toutes les autres races. Les éleveurs conservent les meilleures génisses et les meilleurs taureaux, ne livrant au commerce, qui emmène les jeunes hors du centre de production, que les sujets offrant le moins d'avenir comme reproducteurs. En Gatine et dans le Bocage, les élèves sont, dès leur jeune âge, l'objet de soins assidus. Les veaux boivent souvent le lait de deux vaches et ils reçoivent toujours une alimentation choisie. Plusieurs éleveurs sont devenus les lauréats habituels des expositions publiques de la région, dans les catégories ouvertes à la race.

Mais nulle part il n'existe encore, malheureusement, une entreprise spéciale d'élevage pour les reproducteurs d'élite, où les aptitudes de la race, déjà si avancées sur certains sujets, soient méthodiquement développées par la gymnastique fonctionnelle. Il y aurait là pourtant de quoi tenter quelque jeune agriculteur poitevin ou vendéen. Des opérations bien conduites en ce sens assureraient à la fois gloire et profit; car en fournissant aux éleveurs ces reproducteurs d'élite, ils rendraient certaine l'amélioration de toute la population, attendu qu'il n'est guère possible de désirer, à part cela, un élevage mieux entendu que celui qui attend les animaux de la race vendéenne jusqu'à leur âge adulte.

La race a, jusqu'à présent, à peu près tout à fait échappé aux tentatives du croisement systématique. Il y en a peu de plus pures dans notre pays. Le seul conseil qu'il convienne de donner aux éleveurs, c'est de persévérer dans la voie de sa conservation par sélection absolue et de développer son aptitude à la production de la viande par l'emploi généralisé des reproducteurs améliorés que quelques-uns d'entre eux, amis du progrès et doués d'initiative, ne manqueront point de mettre à leur disposition avant peu.

Il ne serait, à aucun titre, prudent de songer à faire de la race vendéenne une race étroitement spécialisée pour la boucherie. Dans les régions qu'elle habite, son mode d'élevage s'y oppose et se trouve être d'ailleurs autrement lucratif. On peut seulement viser, avec toutes les chances possibles de succès, à augmenter son rendement par un développement plus précoce, sans porter une trop forte atteinte à son aptitude pour le travail.

Race auvergnate. — Cette race se produit à peu près exclusivement sur le plomb du Cantal, dans le massif des monts d'Auvergne, faisant partie de la chaîne des Cévennes. Les pâturages fertiles, où les vaches vivent en troupeaux avec leurs produits de l'année, sont situés à des altitudes très-élevées, qui atteignent jusqu'à 1,858 mètres (plomb du Cantal), et font aujourd'hui partie de l'arrondissement de Mauriac. La petite ville de Salers, la plus voisine de ces pâturages, appelés eux-mêmes montagnes dans le pays, a donné son nom à la race dans ces derniers temps.

Celle-ci est maintenant connue, en effet, sous le nom de *race de Salers*. Il n'y a vraiment pas de raisons suffisamment plausibles pour adopter une telle désignation, inspirée par la tendance à multiplier abusivement les dénominations de race dans le bétail français, chaque petit centre de production voulant avoir la sienne. Les habitants de l'Auvergne en distinguent trois ou quatre, dont les noms toutefois n'ont pas dépassé les limites de leurs montagnes. Il convient de les englober toutes dans la race auvergnate, dont le type parfaitement uniforme et déterminé d'une manière très-nette, ne présente que des nuances insignifiantes et en tout cas fort secondaires.

A la fin de l'automne, les veaux auvergnats descendent des montagnes pour émigrer du côté de l'Ouest, en traversant l'ancienne Marche, pour gagner le bas Poitou et la Saintonge, où ils s'établissent. Le courant qui les y amène suit ainsi, comme on voit, les points culminants des ramifications occidentales des Cévennes. Chemin faisant, il rencontre et croise l'autre courant bien moins fort dont nous avons déjà parlé, et qui entraîne la race vendéenne vers le Sud-Est. Naguère il s'en détachait quelques courants secondaires, dérivés du côté du versant septentrional des hauteurs qu'il suit, vers le Bourbonnais et le bassin de la Loire ; mais l'expansion plus forte de la race charolaise, agissant en sens inverse, les a refoulés pour s'emparer décidément du pays.

C'est aux foires d'Aurillac, de Fontanes, de Mauriac,

de Salers, que les éléveurs auvergnats rassemblent les élèves qui doivent nécessairement émigrer pour décharger leurs montagnes et faire place à ceux qui naîtront à la saison nouvelle. Là, de nombreux marchands les forment en bandes, pour les conduire par étapes jusqu'aux foires spéciales de la Vienne, de la Charente et de la Charente-Inférieure, dont l'époque est marquée par la désignation pittoresque de *descente des veaux*. Ces foires se tiennent, de fait, dans des localités où les hauteurs qui couvrent le pays entre la Loire et la Garonne viennent expirer.

Dans ce courant d'émigration, qui amène des montagnes d'Auvergne le bétail qu'elles produisent, jusque dans un pays si voisin d'un autre centre de production qui pourrait suffire grandement à ses besoins, sous tous les rapports, est-ce qu'il ne faut pas voir surtout l'influence invincible d'une de ces lois naturelles de la configuration du sol, dont nous avons déjà parlé plusieurs fois? En vertu de leur constitution climatérique, les montagnes d'Auvergne ont une puissance productive déterminée. A cette puissance toujours renouvelée par le retour des saisons, il fallait des débouchés pour éviter l'encombrement et la lutte contre les éléments. Limitée de toutes parts, sauf vers l'ouest, soit par les difficultés géographiques, soit par les obstacles d'occupations antérieures ou de rivalités plus fortes, c'est vers l'ouest qu'elle s'est étendue, à la faveur surtout de son aptitude au travail, qui la fait généralement préférer à la race vendéenne par les cultivateurs du centre de l'Ouest.

Ainsi se montre partout, pour l'observateur attentif, la loi qui régit les mouvements des populations animales, comme ceux des populations humaines, dans lesquels, à coup sûr, n'en déplaise à notre orgueil, notre intelligence obéit plus qu'elle ne commande. Nous nous flattons de tout diriger, et nous subissons au contraire les lois que les circonstances naturelles nous imposent.

Caractères typiques. — Le type auvergnat (grav. 23 et 24) est des plus caractérisés : il n'a jamais donné lieu à

Grav. 23. — Taureau auvergnat (salers), 1er prix, 1re catég., 2e sect., 1re classe (M. le baron de Flaghac, Conc. univ. de Paris, 1856).

Grav. 24. — Vache auvergnate (salers), 1er prix, 10e catégorie, 2e section, 1re classe (M. Fabre, Concours univ., Paris, 1856).

aucune controverse, parce qu'il ne s'est encore jamais implanté et reproduit avec suite nulle part ailleurs que dans ses montagnes. Voici sa caractéristique :

Crâne brachycéphale; protubérance occipito-frontale à sommet droit et accusé; cheville osseuse grosse, implantée haut, horizontale et relevée légèrement en dehors vers sa pointe; front proéminent; arcades orbitaires peu saillantes et orbites séparés l'un de l'autre par une grande distance; face courte, sans dépression à l'angle interne de l'orbite; crête zygomatique très-prononcée; chanfrein droit, épais et arrondi d'un côté à l'autre, donnant à la face la forme d'un triangle isocèle; maxillaire inférieur à branches écartées, relevées à angle presque droit. Sur le vivant, cornage fort, oreille implantée haut, large et velue à l'intérieur; chignon et front couverts de poils abondants et frisés; mufle étroit, bouche petite, fanon épais et long, partant du menton pour se continuer tout le long de la gorge et du cou; physionomie énergique et rude.

Caractères secondaires. — Mufle rosé, quelquefois marbré de taches noires ou grisâtres, surtout vers ses bords; cornes fortes, lisses, régulièrement contournées et se relevant en dehors, noires à leur extrémité qui n'est pas effilée; pelage uniformément d'un rouge vif acajou sur tout le corps, présentant quelquefois de petites plaques blanches très-peu étendues, principalement sous le ventre ou à l'extrémité de la queue; taille très-élevée, corps long, à ligne supérieure souvent un peu fléchie; croupe courte, queue implantée haut, longue, dont l'extrémité libre, abondamment fournie de crins, descend jusqu'à la partie moyenne des canons; poitrine le plus ordinairement arrondie, mais manquant d'ampleur et de profondeur; épaule courte, fanon épais et très-prononcé, pendant en avant du poitrail et entre les membres antérieurs, un peu longs mais très-forts; cuisse relativement mince, culotte maigre, presque droite.

Dans l'ensemble de sa conformation, le bœuf auvergnat est svelte dans sa forte corpulence, avec un squelette volumineux et puissant; aussi c'est un travailleur rustique, agile et vigoureux, dur à l'engraissement, à la peau épaisse et aux muscles solides. Cependant la race n'échappe pas entièrement aux influences agricoles qui agissent depuis un certain temps sur tout le bétail français. On rencontre maintenant bon nombre de bœufs auvergnats ayant acquis plus d'ampleur et de profondeur de poitrine, ce qui entraîne, comme on sait, un garrot plus épais, une ligne du dos plus droite, des lombes plus larges, des hanches plus écartées et moins saillantes, des cuisses plus fournies et des membres plus courts.

C'est sans aucun doute l'insuffisance de la cuisse, naturelle à la race, qui a fait établir dans l'Ouest la coutume bizarre de laisser accumuler sur cette région la *bouse* qui s'attache à ses poils en masses arrondies et serrées, et de favoriser au besoin son accumulation. Cela fait paraître l'arrière-train plus développé.

Rendement. — Le bœuf auvergnat fin gras a pesé vif jusqu'à 930 kil. et a rendu 620 kil. de viande nette, 90 kil. de suif, 62 kil. de cuir et 66 kil. d'issues. De toutes les races examinées par Baudement à ce point de vue, aucune n'a jamais fourni, par rapport au poids vif, un cuir si pesant. Cependant son rendement en viande nette a pu atteindre 66.667 pour 100, ce qui met la race auvergnate avant bien d'autres, quant au prix de revient de l'aliment qu'elle fournit; mais dans la répartition de son poids net, les parties afférentes aux viandes les plus estimées, et qui se vendent le plus cher, au détail, entrent pour une proportion relativement faible : c'est ce qui fait son infériorité définitive.

Comme qualité absolue de viande, elle a été classée avant la race charolaise et la race normande, ce qui a fait penser que le travail pourrait être favorable au développement de la saveur de la viande de bœuf. C'est possible; mais la question est bien complexe pour qu'on ose la résoudre ainsi.

Les vaches de la race auvergnate, durant leur séjour dans la montagne, donnent assez de lait pour que ce liquide y soit l'objet d'une exploitation importante. C'est dans le Cantal, en effet, ainsi que dans le Puy-de-Dôme, uniquement peuplés de ces vaches, que se fabriquent la plupart des fromages dits *fourmes*. C'est là aussi qu'a été établie la vacherie de Saint-Angeau, habilement dirigée par M. Le Sénéchal, d'abord en vue, croyons-nous, d'y implanter la race devon par voie de croisement, mais maintenant consacrée avec plus de raison, semble-t-il, à servir de modèle pour la fabrication des fromages à la façon hollandaise.

Pour qu'il en soit ainsi, il faut bien que la race du pays soit laitière. M. Magne dit qu'il s'y trouve même quelques vaches donnant 18 à 20 litres de lait par jour, « à la vérité en consommant beaucoup, » ajoute-t-il, ce qui paraît assez naturel. M. Gustave Celeyron, dans un très-intéressant travail descriptif sur les pâturages et Jasseries des montagnes d'Ambert (1), qui est en même temps un tableau réussi de mœurs auvergnates, estime que 3,000 laitières des Jasseries de l'arrondissement d'Ambert donnent annuellement 150,000 fourmes, pesant ensemble 225,000 kilogrammes, et 45,000 kilogr. de beurre, soit 75 kilogr. de fromage et 15 kilogr. de beurre par tête, tout le lait n'étant pas écrémé, bien entendu. A ce compte, une cabane de 16 laitières donne un produit net de 600 fr., représentant la valeur en revenu du pâturage de parcours pour l'usager, soit sur le pied de 10 cent. le litre, l'équivalent de 3,700 litres de lait par tête et par an.

La race auvergnate peut donc être considérée comme bien douée sous le rapport de l'aptitude laitière; et, en effet, le trop plein des génisses se déverse à ce titre du côté du Midi, jusque dans l'Aude.

Mode d'élevage. — Les vaches, nourries en hiver dans les métairies des vallées de l'Auvergne, montent vers la

(1) *La Culture*, t. II, 1861.

fin d'avril ou dans le courant de mai, suivant l'état de la végétation, sur les pâturages de montagne dont il vient d'être parlé, avec leurs veaux de l'année et le jeune taureau de dix-huit mois à deux ans qui fait partie de chacun des troupeaux. Ce taureau, de temps immémorial, est toujours issu de l'une des vaches du troupeau qu'il doit féconder, de telle sorte qu'il s'accouple nécessairement avec sa mère, ses tantes et ses sœurs.

C'est un des exemples les plus étendus de l'usage de la consanguinité accumulée, et qui nous a déjà fourni, eu égard à la constitution si robuste de la race auvergnate, un argument irréfutable contre les dangers absolus attribués au mode de reproduction dont il s'agit.

Les troupeaux restent sur la montagne tant que la température le permet, c'est-à-dire jusqu'à la fin de l'automne. A ce moment, ils descendent : les vaches rentrent pour l'hiver au domaine ; les veaux et les génisses, sauf celles qu'il y a lieu de conserver pour remplacer les mères à réformer, sont vendus, ainsi que nous l'avons dit plus haut, et les mâles partent en grand nombre pour la région de l'Ouest.

Là commence pour eux un genre de vie complétement identique à celui des sujets de la race vendéenne, indiqué précédemment, avec lesquels, du reste, ils se trouveront désormais confondus ; c'est-à-dire qu'après avoir, comme eux, subi le bistournage dans le courant de leur deuxième année, ils passeront vers dix-huit mois ou deux ans dans les mains d'un petit cultivateur, qui les dressera au joug pour les vendre l'année suivante à un autre ayant besoin d'un attelage plus fort ; et ainsi de suite jusqu'à ce qu'ils aillent, toujours comme les gatinaux, terminer leur carrière en Vendée ou en Normandie, pour tomber finalement sous le couteau du boucher parisien.

Nous n'insisterons pas sur ce mode d'élevage ; il faudrait répéter pour cela les développements que nous y avons déjà consacrés, à propos de la race vendéenne : il suffira de renvoyer à l'article de cette race (p. 121). Les bœufs auvergnats, que les engraisseurs normands appellent bœufs de Poitou, se sont grandement améliorés, depuis une vingtaine d'années, sous le rapport de la conformation qui convient pour la boucherie et de l'aptitude à s'engraisser dans l'herbage. Ils sont l'objet de beaucoup de soins, dès leur jeune âge, de la part des petits cultivateurs mieux pourvus de fourrages pour l'hiver. Le progrès marche vite sous ce rapport. Il serait à désirer seulement qu'en Auvergne on s'occupât d'améliorer les reproducteurs, en soumettant à un régime spécial les génisses et surtout les veaux destinés à devenir des taureaux, en pratiquant à leur égard une sélection relative plus efficace.

Il serait évidemment superflu de détourner les éleveurs des monts d'Auvergne de toute tentative d'amélioration par le croisement; ils n'y songent pas, et l'on ne saurait trop les en féliciter.

Race garonnaise. — C'est sur les alluvions très-fertiles des rives de la basse Garonne, depuis Agen jusqu'à Bordeaux, que le principal établissement de la race dont nous allons nous occuper s'est fondé. Au delà d'Agen, vers Montauban, dans l'arrondissement de Castelsarrazin surtout, et aussi vers Nérac, elle s'est mêlée aux races voisines, en contractant des alliances avec elles, alliances d'où sont sorties des populations en état de variabilité désordonnée, auxquelles les habitants du pays donnent à tort des noms particuliers : par exemple celui de *race néracaise*.

lus loin elle remonte la Garonne jusqu'aux environs de 'oulouse, où elle se partage les travaux agricoles avec la ace dite gasconne, n'y faisant d'ailleurs souche que fort eu.

Son centre de production le plus remarquable est dans e pays d'Agen, où le sol très-riche, et très-divisé pour ce notif, lui fournit une alimentation abondante et succulente, endue plus efficace encore par les soins attentifs des petits ultivateurs. Un vétérinaire distingué, M. Goux (d'Agen), ous y a depuis longtemps initiés par une excellente nonographie, plusieurs fois refaite et complétée avec ne prédilection bien naturelle. Là, on la désigne ous le nom de *race agenaise*, que son historiographe utorisé a eu le bon esprit de ne point lui conserver. Il avait trop bien qu'elle appartient avant tout aux rives du euve auquel doit revenir l'honneur de lui donner son om.

En descendant vers la cité bordelaise, avant de mêler es eaux à celles de la mer, pour former l'anse allongée u'on appelle la Gironde, on sait que ce fleuve s'encaisse ntre deux collines élevées, l'une qui le sépare, vers le ud-ouest, des landes bordelaises ou de Gascogne, l'autre, ers le nord-est, de la vallée de la Dordogne.

La race garonnaise ne s'est point établie sur les prenières collines, celles de la rive gauche, qui sont occuées, dans l'arrondissement de Bazas surtout, par un utre bétail dont nous aurons à parler plus loin; partant es alluvions agenaises, elle a gravi seulement les coteaux e la rive droite, qu'elle occupe en pénétrant bien au delà, u côté du nord-ouest, jusque sur les bords de la Chaente, prenant possession des arrondissements de Jonzac, e Cognac, et d'une partie de celui de Saintes, et présentant, dans toutes ces localités accidentées où la vigne fleurit, des caractères de conformation qui la font facilement distinguer de la tribu agenaise.

L'expansion de la race garonnaise s'est encore manifestée dans une autre direction, mais avec plus d'intensité. A mesure que les progrès de la culture faisaient produire à l'ancienne province du Limousin une plus grande abondance de fourrages, et notamment que la culture de la rave (*rabiole*) y fut pratiquée sur une assez grande échelle, pour consommer ces fourrages aussi bien que pour exécuter les travaux dans les terres défrichées, le bétail petit et rustique de la province devenait insuffisant. C'était désormais un mauvais consommateur, dont les aptitudes ne pouvaient plus être en rapport avec les ressources de la production agricole. Il y eut donc nécessité d'appeler des animaux d'une plus forte stature. Les regards se tournèrent du côté des coteaux de la Garonne : on fit franchir la Dordogne à la race garonnaise, et des importations successives implantèrent bientôt dans les départements de la Dordogne, de la Corrèze, de la Haute-Vienne, et une partie de celui de la Creuse, une forte tribu de cette race dont la conformation y devint plus régulière.

Elle fut promptement en état de se suffire et supérieure en aptitude à sa souche primitive. Les fils des premiers importateurs en vinrent à oublier tout à fait cette souche originaire, et ils protestent aujourd'hui lorsqu'on leur dit, sans nier toutefois ses qualités éminentes, que leur prétendue *race limousine* se rattache par son type ainsi que par son origine à la race garonnaise, dont elle n'est qu'un démembrement. Ne pouvant contester l'identité des caractères typiques, ils soutiendraient volontiers que le bétail garonnais peut tout aussi bien venir du Limousin, que le bétail limousin des bords de la Garonne. Malheureusement pour une telle prétention, assez puérile au fond, l'histoire de la migration ne remonte pas à une date suffisamment reculée, pour que des contemporains même ne s'en souviennent plus; et, du reste, la loi naturelle des migrations de ce genre permettrait seule, au besoin, d'affirmer que le peuplement a dû nécessairement s'effectuer dans le sens que nous indiquons.

En somme, tout le bétail connu par les désignations de *races agenaise*, *garonnaise*, *néracaise*, *limousine*, *saintongeoise*, appartient donc à un seul et même type ayant la caractéristique suivante (grav. 25 et 26) :

Grav. 25. — Taureau garonnais, 1er pr., 5e catégorie, 2e section, 1re classe (M. Gleiger, Concours univ., Paris, 1856).

Grav. 26. — Vache garonnaise (tribu limousine), 1er prix, 9e catégorie, 2e section, 1re classe (M. Félix Talamon, Conc. univ., Paris, 1856).

Caractères typiques. — Crâne dolichocéphale; protubérance occipito-frontale étroite et à sommet arqué; cheville osseuse très-forte, implantée haut, oblique en bas et en avant à des degrés divers, quelquefois ayant sa pointe tout à fait dirigée dans le sens du diamètre longitudinal du crâne, en arrière de l'orbite; front étroit et arrondi d'un côté à l'autre; arcades orbitaires peu saillantes; face courte, étroite, à chanfrein droit et mince; crête zygomatique peu accusée; maxillaire inférieur à branches étroites, rapprochées l'une de l'autre, relevées à angle obtus. Sur le vivant, tête relativement forte, mufle large, bouche grande; fanon pendant sous la gorge; joue petite; oreille large, implantée bas; cornes grosses, aplaties, dont la pointe est le plus souvent dirigée en avant et en bas, quelquefois même longeant, d'un côté ou de l'autre, rarement des deux à la fois, la face de si près, en arrière de l'œil, que l'amputation en est nécessaire pour que l'œil ne soit pas comprimé; physionomie douce et placide.

Caractères secondaires. — Mufle et bord libre des paupières d'un rose pâle; cornes entièrement blanches, pelage uniformément de couleur froment, d'une nuance plus claire autour des yeux. Ces caractères, qui constituent le type blond par excellence, souffrent peu d'exceptions dans la race; toutefois, quelques sujets présentent sur le milieu de la face, sur les côtes, autour des onglons et aux crins de la queue, des teintes brunes qui les font qualifier d'*enfumés* ou de *charbonnés* : ce sont surtout ceux nés dans les environs de Nérac, qui ont hérité ces caractères secondaires du mélange de leur souche avec celle des animaux de Bazas. La taille des garonnais est partout très-élevée et leur corpulence très-forte. Celles des vaches s'éloignent moins des proportions propres aux mâles que dans aucune autre race, et les femelles garonnaises, pour ce motif sans doute, montrent au travail une aptitude qui leur donne à cet égard une supériorité réelle sur beaucoup de nos bœufs. Toutefois, mâles et femelles, en raison sans doute de leur type blond, ont la peau fine et souple et une aptitude à l'assimilation qui, jointe à la placidité de leur caractère, rend leur engraissement facile.

La conformation du corps offre deux variétés par quelques-uns de ses points. Toujours l'encolure est épaisse et fortement musclée, le garrot large, la poitrine ample et profonde, le fanon peu pendant et les membres antérieurs relativement courts; mais le reste subit des modifications, suivant les lieux : dans l'Agenais et dans le Limousin, la ligne du dos est le plus souvent droite, les lombes larges, les hanches écartées, la croupe longue et la queue seulement implantée un peu haut; celle-ci est d'ailleurs courte et effilée, bien qu'elle porte à son extrémité un fort bouquet de crins; la cuisse et la culotte, bien fournies de muscles, ne sont pas cependant, par leurs masses charnues, en rapport avec l'épaule et le reste du train antérieur; les membres, fortement articulés, sont gros et chargés d'os; ils le sont encore bien davantage sur les coteaux garonnais, et le plus souvent ils ont des aplombs vicieux, les genoux étant déjetés en dedans; là aussi le squelette acquiert des proportions démesurées, la ligne du dos s'infléchit, les lombes et les hanches se rétrécissent, l'implantation de la queue se relève, les membres postérieurs paraissent d'une longueur excessive et la croupe est pointue. Tel est l'aspect des colosses blonds que l'on voit employés à des transports sur les quais de Bordeaux, ou dans les campagnes bordelaises et celles de la Champagne charentaise, où fréquemment un bœuf garonnais, attelé seul, traîne de lourds fardeaux.

Rendement. — Le poids vif des bœufs garonnais engraissés varie beaucoup. De deux individus de l'Agenais abattus à Bordeaux après un concours, l'un a pesé 674 kilogrammes et l'autre 1,088, bien qu'il n'y eût qu'un mois de différence dans leur âge. Le second avait trois ans et onze mois, et le premier trois ans et dix mois seulement.

Le premier a rendu 425 kilogrammes de viande nette, 55 kilogrammes de suif et 53 kil. 20 de cuir; le second, 683 kilogrammes de viande, 81 kilogrammes de suif et 68 kilogrammes de cuir. L'avantage est donc, sous tous les rapports, pour l'animal le plus lourd, qui a rendu, en viande nette, 68.78 pour 100 de son poids vif, tandis que l'autre n'a donné que 62.91.

La constatation officielle de ces chiffres remonte déjà loin, puisqu'il s'agit du concours de 1850. Ce qui attire surtout l'attention, c'est la faible proportion du suif, que la race n'a du reste pas encore dépassée. La moyenne des cinq bœufs limousins examinés par Baudement, après les concours de Poissy, a donné pour un poids vif de 907 kil. 400 gr., 601 kilogrammes de viande nette, 91 kil. 400 gr. de suif, 59 kilogrammes de cuir et 68 kil. 600 gr. d'issues.

Comme qualité de viande, la race occupe un bon rang : elle vient immédiatement après la vendéenne, placée en tête des races françaises. Elle peut donc être considérée comme une très-bonne race de boucherie, et c'est à ce titre qu'elle contribue presque exclusivement à l'approvisionnement des deux grands centres de consommation entre lesquels elle se produit : Toulouse et Bordeaux.

L'aptitude des vaches pour la sécrétion du lait est plus que médiocre; souvent elles ne peuvent même pas allaiter leur veau. Peut-être est-ce parce qu'on exige d'elles trop de travail. Le lait et le beurre, du reste, sont peu estimés dans les pays garonnais.

Mode d'élevage. — Il serait difficile d'imaginer une sollicitude plus grande que celle dont les animaux garonnais sont l'objet. Si cette sollicitude était partout aussi éclairée qu'elle est attentive, à coup sûr la race serait arrivée déjà au plus haut degré d'amélioration. Une fois entre les mains des cultivateurs qui doivent les faire travailler, il n'y a pas d'abondance comparable à celle dans laquelle ils vivent, durant la bonne saison du moins; malheureusement, en général, les provisions d'hiver ne sont pas assez fortes, et il y a des mois difficiles à passer : il faut bien alors subir un jeûne relatif.

Toutefois, cela s'applique moins aux environs d'Agen et au Limousin qu'à la région des coteaux garonnais. Les bons nourrisseurs se sont beaucoup multipliés dans l'Agenais. Depuis que les concours de boucherie existent, on a vu fréquemment de simples paysans de Lot-et-Garonne y exposer des bœufs d'une précocité remarquable. Naguère l'un de ces bœufs, âgé seulement de vingt-sept mois, disputait vivement la coupe d'honneur à Poissy.

La race et le pays sont admirablement disposés, à vrai dire, pour un tel résultat, et l'amélioration y marche à grand pas. Souvent les éleveurs, comprenant que l'avenir des sujets dépend des premiers temps de leur vie, donnent à leurs veaux des nourrices étrangères, les mères n'étant pas en état de les allaiter suffisamment; d'autres y suppléent par des préparations farineuses et des aliments tendres et de facile digestion. C'est ce qu'il serait désirable de voir se généraliser, et ce à quoi leur habile compatriote, M. Goux, l'auteur plus haut cité, les pousse avec un louable zèle.

Il y a une distinction à faire entre le mode d'élevage de l'Agenais et des bords de la Garonne en général, et celui du Limousin. Ici le pâturage joue un plus grand rôle dans la belle saison, et il n'y a pas de différence bien sensible entre les habitudes contractées et celles que nous avons déjà décrites à propos de l'élevage des veaux de la Gatine.

Les plateaux sont analogues, les cultures aussi, à cela

près que la rave est cultivée à la place du chou. Les veaux et les bœufs passent de main en main également, et ils finissent de même leur carrière aux abattoirs de Paris, après avoir subi l'influence de la loi économique de la division du travail, si favorable, ainsi que nous l'avons vu, à leur production dans les pays de petite culture.

Dans le Lot-et-Garonne, les choses se passent autrement. Les dernières statistiques donnaient une population bovine de 129,973 têtes, sur lesquelles on comptait 29,163 bœufs, 10,090 taureaux, 26,437 veaux et 64,289 vaches. Dans le seul arrondissement de Marmande, la proportion des vaches était de 21,995 pour 5,234 bœufs. Or, on a constaté en même temps que sur 33,000 animaux vendus annuellement il n'en sortait pas au delà de 8,000 du département. Cela montre que l'élevage s'effectue à peu près entièrement sur les lieux mêmes. Une des meilleures spéculations des éleveurs garonnais, a dit M. le marquis de Dampierre, est le dressage de beaux attelages que l'on vend pour les départements de la Gironde, de la Haute-Garonne, de Tarn-et-Garonne, du Tarn, de la Provence même, et pour le Périgord, où ils sont fort recherchés.

La race garonnaise est en bonne voie d'amélioration. Les éleveurs de l'Agenais et du Limousin, surtout les premiers, ont montré ce qu'il est possible d'en obtenir et permis d'en espérer par le choix de taureaux se rapprochant du type idéal de la belle conformation de l'espèce et par une alimentation abondante et riche des jeunes. Il n'y a qu'à généraliser ces bonnes pratiques. Il faudrait aussi qu'on fît moins travailler les vaches et qu'on s'appliquât à ne choisir les mères que parmi celles dont les mamelles fournissent assez de lait pour nourrir convenablement leur veau. Moins fatiguées et recevant une nourriture appropriée, leur aptitude laitière se développerait davantage. La facilité avec laquelle elles s'engraissent, comme les bœufs, lorsqu'elles sont au repos, rend cela certain.

En outre, les nécessités économiques de l'agriculture de la partie du bassin de la Garonne habitée par la race, jointes aux aptitudes naturelles que celle-ci montre pour acquérir de la précocité sous l'influence de la gymnastique fonctionnelle et de la sélection, commandent de repousser toute idée de croisement, en vue d'obtenir des produits améliorés pour la boucherie. Avec le mode d'élevage imposé par l'état de la propriété, la spéculation ne serait assurément pas bonne.

Dans les parties du Limousin où l'étendue des domaines comporte la grande culture, c'est différent. Il y a là des éleveurs dont les succès de concours ont fait connaître le nom et qui entretiennent dans leurs étables des animaux de la race de Durham. On peut citer, notamment, MM. Henri Michel et Armand Daubin. La production des métis, pourvu qu'elle soit conduite avec l'habileté que nécessitent les opérations industrielles de ce genre, et que tous ces métis aillent sans exception terminer leur courte carrière à l'abattoir, sans s'être reproduits, ne saurait rencontrer d'objection plausible. Cette spéculation peut et doit même marcher de front avec l'amélioration des sujets purs de la race par les procédés indiqués, lesquels sujets, pour être d'une production avantageuse, ont besoin, croyons-nous, de conserver encore leur aptitude au travail.

Race gasconne.— Nous faisons des réserves formelles, au sujet du nom donné au type que nous allons décrire. Son identité parfaite avec celui de la race suisse de

Schwitz, paraîtrait devoir entraîner l'obligation de considérer la population bovine gasconne comme constituant seulement une tribu de cette race établie en Gascogne; mais l'impuissance où nous sommes, quant à présent, de remonter à des documents certains attestant la migration probable, nous fait hésiter. Nous prions seulement qu'on veuille bien comparer, descriptions et gravures, les individus gascons et de Schwitz dont il sera question plus loin : on s'apercevra facilement qu'il n'est possible de distinguer aucune différence dans leurs caractères.

Néanmoins, en attendant que des recherches historiques nous aient mis en mesure de résoudre la question d'une manière positive, si toutefois les éléments de ces recherches, qui nous ont échappé jusqu'à cette heure, ont été conservés quelque part, nous nous croyons obligé de continuer d'appeler comme tout le monde race gasconne la collection d'individus français si bien caractérisés, appartenant au type dont il s'agit.

Il n'y a pas de raisons pour que leur souche soit venue des montagnes de la Suisse s'implanter sur les coteaux du Gers, sous l'influence d'une de ces lois naturelles de migration dont nous avons parlé. Si le mouvement a eu lieu en ce sens, ainsi que tout semble l'indiquer, ce n'a pu être que par le fait d'un événement fortuit, d'une volonté humaine plus ou moins délibérée. Quelque personnage gascon ayant visité la Suisse se sera pris d'un goût particulier pour le bétail fauve de ce pays et l'aura introduit sur ses domaines, d'où il aura rayonné de proche en proche en se reproduisant. Malheureusement, notre histoire agricole a été de tout temps trop négligée, elle n'est pas assez riche en documents pour qu'il y ait grand espoir de vérifier à cet égard notre supposition. Qu'il nous soit permis cependant de la recommander au zèle des chercheurs de la province gasconne, mieux placés que personne pour fouiller dans ses archives, s'ils jugent qu'il vaille la peine de s'en occuper.

On est moins embarrassé pour établir l'origine de la prétendue *race ariégeoise*, à laquelle les programmes des concours de la région du Sud-Ouest ont donné une existence officielle. Ceci est de l'histoire contemporaine, et de la plus récente.

Il n'y a pas la moindre solution de continuité entre le bétail qualifié de gascon et celui qualifié d'ariégeois. Du Gers à l'Ariége, on ne traverse que la Haute-Garonne, et les trois départements ne sont séparés que par des limites fictives, purement administratives. Or, ils sont occupés tous les trois par le type dont nous parlons, sans autre modification de ce type que celle produite dans son développement par l'état agricole. Si donc, dans la Haute-Garonne, on considère ce type comme étant venu de la Gascogne, où la Société d'agriculture de Toulouse (qui a eu l'excellente idée, sous l'impulsion éclairée de M. le professeur Lafosse, l'un de ses membres, d'établir un *Herd-Book* de la race) va du reste acheter des taureaux chaque année avec des fonds mis à sa disposition par le conseil général, pour les répandre dans le département; si l'on a raison, disons-nous, de penser et d'agir ainsi dans ce département, on chercherait en vain des motifs pour penser autrement dans celui de l'Ariége, bien que la race y soit assez solidement établie pour qu'il n'y ait plus lieu de recourir à des importations de taureaux venus du Gers, parce que les agriculteurs ariégeois, pour des raisons de situation, sont plus éleveurs que ceux de la Haute-Garonne.

Aucun d'eux, assurément, ne serait en mesure de démontrer que la caractéristique suivante n'est pas à la fois celle du bétail gascon et de celui qu'ils prétendent constituer en race ariégeoise distincte (grav. 27).

Caractères typiques. — Crâne très-dolichocéphale; protubérance occipito-frontale épaisse et élevée; cheville osseuse forte, implantée haut, courte, dirigée obliquement sur le côté et en bas et se recourbant en avant, non loin de sa base; front fortement bombé; arcades orbitaires peu saillantes; face courte à chanfrein droit, épais et arrondi d'un côté à l'autre; crête zygomatique peu prononcée; maxillaire inférieur à branches larges, relevées à angle presque droit et peu écartées l'une de l'autre. Sur le vivant, mufle large, lèvres épaisses, bouche grande, fanon très-prononcé sous la gorge; oreille large, épaisse, très-velue; cornes courtes et épaisses, à pointe non effilée, toujours dirigée en avant et en bas chez le mâle, le plus souvent relevée chez la femelle; physionomie fière.

Grav. 27. — Taureau gascon, 1er prix, 2e section, 1re catégorie, 1re classe (M. Armand Pontous, Conc. rég., Foix, 1859).

Caractères secondaires. — Mufle noir, ainsi que l'extrémité libre des cornes; pelage fauve ou blaireau mêlé de brun très-foncé, le plus souvent à la tête, à l'encolure et aux membres. La nuance générale de la robe est toujours plus claire le long du dos. Le fond des bourses et le pourtour de l'anus, ainsi que les lèvres de la vulve chez la femelle, sont ordinairement noirs. Ces deux particularités, appelées, la première, *cupule*, la seconde, *cocarde*, par les éleveurs gascons, sont considérées par eux comme des indices d'une pureté absolue dans la race, et fort recherchées pour ce motif. La commission du *Herd-Book* de la Société d'agriculture de la Haute-Garonne y attache la plus grande importance dans ses choix. Lorsqu'elle commença ses inscriptions, en 1856, sur vingt et un taureaux inscrits, douze seulement présentaient l'une ou l'autre; en 1857, on en comptait déjà cinq sur huit; dès 1858, quinze sur seize avaient la cupule ou la cocarde, la plupart même l'une et l'autre à la fois. Mais il faut dire que cette particularité se trouve aussi dans d'autres races, notamment dans la race vendéenne, chez quelques sujets.

La race gasconne est de taille moyenne (1 m. 45 environ pour les mâles et 1 m. 40 pour les femelles); elle a le corps trapu, près de terre, la tête forte, le cou court, épais, le fanon tombant entre les membres antérieurs, la poitrine profonde, mais souvent serrée en arrière des coudes, les parois thoraciques arrondies, le garrot épais, la ligne du dos un peu fléchie, les lombes étroites, les hanches peu écartées, la croupe courte et relevée, pointue, la queue attachée haut, longue et pourvue de crins abondants à son extrémité libre, la culotte droite, la cuisse mince et plate, les membres forts et courts, solidement articulés; comme aptitude principale, beaucoup d'agilité et de ténacité au travail, mais peu de propension à l'engraissement, ce dont une peau épaisse et dure, un poil rude et un tempérament rustique sont des signes communs.

Cependant, le nombre des sujets sur lesquels les caractères de conformation qui viennent d'être décrits se montrent améliorés, va toujours croissant, depuis quelque temps : la poitrine acquiert plus d'ampleur, la ligne du dos se redresse, les lombes s'élargissent, les hanches s'écartent, la croupe s'allonge, les muscles du train postérieur se développent davantage, les membres deviennent moins gros et les articulations moins puissantes, au grand déplaisir de ceux qui n'envisagent la race qu'au point de vue de son aptitude au travail. En somme, cette race, comme les autres, marche lentement, mais sûrement, vers la précocité, surtout dans l'Ariége; son aptitude à la production de la viande subit une amélioration très-sensible. Nous nous souvenons d'avoir vu réunie au concours régional de Toulouse, en 1861, dans les deux catégories ouvertes à la race, une des plus belles collections de bétail qui se soient jamais rencontrées nulle part.

Rendement. — La preuve du degré d'amélioration auquel les animaux gascons sont susceptibles d'être conduits se trouve dans le rendement constaté à la suite du concours de Poissy sur l'un d'eux. Le poids vif de cet animal était de 890 kilogr.; il a rendu 598 kilogr. de poids net, soit 67.191 pour 100, proportion supérieure à celle des durhams, qui ne s'est montrée dans les mêmes circonstances que de 66.026 pour 100; le poids du suif a été de 93 kilogr., celui du cuir de 56 kilogr. et celui des issues de 67 kilogr., les poids correspondants des durhams étant 99 kilogr., 52 kilogr. et 64 kilogr. pour un poids vif moyen de 901 kil. 666, par conséquent plus élevé. Comme qualité de viande, la race gasconne n'a été classée nulle part. Le classement n'eût pas été, vraisemblablement, à son avantage, surtout en considérant l'ensemble des animaux consommés, ceux-ci arrivant en général beaucoup trop tard à l'abattoir.

Les vaches sont de très-faibles laitières; elles nourrissent à peine leur veau, et cela, sans aucun doute, pour les mêmes motifs invoqués plus haut à l'occasion de la race garonnaise : elles aussi sont exténuées de travail. Par là ces vaches se distinguent de la souche originaire que nous leur attribuons et qui méritera d'être décrite plus loin parmi les races laitières ; mais ce n'est pas le seul cas dans lequel la race de Schwitz aurait vu s'amoindrir au dernier degré l'aptitude de ses mamelles, en quittant la Suisse pour s'implanter ailleurs, ainsi que nous l'établirons lorsque le moment sera venu de la décrire.

En Gascogne et dans le pays toulousain, les mœurs culinaires et les habitudes hygiéniques des populations n'ont jamais été de nature à favoriser sa conservation par une exploitation à laquelle le débouché eût fait défaut, le beurre et le lait n'y étant estimés que par les habitants des villes, venus ou revenus des pays de langue d'oyl.

Mode d'élevage. — La production des jeunes sujets gascons sur le versant occidental des collines de l'Armagnac, aux bords du Gers, dans les vallées de la Haute-Garonne et de l'Ariége, ne présente rien qui soit particulier et digne d'être signalé : le mode d'élevage est celui de toutes les races travailleuses, c'est-à-dire que les fonctions s'y divisent, les jeunes sujets ne restant pas sur l'exploitation qui les a vus naître, et changeant ensuite de maître chaque année, jusqu'à ce qu'ils aient atteint leur complet développement ; toutefois ici la coutume générale est de conserver les attelages de bœufs le plus longtemps possible, leur élevage étant terminé, de les faire travailler jusqu'à ce qu'ils n'en puissent plus et de les engraisser soi-même, une fois réformés, pour les vendre au boucher ; ce qui tient évidemment à ce que la demande de la viande n'est pas considérable dans la région, où les populations, d'ailleurs très-sobres, ne sont que peu aisées et guère industrieuses ; cela fait qu'elles n'entretiennent aucun commerce avec les engraisseurs de profession.

Du reste, le principe de la conservation de la race à l'état de pureté, par une sélection attentive, est généralement admis dans la région. Toutes les sociétés d'agriculture des départements qu'elle habite l'ont proclamé et font des efforts louables pour le maintenir dans les programmes de leurs concours. Nous avons vu que celle de la Haute-Garonne a pris l'initiative de l'établissement d'un *Herd-Book ;* nous ajouterons qu'elle réserve exclusivement ses prix pour les sujets issus des taureaux qu'elle achète chaque année et qui sont choisis par sa commission parmi ceux qui ont obtenu les premiers prix dans les concours de la région. Les lauréats les plus habituels de ces concours, depuis longtemps, et dont nous devons citer ici les noms, sont MM. Puntous, deux frères, habitant, l'un, le Gers, et l'autre la Haute-Garonne, et M. Émile Lefèvre, l'habile directeur de la ferme-école de Royat, dans l'Ariége, lauréat de la prime d'honneur en 1866.

Le meilleur conseil qu'on puisse donner aux autres éleveurs, c'est d'imiter les pratiques suivies par ceux-là, surtout par M. Lefèvre, dont l'étable d'animaux gascons, dits ariégeois, présente toujours une collection de sujets arrivés à la conformation la plus régulièrement belle que la race puisse atteindre. C'est qu'il y a solidarité parfaite entre l'état de ses cultures et celui de son bétail, et qu'il applique judicieusement à celui-ci les procédés de la gymnastique fonctionnelle et de la sélection, par lesquels seuls il est possible, dans la région du Sud-Ouest, de tirer bon parti de la race.

Les vaches, choisies parmi les meilleures nourrices,

sont en toute saison bien alimentées et ne travaillent que peu ou point; les veaux, élevés eux-mêmes dans l'abondance, issus qu'ils sont des meilleurs reproducteurs, se développent avec une conformation qui n'a plus rien des défauts signalés en décrivant les caractères secondaires de la race : ils acquièrent, eux et les génisses, l'ampleur de poitrine qui commande tout le reste de la conformation et qui est l'indice certain d'une faculté d'assimilation plus grande, but essentiel à atteindre pour toute l'espèce bovine, en raison de sa fonction économique fondamentale.

Race béarnaise. — Il convient d'adopter cette désignation pour le type auquel se rattache tout le bétail des vallées pyrénéennes d'Aspe, d'Ossau, d'Argelès, de Baretous et du bassin de l'Adour, formant l'ancien royaume de Navarre, dans le pays basque.

Si nous voulions nous conformer tout à fait aux principes de la méthode historique, il faudrait qualifier ce type d'ibérien ou d'ibère, ou de basque, suivant en cela l'exemple des anthropologistes pour la souche des populations humaines du pays, le type ibère ou basque étant considéré par eux comme le plus ancien et le plus pur, dans les Pyrénées. Mais il n'y a pas d'avantage réel à s'écarter de l'usage, lorsqu'on peut le suivre sans blesser la vérité. Le centre principal de production de la race qui nous occupe s'appelle le Béarn depuis le moyen âge, après avoir été habité par les Celtibériens durant la période gallo-romaine, et les basques proprement dits sont relégués dans des localités très-restreintes de l'extrême frontière française. Nous sommes donc autorisés à conserver, comme étant la plus compréhensive, l'expression de béarnaise, pour désigner la population bovine des Pyrénées et des plaines qui les continuent vers le littoral, en descendant du côté des landes de Gascogne, embrassant les prétendues races *tarbaise*, *basquaise*, *baretoune*, *aspoise*, de *Lourdes*, *landaise* et *carolaise*.

Tant de races diverses en un si petit espace accusent, de la part de ceux qui ont admis leur réalité, l'insuffisance d'information sur les conditions de la caractéristique; mais les en blâmer serait manquer d'indulgence : il suffit de constater l'erreur de leurs déterminations, et c'est ce que nous allons faire en établissant les caractères typiques propres à la fois à tous les groupes ainsi désignés (grav. 28).

Grav. 28. — Taureau béarnais, 1er prix, 2e section, 2e division, 4e catégorie, 1re classe (M. Jean Lascassies, Conc. rég., Foix, 1859).

Caractères typiques. — Crâne brachycéphale; protubérance occipito-frontale peu élevée; cheville osseuse forte, longue, relevée, dès sa base, en avant et souvent dans une direction presque perpendiculaire; front très-bombé; arcades orbitaires peu saillantes; face courte, large, à chanfrein déprimé ou camus; crête zygomatique saillante; maxillaire inférieur à branches larges, écartées, relevées à angle presque droit. Sur le vivant, mufle étroit; lèvre supérieure épaisse et pendante; fanon très-prononcé sous la gorge; oreille petite et droite, implantée haut; cornes allongées, effilées et arrondies en arc de cercle, la pointe en haut; physionomie fière.

Caractères secondaires. — Mufle d'un rose foncé; cornes d'un blanc mat à la base et d'un gris noirâtre vers la pointe; pelage froment de nuance plus ou moins claire, suivant les localités, mélangé de brun, surtout aux parties antérieures du corps et à la tête, sur un certain nombre de sujets, particulièrement sur ceux qui habitent les vallées des Hautes-Pyrénées et de l'Ariége, en tirant vers Saint-Girons, Foix et Ax (*carolais*); les taches brunes forment des sortes de marbrures ; mais quelles que soient les nuances de la robe, le ton en est toujours plus clair autour des yeux. Taille variable : moyenne (1 m. 40) dans les vallées du Bigorre et de l'Ariége, elle est petite (1 m. 30) dans le pays basque et les Landes ; il en est de même de la conformation, dont certains caractères se rencontrent les mêmes partout : ainsi le col court, épais, à fanon prononcé, la poitrine arrondie, le corps allongé, le garrot épais, la ligne du dos plus ou moins fléchie, les lombes étroites, les hanches serrées, la croupe courte, pointue, la queue attachée haut, mince à la base, effilée et munie d'un fort bouquet de crins, la cuisse mince, les membres courts et le corps près de terre. Les formes moins régulières, ainsi que les aplombs des membres, dans la vallée d'Ossau, le sont au contraire davantage dans celles d'Aspe et de Baretous, où la poitrine et le reste du corps acquièrent plus d'ampleur, ce qui fait rechercher les taureaux de ces vallées par les éleveurs des Basses-Pyrénées et des Landes. La constitution des sujets landais est fine et rustique tout à la fois; ils « sont d'une vivacité, d'une énergie, d'une résistance extraordinaire au travail; leur sobriété est fort grande, et leurs membres, secs et nerveux comme ceux des bœufs anglais de Devon, ont un caractère à part et dénotent une extrême légèreté. » (E. de Dampierre.)

L'aptitude au travail, l'énergie et la force musculaire,

surtout l'agilité, sont très-développées dans la race, aussi bien chez les femelles que chez les mâles. Ceux-ci, élevés dans les vallées de Bagnères-de-Luchon et de Bagnères-de-Bigorre, puis conduits jeunes dans les plaines de l'est de la région, acquièrent beaucoup de développement et deviennent de bons bœufs de boucherie pour les marchés de Béziers, de Nîmes et d'Aix. L'aptitude laitière, assez prononcée chez les vaches carolaises, moindre chez les tarbaises, les basquaises et les landaises, atteint son plus haut degré dans la vallée d'Argelès, aux environs de Lourdes, où le bétail, élevé à ce point de vue spécial, forme une famille reconnaissable à la nuance uniforme de son pelage froment clair.

Rendement. — Deux bœufs landais, abattus à la suite du concours de Poissy, ont rendu en moyenne 517 kil. 500 grammes de poids net, 86 kilogr. 500 grammes de suif, 55 kilogr. de cuir et 56 kilogr. d'issues, pour un poids vif de 790 kilogr. Nous sommes sans documents pour établir le rendement maximum des autres groupes de la race, notamment de ceux qui approvisionnent les villes citées plus haut.

Il n'a pas non plus été recueilli de faits pour évaluer au juste le rendement en lait, qui, d'après nos propres observations approximatives et recueillies seulement à vue de pays, est en général assez médiocre, au point de vue d'une spéculation spéciale, mais à considérer cependant si on le compare à celui des vaches garonnaises ou gasconnes. Les vaches béarnaises allaitent copieusement leur veau dans les pâturages de la montagne, où elles passent la plus grande partie de la belle saison. Dans les Landes, elles fournissent en même temps un dur travail, sans paraître en souffrir. Les quelques vacheries de Toulouse sont particulièrement peuplées de vaches carolaises et de Lourdes, qui fournissent aux besoins de la consommation en lait d'une ville où il n'est pas dans les habitudes d'en consommer beaucoup.

Mode d'élevage.—Les vaches béarnaises et leurs jeunes, veaux et génisses, passent la belle saison sur les pâturages des montagnes de la chaîne des Pyrénées, qui, du côté de la France, s'abaisse en pente douce, ses principaux contreforts courant dans la direction du nord-ouest, vers l'Atlantique ; ils forment les vallées dont nous avons parlé, et au fond desquelles le bétail passe l'hiver, dans les étables.

Ces pâturages donnent des herbes fines et substantielles, abondantes, qui nourrissent bien ; mais l'hivernage est en général précaire et pénible ; aussi, un membre distingué du comice de l'arrondissement d'Orthez, M. J. Ducuing, disait-il avec raison à ses collègues, il y a quelques années, que le meilleur moyen d'assurer l'amélioration du bétail béarnais était de mieux cultiver les vallées, la mission de l'éleveur étant « d'introduire dans le jeune produit, au moyen de la nourriture, la matière qui doit l'amplifier, le grandir et lui donner des aptitudes supérieures à celles de ses ascendants (1). » Il voulait parler surtout de l'aptitude à la production de la viande, étant admis que celle au travail, vu la situation économique de la région, doit être conservée dans la mesure de ce qui est nécessaire pour cette même situation, et la sélection, « la loi de la répétition de l'être engendré par son semblable, disait-il justement, étant respectée. »

De la pratique dont il s'agit, quelques éleveurs donnent

(1) *La Culture*, t. III, p. 403.

l'exemple, dans les Pyrénées comme partout ailleurs maintenant; mais la plupart ne connaissent pour nourrir leur bétail que le parcours, et l'on cite comme un grand avantage pour ceux de la vallée d'Ossau, qui en produisent beaucoup, de pouvoir l'envoyer en hiver, lorsque les montagnes sont couvertes de neige, sur la lande du Pont-Long, à 4 kilomètres de Pau, sur la route de Bordeaux. Le privilége en a été concédé aux habitants de la vallée par un édit de Henri IV, ainsi que le droit de faire parquer, deux fois par an, en octobre et en mai, tout ce bétail qui passe pendant quinze ou vingt jours, allant ou revenant, sur une des places de la ville de Pau.

Il se trouverait assurément mieux d'une bonne nourriture à l'étable, et les éleveurs aussi.

Les jeunes animaux en état d'être dressés pour le travail sont achetés par les cultivateurs de la plaine, et ceux de la vallée d'Ossau, précisément, sont les moins recherchés. Arrivés là, grâce aux soins assidus que tout cultivateur méridional prend de son attelage, ils acquièrent leur plus grand développement et une remarquable vigueur. C'est dans les Landes surtout qu'il faut voir la sollicitude dont les bœufs sont l'objet, sollicitude qui serait autrement efficace si, par suite d'une entente meilleure de la culture des terres, la matière première faisait moins défaut. M. le marquis de Dampierre, propriétaire en ce pays, et lauréat, du reste, de la prime d'honneur régionale, l'a décrite d'une façon très-pittoresque.

« L'agriculture, dit-il, est peu avancée dans le département des Landes : les prairies naturelles y sont rares et de peu d'étendue, les prairies artificielles, bien plus rares encore, et la culture du blé et du maïs absorbe tous les soins de ses laborieux paysans. Le bétail n'a guère, pour se nourrir, que l'herbe rare et dure qu'il pâture dans les *touyas* annexés à chaque métairie. Pendant l'hiver seulement, on donne aux animaux qui travaillent un peu de foin, aux autres, de la paille de blé ou de maïs. Dans un grand nombre de métairies, dans celle de la *Chalosse* surtout, les bœufs sont nourris à la main. Plusieurs guichets sont pratiqués dans le mur de la pièce de la maison qui donne sur la cour entourée d'abris et de barrières où le bétail vit toujours en liberté ; c'est par ces guichets que toutes les personnes de la maison, à tour de rôle, présentent, bouchée par bouchée, la nourriture aux animaux, et Dieu sait l'industrieuse économie qui préside à la formation de chaque bouchée, qu'on introduit avec soin jusqu'au fond du gosier de l'animal qui ne peut ainsi la rejeter : on le tente par la vue d'une feuille de maïs encore verte, de quelques brins d'un foin appétissant ou d'un morceau de navet ; mais ces apparences sont trompeuses, et la pauvre bête n'avale qu'une paille bien sèche qui fût restée intacte dans son râtelier, ou lui eût servi de litière sans la supercherie des gardiens (1). »

Ce sont des bœufs ainsi entretenus et des vaches landaises, qui sont pourtant assez vifs et assez agiles pour lutter d'adresse avec les *écarteurs*, dans ces jeux si populaires appelés malgré tout « courses de taureaux ».

Nous avons vu plus haut le degré d'amélioration auquel une judicieuse combinaison de la gymnastique fonctionnelle avec la sélection peut les conduire, ainsi que tous ceux de la race béarnaise.

Race bazadaise. — Le groupe de familles bovines établies dans les environs de la petite ville de Bazas, dépar-

(1) *Races bovines*, dans la *Bibliothèque du cultivateur*. Paris, Librairie agricole.

tement de la Gironde, vers l'extrémité sud des collines du Bordelais, appartient-il à un type de race distinct de ceux qui l'entourent, des types garonnais, gascon et béarnais? en d'autres termes, y a-t-il lieu d'admettre une race bazadaise, avec les éleveurs du pays qui lui ont fait acquérir une existence officielle?

C'est une question que je ne me crois pas en mesure de résoudre d'une manière définitive, quant à présent. L'étendue restreinte de la population ainsi nommée permettrait

Grav. 29. — Taureau bazadais, 1er prix, 6e catégorie, 2e section, 1re classe (M. de Lafitte-Perron, Conc. univ., Paris, 1856).

Grav. 30. — Vache bazadaise, 1er prix, 6e catégorie, 2e section, 1re classe (M. de Lavergne, Conc. univ., Paris, 1856).

d'incliner vers la négative, avant tout autre examen. Le doute acquiert une grande force, après l'étude des caractères typiques, ainsi que nous allons le voir; mais, néanmoins, la certitude n'étant point acquise, il convient de réserver pour un plus ample informé la solution scientifique du problème posé par le bétail dont il s'agit, dont nous représentons ici deux individus (grav. 29 et 30).

Caractères typiques. — Crâne brachycéphale; protubérance occipito-frontale épaisse et peu saillante; cheville osseuse forte, un peu oblique en bas et en avant, quelquefois la pointe dirigée vers le sol, mais le plus souvent relevée suivant une courbe à long rayon, surtout chez les femelles ; front large et plat ; arcades orbitaires saillantes ; face courte, épaisse, à chanfrein légèrement déprimé ; crête zygomatique saillante ; maxillaire inférieur à branches écartées, étroites et relevées à angle obtus. Sur le vivant, mufle étroit, bouche petite, fanon peu prononcé, œil vif, oreille basse, épaisse ; cornes grosses, moyennement longues, à pointes le plus souvent dirigées en avant et en bas ; physionomie douce et fière à la fois.

Caractères secondaires. — Mufle et paupières rosés, de nuance un peu foncée ; cornes d'un blanc jaunâtre ; pelage uniformément brun, charbonné sur tout le corps, plus clair seulement autour des yeux et du mufle. Taille moyenne ; conformation du garonnais, sauf proportions, du gascon et du béarnais, mais plus généralement améliorée, le corps étant plus près de terre, plus ample, et les membres moins forts.

Travailleur infatigable, le bœuf bazadais engraisse facilement et donne un fort rendement de viande de bonne qualité, dès qu'il est mis au repos et bien nourri. Les vaches, qui ont une aptitude très-prononcée pour le travail, sont de faibles laitières.

Mode d'élevage. — Absolument identique à celui auquel est soumise, dans les Landes, la race béarnaise et qui a été décrit précédemment (p. 149), les éleveurs ayant les mêmes mœurs et les mêmes travaux.

Maintenant, si nous rapprochons les caractères typiques des individus bazadais d'après lesquels notre description a été tracée, de ceux qui appartiennent aux races voisines, nous nous apercevrons facilement que leur ensemble ne se rencontre chez aucune, mais qu'il semble résulter d'une fusion opérée entre les caractères de deux d'entre elles.

M. Magne a considéré les bazadais comme formant une sous-race du type garonnais. En admettant même la catégorie inadmissible de sous-race, dans la classification du bétail, la différence radicale des deux types crâniens ne permettrait pas de se ranger à cette opinion : le bazadais, en effet, est brachycéphale, le garonnais, dolichocéphale.

Les sujets représentés ont le type crânien du béarnais et plusieurs de ses caractères secondaires, avec le chignon et le cornage du garonnais, avec son mufle et ses paupières, à la nuance près. Il ne serait pas du tout impossible qu'ils fussent tout simplement le résultat de croisements opérés entre les races garonnaise et béarnaise (tribu des Landes), dans le pays de Bazas, limitrophe des régions habitées par ces deux races ; auquel cas, conformément à l'observation constante, la population bazadaise devrait être en état de variation désordonnée, quant à ses caractères typiques. C'est ce qu'il ne nous a pas encore été permis de vérifier suffisamment jusqu'à présent, les animaux bazadais n'étant jamais réunis qu'en petit nombre dans les expositions publiques. La question sera, de notre part, l'objet d'études ultérieures. Elle en vaut la peine à tous égards.

Race camargue. — Celle-ci ne laisse pas de doute sur son identité. Vivant à l'état demi-sauvage dans l'île formée par le delta du Rhône, et donnant lieu aux exercices si populaires de la *ferrade*, où les conducteurs de *manades* font briller, dans les cirques romains d'Arles et de Nîmes, leur adresse comme cavaliers, la race camargue n'en fournit pas moins des bœufs de travail pour les cultures et les charrois de l'île et des localités voisines.

Ils s'étendent même accidentellement bien au delà. Nous avons pu voir, en 1866, dans une commune du département des Deux-Sèvres, une paire de bœufs de la Camargue, fort estimés de leur maître comme travailleurs, mais contrastant singulièrement au milieu des auvergnats et des vendéens qui peuplent les étables du pays. Comment y étaient-ils venus? Venaient-ils directement des rives du Rhône, après avoir passé de mains en mains sur leur route, séjournant plus ou moins dans chacune, ou bien sont-ils nés loin de la patrie de leur race? C'est ce que nous sommes hors d'état de dire, n'ayant point fait d'enquête. Ce qui est remarquable seulement, c'est la caractéristique dont la précision a permis de les déterminer sans la moindre hésitation, bien qu'ils eussent acquis une taille plus élevée, sous l'influence, sans aucun doute, de leur séjour prolongé dans un milieu plus fertile que celui des marais de la Camargue.

Caractères typiques. — Crâne dolichocéphale; protubérance occipito-frontale peu accusée; cheville osseuse mince, arquée à partir de sa base, dirigée sur le côté et en haut; front déprimé; arcades orbitaires saillantes; face longue, à chanfrein concave et étroit; crête zygomatique peu saillante; maxillaire inférieur à branches resserrées, dont le bord inférieur, tranchant, est incurvé dans toute son étendue, formant un arc depuis son articulation temporale jusqu'au menton, l'angle étant à peine prononcé. Sur le vivant, mufle étroit, bouche petite; absence complète de fanon sous la gorge; oreille mince et mobile; œil vif, gros et saillant; physionomie sauvage.

Caractères secondaires. — Mufle et paupières noirs; cornes entièrement noires, comme le pelage. Taille petite (1 m. 35 maximum); encolure mince et allongée; garrot tranchant et très-élevé; poitrine étroite; dos oblique d'avant en arrière; lombes étroites; hanches serrées, croupe courte et pointue; queue plantée bas, mince et à crins longs; cuisse mince; membres fins, jarrets coudés. Beaucoup de vigueur et d'agilité.

Mode d'élevage.— On comprendra que nous ne nous appesantissions pas sur ces bêtes sauvages, destinées à disparaître évidemment de notre économie rurale, lorsque les marais de la Camargue auront eux-mêmes disparu sous le souffle du progrès agricole. Remplacés par des prairies fertiles, comportant un bétail meilleur consommateur, ces marais entraîneront dans le domaine de l'histoire la race qui les peuple actuellement. Le pittoresque y perdra, sans aucun doute, mais ce n'est point d'art d'agrément qu'il s'agit ici.

En effet, les bêtes bovines de la Camargue vivent en troupeaux dans l'île, comme les juments et leurs poulains en *manade* ayant à sa tête son Grignon. Leur reproduction s'opère par conséquent au hasard. Pour être reconnues, elles doivent porter la marque de leur propriétaire, et c'est l'application de cette marque qui donne lieu aux fêtes populaires appelées *ferrades*, parce qu'elle est faite avec un fer chaud. Les hommes et les chevaux qu'ils montent pour poursuivre les animaux à *ferrer*, ou à marquer, y déploient autant d'adresse que de présence d'esprit, et cela fournit un spectacle plein d'attrait et d'émotions d'un genre élevé. Qu'il s'agisse, du reste, de les marquer ou de les prendre afin de les conduire au travail ou à la boucherie, les sujets du troupeau camargue mettent toujours de même à contribution la ruse et l'agilité du pasteur ou gardien.

Les vaches forment des troupeaux séparés. En hiver, durant les grands froids ou les temps de neige, les animaux sont conduits dans le *buau*, sorte de parc formé de pieux et de fagots, où ils reçoivent un peu de foin. A l'époque du vêlage, les veaux sont enlevés du marais et portés en lieu sec du voisinage. Chacun est attaché à un piquet fiché en terre, avec une corde de chanvre tressé. La mère vient lui donner à teter, puis s'en retourne au marais.

Un tel mode d'élevage n'est guère susceptible d'amélioration, sinon quant au choix des taureaux et à la quantité de nourriture distribuée au *buau*, en attendant la radicale transformation de l'île, indiquée plus haut. Et pourtant il s'est trouvé quelqu'un pour tenter le croisement de la race camargue avec celle de Durham.

Soyons indulgents pour les hommes de bon vouloir, surtout lorsqu'ils ont fait seuls les frais de leurs erreurs.

Toutes les races travailleuses passées en revue jusqu'ici habitent, ainsi qu'on a pu le remarquer, la portion de la France limitée par la Loire au nord; au delà du fleuve il nous en reste deux fort déchues, qui doivent cependant être signalées. Nous franchirons ensuite la Méditerranée, pour considérer la race de nos possessions françaises.

Race mancelle. — Qu'il y ait eu ou non une race mancelle, c'est ce qui ne vaut plus aujourd'hui la peine d'être examiné scientifiquement. Les plus experts, parmi ceux qui admettent son existence, en attribuent l'origine à une sorte de mixture, en proportions diverses, entre les races normande, bretonne et vendéenne; et ce qu'il y a de singulier, disent-ils, c'est que ce produit de deux races essentiellement laitières et d'une race remarquablement travailleuse, n'était ni bon pour le lait ni bon travailleur, mais seulement très-facile à engraisser.

Cela suffirait pour montrer combien peu les dissertations rétrospectives touchant l'origine du bétail manceau méritent d'être prises en considération. Bornons-nous à constater que ce bétail n'appartient maintenant plus ou presque plus qu'à l'histoire. Le peu qui reste de son ancienne population, telle qu'elle était qualifiée de race mancelle et qu'elle a été décrite par V. Leclerc-Thouin, dans son ouvrage sur l'agriculture de l'Ouest, ne permettrait pas d'en établir la caractéristique d'une manière précise ; en citant cet auteur nous en donnerons seulement une idée :

« Sa couleur, dit-il, est tantôt d'un rouge blond uniforme, tirant plus ou moins sur l'une ou l'autre teinte ; tantôt, et c'est le plus ordinaire, d'un rouge blond maculé de blanc. La tête est particulièrement dessinée de cette couleur, qui forme nettement l'entourage des yeux et se reproduit sur les naseaux ; les cornes, d'un blanc jaunâtre, ou verdâtre, sont assez grosses à leur base, ouvertes régulièrement dans leur légère courbure, et ne dépassant pas d'ordinaire 22 à 23 cent. de longueur ; le front est large ainsi que le poitrail ; les flancs sont développés ; la croupe est épaisse, carrée, formant, jusqu'à la distance du jarret, dans l'attitude du repos, une ligne plutôt droite que convexe ; les cuisses ne sont détachées qu'à une faible hauteur du jarret. »

Et plus loin : « Les bœufs manceaux, ajoute Leclerc-Thouin, ne sont pas ordinairement ardents au travail : par contre, ils engraissent facilement et assez promptement, même dans la jeunesse. Les herbagers normands en font un cas particulier. Lorsque je parcourais la vallée d'Auge, j'ai pu me convaincre qu'ils y arrivent souvent les derniers et qu'ils sortent cependant les premiers pour l'alimentation de la capitale. »

Ainsi se présentait, il y a vingt-cinq ans, la population bovine des anciennes provinces du Maine et de l'Anjou, comprises dans les départements de Maine-et-Loire, de la Mayenne et de la Sarthe. L'extension des chaulages qui ont produit une révolution culturale, dans la Mayenne surtout, a rendu nécessaire la transformation du bétail. La production des fourrages, sous un climat admirablement propice, a pris un tel développement, que la démonstration de l'insuffisance d'aptitude de la population bovine est bientôt devenue évidente ; et c'est dans ces circonstances favorables qu'est intervenu le zèle ardent et convaincu de M. Jamet, pour décider les cultivateurs de la Mayenne à introduire la race de Durham.

Grâce à la propagande à laquelle il se livra, en sa qualité de président du comice de Château-Gontier, les courtes cornes firent leur entrée d'abord dans la circonscription de ce comice. Les résultats des croisements furent tels, la valeur des premiers métis obtenus fut portée si fort au-dessus de celle des individus de la souche des mères, que l'exemple, habilement mis en relief d'ailleurs par les nombreux écrits de M. Jamet sur la matière, gagna de proche en proche; à ce point que toutes les exploitations des trois départements sont à présent envahies par le durham et par ses métis. L'élevage des courtes cornes y peut rivaliser sans danger avec celui du comté de Durham. Les vacheries de MM. d'Andigné, Boutton-Lévêque, du Buat, de Falloux, de Jousselin, de Lavallette, etc., toutes dirigées en vue de l'élevage des reproducteurs d'élite, nous mettent dans le cas de n'avoir plus besoin de recourir aux importations anglaises, ainsi que nous l'avons dit déjà en décrivant la race de Durham.

Le gros du bétail du Maine et de l'Anjou, pour ne pas dire la totalité, se compose donc actuellement de purs courtes cornes du plus grand mérite et de métis dits durham-manceaux, dont la plupart peuvent et doivent être considérés dès à présent comme étant arrivés à la pureté, résultat d'un croisement longtemps continué. Ce sont ces métis de divers degrés dont il nous faut examiner les caractères et l'aptitude.

Métis durham-manceaux. — Disons d'abord que la situation agricole se prête merveilleusement à l'implantation des courtes cornes, par voie d'importation dans les grands domaines, par voie de croisement continu dans les métairies et chez les petits propriétaires cultivateurs. Le croisement, par ce motif, a bientôt fait d'absorber les formes anciennes dans celles du type améliorateur; et si l'on se croit obligé de tenir pour métis bon nombre des sujets produits, c'est bien plutôt en raison de leur origine que par la considération des caractères qu'ils présentent.

Au concours régional de Nantes, en mai 1866, dans la plantureuse catégorie des durham-manceaux, il s'en trouvait bien peu qui, rangés dans celle des purs durhams, eussent pu en être distingués par le plus fin connaisseur. Si le commun de ces métis, au point où ils en sont arrivés, n'offrent pas les qualités d'aptitude qui sont le propre du durham, c'est assurément moins pour eux une question d'hérédité que le fait d'un élevage moins soigné. La preuve en serait facile à donner par la comparaison des caractères typiques; mais elle est désormais superflue, pensons-nous, après ce que l'on sait de la loi du croisement continu; les rendements obtenus fourniront celle qui nous intéresse le plus en ce moment.

Rendement. — Six durham-manceaux abattus après les concours de Poissy ont pesé, en moyenne, 925 kil. 833, et trois durhams examinés comparativement, 901 kil. 666; les premiers ont rendu 603 kil. 333 de poids net, 91 kil.

333 de suif, 55 kil. 167 de cuir et 67 kil. 333 d'issues; les seconds, 595 kil. 333 de poids net, 99 kilogr. de suif, 52 kilogr. de cuir et 64 kilogr. d'issues.

Si l'on considère que les animaux de Durham châtrés et engraissés pour les concours sont nécessairement des sujets de réforme, par conséquent inférieurs, il est difficile de ne pas conclure du rapprochement des chiffres qui précèdent à une identité de rendement à peu près complète.

Trente-sept têtes de bœufs durham-manceaux, appréciés sous le rapport de la qualité de la viande, ont fait placer cette qualité au quatrième rang, immédiatement après celle des choletais, les rangs étant, bien entendu, fort rapprochés.

Mode d'élevage. — Il va sans dire que nous n'avons rien à enseigner aux éleveurs manceaux et angevins, au point de vue pratique. Leurs procédés d'élevage sont ceux de la zootechnie la plus avancée : nous puiserons au contraire chez eux des enseignements, lorsque nous en serons au chapitre de l'application spéciale des méthodes à l'espèce bovine.

Toutefois, si bien comprises que soient leurs opérations, dont le résultat infaillible sera l'implantation générale de la race de Durham dans la région, on se tromperait fort en croyant qu'elles peuvent être envisagées d'une façon absolue. Indiscutables pour cette région, à quelque point de vue que l'on se place, elles tirent tout leur mérite du rapport exact qui existe entre la situation agricole et les aptitudes de la race élevée. Avant de les préconiser pour d'autres régions, il importe de s'assurer de l'existence de ce même rapport, suivant le principe général que nous avons posé.

C'est là ce qui a été trop souvent oublié par les propagandistes émerveillés des résultats obtenus dans l'Ouest, voulant tirer à toute force argument de ces résultats pour étendre ces mêmes procédés à des régions qui ne les comportent point. Tout est bien, répétons-le, qui est à sa place. Ceci est le commencement et la fin de la science zootechnique, science relative s'il en fût. Et c'est sur quoi nous devions surtout appeler l'attention, à propos de l'une des meilleures applications de la méthode du croisement qui ait été faite dans notre pays.

La race mancelle — si race il y a eu — fait place à la race de Durham, absorbée qu'elle est dans celle-ci par le croisement continu : c'est parfait et l'on ne peut qu'y applaudir. Tout justifie l'opération, même son incontestable succès. Rien ne saurait faire regretter l'ancienne population. Mais hâtons-nous d'ajouter qu'il y a peu de races bovines en France dont il convînt d'en dire autant.

Race du Morvan. — Race condamnée par l'implacable progrès de la civilisation. Elle vivra toutefois dans le souvenir, aussi longtemps que les chefs-d'œuvre de l'art seront conservés, car c'est elle qui a fourni au pinceau de Rosa Bonheur son type pour le tableau du *Labourage;* et ce tableau la montre à la fois dans son milieu. La race du Morvan s'éteint peu à peu devant l'envahissement de la race charolaise, race envahissante s'il en fût, ainsi que nous le savons.

Caractères typiques. — Crâne brachycéphale; protubérance occipito-frontale épaisse et peu saillante; cheville osseuse mince à la base, dirigée obliquement en avant et en haut, contournée successivement en deux sens opposés vers sa pointe, d'abord en arrière, puis en avant; front large et plat; arcades orbitaires peu saillantes; face courte à chanfrein droit ; crête zygomatique accusée ; maxillaire inférieur à branches écartées, étroites, relevées à angle prononcé. Sur le vivant, mufle large, bouche grande ; œil à fleur de tête ; oreille épaisse et velue, plantée haut ; cornes longues, contournées en S et dirigées en avant, en dehors et en haut ; physionomie énergique.

Caractères secondaires. — Mufle et paupières rose pâle ; cornes blanches, à pointes verdâtres ; pelage pie rouge, la couleur blanche se montrant le plus souvent le long du dos, sous le ventre et à la face interne des membres, le poil rouge sur les parties latérales du corps ; taille petite et tout au plus moyenne chez quelques sujets ; tête petite, légère, par rapport à la corpulence moyenne de la race. « Elle a, dit M. Degoix, auteur d'une intéressante notice sur le Morvan et son espèce bovine (1) à laquelle nous emprunterons le reste de sa description, elle a le corps court, la côte ronde, le rein droit, la croupe large, mais la queue saillante à sa base. Les membres sont relativement courts et les os peu volumineux ; cependant les fesses, quelquefois peu fournies, souvent rapprochées, rendent l'entrecuisse étroit et l'animal un peu pointu du derrière ; le pied est petit et la corne sèche, luisante et solide.

« Les bouchers et les emboucheurs recherchent les animaux près de terre, à côte ronde, à peau souple et dont le poil est d'une nuance tendre, *couleur morte ;* ceux dont la robe est d'un rouge vif ou foncé sont *trop verts*, disent-ils, ils s'engraissent difficilement et donnent une viande sans marbrure. Ils n'aiment pas non plus ces bœufs à côtes plates, à garrot mince : ils sont vifs et ardents et s'engraissent difficilement.

(1) *La Culture*, t. VI, p. 568.

« C'est une race travailleuse par excellence, elle est peu exigeante, sobre et rustique; d'une vigueur et d'une adresse peu communes, elle convient surtout pour faire les travaux des terrains accidentés, les charrois dans les bois, sur les chemins en pente, les ravins, etc., etc.

« La vache, sans avoir une aptitude extrêmement prononcée à donner du lait, est cependant passablement laitière et, chez les petits cultivateurs du Morvan, en même temps qu'elle fait les travaux des champs, elle élève son veau et fournit le laitage pour les besoins du ménage.

« Peu difficile sur la nourriture, cette race rend à proportion de ce qu'on lui donne et si, avant d'être épuisée, l'on supprime le travail et la sécrétion du lait, elle s'engraisse promptement, sans nourriture choisie et fournit un bon rendement — ses os étant peu volumineux — et une viande fine et marbrée d'une qualité supérieure. Il m'arrive fréquemment aujourd'hui (1865), ajoute M. Degoix, de voir des bœufs morvandeaux, ayant encore des dents de lait, dans un état d'embonpoint qui les rendrait parfaits pour la boucherie, tandis qu'autrefois cette race était considérée comme réfractaire à l'engraissement. »

C'est ainsi que tout progresse, même les puissances qui s'en vont. Elles semblent protester par là contre la sentence qui les condamne à la ruine prochaine.

Race de l'Algérie. — La vaste étendue de nos possessions algériennes est occupée par une seule race bovine, dont l'origine, dans les tribus kabyles, remonte probablement aussi loin que l'établissement même de ces tribus. La colonisation européenne l'a répandue à l'état sédentaire dans les plaines des trois provinces ; une culture meilleure de ces plaines, surtout dans la province de Constantine, a développé ses aptitudes natives ; de telle sorte que

MM. de Ruzé et Samson, colons de cette province, ont pu faire admirer leurs charmants produits jusque dans les concours de la métropole, et établir avec la boucherie de Marseille, de Lyon et même de Paris, des relations commerciales suivies.

Caractères typiques. — Crâne dolichocéphale; protubérance occipito-frontale mince et saillante; cheville osseuse petite, courbée en arc et dirigée sur le côté et en haut, front légèrement arrondi d'un côté à l'autre; arcades orbitaires saillantes; face moyenne, à chanfrein droit; crête zygomatique accusée; maxillaire inférieur à branches peu écartées, arrondies et mollement relevées. Sur le vivant, mufle large, bouche petite; oreille petite et velue; cornes allongées, relevées et arquées; œil vif; physionomie douce et énergique.

Caractères secondaires. — Mufle et paupières noirs; cornes grisâtres à la base et noires au sommet; pelage dit maure, membres et tête noirâtres, côtes et dos fauves, grisâtres ou rouges; quelquefois robe pie; taille variant de 1 m. 15 à 1 m. 35, par conséquent toujours petite; tête moyenne; encolure mince, corps petit, trapu; poitrine ample, arrondie; garrot épais; dos droit, lombes larges; hanches écartées, croupe longue; queue plantée bas, courte, à fouet abondant; culotte fournie, descendant près des jarrets, cuisse charnue; membres fins, solides; peau mince, poil fin et rare.

La conformation si régulière s'accompagne d'une grande force relative et d'une remarquable agilité. Les bêtes algériennes sont avec cela d'une sobriété et d'une rusticité à toute épreuve. Bien nourries elles s'engraissent très-facilement.

Rendement. — Il n'a pas été recueilli de chiffres précis

sur le poids vif et le poids net des bœufs algériens ; on sait seulement que leur rendement est très-élevé, surtout en suif, et que leur viande est d'excellente qualité. Ceux qui viennent en France et qui sont les mieux engraissés y sont très-recherchés.

Quant aux vaches, d'après M. Hugot, qui les a longtemps observées de près, c'est à peine si elles donnent un demi-litre ou trois quarts de litre de lait par jour et encore le perdent-elles aussitôt qu'elles n'allaitent plus leur veau, dont la présence est toujours nécessaire pour qu'elles se laissent traire. Ce peu de lait, toutefois, est très-riche et très-butyreux ; sans quoi, bien entendu, le veau n'en pourrait vivre et se développer.

Mode d'élevage. — Chez les indigènes de l'Algérie, la sobriété et la rusticité de la race trouvent amplement de quoi s'exercer. Les bêtes, disent ceux qui on habité ou visité le pays, vaguent par centaines sur les flancs des montagnes, des coteaux, errent dans les friches cherchant quelques brins d'herbe sèche, broutant quelques broussailles ou léchant avec précaution les chardons durcis dont elles ont dévoré les feuilles. Chez les colons les choses vont un peu mieux, en général ; mais en somme partout ces bêtes pâtissent durant la sécheresse. C'est le système pastoral, avec l'aléa des éléments.

Tous les auteurs qui ont écrit sur le bétail algérien, la plupart vétérinaires distingués de l'armée d'Afrique, MM. Bernis, Vallon, Hugot, Poncet, Lescot, Goyeau, etc., ont été unanimes pour faire dépendre son amélioration du progrès des cultures fournissant une alimentation plus régulière et plus abondante ; repoussant les tentatives de croisement, dont le moindre défaut est leur inutilité économique, ils ont préconisé la sélection, que nous recommandons avec eux.

3. Races laitières

Considérations générales. — S'il est vrai que la délimitation ne soit pas plus absolue pour les races laitières que pour les races travailleuses, qui viennent d'être décrites, en ce sens qu'aucune ne remplit exclusivement la fonction économique servant à la classer dans son groupe distinct, il n'est pas moins vrai qu'une différence radicale sépare, toutefois, les deux catégories.

Cette différence consiste en ce que les progrès de l'économie rurale ne doivent point entraîner, pour les races laitières, la réduction de leur fonction à sa plus simple expression, ainsi que cela se voit pour les races travailleuses; bien au contraire, quelles que puissent être les modifications prévues dans les systèmes d'exploitation des vaches laitières — et il y en a d'importantes sur lesquelles nous insisterons — on ne conçoit point qu'il doive y avoir jamais avantage à diminuer leur aptitude à la sécrétion du lait. En tant que fonction prédominante, dans l'ordre économique, cette aptitude spéciale subsistera donc vraisemblablement toujours, et cela d'autant mieux qu'elle ne saurait être un obstacle à la spécialisation de l'espèce en vue de l'abattoir, ainsi que nous l'avons établi.

Avant d'aborder la description des races laitières établies en France ou seulement exploitées dans notre pays, il y a une remarque à faire, touchant aux considérations de géographie physique déjà plusieurs fois indiquées.

Il est remarquable, en effet, que ces races ne descendent pas au delà d'une certaine latitude de notre hémisphère boréal. Si elles jouissent d'un certain cosmopolitisme individuel, en vertu duquel elles se répandent partout pour satisfaire aux besoins des populations, on n'en trouve néanmoins aucune qui se soit solidement établie vers le Midi, plus bas que le 47e degré; c'est en deçà, du côté du Nord, que se rencontrent tous les centres de production de ces races, et l'on doit ajouter que la limite des pays qu'elles occupent s'étend obliquement de l'Ouest à l'Est, suivant une direction qui semble d'ailleurs naturelle, car elle est celle des chaînes de montagnes ou de collines qui coupent la France dans le même sens.

Ces considérations nous font donc pour ainsi dire une obligation d'adopter l'ordre de description indiqué par la situation géographique, en sortant de France pour aller chercher d'abord dans les Iles Britanniques les races importées de là dans notre pays, afin de procéder, suivant la loi qui semble naturelle, d'Occident en Orient.

Les races laitières que nous avons à passer en revue sont à beaucoup près moins nombreuses que les races travailleuses. La première nous vient de la côte occidentale de l'Écosse, du comté d'Ayr, qui longe le golfe de Clyde; la seconde, moins importante, et qui devra seulement être mentionnée, appartient aux îles normandes d'Alderney, de Jersey et de Guernesey. Rentrant en France, nous rencontrerons d'abord la race bretonne, puis la race normande du Cotentin; remontant vers le Nord, c'est le bétail laitier des Flandres que nous trouverons et qui nous conduira jusqu'au delà de notre frontière, pour aller voir celui de la Hollande, avec lequel nous redescendrons vers l'Est, traversant les Vosges, pour tomber en Franche-Comté et pénétrer ensuite, avec la race locale, dans les vallées de la Suisse, dont le bétail a joui pendant longtemps et jouit encore chez nous d'une légitime célébrité.

Il est facile de voir, d'après l'itinéraire qui vient d'être rapidement tracé, que les régions originaires de nos races laitières occupent seulement le contour ou les points excentriques de la partie septentrionale de notre pays, située au-dessus de la ligne oblique indiquée plus haut. De là, les produits de ces races se répandent, en rayonnant vers les centres de consommation, où ils forment des populations plus ou moins mélangées, qu'on essayera de caractériser à propos de chacune.

Entre la situation climatérique de la patrie de chaque race laitière et le développement de son aptitude principale, il existe visiblement une relation étroite, qui semble avoir en même temps déterminé le genre d'industrie dont l'exercice a pour sa part contribué à ce développement. Ainsi se montre partout une harmonie naturelle, dans laquelle la géographie physique fournit la note fondamentale. Sans doute l'initiative humaine intervient parfois pour en modifier les conditions; mais sous les apparences triomphantes de la lutte contre les éléments, l'œil pénétrant de l'observateur attentif aperçoit toujours l'influence prépondérante de la nature en action.

Race d'Ayr. — L'identité du type de l'Ayrshire, tel que nous l'observons aujourd'hui, et tel qu'il a été importé sur plusieurs points de la France, notamment en Bretagne et dans la Bresse, est fortement contestée. Plusieurs zootechnistes — et Baudement était du nombre — ont émis plus que des doutes sur la réalité d'une race d'Ayr bien caractérisée, jouissant de l'attribut principal de la race naturelle, c'est-à-dire de l'homogénéité, de la fixité.

Il semble que les contestations à cet égard aient été plutôt inspirées par des considérations historiques et par l'examen des caractères secondaires, dont quelques-uns se montrent en effet assez variables, que basées sur l'étude des caractères typiques, capables seuls de fournir les éléments d'une solution.

Il est certain que l'aspect du bétail actuel du comté d'Ayr ne ressemble guère au tableau qu'en a tracé l'auteur d'un traité sur l'agriculture laitière de ce comté, écrit en 1825, M. Ayton, non plus que celui du comté lui-même ne concorderait avec la description qu'en fit, à la fin du siècle dernier, le colonel Fullurtun, cité par David Low. Alors l'Ayrshire était un des plus pauvres districts de l'Écosse. En 1825, M. Ayton signale son bétail comme chétif et mal conformé, aussi inférieur, dit-il, que celui de quelques-uns des districts des montagnes voisines. Ce bétail avait la robe uniformément pie noir.

Que les animaux d'Ayr eussent acquis, depuis lors, plus de développement et une meilleure conformation, ce n'est pas cela qui permettrait de conclure à leur changement de type : la transformation opérée par le progrès agricole dans le milieu où ils vivent suffit toute seule pour en rendre raison; mais les autres changements qu'ils ont subis, particulièrement celui du pelage, dans lequel la couleur rouge de nuance plus ou moins foncée a été introduite, ainsi que nous le verrons tout à l'heure, ces changements se pourraient seulement expliquer par des croisements intervenus depuis 1825, si d'ailleurs on n'en avait point la preuve historique.

On sait positivement que le durham a contribué pour une part à la transformation du bétail d'Ayr, et que la souche a été fournie principalement par des importations de vaches venant des îles de la Manche. Baudement n'hésitait pas à penser, pour son compte, que le type d'Ayr fût exactement identique à celui de ces îles, auquel on donne en Angleterre le nom de race d'Alderney, en France celui de race de Jersey, pour l'unique raison sans doute, des deux côtés, que la première île est plus près de l'Angleterre, la seconde plus près de la France, et que l'on appelle ordinairement les choses du nom des lieux où l'on va de préférence les chercher.

Quoi qu'il faille penser des opinions admises, la variabilité de la robe ne saurait mettre toute seule en péril l'existence de la race dont nous nous occupons, s'il est vrai qu'elle ait un type bien déterminé, ce type fût-il celui de la race d'Alderney et de Jersey, amélioré dans les caractères secondaires de conformation. Les atavismes multiples ne sont guère à redouter, lorsqu'ils portent sur un caractère d'aussi peu d'importance que l'est, pour l'espèce bovine, celui du pelage. Or que l'universalité des sujets actuels de la race d'Ayr présente les mêmes caractères typiques, c'est ce qu'il est permis de contester. Quant à savoir s'il conviendrait ou non de conserver à la race les deux noms différents sous lesquels elle est connue, cela ne vaut pas la peine de nous arrêter, nous autres Français. Que nous ayons introduit le type venu des îles de la Manche en Écosse, sous le nom de race d'Ayr plutôt que sous celui de race d'Alderney ou de race de Jersey, comme l'appellent les Bretons de Saint-Malo, peu importe, en vérité. Sans nous arrêter davantage à cela, établissons sa caractéristique (grav. 31 et 32).

Caractères typiques. — Crâne dolichocéphale ; protubérance occipito-frontale très-élevée, à sommet étroit ; cheville osseuse petite, implantée bas, arquée en avant ; front excavé ; arcades orbitaires très-saillantes ; face longue, à chanfrein droit et comprimé ; crête zygomatique accusée, maxillaire inférieur à branches écartées obliquement, à bord peu arqué, relevé à angle presque droit; arcade incisive petite. Sur le vivant, mufle très-étroit, lèvres minces, bouche petite; tête pointue; peu ou point de fanon sous la gorge; oreille basse, petite et dressée; cornes allongées, moyennement fortes, tantôt formant le croissant, tantôt relevées à la pointe en se contournant; œil bien ouvert, à fleur de tête; physionomie douce mais hardie.

Caractères secondaires. — Mufle de couleur variable,

Grav. 31. — Taureau d'Ayr, 1er prix, 15e catégorie, 2e section, 1re classe (M. le marquis de Dampierre, Conc. univ., Paris, 1856).

Grav. 32. — Vache d'Ayr, 1er prix, 15e catégorie, 2e section, 1re classe (M. Armand Durécu, Conc. univ., Paris, 1856).

tantôt orangé, et c'est le plus souvent, ainsi que pour les paupières, tantôt noir ou marbré; il en est de même pour la peau; cornes d'un blanc jaunâtre, quelquefois foncées vers la pointe; pelage souvent rouge des diverses nuances, depuis la plus foncée jusqu'au froment le plus clair; quelquefois pie rouge, le blanc ou le rouge dominant, l'un ou l'autre étant même réduit sur le corps à des plaques étroites et disséminées, plus larges à la tête; peau généralement épaisse, poil plutôt rude que doux; tête quelquefois grosse relativement; col long, mince, peu renflé chez le mâle, déprimé chez la femelle, peu de fanon ou point du tout chez les sujets les plus améliorés; poitrine profonde, épaules minces et droites, garrot peu épais; dos un peu fléchi chez le taureau, plus droit chez la vache; lombes larges, hanches écartées, croupe courte, quelquefois tranchante et pointue, queue plantée haut, fine, courte et munie d'un fouet abondant; culotte peu fournie, cuisse grêle; membres fins, dont les aplombs sont souvent vicieux; mamelle très-bien faite, carrée, souple et rarement pendante, à trayons petits; taille 1 mètre 35 chez le mâle, 1 mètre 25 chez la femelle, par conséquent petite et tout au plus moyenne.

Le tempérament de la vache d'Ayr est robuste, s'accommodant des conditions de nourriture les plus diverses, rendant toujours en raison de l'alimentation qu'elle reçoit. Son aptitude est des plus remarquables, autant sous le rapport de la quantité du lait produit relativement à son volume ou au fourrage consommé, que sous celui de la qualité de ce lait; en outre, la race est douée de précocité, et, de plus, bonne beurrière, ainsi que l'indique la couleur de la peau.

Rendement. — Les premières observations rigoureuses sur le rendement en lait des vaches d'Ayr ont été recueillies, en France, à l'Institut agronomique de Versailles, par M. Chazely. Quatre de ces vaches mises dans l'un des parcs de l'ancien haras, à la ferme de la Ménagerie, en mai 1850, ont donné en moyenne 18 litres de lait par jour. Dans ce parc, l'herbe était abondante, mais non de première qualité. Vers la fin du même mois, un autre herbage de qualité meilleure fit arriver le rendement moyen à 24 litres. A l'École de Grand-Jouan, ainsi qu'à celle de la Saulsaie, où la race d'Ayr est exploitée, on tient note exacte du produit journalier de chacune des vaches. Dans la première de ces écoles, il a été établi que pour huit vaches, dont le poids moyen de l'année s'élevait de 330 à 480 kilogrammes, le rendement total, d'un vêlage à l'autre, allait de 1,900 à 3,800 litres. Le plus fort rendement correspond, nécessairement, au poids le plus élevé. A la Saulsaie, les résultats constatés ne diffèrent pas sensiblement.

Dans le comté d'Ayr, et partout ailleurs dans les Iles Britanniques, où la race est entretenue sur de gras pâturages, David Low dit que les vaches peuvent donner de 3,000 à 4,000 litres de lait par campagne. Ceci est, bien entendu, le rendement maximum. En tenant compte de toutes les circonstances, il estime le produit moyen à 2,750 litres, ce qui ne s'éloigne pas des évaluations faites en France.

Mode d'élevage. — Si le bétail nouveau de l'Ayrshire s'est constitué avec ses caractères secondaires actuels sous l'influence de croisements, depuis longtemps il se reproduit par lui-même, en Écosse et en Angleterre, conservant ses aptitudes, grâce à l'alimentation riche qu'il prend dans les pâturages où il vit.

En Bretagne, M. Rieffel, grand partisan des mélanges de races qu'il pousse souvent jusqu'aux composés ternaires, continue d'opérer des croisements entre l'ayr et le durham, dont les produits sont ensuite alliés avec la vache bretonne, pour donner ce qu'il appelle l'ayr-durham-breton. C'est au moins un de trop, car les lois de l'hérédité ne justifient point pareilles mixtures. L'alliance binaire se comprend pour la fabrication de produits plus pesants, en vue de la boucherie. Ainsi, l'on a constaté à Poissy que le poids vif d'un durham-ayr s'est élevé à 845 kilogrammes, rendant 575 kilogrammes de poids net, 82 kilogrammes de suif, 43 kilogrammes de cuir et 58 d'issues; mais nous n'avons plus besoin d'insister pour faire admettre par le lecteur au courant des principes généraux de la zootechnie, que l'emploi d'un tel métis comme reproducteur n'est à recommander en aucun cas.

A la Saulsaie l'on a constaté que la race d'Ayr voit assez promptement ses qualités se déprimer. Après un petit nombre de générations, les produits sont sensiblement inférieurs à leurs ascendants premiers introduits. Le directeur de l'école, M. Lœilliet, nous l'a lui-même déclaré lorsque nous avons visité la belle vacherie fondée par son regrettable prédécesseur Pichat, et qu'il soigne avec une attention aussi éclairée que soutenue. On ne sera pas surpris du fait, si l'on songe à la fois à l'altitude et à la qualité des terres du domaine de la Saulsaie. Toutefois, telle qu'elle devient, la race y paye encore très-largement les fourrages qu'elle consomme et son entretien n'en est pas moins une bonne spéculation, bien qu'elle soit soumise au régime de la stabulation permanente, qui est loin d'être le meilleur pour les races laitières et surtout pour les beurrières.

Race d'Alderney ou de Jersey. — On vient de voir, à propos du bétail qualifié de race d'Ayr, pourquoi nous n'avons pas à décrire de nouveau le type des îles de la Manche. Il y a entre les deux identité complète de traits. Pour faire connaître la race qui habite ces îles et dont quelques sujets viennent sur notre continent, dans les environs de Saint-Malo, et sur le littoral des Côtes-du-Nord, il suffira donc d'énumérer ses caractères secondaires et d'énoncer les faits qui témoignent de ses aptitudes.

Caractères secondaires. — Mufle et paupières de couleur orangée, ainsi que toutes les autres parties de la peau dépourvues de poils : anus, vulve, mamelles; pelage variable, mais résultant toujours de l'association du blanc avec une autre teinte : « Le rouge clair et les nombreux tons de fauve s'y mêlent le plus ordinairement au blanc, de manière à former des robes pies, tigrées ou rouanes; la teinte rouge se fonce quelquefois jusqu'au noir, en s'associant encore au blanc; des robes zain, de toutes les nuances du noir, du rouge pâle et du fauve, se rencontrent parfois, de même que des robes grises et des robes de cette couleur café au lait blanchâtre que les Anglais désignent sous le nom de couleur de crème (Baudement); » taille en général moyenne, mais souvent ne dépassant pas celle des petites races, un peu plus élevée chez le taureau que chez la vache; peau mince et souple; cornes courtes et grêles, incurvées en dedans à leur extrémité; encolure fine, tranchante et renversée, peu ou point de fanon; poitrine étroite, dite sanglée par une dépression en arrière des épaules saillantes et élevées; ligne des reins fléchie; ventre volumineux; croupe courte, oblique et pointue; saillies osseuses prononcées partout; membres grêles, peu fournis de muscles; mamelles très-développées ainsi que les veines appelées *portes-du-lait*, supérieures et inférieures; en somme conformation naturelle des fortes laitières, dont la race montre l'aptitude au plus haut degré, au point de vue spécial de la richesse en matière butyreuse et de la qualité de celle-ci, par laquelle elle se distingue surtout des autres races du même groupe.

Rendement. — « De nombreux faits recueillis à diverses époques ont permis d'établir que le rendement moyen des vaches bien nourries est de 125 kilogrammes de beurre par an, ce qui, pour une proportion de 15 litres pour 1 kilogramme, donnerait une production annuelle totale de 1,875 litres de lait, ou en moyenne un peu plus de 5 litres par jour.

« Il s'agit donc plutôt d'une race beurrière que d'une race laitière. Et c'est à ce titre qu'elle est estimée. Le beurre des îles de la Manche, d'une belle couleur jaune d'or et d'une excellente qualité, est très-renommé. C'est ce qui a fait répandre la race en Angleterre, mais surtout dans le voisinage de Southampton, sur la côte du comté de Hants, et dans l'île de Wight, où il y a beaucoup de laiteries. Elle n'y est toutefois entretenue que sur une petite échelle. »

Il en est de même pour la côte septentrionale de la Bretagne, depuis Saint-Malo jusque vers Carhaix.

Mode d'élevage. — L'aptitude laitière est en général seule considérée pour la reproduction, qui s'effectue sans aucun secours étranger, bénéficiant seulement des progrès introduits dans la culture des fourrages. Cependant, un certain nombre d'éleveurs habiles ont porté quelques familles au-dessus du niveau moyen de la race, sous le rapport de la conformation, en s'astreignant à suivre scrupuleusement les règles de la sélection absolue, pour ne pas amoindrir son aptitude essentielle. Ces familles peuvent rivaliser avec les meilleures bêtes d'Ayr et elles exercent leur influence sur l'ensemble, à mesure qu'elles se multiplient. On assure que la Société d'agriculture de Jersey s'attache à faire sélection des reproducteurs qui ont la tête la moins longue.

Il n'y a qu'à continuer le mouvement commencé dans les îles de la Manche.

Race bretonne. — La race bretonne se reproduit

principalement dans la région de l'ancienne Armorique qui forme actuellement le département du Morbihan, limitée au sud par la côte, non loin de laquelle se trouve située Vannes, pays de landes, et plus riche de souvenirs historiques que de fourrages succulents. De là elle se répand d'abord dans les quatre autres départements de la province, le Finistère, les Côtes-du-Nord, l'Ille-et-Vilaine et une partie de la Loire-Inférieure, au nord du fleuve, où elle s'allie parfois avec d'autres races voisines, pour former, à côté de ses représentants purs, une population de métis sans caractère déterminé.

Cela se voit surtout aux environs de Rennes, où l'on a eu l'idée assez singulière de faire ouvrir une fois, dans un concours régional, une catégorie spéciale pour ces métis, désignés par l'étiquette de *race rennaise*. La tentative n'a pas résisté à ce premier essai : il a suffi de grouper la prétendue race rennaise, pour qu'elle tombât sous la critique des moindres connaisseurs, tant elle présentait un assemblage incohérent d'individus disparates. J'ai pu jouir personnellement de ce spectacle instructif.

De son centre de production, la race bretonne s'irradie en outre vers presque tous les points de la France, mais surtout du côté du Midi. Sa sobriété, jointe à ses qualités beurrières et laitières, la fait beaucoup rechercher pour la consommation des ménages ; elle est l'objet d'un commerce très-actif, qui entraîne sés représentants femelles, tout d'une traite, à des distances énormes. On rencontre des vaches bretonnes partout, dans notre pays. La race s'est même fixée et acclimatée depuis longtemps dans les environs de Bordeaux, où, ayant acquis plus de taille et de développement, elle est qualifiée de *race bordelaise*, ou *gouine*, laquelle prétendue race n'est par conséquent qu'une tribu bretonne, formée par des émigrés des landes de Bretagne, dans des temps antérieurs, bien entendu, à ceux durant lesquels la foi religieuse et politique y fit naître une émigration d'un tout autre genre.

Voici la caractéristique de son type (grav. 33 et 34).

Caractères typiques. — Crâne brachycéphale ; protubérance occipito-frontale épaisse et peu élevée ; cheville osseuse petite, implantée haut, légèrement aplatie, oblique en haut et en avant, incurvée en arc ; front plat ;

Grav. 33. — Taureau breton, 1er prix, 12e catégorie, 2e section, 1re classe (M. Salomon Cohen, Conc. univ., Paris, 1856).

Grav. 34. — Génisse bretonne, 1er pr., 1re section, 2e catégorie, 1re classe (S. A. Mme la princesse Bacciochi, Conc. rég., Nantes, 1859).

arcades orbitaires saillantes ; face courte, à chanfrein droit, plat et déprimé sur les côtés, au-dessous du bord interne de l'orbite ; crête zygomatique saillante ; tête fine et pointue dans son ensemble ; maxillaire inférieur mince à la symphise du menton ; arcade incisive petite ; branches écartées, coudées à angle droit. Sur le vivant, mufle étroit, lèvres minces, bouche petite, fanon très-peu prononcé sous la gorge, chez le mâle, nul chez la femelle ; oreille petite et mince, hardie et plantée haut ; cornes le plus souvent très-fines, quelquefois grosses, mais toujours de moyenne longueur, arquées en avant et relevées vers la pointe ; œil vif ; physionomie fine et douce.

Caractères secondaires. — Mufle et paupières de couleur noire; quelquefois, mais rarement, le mufle est marbré; cornes parfois blanches dans toute leur étendue, ou jaunâtres, ou encore toutes noires, mais le plus souvent blanches à la base et noires vers la pointe; pelage toujours pie-noir, le noir dominant, et quelquefois même, mais fort rarement, jusqu'à occuper tout le corps, le blanc étant seulement à la tête; les nuances sont toujours vives et bien nettement délimitées, ne se mélangeant en aucun cas pour former la robe grise; une bande blanche occupe ordinairement le garrot, les épaules et les membres antérieurs, une autre la croupe et les membres postérieurs; avec la robe pie le ventre est toujours blanc en dessous; poil fin, court et lustré; peau très-fine, souple; taille variable suivant la fertilité du lieu de l'élevage, mais toujours la plus petite de toutes les races françaises; dans le Morbihan, elle ne dépasse pas 1 mèt. 07 chez le mâle, et reste souvent à 95 cent. chez la vache; tête petite; col mince, un peu renflé chez le taureau, dont le chignon porte une forte touffe de longs poils hérissés, long et déprimé chez la vache; peu ou point de fanon; poitrine arrondie et profonde, relativement ample; épaules maigres, garrot saillant; ligne du dos et des lombes droite, un peu tranchante; corps long; hanches écartées, croupe saillante, courte et relevée; queue attachée haut, fine à la base, effilée, courte et terminée par un fort bouquet de crins le plus ordinairement blancs; cuisse maigre, absence de culotte; membres courts, fins, solidement articulés, souvent clos des jarrets, mais bien d'aplomb du devant; pieds petits, secs, noirs, à corne dure et solide; système musculaire en général peu développé; mamelles volumineuses, de forme ovalaire, placées en avant, trèssouples, recouvertes d'une peau très-mince, souvent de couleur jaunâtre et pourvue d'un léger duvet; trayons petits et rapprochés; veines mammaires grosses et flexueuses; allure vive et décidée : les vaches supportent les plus longues marches avec la plus grande facilité et sont d'une rusticité à toute épreuve, vêlant en route et continuant leur chemin sans accident; aptitude à la production du beurre plutôt qu'à celle d'une forte quantité de lait, quoique cette quantité soit remarquable par rapport à la nourriture consommée; écusson (Guenon) généralement très-étendu, avec les caractères indiqués comme indice de l'aptitude beurrière.

Rendement. — D'après M. Bellamy (1), la quantité moyenne de lait fournie d'un vêlage à l'autre, dans son pays même, par la vache du Morbihan, est de 1,460 à 1,825 litres, soit de 4 à 5 litres par jour. Absolument, cela semble bien peu; mais dès qu'on songe à sa petite taille et à sa sobriété, ainsi qu'au peu de fertilité du pays, on s'aperçoit que ce rendement accuse une aptitude des mamelles portée au plus haut degré. On rencontre en outre dans la lande quelques bêtes exceptionnelles, dont le produit va jusqu'à 10 et 12 litres; mais le lait des bretonnes, pour des raisons économiques faciles à comprendre, est moins estimé pour sa quantité que pour sa richesse butyreuse, qui dépasse celle de toutes les autres races connues : le lait en nature, en effet, ne trouverait point de débouché avantageux, éloignée qu'est la région de tous les grands centres de consommation; tandis que le beurre de Bretagne, facile à transporter au loin, étant un peu salé, est l'objet d'un commerce considérable avec Paris et avec l'Angleterre.

(1) *La Vache bretonne*. Rennes, 1857.

Aussi les vaches sont estimées, non pas en supputant leur rendement en lait, mais bien d'après la quantité de beurre qu'elles produisent par semaine. Cette quantité va de 2 kilogr. à 3 kilogr. 500 gr., ce qui donne au minimum 1 kilogr. par 14 litres de lait, le rendement le plus faible de celui-ci étant de 28 litres par semaine. Nous verrons plus loin que les beurrières françaises les plus estimées, comme quantité, après celles-ci, n'atteignent pas au delà de la moitié, sous le rapport de la richesse de leur lait. On a calculé que la race bretonne produit 1 litre de ce lait si butyreux par équivalent d'un kilogramme de foin consommé. De quel foin s'agissait-il ?

Les individus mâles de la race bretonne sont émasculés de bonne heure et employés ensuite au travail, pour lequel ils montrent un grand courage, puis engraissés principalement vers le littoral, après avoir fourni du travail durant plusieurs années, ordinairement jusqu'à l'âge de six et huit ans. Pendant l'été, ils sont mis dans des pâturages appelés *parcs à bœufs ;* en hiver ils reçoivent à l'étable un peu de foin, de la paille de froment ou d'avoine, de l'ajonc pilé, et exceptionnellement des feuilles de chou, puis on les envoie dans la lande pour y chercher le surplus de leur nourriture. Il y en a toujours dans les domaines quelques-uns à l'engrais, auxquels on donne du seigle en grain, de l'avoine et même du froment. Les soins assidus dont ils sont l'objet font qu'ils s'engraissent promptement et très-bien, donnant une viande marbrée et à grain fin, surtout très-savoureuse ; aussi ces bœufs sont-ils fort recherchés par le commerce de la boucherie, qui va sur les foires du Morbihan faire concurrence aux gens du pays, qui en expédient sans cesse un grand nombre de têtes pour l'Angleterre, par les ports de Dinan, Saint-Malo et Granville. (Bellamy.)

Les bœufs bretons, comme toujours, acquièrent plus de développement et de taille que les taureaux et les vaches, et par conséquent ils pèsent plus. Ils mesurent jusqu'à 1 mèt. 25 et 1 mèt. 30. Un de ces animaux, engraissé pour le concours de Poissy, a pesé 630 kilogr., poids vif; il a rendu en poids net 425 kilogr., en suif 78, en cuir 39 et 41 d'issues. C'est un des plus forts rendements en viande nette et en suif qui aient été observés.

Mode d'élevage. — La superficie totale du département du Morbihan est de 699,641 hectares, sur lesquels on compte 271,191 hectares en landes ou bruyères, 3,600 hectares de dunes ou de falaises, 91,324 hectares en sol schisteux ou granitique peu fertile, et le reste en sol sablonneux presque exclusivement cultivé pour produire du seigle et du sarrasin. Pourtant ce département possédait en 1857 un total de 314,536 bêtes bovines, dont 163,237 bœufs, 5,439 taureaux, 161,911 vaches et 83,649 génisses, et de plus 42,399 bêtes chevalines, 254,948 moutons et 59,795 porcs. En moyenne, 19,071 bêtes bovines en sont exportées chaque année et 67,778 consommées sur place. (Bellamy.)

Le rapprochement de ces chiffres et des indications qui les accompagnent peut donner une idée de la sobriété dont les animaux bretons sont doués et de la valeur nutritive, après tout, des fourrages que produisent la lande et les terres cultivées de la Bretagne bretonnante, qui est particulièrement un pays pastoral. Une vive impulsion lui a été donnée, en ces dernières années, pour le défrichement et la mise en culture de ses landes. S. A. la princesse Bacciochi, payant résolûment de sa personne, s'y est établie au centre d'une exploitation modèle, au domaine de Korn-er-Houët, près de Vannes, et par tous les moyens en son pouvoir elle a cherché à stimuler le progrès de la culture et celui du bétail, faisant admirer, dans toutes les expositions publiques, les plus beaux échantillons de la race bovine bretonne. C'est une justice qu'on se plaît à rendre aux efforts éclairés et louables entre tous d'une princesse douée de l'énergique et persévérante volonté des Bonaparte. Une telle initiative ne peut manquer de porter ses fruits.

Le mode d'élevage communément usité dans le Morbihan est assez curieux pour mériter d'être exposé avec un peu de détail. Nous emprunterons nos renseignements surtout à M. Bellamy, qui l'a bien étudié sur place.

Les éleveurs envoient leurs vaches au taureau qui est le plus à leur proximité, sans se préoccuper d'autre chose, dans le choix, que du pelage pie noir. La plupart des animaux qui font ainsi la monte sont très-jeunes et bientôt épuisés par de nombreuses saillies, ne recevant qu'une nourriture insuffisante. Il arrive fort souvent que tout le troupeau d'une exploitation est issu d'une seule vache, dont les filles ont été successivement accouplées avec des taureaux de la même famille, ce qui fournit un des nombreux exemples de l'innocuité absolue de la consanguinité.

Les vaches pleines ne sont l'objet d'aucun soin particulier : elles vont paître dans la lande, les chaumes ou les prés fauchés, avec le reste du troupeau, ne rentrant à l'étable que pendant la nuit et à l'heure de la traite. Celles qui donnent du lait jusqu'à la mise-bas, et c'est le plus grand nombre, n'ont pas un seul instant de répit. En hiver, pendant la traite du matin, avant qu'elles ne partent pour la lande, elles reçoivent un peu de paille de froment, d'avoine ou de millet; c'est seulement dans les exploitations en progrès qu'on leur distribue en outre deux litres environ de pommes de terre ou de courges mêlées de son et délayées avec de l'eau.

Le plus souvent, le vêlage a lieu dans la lande; la vache vêlée est alors rentrée à l'étable pour y recevoir un peu de son mouillé d'eau tiède et une petite ration de foin; le lendemain elle retourne à la lande avec une petite couverture de toile qu'elle garde durant quelques jours. Le veau n'est pas nourri par sa mère, en été, au delà de quinze jours ou trois semaines, rarement un mois; passé ce délai, il reçoit seulement un peu de lait étendu d'eau tiède et quelques brins d'herbe; en hiver, on y ajoute du son et des plantes desséchées; puis du lait caillé mélangé avec du son et de l'eau, et, dès qu'il le peut, le veau va chercher dans la lande, avec le reste du troupeau, le surplus de sa nourriture; aussi, depuis le sevrage jusqu'à l'âge d'un an ou de dix-huit mois, les jeunes animaux bretons sont-ils bien chétifs, ayant de cette façon vécu de privations.

On conçoit qu'avec de pareils errements la race se conserve, grâce à sa vertu native d'excessive sobriété, mais ne s'améliore pas. Toutefois, le nombre des éleveurs qui adoptent des pratiques plus conformes aux principes de la zootechnie s'est beaucoup augmenté dans ces derniers temps. Les progrès de la culture, en augmentant les ressources alimentaires, ont assuré aux jeunes une alimentation moins parcimonieuse, et la race bretonne s'en améliore comme toutes les autres, bénéficiant en outre de l'instruction spéciale acquise par les éleveurs en visitant les exhibitions régionales de beau bétail.

L'amélioration se montre surtout dans les parties les plus fertiles de la région, dans l'Ille-et-Vilaine, les Côtes-du-Nord et le Finistère, où la race conservée pure est élevée concurremment avec les métis des races normande, vendéenne et suisse dont nous avons parlé déjà, dans les environs de Rennes, et avec les bêtes dites carhaisiennes, appartenant plus ou moins à la race des îles de la Manche, dans le Finistère.

En Bretagne, des croisements de la race morbihannaise avec la race de Durham et celle d'Ayr sont maintenant effectués sur une assez grande échelle. C'est M. Rieffel qui en a pris l'initiative à l'École d'agriculture de Grand-Jouan. On s'est toujours appliqué, pour ces croisements, à choisir les taureaux de Durham dans les familles laitières de la race, afin de ne pas affaiblir chez les produits métis l'aptitude principale de la race mère, tout en leur communiquant plus de poids et une meilleure conformation pour la boucherie. Ce que nous savons à présent de la race d'Ayr rend facile à comprendre que ses métis aient également produit les bons résultats dont M. Rieffel a, le premier, rendu un compte circonstancié.

Nous ne pouvons donc que répéter à cet égard ce que nous avons écrit il y a plusieurs années déjà (1) : « Si les agriculteurs du pays trouvent plus d'avantages dans la production et l'engraissement des métis en vue de la boucherie, que dans l'exploitation des aptitudes laitières de la race bretonne pure, nous n'y voyons pas d'inconvénient. Cela est fort possible, et c'est, après tout, une affaire de comptabilité. Tant que les opérations de ce genre n'ont d'autre appui que l'engouement de quelques amateurs,

(1) *Livre de la ferme*, t. Ier, p. 717.

elles ne sont pas dangereuses; si elles prennent de l'extension, c'est que le bon sens de la masse leur à reconnu des avantages certains. Les améliorations, dans les choses agricoles, ont tant de peine à s'introduire, qu'une propagande, si active qu'elle soit, ne saurait suffire pour expliquer l'extension du croisement durham en Bretagne, en dehors des avantages qu'il doit nécessairement présenter dans les circonstances économiques où il se répand.»

Mais ces circonstances sont nécessairement celles où l'état de la culture est assez avancé pour fournir aux produits du croisement ayr ou durham l'alimentation que comporte l'aptitude de ces produits. D'après le mouvement commencé et bien déterminé désormais, l'on peut prévoir la disparition progressive de la race bretonne, absorbée qu'elle sera de proche en proche par les types étrangers qui la croisent.

Conviendrait-il, en considération de ses mérites actuels, et par esprit de conservation systématique, de s'inscrire contre ce mouvement? Je suis bien loin, pour ma part, de le penser; je me crois trop sûr qu'il se maintiendra dans les limites d'un exact rapport entre les ressources alimentaires et les aptitudes développées, et qu'il ne se propagera qu'à la faveur des bénéfices certains qu'il fera luire aux yeux des cultivateurs bretons.

Cependant, sa propagation modérée entraînera elle-même longtemps encore la nécessité de reproduire la race bretonne à son état de pureté, dans toutes les exploitations pauvres en fourrage où sa propre aptitude tire un si admirable parti des faibles ressources. Il ne faut pas oublier qu'elle a été justement qualifiée de *Providence du pauvre*. Si elle doit disparaître un jour, pour ne laisser que le souvenir de ses anciens et loyaux services, que ce soit seulement avec ses landes, balayées par l'impitoyable progrès et remplacées par le spectacle actif et consolant de la civilisation rurale.

Alors, sa physionomie mignonne pourra être regrettée de nos modernes châtelaines, dont elle n'ornera plus les parcs bien peignés ; mais en revanche, l'habitant de la lande aura vu sur sa table la galette de sarrasin remplacée par du pain blanc. En attendant, il faut lui conseiller de mieux choisir ses taureaux bretons et de faire des efforts pour mieux nourrir à la fois ses vaches et leurs jeunes produits, afin d'en tirer meilleur parti sous tous les rapports et de préparer les voies à l'envahissement dont il est heureusement menacé, le progrès agricole paraissant devoir aller plus vite en Bretagne que le développement méthodique des facultés propres au bétail local.

Ainsi vont les choses : ce que la civilisation ne peut pas faire atteindre à sa hauteur, elle le détruit pour le remplacer. Toute opposition est vaine contre cette souveraine impérieuse et irrésistible.

Race normande. — C'est dans les herbages fertiles du littoral de la Manche, compris entre le cap de la Hogue et l'embouchure de la Seine, de Cherbourg jusqu'à Lisieux, embrassant en profondeur les régions appelées Cotentin et Bessin, que la race normande ou *cotentine* se reproduit sur la plus grande échelle. Ces régions contiennent les localités de Carentan, dans le département de la Manche, d'Isigny, dans celui du Calvados, si renommées pour la qualité du beurre qui s'y fabrique, et c'est aussi là que la race se présente avec ses plus remarquables qualités laitières. Elle habite, au reste, tout le littoral normand et s'y multiplie sans trop perdre nulle part de ses mérites. Le beurre de Gournay, dans la Seine-Inférieure, n'est guère moins estimé que celui d'Isigny.

Sa patrie originaire est probablement dans les îles danoises, car son type se retrouve en Jutland. Elle se serait ainsi établie sur les côtes de la Manche avec les Northmans, venus des mêmes régions.

La race normande est douée d'une puissance d'expansion qu'explique facilement la remarquable fertilité de son sol natal, au climat humide ; ce sol, reposant sur un fond jurassique, est sillonné de nombreux ruisseaux au cours paisible et se couvre partout de plantureux herbages dans lesquels vit constamment un bétail abondant, qui fournit à la fois des vaches laitières à tout le bassin inférieur de la Seine et des bœufs gras au marché de Paris, gouffre toujours ouvert.

Ainsi que nous le savons déjà, la race locale ne suffit point sous ce dernier rapport à épuiser la richesse fourragère des départements normands ; d'autant que la plupart des veaux mâles qui en sont issus vont eux-mêmes alimenter la boucherie parisienne, après avoir été engraissés dans les environs de Mantes, en Seine-et-Oise ; chaque année, les herbages de l'Orne et du Calvados, dans la vallée d'Auge, engraissent en abondance des bœufs tirés principalement du centre de l'Ouest et appartenant aux races vendéenne et auvergnate.

On rencontre des laitières cotentines bien au delà de la Normandie. Les départements d'Ille-et-Vilaine, en partie, d'Eure-et-Loir, de Seine-et-Oise, de Seine-et-Marne où l'engraissement des veaux est aussi pratiqué, en sont presque exclusivement peuplés, ainsi que les étables de ces industriels qu'on appelle à Paris des nourrisseurs et dont le nombre a singulièrement diminué, depuis l'établissement des chemins de fer qui rendent le transport du lait des environs plus rapide et moins coûteux.

Ce sont des transactions commerciales très-actives qui alimentent en vaches normandes les départements du bassin de la Seine qui viennent d'être cités, l'élevage des animaux de l'espèce bovine n'y étant point pratiqué autrement que d'une façon très-exceptionnelle. Et dans l'observation de ce fait nous pourrions trouver encore une nouvelle preuve à l'appui de notre loi géographique, car il est bien évident que l'expansion de la race normande ne dépasse pas, au nord, les collines de la Picardie, qui continuent celles du pays de Caux, et au midi celles du Perche, trouvant son seul débouché naturel du côté du sud-est en suivant la direction du bassin de la Seine. Tant il est vrai, une fois de plus, que les migrations des races animales n'ont rien d'arbitraire, qu'elles sont en même temps dominées par les dispositions de la géographie physique et par les propres aptitudes de ces races, qui doivent trouver de quoi se satisfaire dans les nouveaux lieux qu'elles vont habiter.

Cela dit sur l'ensemble de la race normande, nous avons maintenant à nous occuper de sa caractéristique (grav. 35 et 36).

Caractères typiques. — Crâne dolichocéphale ; protubérance occipito-frontale étroite, arrondie et peu saillante; cheville osseuse peu forte, implantée haut, courte et arquée horizontalement en avant; front étroit et légèrement bombé; orbite petit; arcades orbitaires peu saillantes; face longue, à chanfrein droit et tranchant; crête zygomatique effacée; maxillaire inférieur à branches écartées, obliques en dehors, coudées à angle droit; arcade incisive très-large. Sur le vivant, mufle large, lèvres épaisses, bouche démesurément fendue; léger fanon sous la gorge, chez le taureau, nul chez la vache; oreille forte, épaisse, plantée bas; cornes lisses, petites, quelquefois même très-petites chez la vache et seulement arquées, mais le plus souvent contournées en haut à la pointe; œil petit; physionomie calme et douce.

Caractères secondaires. — Mufle rosé, ainsi que les paupières; cornes blanches ou jaunâtres, quelquefois brunes vers la pointe; pelage très-variable quant aux

Grav. 35. — Taureau normand, 1er pr., 1re catégorie, 2e section, 1re classe (M. Huault, Conc. rég., Saint-Lô, 1859).

Grav. 36. — Vache normande, 1er pr., 1re catégorie, 2e section, 1re classe (M. de Laboire, Conc. univ., Paris, 1856).

nuances et à la disposition des teintes, tantôt jaune foncé, rouge clair ou rouge brun, pures ou mélangées de blanc, de manière à donner les robes rouane, caille ou pie, le blanc étant principalement à la tête, sous le ventre et aux membres; mais quel que soit le fond du pelage, comme couleur ou comme nuance, on y remarque souvent des taches brunes ou noires, irrégulièrement disposées en lignes, dans le sens de l'épaisseur du corps, qui caractérisent le pelage appelé en anglais *brindled*, en français *bringé*, ou bigarré : cette particularité appartient exclusivement à la race normande, dans le bétail français; taille élevée, chez les mâles, allant parfois jusqu'au delà de 1 mètre 65, dans les familles *augeronnes* surtout, très-disproportionnée chez les femelles, où elle se maintient le plus ordinairement entre 1 mètre 22 et 1 mètre 25; tête forte, squelette volumineux, saillies osseuses partout très-prononcées; encolure épaisse, droite, à fanon accusé; poitrine étroite et peu profonde, le plus souvent déprimée (sanglée) en arrière des épaules qui sont sèches; garrot mince et saillant; corps long, ligne du dos droite et tranchante, présentant chez la vache des dépressions entre chaque vertèbre; lombes allongées, flanc large et creux; hanches peu écartées relativement, croupe mince, queue large à la base, noyée entre les ischions qui sont saillants, courte et effilée, peu fournie de crins à son extrémité libre; culotte et cuisse maigres, membres gros et souvent défectueux dans leur aplomb; mamelles volumineuses, pendantes et bien conformées, à trayons forts; veines mammaires grosses, flexueuses; écusson généralement étendu; peau épaisse et dure, à poil abondant; en somme, tous les indices d'une aptitude laitière très-prononcée, mais aussi d'un développement excessivement tardif.

Rendement. — On a évalué que le commun des vaches cotentines, dans la région la plus favorable à l'exercice de leur aptitude, donnent en moyenne 22 litres de lait par jour; quelques-unes, laitières d'élite, vont jusqu'à 35 et 40 litres. M. Lodieu en a cité une, qu'il avait observée dans une communauté religieuse de la Manche, et dont Rosa Bonheur a bien voulu tracer de son merveilleux crayon une image qui sert de frontispice à l'opuscule où elle est citée, laquelle vache donnait alors 45 litres au moment de sa plus forte lactation. Fort disgracieuse, du reste, elle semble sur la gravure comme pliant sous le faix de ses mamelles si exceptionnellement fécondes. M. le comte de Kergorlay ne craignait pas d'affirmer en 1859 que la race cotentine est la première laitière du monde. D'après les chiffres ci-dessus, son enthousiasme normand se trouverait justifié.

Il est bien rare que dans une lactation si abondante, la qualité réponde à la quantité ; cependant le lait de Normandie est d'un goût excellent, et il le doit à la saveur de sa crème butyreuse, renommée dans diverses localités, notamment à Sotteville, près de Rouen, sur les bords de la Seine. Sous forme de beurre, sa réputation s'étend plus loin. La seule petite localité d'Isigny exporte annuellement plus de 3,000,000 de kilogr. de ce beurre, et celle de Gournay plus de 1,500,000. Les grands centres de population de la Normandie, aussi nombreux que riches, absorbent le reste de la production, qui est considérable. Une partie du lait des vaches normandes est en outre employée à la fabrication des fromages de Neufchâtel, de Camembert, de Pont-l'Évêque, de Livarot, de Brie, etc.

La richesse de ce lait en matière butyreuse a été rigoureusement déterminée par M. Lefebvre de Sainte-Marie. Des expériences qu'il a exécutées il est résulté que pour obtenir 1 kilogr. de beurre, 35 litres sont nécessaires. C'est tout juste une fois et demie plus qu'il ne faut de lait de vache bretonne ; mais néanmoins, en Normandie, dans une exploitation beurrière, le solde du compte de la bretonne serait bien loin, malgré cela, de balancer celui de la cotentine. En ces matières, le point de vue relatif est tout, bien qu'on l'oublie trop souvent.

Les bœufs normands, dans la vallée d'Auge surtout, acquièrent un développement vraiment colossal. On en a vu atteindre jusqu'à la taille de 2 mètres 46, et c'est ce qui leur a valu pendant longtemps l'honneur exclusif de figurer dans le cortége carnavalesque du bœuf gras de la ville de Paris. Depuis quelques années, le goût public, celui des bouchers surtout, s'est éclairé : on a renoncé à ces colosses osseux en faveur de la conformation indiquée par les principes de la zootechnie, et les bœufs charolais, par cela même, sont venus faire une concurrence le plus souvent heureuse aux bœufs normands.

Voici les poids de quelques-uns de ces triomphateurs : en 1845, le *Père Goriot*, âgé de 6 ans, pesait vif 1,970 kil.; il rendit 999 kilogr. de poids net et 125 kilogr. de suif; en 1847, *Monte-Cristo* pesait 1,902 kilogr. Ceux de 1844 et de 1846, dont les noms nous échappent, mesuraient au garrot 1 mètre 90 et 2 mètres 45; ils étaient épais et osseux à l'avenant et le premier mesurait 2 mètres 67 de la tête à la queue.

Il n'est pas besoin d'ajouter que ce sont là des individualités exceptionnelles. On aura une plus juste idée de la moyenne du rendement de la race par les chiffres recueillis au concours de Poissy. Trois bœufs cotentins examinés par Baudement ont donné le poids vif de 985 kilog.; ils ont rendu 630 kilogr. de poids net, 103.333 de suif, 52.667 de cuir et 77.333 d'issues.

Comme qualité, leur viande a été classée au dernier rang, sans doute principalement à cause de sa maturité tardive et de la forte proportion d'os — de *réjouissance* — qu'elle contient. La race normande, au point de vue de la boucherie, est donc une des moins estimables, sinon la dernière de toutes. Elle appelle de nombreuses et profondes améliorations.

Mode d'élevage. — C'est que, dans l'élevage normand, la qualité des bœufs a été jusqu'à présent comptée pour peu de chose : le soin de la spécialité laitière des vaches est tout, et cela se comprend sans peine, en considérant ce qui a été exposé plus haut. Il n'est pas admissible que la race puisse s'améliorer sous ce rapport ; elle a évidemment atteint son apogée. Les éleveurs se préoccupent seulement de lui conserver ses qualités éminentes ; et voilà pourquoi ils ont résisté à toutes les tentatives faites dans une voie que leur sens pratique réprouve.

En un mot, disons-le, la question de l'amélioration du bétail normand n'a pas été bien posée par les éleveurs distingués de la Normandie qui s'en sont occupés, et parmi lesquels il faut citer surtout MM. le marquis de Torcy, le comte de Kergorlay, Hervé de Saint-Germain, etc. Malgré l'établissement par l'État, il y a déjà longtemps, d'une vacherie où l'élevage des animaux de Durham a toujours été conduit d'une façon remarquable, notamment sous la direction de M. Malo, au Pin, d'abord, dans l'Orne, puis à Corbon, dans le Calvados, les éleveurs du Cotentin n'ont jamais montré aucun empressement à s'y procurer des taureaux. La clientèle de la vacherie impériale se recrute partout ailleurs, et les agriculteurs nommés tout à l'heure n'ont pas eu d'imitateurs.

La sélection absolue prévaut donc en Normandie. En principe, il convient de s'en féliciter. Il est visible que les qualités de la race, ainsi que ses énormes défauts, résultent uniquement de ce que son élevage est en grande partie abandonné aux seules influences naturelles. Les aptitudes et la conformation du corps sont ce que la fertilité du sol et la clémence du climat les font. L'éleveur recherche seulement, dans le choix de ses reproducteurs, la qualité laitière et beurrière au plus haut degré ; il sèvre les jeunes de bonne heure, pour tirer parti du lait des mères, et il les envoie à l'herbage dès qu'ils peuvent y paître leur nourriture, ce qui entraîne pour eux une insuffisance d'alimentation qui joue le principal rôle dans leur développement tardif.

Peu d'efforts pourraient, dans des conditions si favorables, amener une amélioration notable sous le rapport de la production de la viande, sans porter aucune atteinte à l'aptitude principale de la race. Il suffirait de joindre à la sélection absolue une sélection relative bien entendue et l'emploi méthodique de la gymnastique des fonctions de nutrition. En choisissant toujours, dans la race même, les reproducteurs les moins étroits de poitrine, les moins chargés d'os, et en laissant teter les jeunes plus copieusement et durant plus longtemps, même en remplaçant une partie du lait par des aliments farineux convenablement préparés, les animaux du Cotentin seraient conduits à une certaine précocité, la richesse des herbages faisant le reste. En tout cas, c'est seulement ainsi que la race peut s'améliorer au point de vue de la viande, sans rien perdre de sa précieuse aptitude laitière.

Le tort de ceux qui ont voulu travailler à son amélioration a été de croire qu'elle se pouvait réaliser par le croisement. Nous n'insisterons point sur les tentatives qui ont été faites dans ce sens : l'état actuel des esprits éclairés sur les questions zootechniques ne le nécessite pas. Il faut laisser par exemple à l'histoire des erreurs dont notre temps a été si fécond en ces matières, la prétendue création d'une race nouvelle à Durcet, dans l'Orne, par mixture à parties inégales de normand, de schwitz et de durham, et aussi celle des cotentins sans cornes, dits sarlabots, dans le Calvados. Une seule question vaut que nous nous y arrêtions : c'est celle du croisement avec la race de Durham.

Ce qui a nui le plus, sans contredit, au progrès de cette question en Normandie, c'est, je le répète, la manière dont elle y a été posée. Prétendre que la race normande peut être améliorée par celle de Durham est énoncer une erreur fondamentale en zootechnie; mais c'est, de plus, mettre contre soi le sens pratique du commun des éleveurs, qui ne peuvent manquer de songer que si leurs produits héritaient des qualités du durham pour la boucherie, ce ne pourrait être qu'au détriment de la faculté laitière de leur race. On ne saurait leur faire admettre, en effet, que la race de Durham pût jamais supporter la comparaison sous ce rapport.

Ainsi compris, le problème en face duquel ils se trouvent est donc purement et simplement de savoir s'il convient de renoncer à leur spécialité de producteurs de beurre, pour adopter celle de producteurs de viande; et pour eux la solution de ce problème en termes si généraux ne peut être douteuse. Les chiffres rappelés à propos du rendement des vaches normandes ont une éloquence contre laquelle toutes les dissertations des partisans absolus du durham s'émoussent impuissantes. Il s'agit, en cela, pour la race laitière cotentine, d'être ou de n'être pas. Or, les éleveurs normands veulent qu'elle soit, et ils ont grandement raison.

Autrement raisonnable et juste est de considérer qu'en Normandie, comme ailleurs, l'industrie du bétail se divise; qu'il y a des districts dans lesquels les herbages sont particulièrement consacrés à la spéculation de l'élevage et de l'engraissement des bœufs, et que, à ce point de vue, les métis durham-normands en tireraient meilleur parti, étant des consommateurs plus profitables que ne le sont les purs normands. Présenter, en conséquence, la production de ces métis comme une opération avantageuse, et devant d'ailleurs être d'autant plus profitable qu'elle trouvera toujours des mères normandes améliorées au plus haut degré par les procédés de sélection indiqués déjà, voilà la vérité, contre laquelle personne ne serait en mesure de trouver aucune objection fondée.

Un bœuf durham-cotentin qui pèse à 4 ans 1,110 kil., et qui rend 730 kil. de poids net, comme celui mentionné dans le tableau publié par Baudement, est certes autrement profitable à élever et à engraisser que les normands purs, qu'il faut nourrir pendant le double du temps pour qu'ils atteignent tout leur développement; mais on n'a jamais cité aucune métisse de Durham qui pût rivaliser avec la vache cotentine pour le rendement en lait et en beurre.

Conserver la race normande en l'améliorant par la sélection dans le Cotentin et le Bessin; l'employer dans les autres parties de la Normandie, dont la spéculation principale est l'engraissement, pour la fabrication de métis durham, plus précoces et meilleurs consommateurs des herbages que les sujets purs normands : telle est, en définitive, la marche indiquée par les principes économiques et les principes physiologiques de la zootechnie. Préconiser, d'une manière générale, le croisement durham, c'est engager la Normandie dans la voie de la destruction de sa race et de son industrie laitière, pour y substituer la race courtes cornes et l'industrie exclusive de la viande. Or, le mieux est de lui conserver l'une et l'autre industrie en les améliorant toutes les deux comme nous venons d'en faire sentir la possibilité.

Race hollando-flamande. — Avec les idées généralement admises sur la caractéristique des races, il ne faut point s'attendre à voir accepter sans contestation le rapprochement que nous opérons entre le bétail de la Hollande et celui des Flandres. Pourtant, rien n'est plus certain et plus facile à constater que l'identité de type des populations bovines, dans tous les pays baignés par la mer du Nord et ses affluents, depuis les bouches de l'Ems jusqu'au delà du Pas-de-Calais, à l'entrée de la Manche, comprenant la Hollande, la Belgique, quelques-uns de nos départements du Nord et du Nord-Est, et le grand-duché de Luxembourg.

Seuls quelques-uns des caractères secondaires diffèrent dans les tribus de la race unique qui occupe cette assez vaste étendue de pays, tribus établies solidement sur des points extrêmes; et encore, pour en être frappé, faut-il les considérer isolément, sans tenir compte de la fusion qui s'opère par des gradations insensibles dans les populations intermédiaires.

Identité de type et identité d'aptitude prédominante, voilà ce qui confond, à tous les points de vue, dans une seule et même race les deux prétendues races flamande et hollandaise, si unanimement admises jusqu'à présent, tant elles semblent en effet distinctes, considérées d'après les errements empiriques, dans lesquels la couleur joue un rôle exagéré. En nous fondant sur la caractéristique tirée des lois physiologiques, il me sera possible, j'espère, de démontrer l'exactitude de cet énoncé, sans aucune difficulté. Il suffira de décrire les caractères typiques, en mettant sous les yeux du lecteur l'image exacte et authentique d'individus appartenant aux deux prétendues races. Si, comme cela ne me semble point douteux, la description unique convient également à tous, la démonstration sera complète.

Mais auparavant faisons, conformément à notre plan, une sorte d'ethnographie sommaire de la race, pour ce qui concerne notre propre pays, en vue duquel nous écrivons surtout. Il est toujours bon de commencer par fixer d'abord les idées à cet égard, afin qu'ensuite on puisse porter sa pensée vers les lieux où se présentent les particularités secondaires qui s'y rattachent. Les différences, au reste, étant assez tranchées et pouvant se ramener aux deux groupes admis comme constituant deux races distinctes, nous distinguerons nous-mêmes, pour la description des caractères secondaires, dont quelques-uns sont absolument semblables toutefois, une *tribu flamande* et une *tribu hollandaise*.

La première occupe toute la partie française des anciennes Flandres, c'est-à-dire les départements du Nord, du Pas-de-Calais, de la Somme et une partie de ceux de l'Oise et de l'Aisne; la seconde, les départements des Ardennes, de la Meuse, de la Moselle et une partie de ceux de la Marne et de la Meurthe.

La division se prolonge de même en remontant vers le nord, au delà de nos frontières, la tribu hollandaise descendant de ses polders vers le sud-est de la Belgique, et se répandant sur toute l'étendue de ce pays, moins le Hainaut et les Flandres orientale et occidentale, qui sont en possession de la tribu flamande.

Celle-ci reçoit chez nous des désignations secondaires presque aussi nombreuses que les petites localités diverses qu'elle habite. Ainsi l'on distingue, dans ce qu'on appelle la race flamande, dans le département du Nord, les vaches *berguenardes*, des environs de Bergues, les *casseloises*, vers Cassel, les *maroillaises*, des cantons d'Avesnes, Landrecies, Berlaimont, Solve-le-Château, moins amples et plus fines, plus laitières que les autres; dans le département du Pas-de-Calais, les *boulonnaises*, aux environs de Boulogne et de Montreuil, les *artésiennes*, dans l'ancienne province d'Artois, vers Arras, Saint-Omer et Béthune, les *bournaisiennes*, du côté de Desvres, Samer, Hucqueliers, Fruges, petite contrée anciennement connue sous le nom de Bournais, et enfin les *namponnaises*, de la petite vallée de l'Authie, dans l'arrondissement de Montreuil; dans la Somme, d'abord, puis dans les parties occupées de l'Aisne et de l'Oise, où la race confine avec la normande et s'y allie souvent, elle forme la sous-race *picarde* des auteurs, en se distinguant, dit Lefour, de la sous-race artésienne par une transition presque insensible.

Pour la tribu hollandaise, les désignations sont moins nombreuses, si nous négligeons toutefois, comme il convient, celles usitées dans les provinces de la Hollande et de la Belgique, nous en tenant à ce qui concerne notre pays. On ne distingue chez nous que les bêtes *ardennaises*, qui peuplent le département des Ardennes et surtout l'arrondissement de Rethel; de là elles s'étendent jusque dans la Marne, dont la population bovine, fort mêlée, se compose de vaches ardennaises constamment introduites par le commerce, et de métisses obtenues de leur accouplement avec des taureaux suisses, sous l'influence des efforts peu dignes d'approbation qui ont été faits en ce sens par le comice agricole de Reims; puis les bêtes *meusiennes*, qui peuplent la partie française du bassin de la Meuse, en se mêlant, elles aussi, vers le midi et vers l'est de la région, avec les bêtes suisses du canton de Fribourg et les bêtes françaises de la Franche-Comté.

Ajoutons, en outre, que la vache hollandaise est une des plus cosmopolites que nous connaissions : non-seulement elle se répand individuellement, comme la vache bretonne, sur tous les points de la France, partout où l'on peut lui assurer une alimentation en rapport avec sa grande aptitude laitière, mais elle a franchi l'Océan depuis longtemps avec les hardis navigateurs de sa nation, pour aller s'établir jusqu'au cap de Bonne-Espérance. Dans l'Amérique méridionale, on ne rencontrerait guère de grand centre populeux qui ne possédât plusieurs étables garnies de vaches hollandaises.

Grav. 37. — Taureau hollandais, 1er prix, 16e catégorie, 2e section, 1re classe (M. Gilles, Conc. univ., Paris, 1856).

Grav. 38. — Vache hollandaise, 1er prix, 10e catég., 1re sect., 1re classe (M. Preuyt, Conc. univ., Paris, 1856).

Que tant de migrations de la race aient fait subir à tout ce qui, en elle, est susceptible de s'accommoder au milieu ou de se conformer aux vues de ceux qui dirigent sa reproduction, des modifications profondes ou seulement superficielles, c'est ce dont il n'y a pas lieu de s'étonner; mais ce qui atteste son unité fondamentale, encore une fois, c'est que, sous toutes ces modifications, le type a persisté indélébile, avec les caractères qui vont être maintenant indiqués (grav. 37, 38, 39 et 40).

Caractères typiques. — Crâne dolichocéphale; protubérance occipito-frontale large, épaisse et élevée; cheville osseuse petite, implantée haut, courte et arquée horizontalement en avant; front plat; arcades orbitaires effacées; orbite petit; face courte, à chanfrein droit et rétréci à son extrémité inférieure; crête zygomatique peu saillante; maxillaire inférieur à branches écartées en arrière, relevées à angle obtus et serrées au menton; arcade incisive étroite. Sur le vivant, mufle étroit et peu proéminent; lèvres minces, bouche petite, peu ou point du tout de fanon sous la gorge; oreille mousse, petite, mince, peu velue à l'intérieur et plantée bas; cornes fines dans toute leur étendue, courtes et fortement arquées en avant et en bas, de telle sorte que, chez certains sujets, la pointe arrive jusqu'au front, tandis que chez la plupart elle se relève un peu; œil petit et saillant; ensemble de la tête d'une forme conique allongée et fine; physionomie douce.

Grav. 39. — Taureau flamand, 1er pr., 29e catégorie, 1re sect., 1re classe (M. Léopold Vandamme, Conc. univ., Paris, 1856).

Grav. 40. — Vache flamande, 1er pr., 2e catégorie, 2e section, 1re classe (M. Dutfoy, Conc. univ., Paris, 1856).

Si l'on a pris la peine de confronter, trait pour trait, la description de caractères typiques qui précède sur chacun des portraits de la race hollando-flamande que nous mettons sous les yeux du lecteur, on n'a pu manquer de constater que ces caractères sont ceux de tous les individus représentés, malgré les légères différences qu'ils présentent dans la pose et le développement absolu de leur tête. Mais comme pour donner encore plus de force à la démonstration, il se trouve précisément que ces différences alternent dans les deux tribus. En effet, tandis que c'est le taureau hollandais (grav. 37) qui a la tête moins forte, plus fine dans son ensemble que celle du taureau flamand (grav. 39), la vache hollandaise (grav. 38), à son tour, l'a moins fine que la flamande (grav. 40); ce qui n'empêche pas, dans les deux cas, de vérifier l'existence de formes identiques et de rapports exactement semblables, entre l'étendue des deux régions du crâne et de la face, bien que le couple hollandais soit vu de profil et le couple flamand de trois quarts.

En se reportant en outre aux gravures 9 et 10 (p. 62), on vérifiera facilement l'identité du type de durham avec celui dont il s'agit en ce moment.

Caractères secondaires. — La race hollando-flamande possède dans sa robe les poils blanc, noir et rouge, des diverses nuances que les trois couleurs sont susceptibles de présenter. Suivant les temps et les lieux, les idées particulières des éleveurs, d'abord, puis les circonstances impersonnelles, y ont amené des combinaisons en vertu desquelles le pelage se trouve présenter l'association des couleurs de la race naturelle dans des conditions qui sont à peu près toujours les mêmes. C'est l'uniformité précisément de ces conditions, qui en impose et fait admettre des distinctions de races là où il n'y a, en réalité, que des groupements artificiels de familles en tribus.

On ne sait pas jusqu'à quel point l'influence du milieu est capable de faire varier la couleur du poil. Pour ma part, je ne connais aucun fait bien observé qui permette de considérer comme démontré, autre chose à cet égard que des variations de nuance; je n'oserais cependant nier d'une manière définitive la possibilité des variations de couleur, les preuves négatives n'ayant jamais, en science, qu'une valeur actuelle et provisoire.

Mais il en est autrement des variétés que la robe peut présenter, étant admise, dans une race, l'existence de poils de diverses couleurs : ces poils se prêtent avec la plus grande facilité à toutes les combinaisons qu'il plaît à l'éleveur d'imaginer; ce n'est plus qu'une pure affaire de sélection; et c'est cela, soit dit en passant, qui a porté tant d'éleveurs à s'abuser sur leur puissance de création de races nouvelles.

Des expériences intéressantes d'un vétérinaire belge, M. Legrain, faites en vue de vérifier une assertion de M. Charles Aubé, en vertu de laquelle quatre ou cinq générations consanguines auraient suffi pour produire l'albinisme chez les lapins, ces expériences ont démontré que l'hérédité seule, conformément à la loi formulée par nous, produit ce résultat.

En effet, accouplant en consanguinité des lapins blancs et noirs, M. Legrain a obtenu à volonté des albinos, des individus noirs ou des individus présentant comme leurs ascendants les deux couleurs réunies, suivant qu'il faisait, à chaque génération, sélection des sujets présentant sur la plus grande étendue de leur corps la couleur qu'il voulait obtenir (1). Cela n'est en vérité qu'un jeu.

Il est facile de comprendre, d'après cela, que la race hollando-flamande présente des différences en apparence

(1) Voy. *Bulletin de l'académie royale de médécine de Belgique*, 2e série, t. IX.

radicales de pelage, du moment surtout que ces différences ne portent que sur la combinaison de ses couleurs. Deux caractères, toutefois, sont uniformes dans toute la race : le mufle et les paupières sont d'un noir vif, le premier étant quelquefois marbré; les cornes sont blanches ou jaunâtres à la base et noires à l'extrémité. Quant à l'ensemble de la robe, sur chaque individu, il se présente sous cinq combinaisons : ou bien il est presque entièrement noir, blanc ou rouge, ou il résulte de l'association de chacune des deux couleurs rouge et noire avec le blanc, formant les deux variétés des robes pie rouge et pie noir.

Dans la tribu flamande, c'est le rouge brun acajou qui domine, cette couleur y étant considérée comme l'indice de la plus grande pureté de la race. C'est une raison suffisante pour qu'elle y ait été maintenue et multipliée. Dans la tribu hollandaise, les préférences étant pour le pie noir, les éleveurs attentifs se sont appliqués à le multiplier. Dans les points intermédiaires, où la race se reproduit comme toujours un peu plus à l'aventure, et loin des centres réputés, dans les localités qui ont donné leur nom au bétail de la race qui s'y multiplie, on observe toutes les variétés du rouge clair, du pie rouge, du blanc à peine taché de noir et du noir à peine taché de blanc.

Les vaches meusiennes, par exemple, sont quelquefois entièrement blanches, avec les oreilles et le bout de la queue noirs seulement, mais le plus souvent elles offrent de petites taches noires disséminées sur le corps blanc. Les vaches picardes sont ordinairement rouge froment foncé ou rouge clair; chez les artésiennes, le blanc se mêle au rouge foncé de la flamande dans une proportion plus forte, mais distincte, tandis que chez les maroillaises l'association est souvent assez intime pour former le pelage pagne ou rouan, le rouge uniforme y étant d'ailleurs ordinairement de la nuance froment.

Dans les provinces hollandaises de la Zélande et de la Gueldre, et dans les provinces belges intermédiaires du bassin de la Meuse, la race se montre fréquemment avec le pelage pie rouge; dans la Frise, le pie noir présente cette particularité que la tête et les extrémités sont généralement blanches.

Ces variétés de la robe étant indiquées, en vue surtout de bien faire saisir comment elles ne peuvent en aucune façon porter atteinte à l'unité fondamentale de la race, pas plus que les variétés de taille et d'ampleur qui les accompagnent, celles-ci dépendant de l'accommodation au milieu plus ou moins fertile et au mode d'exploitation, décrivons maintenant, sous le rapport du pelage, les deux tribus principales.

Voici la description que Lefour a donnée de la flamande : « La robe rouge brun, ordinairement plus foncée vers la tête, laisse apparaître, soit à la tête, au flanc et à l'ars, des taches blanches ou tigrées; les vaches ainsi marquées en tête, et principalement à la joue, sont dites *barrées*; c'est un signe de race. — On trouve cependant en Flandre beaucoup d'animaux d'un rouge plus clair ou d'un brun plus foncé, d'autres rouan ou pie rouge; mais il convient de considérer la robe rouge brun comme le cachet de la race (1). »

Il convient! pourquoi ? — Il convient seulement de constater que les éleveurs flamands ont une préférence marquée pour le poil rouge brun.

(1) *Description des espèces bovine, ovine et porcine de la France*, par MM. les inspecteurs généraux de l'agriculture, 1re livraison. Paris, 1857 (cette livraison est la seule qui ait paru).

Passant en revue le bétail du North-Hollande qui occupe toute la vaste étendue du littoral, depuis le Rhin jusqu'au détroit séparant le Zuyderzée de l'Océan, et forme la tribu *hollandaise*, le même auteur fait remarquer que ce bétail est généralement pie noir, à tête noire. « On voit également, ajoute Lefour, des sujets complétement noirs ou blancs, et quelques-uns dont le corps, noir dans ses autres parties, est comme enveloppé entre les épaules et les reins d'un large manteau blanc. Les éleveurs du Wedd-Laken et du Lakenfeld tiennent à reproduire cette particularité de robe dans la variété qu'ils élèvent. »

Signalons en passant ce détail, que la plupart des meilleures vaches importées de Hollande en France par le commerce viennent des polders de Hoorn, Beemster, Purmerend, vers Rotterdam et Utrecht, et se vendent aux foires de Gorskum, Beemster, Hoorn et Purmerend.

Pour tous les autres caractères secondaires, il n'y a plus de différence entre les deux tribus : les variations locales de l'une sont celles de l'autre, à cela près toutefois que dans la tribu flamande on rencontre plus d'individus ayant subi une certaine amélioration dans le sens de la production de la viande. Cette petite réserve faite, voici la description générale de la conformation, en prenant la vache pour modèle, à cause de la fonction principale de la race :

Taille de 1 mèt. 35 à 1 mèt. 45, par conséquent généralement élevée; tête d'un volume moyen, col long et mince; peu ou point de fanon; sternum (*brisket*) saillant en avant; poitrine étroite et sanglée, à côtes un peu plates; épaules maigres; garrot mince; ligne du dos droite, laissant apercevoir, à sa jonction avec celle des reins, la dépression considérée comme un bon signe des qualités laitières; lombes un peu étroites, flanc large, hanches souvent saillantes et écartées de 55 à 60 cent.; croupe longue, quelquefois avalée; mais le plus souvent droite; pointes des fesses également saillantes et écartées; sacrum saillant parfois au-dessus de l'origine de la queue, à base large, implantée bas, effilée et longue, avec un toupillon peu fourni de crins; cuisse plate et fesse peu descendue; ensemble du tronc d'aspect conique à sommet antérieur, en raison de l'écartement des hanches et de l'étroitesse relative de la poitrine; membres fins et peu musclés; mamelles grosses, arrondies, bien placées en avant, à trayons moyens, à peau fine, duvetée et souvent d'une couleur brune ou tigrée; celle du périnée fréquemment jaunâtre ou brune, onctueuse, est presque toujours marquée de l'écusson flandrin ou lisière; veines mammaires très-développées et souvent bifurquées; cordons dits beurrins du flanc apparents, indice d'un grand développement du système lymphatique; peau généralement mince, mais souvent un peu adhérente, hormis chez les sujets nourris à l'étable; en somme, caractères de l'aptitude laitière la plus élevée, avec l'aspect fémelin très-prononcé.

Chez le taureau, la disproportion entre le train antérieur et le train postérieur n'existe plus, bien entendu : la poitrine est plus ample et les hanches moins écartées; le col est aussi moins long, mais peu renflé cependant; du reste, même conformation.

Rendement. — Les vaches des plus hautes tailles, dans les deux tribus hollando-flamandes, donnent fréquemment jusqu'à 35 et 40 litres de lait par jour, au moment de leur plus forte lactation; mais ces rendements, plus communs dans la tribu hollandaise que dans la tribu flamande, doivent être cependant considérés comme exceptionnels.

Lefour, qui avait beaucoup observé l'une et l'autre, bien qu'il n'eût rien recueilli de précis à cet égard, estimait que dans le pays flamand, essentiellement herbager, une bonne vache produit pendant les deux cent dix jours du régime pastoral, en moyenne 10 litres de lait par jour, et pendant les cinq mois d'hiver, dont deux durant lesquels elle tarit, 6 litres par jour, soit en tout 2,640 litres d'un vêlage à l'autre.

Ces chiffres semblent trop faibles pour la moyenne des vaches hollandaises, s'ils conviennent aux flamandes. Les premières sont réputées à juste raison comme les plus fortes laitières que nous ayons.

Mais aussi le lait que donnent les unes et les autres est un des plus pauvres en matière butyreuse. M. Mariscal, pharmacien, à Avesnes, a observé que dix bonnes laitières de la commune de Noyelle-sur-Sambre (Nord), n'avaient donné en une année que 837 kilog. 350 de beurre, ce qui est beaucoup moins que les petites bretonnes; en revanche, le lait est riche en caséum, et c'est ce qui fait que la plus grande partie en est employée pour la fabrication des fromages. Les dix vaches flamandes observées par M. Mariscal en avaient, outre leur beurre, fourni 2,184 kilogr. Tout le monde connaît ceux de Hollande, dont il s'exporte de si grandes quantités, les fromages belges de Herve, etc., et celui de Maroilles, dans notre Flandre française.

Pourtant, les vaches ardennaises ont été spécialisées en vue de la production du beurre, dans l'arrondissement de Rethel, et les cultivateurs de cet arrondissement en tirent un bon parti sous ce rapport. Chez nous, en outre, une forte proportion du lait fourni par la race est consommée en nature, par les nombreuses populations de nos pays manufacturiers du Nord et du Nord-Est, et particulièrement par celle si dense de la ville de Lille.

Cette ville, de plus, est celle où il s'est toujours consommé le plus de viande de vache. Le poids vif d'une belle flamande adulte, mais non engraissée, est, d'après Lefour, de 450 à 550 kilogrammes. Les concours de boucherie de Lille ont montré que beaucoup de jeunes bœufs gras pèsent, à trois ans, de 700 à 800 kilogrammes et davantage, poids vif, rendant de 60 à 62 pour 100 de viande nette, calculés d'après le mode d'abatage de la ville, et 10 à 15 pour 100 de suif; ce qui est un indice de précocité. Il ne vient point de ces bœufs à Paris, la consommation du Nord leur suffisant et bien au delà.

La tribu hollandaise, plus exclusivement exploitée pour la laiterie, donne en général un moindre rendement, sauf dans le Jutland, où la plus grande fertilité et la meilleure culture du sol, ont amélioré sa conformation en ce sens et lui ont fait acquérir une aptitude à l'engraissement déjà constatée par Thaer en termes peut-être exagérés, mais qui s'expliquent, et par la comparaison des autres groupes du bétail hollandais et par l'époque à laquelle ils ont été écrits.

Mode d'élevage. — Ce sont seulement les procédés d'élevage auxquels la tribu flamande est soumise, qui nous intéressent particulièrement.

Dans le pays flamand, la petite et la moyenne culture dominent. Les taureaux y sont peu nombreux et toujours très-jeunes, au-dessous de deux ans, lorsqu'ils font la monte, qui a lieu généralement en liberté. La plupart des cultivateurs conduisent leurs vaches à un taureau commun, entretenu par l'un d'eux moyennant un droit de pâture pour quelques brebis sur les terrains non couverts de la commune, ou plus souvent en lui payant pour chaque saillie une indemnité de 50 à 75 centimes. Il y a aussi des taureaux rouleurs.

L'entretien des vaches a lieu suivant les trois modes, usités partout, des systèmes herbager, semi-herbager et de stabulation.

Dans les cantons de Bergues, Bailleul, Hazebrouck et Cassel, qui fournissent les plus beaux sujets de boucherie, où les herbages occupent, sous les noms de *pays de bois*, de *pays des Watteringues* et de *moëres*, une très-forte partie du domaine agricole, le système herbager est usité, ainsi que dans l'arrondissement d'Avesnes. Dans ce dernier arrondissement, les meilleurs herbages, appartenant aux grands propriétaires, sont de préférence consacrés à l'engraissement, et les médiocres aux vaches laitières, qui s'en ressentent par un moindre développement et une plus grande maigreur. Dans la zone frontière et dans celle du littoral, où les herbages ne sont pas assez étendus ou assez riches pour fournir d'une manière permanente aux besoins de l'alimentation d'été, le régime de l'étable alterne avec le séjour des animaux au pâturage. Partout ailleurs, la race est élevée en stabulation.

Dans le pays de Bergues, principal centre d'élevage, les quatre cinquièmes des veaux mâles sont vendus dans la première quinzaine directement à la boucherie, ou pour être engraissés ou élevés ailleurs ; les femelles sont presque toutes élevées. Les jeunes sont séparés de leur mère immédiatement après la naissance : ils ne tettent pas, on les habitue à boire et ils absorbent ainsi, durant leurs premiers huit jours, tout le lait d'une vache. Passé ce temps, ils reçoivent seulement du lait battu, durant deux à trois mois, les éleveurs soigneux, en petit nombre, allant jusqu'à six mois et joignant au lait battu des farineux ou des décoctions de graines de lin et des infusions de foin, pour continuer ce régime jusqu'à la fin de l'hiver. L'été, les veaux pâturent; dans la saison froide, ils reçoivent du foin, de la paille, des féveroles trempées ou bouillies et un peu d'eau blanche de temps en temps. Les génisses sont ordinairement conduites au taureau de très-bonne heure, afin de donner leur premier veau à l'âge de vingt-sept à trente-six mois. Celles qui se montrent réfractaires à la conception sont aussitôt engraissées, et la boucherie de Lille en tue beaucoup.

Si un tel mode d'élevage ne nuit en rien au développement de l'aptitude laitière, qui est un produit naturel du climat et des herbages du pays flamand, on comprend de reste qu'il ne favorise guère celui d'une conformation favorable à la production de la viande : les jeunes sont alimentés avec trop de parcimonie et l'on ne s'occupe pas assez de bien choisir les reproducteurs, pour qu'il en soit autrement. Aussi ne pouvait-on manquer de songer, là comme en Normandie, au croisement avec le durham, pour « améliorer la race. »

Des tentatives nombreuses ont été faites, dans le Pas-de-Calais surtout, depuis 1841, sous l'influence de M. le baron d'Herlincourt et de la Société centrale d'agriculture du département. Il serait superflu de dire que les prétendus métis durham-flamands se montrent supérieurs pour la boucherie au commun des individus élevés dans le pays.

Cependant, pas plus dans le Nord que dans le Pas-de-Calais et dans tout le reste de la région où la tribu flamande se reproduit, les éleveurs ne se sont pas encore laissés entraîner par les exemples qui leur ont été donnés à cet égard. « C'est que, fait remarquer avec juste raison

Lefour, par suite des dispositions essentiellement laitières de la vache flamande et du large débouché que lui présente les étables de toute la région, le producteur a plus de profit à élever la vache à lait que le bœuf même précoce. Il est évident que, dans ce cas, le croisement durham ne peut rien ajouter aux qualités laitières de la flamande; il lui donnerait, sans doute, des formes un peu plus étoffées, plus d'aptitude à l'engraissement; mais sous le premier rapport, il faut reconnaître que le beau type de Bergues laisse peu à désirer; quant à l'aptitude à prendre la graisse, la bonne vache flamande est assez bien dotée : elle engraisse facilement lorsqu'elle cesse de donner du lait; les génisses même, qu'on ne fait pas saillir assez tôt, prennent un embonpoint qui détermine quelquefois la stérilité.

« La première raison, ajoute l'auteur que nous citons, qui éloigne l'éleveur de livrer la vache flamande au taureau durham, est donc la crainte de diminuer ses qualités laitières. Nous ignorons jusqu'à quel point cette crainte est fondée. Le gouvernement belge s'est livré, il y a deux ans environ (1855), à une enquête qui avait pour but précisément de vérifier si les produits de la vache hollandaise et du taureau durham perdaient des qualités laitières de la mère; on n'aurait pas trouvé de grandes différences entre les vaches hollandaises pures et les métisses durham-hollandaises. Il serait possible qu'il en fût de même des génisses durham-flamandes; mais ce qui est plus douteux, c'est que le produit conservât la robe qui imprime le cachet à la race et constate son origine dans les transactions dont elle est l'objet. Cette dernière raison n'est pas, nous le croyons, sans influence sur les hésitations de l'éleveur flamand. »

Quoi qu'il en soit, dans une région où l'agriculture ne paraît guère susceptible de progrès et qui possède une race douée à un si haut degré d'aptitudes remarquables, il y aurait lieu de s'étonner qu'on eût songé au croisement avec une autre race quelconque, durham ou ayr, pour tirer meilleur parti de celle-là. Il suffit de savoir qu'un allaitement plus prolongé des jeunes, une alimentation plus abondante, avant et immédiatement après le sevrage, font acquérir à la race hollando-flamande l'ampleur de poitrine qui lui manque, surtout en y joignant la sélection relative, pour se prononcer contre l'introduction de reproducteurs de Durham, qui n'est point d'ailleurs, ainsi que nous l'avons vu, une opération de croisement. Ici, la pureté de la tribu doit être respectée d'une manière absolue. Par elle-même, celle-ci donnera tout ce qu'on saura lui demander.

Race jurassienne. — Il faut ramener à cette dénomination unique et nouvelle tout le bétail de même type qui peuple les deux versants de la chaîne du Jura, en France et en Suisse.

En France, il a son centre principal d'établissement dans l'ancienne province de Franche-Comté, comprise entre la rive gauche de la Saône et le Jura, dont elle embrasse tout le versant occidental. Resserré entre ces deux obstacles naturels, sur un sol accidenté, qui comprend à la fois les prairies de la vallée de la Saône, les pâturages des montagnes du Jura et les plaines marécageuses entourant les étangs de l'ancienne Bresse, dits de la Dombes, par conséquent d'altitudes fort diverses, ce bétail se répand, de là, au nord vers les Vosges, dont il franchit les sommets après avoir concouru à les peupler, au sud vers les Alpes, occupant pour une part le Dauphiné, où les vaches sont employées en grand nombre aux travaux des champs.

Des variétés si tranchées de configuration du sol habité par la race que nous avons à décrire, ont amené nécessairement des variations correspondantes dans ses caractères secondaires. Suivant l'usage, on fait de chacun des groupes ethnographiques une race distincte. Celui des montagnes a été appelé *race comtoise* ou *tourache;* celui de la vallée de la Saône, *race fémeline;* celui de la Dombes, *race bressane.*

Le premier de ces groupes est celui qui alimente les *fruitières* ou fromageries sociétaires, ancien et remarquable exemple d'association de production sous la forme coopérative, qui semble devoir transformer les rapports économiques de notre temps, au bénéfice de la juste émancipation du travail. Il occupe toute la chaîne du Jura français, dans les départements du Doubs, du Jura et de l'Ain. L'arrondissement de Gex, dans ce dernier département, contient les vallées de Septmoncel, dont les fromages sont renommés. C'est là que la race acquiert son plus grand développement et sa plus forte aptitude laitière. Plus bas, dans le Bugey, elle devient plus rustique et travailleuse, et c'est de là qu'elle se répand dans le Dauphiné, les Alpes et la Provence. A sa limite opposée, vers le nord, elle gagne la Haute-Saône, le Haut-Rhin et les Vosges, où elle se mêle à la race suisse dont nous parlerons plus loin, pour former les populations métisses qui dominent dans ces départements.

C'est dans la partie occidentale du bassin de la Saône, dans les vallées des deux cours d'eau de l'Amance et de l'Oignon, au nord; plus bas, jusqu'à la vallée du Doubs, vers Dôle, et au delà de la rivière dans les environs de

Poligny, que se trouve le groupe dit fémelin, caractérisé par une aptitude à l'engraissement plus prononcée, jointe aux qualités laitières de la race. Sous cette forme, on trouve celle-ci répandue dans la Haute-Marne et dans plusieurs localités de la Lorraine.

Enfin, le groupe dit bressan, à la taille moins élevée et au corps trapu, se produit dans la haute Bresse et dans la Dombes. Il fournit des vaches assez bonnes laitières, qui sont exportées, et des bœufs estimés pour le travail, qui, bien qu'engraissés dans un âge avancé, fournissent de très-bonne viande et beaucoup de suif.

Au même type (grav. 41) se rattache évidemment le bétail connu sous le nom de *race de Simmen Thall* qui peuple, du moins pour la plus forte partie, les cantons suisses de Neuchatel, de Vaud, de Fribourg, de Soleure et de Berne, de l'autre côté des montagnes du Jura, ainsi que la Bavière rhénane, où le nom de *race du Glane* lui a été donné.

Pour en faire ressortir l'évidence, il suffira de mettre sous les yeux du lecteur l'image exacte d'un taureau de la tribu suisse (grav. 42), dont l'identité ne puisse être contestée. Si nous ajoutons que dans cette tribu le pelage rouge pâle et rouge jaunâtre, uniforme ou plus ou moins taché de blanc, et tous les caractères secondaires des comtois fémelins principalement, se font remarquer, il ne sera pas possible de mettre en doute l'exactitude du fait que nous avançons.

La seule différence qu'il y ait à signaler entre le bétail du versant occidental du Jura et celui du versant oriental, c'est qu'en Suisse il a été l'objet d'une amélioration qui le fait rechercher par les agriculteurs et les éleveurs de notre région de l'Est. Beaucoup d'étables du Haut et du Bas-Rhin, de certaines localités de la Meuse, notamment de celle de Void, renommée pour ses fromages, de la Meurthe, des Vosges et même de la Haute-Marne, sont peuplées de vaches directement importées des cantons suisses tout à l'heure cités et appartenant à la tribu de Simmen Thall. Les éleveurs de ces départements et de celui de la Haute-Saône, les comices et sociétés d'agriculture de quelques-uns d'entre eux, importent chaque année des taureaux de cette tribu, pour améliorer leur bétail. Les importations de ce genre se font régulièrement depuis nombre d'années, par exemple, par le département du Bas-Rhin, et c'est M. Imlin, de Strasbourg, qui est chargé de les aller choisir en Suisse. A l'appui de la première assertion, nous pouvons citer la belle vacherie de M. Albert Tachard, dans le Haut-Rhin, bien connue par sa grande étendue et par le mérite des dispositions perfectionnées de ses constructions.

D'après ce qui précède, on voit donc qu'en introduisant des taureaux de Simmen Thall pour les accoupler avec les vaches comtoises, fémelines, touraches ou bressanes, ce n'est point un croisement qu'on opère ; on ne fait là que de la belle et bonne sélection, sous ses deux modes combinés, le mode relatif et le mode absolu. Ceux qui exécutent des opérations en ce sens seront peut-être surpris de l'apprendre ; mais il n'y a rien là qui doive les désobliger.

Saisissons, du reste, cette occasion pour faire remarquer qu'il n'y a réellement en Suisse que deux types de bétail, auxquels se rattachent toutes les prétendues races qu'on y a reconnues en si grand nombre, là, comme partout ailleurs, le type jurassien et le type alpestre. Le premier, occupe toutes les plaines occidentales où coule le Simmen Thall, à peine ondulées et remontant vers les montagnes du Jura. Nous nous occuperons plus loin du second, à propos de la race dite de Schwitz.

Caractères typiques. — Crâne brachycéphale; protubérance occipito-frontale épaisse et peu élevée; cheville osseuse forte, implantée haut, dirigée d'abord obliquement en arrière et en bas, puis relevée en avant vers la pointe; front large et fortement bombé chez le mâle, arrondi seulement chez la femelle; arcades orbitaires effacées; orbite petit; face moyenne, à chanfrein un peu

Grav. 41. — Taureau jurassien (bressan), 1er prix, 1re section, 1re catégorie, 1re classe (M. Chambaud, Conc. rég., Bourg, 1859).

Grav. 42. — Taureau jurassien (fribourgeois), 1er prix, 11e catégorie, 1re section, 1re classe (M. Adrien Ecoffey, Conc. univ., Paris, 1856).

camus et épais; crête zygomatique peu accusée; maxillaire inférieur à branches écartées et relevées à angle droit, à symphyse épaisse et à arcade incisive moyenne. Sur le vivant, mufle large, lèvres fortes, bouche moyenne, fanon ample sous la gorge, chez les suisses, les touraches et les bressans, peu développé chez les fémelins, qui ont d'ailleurs l'ensemble de la tête moins fort, les oreilles plus minces, mais également plantées bas; le chignon moins velu, celui-ci formant chez les premiers une forte touffe de poils frisés; les cornes moins fortes, mais également écartées par leurs pointes dirigées en dehors et en haut; œil petit, peu vif; physionomie très-placide.

Caractères secondaires. — Mufle rosé ; paupières blondes; cornes blanches, quelquefois verdâtres à la pointe; pelage variable, entièrement blond, jaune de la nuance du froment clair, chez les fémelins; presque toujours marqué de taches blanches plus ou moins étendues, particulièrement aux membres, dans les autres groupes, sur un fond rouge pâle, terne, ou le plus souvent jaune; taille et conformation non moins variables, les femelles différant peu des mâles sous tous les rapports : en moyenne, 1 m. 32; tête grosse; encolure moyenne, épaisse, renflée; fanon développé; poitrine ample, profonde; épaule forte; garrot épais; en somme avant-main fort, d'où vient, paraît-il, la qualification de *tourache;* corps trapu; ligne du dos relevée; lombes étroites et courtes; hanches peu écartées; croupe longue; queue plantée haut, épaisse à sa base, longue et forte, chargée de crins à son extrémité; ischions rapprochés et peu saillants; fesse et cuisse maigres; membres courts, solides ; chez les fémelins, le corps est au contraire long, le flanc large, la côte plate, l'encolure mince, les membres grêles, la peau fine et souple, tandis qu'elle est épaisse et dure chez les autres; mamelles peu volumineuses; signes de l'aptitude laitière peu prononcés.

Rendement. — Les documents manquent pour évaluer la production moyenne des laitières comtoises. L'aptitude présente des écarts considérables dans la race, et l'on peut dire seulement, comme appréciation générale, que les vaches considérées comme bonnes pour le lait sont inférieures à celles de la plupart des autres races laitières, surtout dans le groupe des touraches, qui sont pourtant les plus exploitées dans les localités à fruitières. Les fémelines passent pour les meilleures et les suisses le sont à coup sûr. Ce qui est certain, c'est que le lait en est plus remarquable par sa qualité, due aux pâturages d'altitude élevée, que par son abondance. L'excellent parti qui est tiré des fromages façon Gruyère et de Septmoncel, fabriqués dans le Jura français, est du reste la meilleure preuve de leur mérite.

Les bœufs comtois, surtout ceux de la vallée de la Saône, sont, depuis la création des distilleries de betteraves, beaucoup importés dans la zone du Nord, pour y être engraissés. Ils acquièrent un fort développement. Deux de ces animaux, étudiés dans leur rendement, ont donné un poids vif moyen de 842 kil. 500 grammes; le poids net a été de 532 kil. 500 grammes, celui du suif de 83 kilogrammes, celui du cuir de 51 kil. 500 grammes et celui des issues de 59 kil. 500 grammes.

La viande des touraches et des bressans n'est guère estimée; celle des fémelins l'est davantage. Tous les bœufs engraissés dans le pays d'origine vont alimenter les boucheries de Lyon et de Grenoble, principalement.

Mode d'élevage. — L'idée que nous avons donnée plus haut des localités doit suffire pour indiquer les procédés usités dans la reproduction de la race jurassienne. Ces procédés sont ceux de toutes les contrées analogues, où les influences naturelles ont le plus grand rôle. Cependant, depuis l'institution des concours régionaux, on constate une notable amélioration des sujets fémelins surtout; mais le gros de la population est resté stationnaire.

Des essais d'amélioration ont été faits dans la Haute-Saône et plus haut vers les Vosges, ainsi que nous l'avons déjà dit, avec des taureaux suisses du Simmen Thall. Les sujets ainsi produits, sont reconnaissables surtout à leur pelage mélangé de blanc et de rouge, dit *caille*. Depuis l'introduction de la race d'Ayr à la Saulsaie, des tentatives se poursuivent en Bresse pour allier cette race avec la jurassienne, et la vacherie même de l'école contient un assez grand nombre de leurs métisses donnant du lait en assez forte proportion. Enfin, là comme ailleurs, des croisements avec le durham ont aussi été essayés.

Il ne paraît pas y avoir de raisons suffisantes pour substituer l'une ou l'autre de ces races au type jurassien, par voie de croisement continu. L'état de la propriété et celui de l'agriculture, ainsi que les services obtenus actuellement du type, doivent faire considérer l'opération comme une entreprise téméraire; mais ce type est un de ceux à qualités moyennes, qui comportent une grande variété de modes d'exploitation, parmi lesquels celui de la production industrielle des métis pour la laiterie ou pour la boucherie peut prendre une place d'autant plus utile, qu'il demeure parfaitement compatible avec la conservation du type pur dans les exploitations voisines.

A titre de spéculation particulière, le croisement peut être entrepris avec avantage, dans tous les cas où les conditions de son succès se trouvent réunies. La question est de savoir, au point de vue de sa généralisation, si plus de lait d'ayr-comtoises ou de durham-bressanes, donnerait autant et du si bon fromage, que moins de lait de la grossière tourache pure, et si la viande obtenue en plus des bœufs compenserait la différence.

Cette question, le bon sens des fruitiers ne manquera pas de la résoudre, envers et contre toutes les prédications.

Race de Schwitz. — Peu de races étrangères ont joui en France d'une réputation comparable à celle dont la race de Schwitz a été en possession pendant fort longtemps. Les souvenirs des touristes ayant visité les cantons pittoresques de Lucerne, d'Uri, d'Apenzel surtout, les bords du lac de Constance et la chute du Rhin à Schaffouse, n'y étaient sans doute point étrangers.

Schwitz, en effet, n'est que le centre de la région alpestre qu'elle habite et qui comprend, outre les cantons déjà nommés, ceux d'Unterwalden, de Zug, de Glaris, de Saint-Gall et des Grisons. Elle se répand au delà de la Suisse et tout autour de sa frontière, dans le duché de Bade, le Wurtemberg, la Bavière, le Tyrol, la Lombardie, le Piémont et la Savoie, où elle est devenue la prétendue *race tarentaise* ou *tarine*; enfin, elle semble avoir formé une tribu en Gascogne, ainsi que nous l'avons dit, et on la trouve disséminée individuellement ou par petits groupes dans presque tous nos départements français. Elle est aussi cosmopolite que la race hollando-flamande.

Les vaches suisses (et par vaches suisses on a entendu pendant longtemps désigner seulement celles de Schwitz) furent considérées, durant une période, comme les laitières par excellence. On se souvient encore de la propagande énergique faite en leur faveur par l'École de Grignon. Il faut le dire, leur étoile a maintenant un peu pâli. L'engouement est passé aux races anglaises; et puis, les doctrines zootechniques étant en progrès, les choses tendent à prendre leur place normale.

Néanmoins, il existe encore chez nous de beaux troupeaux de ces vaches, dans quelques-uns de nos départements de l'Est, dans la Haute-Marne, notamment. Les Parisiens peuvent aller, le dimanche, dans la belle saison, contempler celui qui anime les anciennes solitudes de la plaine Saint-Maur, en se régalant, sous le chalet de la ferme impériale de Vincennes, du lait qu'il fournit.

Le type de Schwitz (grav. 43 et 44) se reconnaît aux caractères suivants :

Caractères typiques. — Crâne très-dolichocéphale ; protubérance occipito-frontale épaisse, à sommet saillant ; cheville osseuse forte et courte, implantée haut, oblique sur le côté et en bas et courbée en avant près de sa base ; front fortement bombé ; arcades orbitaires effacées ; face courte, à chanfrein droit et épais ; crête zygomatique peu marquée ; maxillaire inférieur fort, à branches peu écartées

Grav. 43. — Taureau de Schwitz, 1er pr., 2e sect., 7e catégorie, 1re cl. (M. Jannigros, Conc. rég., Bourg, 1859).

Grav. 44. — Vache schwitz, 1er pr., 13e catégorie, 1re section, 1re classe (M. Clément Sidler, Conc. univ., Paris, 1856).

et relevées à angle presque droit ; symphyse épaisse ; arcade incisive large. Sur le vivant, mufle large, lèvres épaisses, bouche grande, fanon très-développé sous la gorge, chez le mâle ; oreille large, épaisse et très-velue à l'intérieur ; cornes courtes, d'épaisseur variable, mais toujours à pointe peu effilée, dirigée en avant et en bas chez le mâle, relevée chez la vache ; œil petit ; physionomie douce.

Caractères secondaires. — Mufle noir, ainsi que les

paupières et la pointe des cornes, dont la base est jaunâtre, comme l'intérieur des oreilles; pelage fauve ou brun très-foncé, avec une raie de nuance claire le long de l'épine dorsale; le tour des lèvres, la face inférieure du ventre, le périnée et la face interne des cuisses sont de la même nuance jaunâtre; taille très-variable, mais toujours au-dessus de la moyenne; tête généralement forte; encolure épaisse et allongée, à fanon développé; poitrine ample, arrondie; épaule musclée, garrot épais; corps long, un peu fléchi dans la ligne dorsale; lombes larges; hanches écartées chez la femelle; croupe courte, tranchante; queue implantée haut; fesses saillantes; cuisses assez musclées; membres postérieurs écartés et bien d'aplomb, très-variables en force; mamelles généralement bien conformées, volumineuses, mais non pendantes, de couleur jaune, quelquefois marbrée, à trayons moyens; signes de l'aptitude laitière très-variables, suivant la provenance, le plus souvent bien développés, écusson et veines, chez les vaches du canton de Schwitz.

Rendement. — On évalue communément à 18 litres par jour la quantité moyenne du lait fourni par la race; mais on doit faire remarquer que le calcul ne s'applique qu'aux vaches des tribus les plus laitières. Au delà des Alpes, en Savoie, par exemple, et en Piémont, dans la Tarentaise, où les vaches travaillent, comme aussi dans le Dauphiné, la race de Schwitz, devenue la prétendue race *tarine* ou *tarentaise*, ne peut plus passer même pour une race laitière, pas plus qu'en Gascogne et en Languedoc, où nous l'avons déjà vue. Mais dans toute l'étendue de la Suisse, étant exploitée presque exclusivement pour son lait d'excellente qualité, ses facultés laitières se maintiennent parfaitement. Il en est de même partout où elle est l'objet de la même exploitation. Nous avons déjà parlé de son cosmopolitisme très-remarquable.

En Allemagne, Veckherlin dit qu'on recommande également la race de Schwitz comme facile à engraisser et comme produisant des veaux très-forts. Nous n'avons aucune idée de son rendement en viande, et du reste ce n'est point à ce titre qu'elle peut nous intéresser en France.

Mode d'élevage. — La race vit, en Suisse, en troupeaux, dans ce qu'on y appelle les *alpages*, pâturages de montagnes fort analogues à ceux de nos monts d'Auvergne, riches et abondants. Malheureusement, l'hivernage est difficile. C'est là qu'on entend le *ranz des vaches*, aux modulations naïves duquel le génie de Rossini a emprunté l'une de ses belles créations musicales. Le bétail qui obéit à cette musique si primitive, vit et se reproduit très-près de la nature, dans le système pastoral.

Remplacez les cris d'appel du vacher auvergnat par la longue trompe du pâtre suisse, et vous aurez la reproduction exacte, dans les montagnes des Alpes, de ce qui se passe dans les cabanes auvergnates. Il n'est donc pas nécessaire d'y insister.

CHAPITRE IV

APPLICATION DES MÉTHODES ZOOTECHNIQUES AUX RACES BOVINES

Méthodes applicables. — Le long chapitre consacré à la monographie succincte de chacune des races bovines si nombreuses de notre pays, qui représente, comme on l'a dit, l'Europe en miniature, nous a fait voir déjà dans quelles limites la zootechnie peut en tirer parti. Avec ses variétés géologiques et climatériques nettement délimitées, notre vaste territoire impose à l'industrie agricole des lois naturelles dans l'exploitation de son bétail également varié. Ces lois, les observateurs superficiels et les esprits spéculatifs en la matière les ont trop souvent méconnues, pour se lancer à corps perdu dans des combinaisons absolues.

Telle est la géographie physique, parfaitement résumée, que nous empruntons à un historien de la France : « Au sud et au sud-est les montagnes, c'est-à-dire les forêts et les pâturages, les lacs et les rivières torrentueuses, les populations sobres, infatigables, peu manufacturières, mais essentiellement militaires. A l'ouest et au nord, les collines mollement ondulées et les vallées fécondes, les plaines déboisées et les rivières navigables, les marais et les landes, les cités industrielles et les ports. Toutefois, deux larges et profondes vallées, les grands bassins du Rhin et du Rhône sillonnent la région montagneuse de l'Est, tandis que les derniers gradins des montagnes se prolongent au loin vers l'ouest; de sorte que l'Auvergne, au centre de la France, a, comme les Alpes, ses pâtres et ses chevriers; les vallées du Rhône et du Rhin, comme celles de la Seine, de la Loire et de la Garonne, leurs grandes villes commerçantes et manufacturières. »

Et plus loin : « Le trait caractéristique du sol français est la longue chaîne des Cévennes et des Vosges. La formation de ces montagnes, qui coupent la France en deux, a, en effet, creusé entre leur pied et celui des Alpes, du Jura et de la forêt Noire, l'immense pli où le Rhin et le Rhône se jettent; et leurs ramifications, qui dessinent, au nord et à l'ouest, tout le relief de la France, ont donné naissance à plusieurs grands bassins débouchant sur trois mers. Enfermées tout entières dans notre territoire, elles sont comme l'épine dorsale de la France. Mais en même temps qu'elles déterminent les différentes lignes de partage des eaux, elles s'abaissent assez pour laisser passer sur leur faîte, de l'une à l'autre région, et routes et canaux. » (V. Duruy.)

Le lecteur attentif a pu voir, dans le précédent chapitre, que ces dispositions géographiques ont une influence marquée sur la distribution des races bovines [illegible] de notre pays. Comme s'ils l'avaient vaguement pressenti, quelques auteurs de nos jours ont cherché à rattacher la constitution géologique à leurs études sur le bétail; mais ils ne semblent pas avoir vu qu'il s'agit en cela bien plus de la configuration que de la composition du sol, et que la distribution de l'eau y joue un rôle autrement important que celui qui est dévolu à la nature des terres.

Dans le choix des méthodes applicables à l'exploitation

zootechnique des races bovines, il n'est donc point permis d'enfreindre, au delà d'une certaine mesure, ce qui est ainsi prescrit par les conditions naturelles. Chaque chose doit être améliorée dans son sens propre ; et si l'on veut se donner la peine d'observer et de réfléchir, on s'apercevra facilement que toutes les tentatives faites au mépris de ces conditions ont plus ou moins échoué. Il est bon d'avoir de la puissance de l'art une haute idée : cela fait entreprendre les grandes choses ; mais il faut que la science, c'est-à-dire l'interprétation exacte de la nature, inspire toujours ses conceptions. *Naturæ investigandæ et perficiendis artibus*, telle était la légende de la médaille frappée lors de la fondation de l'académie des sciences par Colbert.

Nos indications sommaires ont montré que dans le perfectionnement de l'espèce bovine française le métissage n'a rien à faire; que le croisement, limité à quelques races trop en retard sur l'amélioration des conditions culturales, et à quelques autres en voie de progrès, pour tirer transitoirement meilleur parti de leurs produits, laisse le champ le plus vaste à la sélection et à la gymnastique fonctionnelle, marchant toujours d'accord avec les circonstances de milieu qui assurent leur succès. La pratique ou l'application spéciale des trois méthodes doit, en conséquence, seule nous occuper.

Gymnastique fonctionnelle. — On sait aussi que les conditions économiques ne comportent point l'application de l'exercice méthodique aux fonctions de relation, dans l'espèce bovine. Spécialiser, dans cette espèce, en vue de la production de la force mécanique, est une spéculation radicalement démontrée fausse. Le travail du bœuf ne peut être avantageux à l'exploitation agricole, du moins il ne produit sa plus forte somme de bénéfice, qu'autant qu'il constitue seulement une fonction économique transitoire et subordonnée à celle de la production de la viande. Pour que l'espèce bovine soit bien exploitée, dans les situations agricoles qui comportent l'exécution des travaux de culture par elle, il faut que sa valeur aille croissant depuis le moment où le jeune animal est dressé pour le travail, jusqu'à celui où il est livré à l'engraisseur.

Cela étant démontré possible par la théorie et prouvé d'ailleurs par de nombreux faits, nul ne saurait contester justement la proposition que nous énonçons. Or, il en résulte deux conséquences : la première, que le bœuf travailleur produit d'autant plus de bénéfice qu'on l'emploie au travail durant une période moins prolongée de sa vie et qu'il est par là moins fatigué ; la seconde, qu'une aptitude moindre peut suffire aux nécessités d'un travail ainsi compris, et qu'il y a lieu de s'occuper de la réduire chez les races qui la possèdent au plus haut degré, sa réduction tournant au profit de l'aptitude à produire de la viande, plutôt que de la perfectionner par la gymnastique des fonctions de relation.

Ce raisonnement me paraît inattaquable, et je suis sûr qu'aucun esprit pratique ne l'attaquera. L'on y pourra opposer encore des dissertations sur les effets absolus d'une spécialisation mal comprise et étroite; mais pour réduire ces dissertations à leur valeur, au besoin, il suffira de comparer la balance du compte bétail d'une exploitation où les bœufs les plus aptes sont employés au travail jusqu'au terme le plus éloigné de leur vie, en ayant fourni la plus forte somme possible, avec celle d'une autre exploitation, comme la ferme de l'École d'agriculture de Rennes, par exemple, ou bien toutes les moyennes et les petites propriétés de la Saintonge et du Poitou, dans lesquelles les attelages de bœufs sont livrés aux engraisseurs toujours en deçà de l'âge de sept à huit ans, et le plus souvent maintenant avant six ans. On y verra que, dans les dernières, les travaux ont été exécutés et tout aussi bien exécutés que dans la première, et que de plus il est entré chaque année en caisse une somme représentant la différence du prix de vente des bœufs à leur prix d'achat, tandis que le capital a dépéri dans l'autre et s'est soldé en perte lorsqu'il a fallu renouveler les attelages.

Passons donc outre sans insister davantage, et concluons que la gymnastique fonctionnelle n'est économiquement applicable aux races bovines qu'en vue du perfectionnement de leurs deux aptitudes à produire du lait ou de la viande.

A cet égard, nous savons aussi qu'il n'y a point incompatibilité absolue entre les deux aptitudes. En examinant la question des types de conformation, nous avons établi sur preuves tirées de l'observation et expliquées par les principes de la physiologie, que la plus grande activité fonctionnelle des mamelles, si elle exclut l'existence concomittante d'un exercice exagéré des fonctions de relation, entraînant l'activité de la respiration, peut, sans être amoindrie, coexister avec les dispositions anatomiques et physiologiques qui favorisent, à un moment donné, le développement des chairs et l'accumulation de la graisse. Le balancement s'exerce, dans ce cas, non sur la totalité des organes, mais seulement sur une partie de la fonction. Les éléments nutritifs sont attirés vers les mamelles pour fournir à leur sécrétion, lorsqu'elles sont exercées par la traite, au lieu de s'accumuler dans le système musculaire et dans le système adipeux; dès que les glandes mammaires ne fonctionnent plus, le courant nutritif n'étant plus détourné, ses éléments vont à leur lieu d'élection. En un mot, et pour préciser davantage, la conformation la plus propre au type de boucherie ne peut en rien nuire au développement de l'aptitude laitière, celle-ci résultant seulement de l'excitation par l'exercice de la fonction sécrétoire des mamelles, en plus de l'abondance d'une alimentation riche en principes sucrés et gras, qui convient également au développement des chairs.

Le mode même d'exploitation des races laitières garantit, en ce qui concerne leur fonction spéciale, l'application de la gymnastique capable de la conserver et même de la perfectionner. Il n'en est aucune dont les mamelles ne soient pas suffisamment exercées : plusieurs, au contraire, le sont outre mesure, au détriment de l'amélioration continuelle de la race. Il faudrait, par conséquent, plutôt modérer l'ardeur des éleveurs sur ce point que l'exciter. Le bénéfice immédiat et direct qu'ils tirent du lait de leurs vaches est pour eux le plus irrésistible des stimulants.

Le seul perfectionnement qui soit du ressort de la gymnastique fonctionnelle, dans nos races bovines considérées en général, est donc celui qui se rapporte à la conformation la plus propre à fournir de la viande en abondance, et à l'aptitude qui correspond à cette conformation, en concourant à la faire développer. Les deux conditions, aptitude et conformation, s'expriment, on ne l'ignore point, par un seul mot : la précocité.

La précocité à ses divers degrés, voilà le but du perfectionnement de toutes nos races bovines, quelles que soient d'ailleurs leurs aptitudes et leurs fonctions économiques spéciales. La détermination du degré dépend de considérations dont nous n'avons pas à nous occuper en ce moment : elles ont été exposées à leur place; il s'agit seulement d'indiquer les moyens pratiques de réalisation, la théorie de la précocité ayant été elle-même développée en son lieu (1).

Il convient toutefois de rappeler certains faits qui doivent établir les limites dans lesquelles nos indications seront le plus utiles. Le premier de ces faits est que la finesse du squelette, par rapport au poids vif de l'animal, dont l'ampleur de la poitrine donne la mesure assez exacte, ainsi que Baudement l'a prouvé par ses plus remarquables observations, est l'indice le plus apparent de la précocité; le second est que si la précocité, développée d'abord à un degré quelconque, chez l'individu, par la gymnastique des fonctions de nutrition, se transmet ensuite par la génération, à l'état d'aptitude, celle-ci ne se maintient qu'à la condition d'être entretenue par son propre exercice.

Il résulte des principes ainsi posés que dans le perfectionnement du bétail par le développement de la précocité, la gymnastique fonctionnelle a deux rôles à remplir : l'un qui est de former des reproducteurs d'élite, capables de transmettre au plus grand nombre possible de leurs produits un certain degré de l'aptitude dont ils sont eux-mêmes fortement doués; l'autre qui est de maintenir, chez ces produits, l'aptitude dont ils ont hérité, en lui fournissant les éléments de son exercice. Ceci est encore une application du principe économique de la division du travail, spécialisant les entreprises, ce qui est toujours une condition essentielle de leur succès.

(1) Voy. *Principes généraux*, ch. II, p. 82 et suiv., et ch. VII, p. 193 et suiv.

Les uns plus habiles ou plus favorablement situés, spéculent sur la fabrication des reproducteurs d'élite, dont la valeur est en raison des services qu'ils doivent rendre ; les autres, trouvant où se procurer ces reproducteurs pour leur sélection ou leurs croisements, se livrent seulement à la production et à l'élevage des animaux de consommation courante.

Ceci n'est point une conception hypothétique ou une simple utopie de zootechniste spéculatif : l'exploitation de plusieurs de nos races animales nous en offre des exemples remarquables. Il faudrait seulement que cela se fît pour toutes, et c'est ce que nous recommandons instamment pour les races bovines, en ce moment. Nous allons en préciser les procédés. Le meilleur enseignement à ce sujet sera fourni par le mode d'élevage de la race de Durham, en Angleterre, qui est bien, sans contredit, le prototype des races précoces, exclusivement élevée, celle-là, en vue de ces reproducteurs d'élite dont nous venons de parler.

Chez les meilleurs éleveurs de courtes cornes améliorés, les veaux boivent tout le lait de leur mère jusqu'à l'âge de huit mois, soit qu'ils prennent ce lait directement à la mamelle, ce qui est le plus général, soit qu'ils le boivent au seau, comme il est facile d'y habituer les jeunes animaux de l'espèce bovine.

Après le sevrage, les mâles sont isolés ou groupés par deux ou par trois dans des boxes, ou dans ces petits enclos appelés en anglais straw-yards. Ils y vivent en liberté et reçoivent une nourriture abondante en fourrages et racines, surtout en tourteaux de lin, farine d'orge, avoine et autres aliments de même nature, dont la variété a pour effet d'exciter leur appétit. Il s'agit en effet de leur faire consommer le plus possible et d'exercer ainsi leur faculté d'assimilation.

Ce régime commun dure jusqu'à l'âge de dix-huit mois. Passé le terme de cet âge, le jeune taureau vit dans l'isolement, dans sa boxe ou son straw-yard, continuant d'y recevoir, toujours en abondance, la même nourriture, à moins qu'il ne soit mis à l'herbage avec les mères pour faire la monte; dans ce cas il reçoit chaque jour une forte ration d'avoine, en outre de l'herbe succulente qu'il paît. Cela se résume, on le voit, exactement dans cette formule de Baudement : le repos au sein de l'abondance. Rien n'est plus simple et plus facile, en vérité, du moment que les matériaux alimentaires ne manquent jamais.

Les génisses sont traitées un peu différemment. Elles restent jusqu'au printemps dans la boxe ou le straw-yard, où elles sont réunies par trois ou par quatre, y recevant durant l'hiver des fourrages choisis, des turneps, des tourteaux et des farineux; au printemps, elles vont dans de bons herbages. Si, par le fait de l'époque tardive de leur naissance, elles n'ont été sevrées qu'après l'hiver, elles sont mises tout de suite à l'herbage et ne reçoivent aucune autre nourriture que celle qu'elles y trouvent; mais il arrive souvent qu'on les laisse même durant la belle saison dans des boxes avec paddocks, où elles reçoivent, avec les fourrages verts qui forment la base de leur alimentation, de fortes rations de tourteaux et de farineux.

Il y a ici, comme pour les taureaux, combinaison d'une liberté restreinte au besoin de repos dans un air pur, avec le régime alimentaire abondant. Suivant leur force, les génisses sont saillies de dix-huit mois à deux ans.

Quant aux vaches, elles vivent dans de bons herbages en été, et dans la saison froide sous des hangars ou dans des étables fermées. Ces dernières sont seules praticables sous nos climats. Là, elles sont généralement attachées à la mangeoire, qui représente pour elles une table toujours abondamment servie en fourrages et en racines; mais, afin d'éviter l'infécondité, l'on prend soin cependant de ne les point engraisser trop.

Voilà pour la gymnastique fonctionnelle des sujets d'élite, des améliorateurs de la race, de ceux enfin qui doivent acquérir l'aptitude nutritive au plus haut degré, pour en transmettre, si l'on peut ainsi dire, la monnaie autour d'eux, afin qu'elle soit le point de départ de nouveaux perfectionnements individuels. Voici maintenant ce qui convient à une pratique plus usuelle : nous l'emprunterons à la monographie si complète et si remarquable consacrée par Baudement à la race d'Angus, qui fournit le plus curieux exemple de l'amélioration rapide d'une race entière par la judicieuse application de la gymnastique fonctionnelle.

« Avant, dit-il, que les ressources alimentaires fussent aussi abondantes qu'elles le sont aujourd'hui, avant que le pays fût clôturé, on laissait les vaches et les veaux errer à travers les champs durant l'été ; on les laissait même aller au pâturage pendant l'hiver et y chercher leur nourriture. Les récoltes et les animaux ne pouvaient se trouver bien de cette pratique ; elle fut abandonnée dès que l'agriculture entra dans son ère de progrès. Aujourd'hui, le bétail est mis à l'herbe au printemps dès que la saison le permet ; il est rentré pendant l'hiver et placé dans des étables ou des straw-yards.

« Dans certaines contrées, les veaux prennent le lait au seau, quand il vient d'être tiré de la mamelle de la vache, et en reçoivent, suivant les cas, de 9 à 14 litres par jour, durant trois mois environ, quand la spéculation sur la vente du lait existe, et durant un peu plus longtemps quand l'élevage est l'industrie principale. Le thé de foin, le mélange du gruau au lait sont quelquefois employés comme supplément.

« La coutume de laisser les veaux teter leur mère s'est répandue depuis que la race s'est transformée, et elle est généralement suivie dans les exploitations où l'élevage est l'objet de soins mieux entendus. D'après une note écrite par lui en 1831, M. Watson adopta, dès ses débuts, la méthode de faire teter les veaux pendant la stabulation d'hiver. Les vaches qu'il destine à nourrir mettent bas vers le mois de janvier ou de février, et chacune d'elles allaite, outre son veau, un autre veau, acheté chez un petit fermier du voisinage pour qui le lait est le produit principal. Placés l'un à droite, l'autre à gauche de la vache, ces deux veaux tettent pendant quinze ou vingt minutes et épuisent la mamelle. A mesure qu'ils grandissent ils reçoivent du foin, des pommes de terre coupées en tranches, des soupes, des aliments appropriés à leur âge. Dès que le pâturage devient possible, au printemps, vers le mois de mai, ils sont sevrés. Deux autres veaux les remplacent immédiatement auprès de la même vache et en prennent le lait trois fois par jour : le matin avant que la vache soit conduite au pâturage, au milieu du jour, et le soir quand la vache rentre. Eux-mêmes sont mis à l'herbe vers midi, et en reviennent le soir en même temps que la vache. Ce second couple est sevré vers le mois d'août, et la vache reçoit un dernier nourrisson, que la saison avancée ne permet pas de préparer pour l'élevage, mais qui est placé en stalle et engraissé pour la boucherie. La vache tarie alors, a de la sorte allaité cinq veaux.

« M. Mac-Combie, d'après les renseignements qu'il a bien voulu me donner, ajoute Baudement, a pour système de laisser les veaux teter leur mère durant huit à neuf mois. Après le sevrage, les jeunes animaux reçoivent, pour le premier hiver, des turneps et de la paille, avec une ration de 900 grammes de tourteau environ par jour. Au printemps ils sont mis à l'herbe sur de bons fonds, et, l'hiver suivant, ils ne reçoivent plus de supplément de tourteau; ils sont nourris alors comme le reste du troupeau, avec les produits ordinaires de la ferme, turneps et paille. Il faut mesurer la ration de turneps aux génisses, pour éviter que leur tendance à l'engraissement ne prenne le dessus sur leurs facultés reproductives. C'est vers deux ans que les femelles reçoivent le taureau; c'est donc vers trois ans qu'elles donnent le premier veau. »

A l'indication de ces procédés d'élevage, il est bon de joindre celle des résultats obtenus avec l'ancienne race d'Angus.

« Le bétail gras est vendu en grande partie à l'âge de trois ans; beaucoup d'animaux sont tués à deux ans. Les bêtes précoces pour la boucherie sont mises à l'herbe au printemps et changées fréquemment de pâturage. Vers le milieu du mois d'août, quand la végétation cesse d'être assez vigoureuse dans cette partie de l'Écosse, les animaux les plus avancés sont mis en straw-yard; tous le sont quand commence le mois de novembre. La ration comprend, outre les turneps et les foins de prairies artificielles, une quantité de tourteau qui s'élève à près de 2 kilogrammes par jour, ou qui n'est que de 1 kilogramme environ de tourteau, complété par 1 kilogramme de grain ou de farine. Les marchés de Glascow et d'Édimbourg reçoivent un certain nombre d'animaux gras des contrées dont nous parlons; mais la plus grande partie est portée à Londres par les chemins de fer et les bateaux à vapeur (1). »

Ce qui s'est produit ainsi dans les lowlands d'Écosse est à la portée de toutes nos régions françaises et peut de même s'y réaliser. Baudement a donc dit avec raison que l'histoire de la race d'Angus est une des plus instructives que l'agriculture de tous les pays puisse étudier. « Elle montre, a-t-il ajouté, comment, dans une des contrées les moins favorisées de la nature, des améliorations comparables à celles qu'on obtient dans les régions les plus riches peuvent être réalisées. Elle prouve que les races, même celles qui semblent les moins rapprochées du type de boucherie, peuvent être perfectionnées par elles-mêmes, transformées en excellentes races d'engrais, quand les progrès de la culture soutiennent les progrès du bétail, quand elles tombent dans les mains d'éleveurs qui marchent avec intelligence et persévérance vers un but défini. »

Sélection. — Cette même race d'Angus nous fournira plus loin un autre exemple précieux, au sujet de l'exploitation d'un des modes du croisement; auparavant, il faut nous occuper des applications spéciales de la sélection.

Les règles à suivre pour appliquer aux races bovines la sélection sous ses deux modes, ne diffèrent pas sensiblement de celles qui ont été indiquées pour les races chevalines. Ici comme là, un des meilleurs moyens de rendre facile la pratique de la sélection absolue, c'est d'adopter l'usage du livre de généalogies, comme on l'a déjà fait

(1) BAUDEMENT, art. ANGUS, dans *Encyclopédie pratique de l'agriculteur.*

pour plusieurs races. Les individus qui figurent ainsi au *Herd-Book* n'y ayant été admis qu'après examen de leurs titres, par une commission spéciale, l'éleveur qui veut faire choix d'un taureau pour ses vaches n'a plus qu'à se préoccuper de la sélection relative, l'inscription lui offrant toute garantie de pureté.

On ne saurait donc trop recommander aux éleveurs des régions dont la race ne possède pas de *Herd-Book*, de s'entendre pour en établir un, en prenant pour base des premières inscriptions les caractères typiques que nous avons décrits; et à ceux des régions où l'initiative en a été déjà prise, de réclamer l'inscription pour tous les individus purs qui naissent dans leurs étables. C'est ainsi que les races se conservent et s'améliorent le plus facilement, parce que les meilleures familles de reproducteurs se font bientôt connaître et que les choix en sont rendus beaucoup plus faciles.

En l'absence de cette garantie, force est bien de se contenter de la recherche des caractères typiques, qui, répétons-le, constitue seule la sélection absolue.

La sélection relative, elle, conserve les caractères secondaires, de formes ou d'aptitude, dont la reproduction s'effectue d'autant plus sûrement, dans l'espèce bovine comme dans toutes les autres, qu'ils se rencontrent exactement semblables chez les deux reproducteurs.

Qu'il s'agisse de la couleur de la robe, ainsi qu'il est cas pour plusieurs races, dans lesquelles certaine nuance, plus estimée par les acheteurs, à un titre quelconque, donne une valeur plus grande sur le marché aux animaux, bœufs ou vaches; qu'il s'agisse de l'ampleur de la poitrine, de la finesse de la tête et des membres, de l'ossature en général, de la largeur et de la longueur de la croupe, de l'épaisseur de la cuisse et de l'étendue de la culotte, des attributs de la précocité, en un mot, ou bien de l'aptitude laitière accusée par ses signes distinctifs : dans toutes ces circonstances, l'application de la sélection relative ne présente aucune difficulté qui n'ait été déjà levée, et par les principes généraux de la méthode et par l'étude qui a été faite dans le présent livre du type de conformation le plus propre à remplir complétement chacune des fonctions économiques de l'espèce.

Nous devons donc y renvoyer, afin d'éviter des répétitions superflues, en faisant remarquer seulement que les règles de la sélection relative s'appliquent encore à l'autre méthode qu'il nous reste à examiner.

Croisement. — Nous avons vu que le bétail de quelques-unes de nos régions, attardé sur la voie du progrès agricole, doit être, suivant toute probabilité, remplacé par un autre dont les aptitudes soient plus avancées et plus en rapport avec les ressources alimentaires que la région est en mesure de lui fournir. Ici, la transformation est en grande partie opérée; là, elle est seulement commencée.

Il semblerait peut-être que le chemin le plus court, pour arriver à cette transformation, fût celui de l'importation d'un bétail nouveau, dont la race présentât tout de suite les avantages cherchés.

Bien des raisons s'opposent à ce que cette voie soit considérée toujours comme préférable. D'abord, elle nécessite un emploi de capitaux dont l'agriculteur ne dispose que rarement. Il eût été bien impossible, par exemple, aux cultivateurs du Maine et de l'Anjou, de trouver les fonds nécessaires pour remplacer leurs vaches mancelles par des vaches de Durham. Ensuite, comme les améliorations agricoles qui rendent avantageuse et nécessaire la transformation du bétail dont nous parlons ne s'effectuent point tout d'une pièce et du jour au lendemain, il y a dans l'opération des transitions à ménager. Le bétail, ainsi que nous y avons insisté en posant nos principes, doit suivre ces améliorations, non jamais les précéder; sans cela l'opération, au lieu d'être profitable, est au contraire ruineuse; et c'est ce qui, dans la plupart des cas, fait précisément la supériorité économique de la sélection pure et simple sur toutes les autres méthodes de reproduction.

Or, dans les conditions ci-dessus, le croisement que nous avons appelé continu remplit merveilleusement l'objet qu'on se propose et conduit avec certitude au but qu'il s'agit d'atteindre. La mise de fonds indispensable se borne à l'achat ou simplement à la location des reproducteurs mâles de la race à substituer à l'ancienne race locale. Les deux modes, achat, location ou salaire des services, se prêtent aux divers états des fortunes et des spéculations. En outre, les métis obtenus, de leur côté, se prêtent aussi par leurs divers degrés successifs et par les aptitudes qui correspondent ordinairement à ces degrés, aux transitions dont il vient d'être parlé, jusqu'à ce que l'absorption complète de la race croisée par la race croisante ayant été effectuée, celle-ci se trouve substituée à l'autre et entre en pleine possession du terrain.

La substitution, d'après tout ce que les expériences et les observations les plus nettes et les plus précises nous ont appris, est l'affaire de quatre générations au plus. En conséquence, pour l'espèce bovine, cela équivaut à une période de douze ans environ, en admettant que l'opération soit conduite avec suite et sans aucun temps d'arrêt occupé par un métissage intercurrent, métissage qui a toujours pour effet de troubler plus ou moins profondément cette opération, en détruisant l'économie des lois de l'hérédité. Dans cette supputation, nous admettons que les métisses ne peuvent guère donner leur premier veau avant leur trentième mois révolu, et nous tenons compte à la fois de celles qui donnent des mâles ou qui peuvent ne pas être fécondées à la première approche du taureau. Ajoutons que le calcul se rapporte à une exploitation déterminée, et non point à l'ensemble du bétail d'un pays. Pour celui-ci, les choses ne marchent pas si vite. Un tel mouvement gagne de proche en proche par l'influence de l'exemple; il n'est jamais arrivé qu'il commençât et se poursuivît sur tous les points en même temps.

Le croisement continu est certainement le moyen le plus pratique à employer, lorsque la transformation du bétail d'une région est économiquement démontrée nécessaire par un de ces rapides progrès opérés dans la fertilité du sol, par l'introduction d'un nouveau système de culture, par des assainissements généraux, des défrichements ou l'usage d'un de ces amendements tels que la chaux, les phosphates, qui changent la face de l'agriculture d'un pays; mais c'est à la condition expresse qu'il n'y aura pas, dans le même bassin géographique, une race capable d'envahir naturellement le nouveau terrain, par la seule extension des transactions commerciales dont elle est déjà l'objet.

Un exemple remarquable d'envahissement de ce genre nous a été fourni par la race charolaise, suivant de proche en proche dans la Nièvre, dans le Cher et dans l'Allier, dans le bassin de la Loire, en un mot, l'extension du système herbager introduit dans ces départements par des fermiers de son pays natal, contigu à la nouvelle région.

Là, c'eût été une faute, d'attendre du croisement l'absorption de la petite race du Morvan et des populations variées du Cher et du Bourbonnais, par le type charolais. Le centre de production de la race à introduire était trop près, et la valeur commerciale des sujets de cette race n'était point hors de la portée des cultivateurs.

Autrement il en est s'il s'agit, comme c'est le cas, d'implanter dans le Maine et l'Anjou la race de Durham, en Bretagne cette même race ou celle d'Ayr plutôt. Quand même les progrès réalisés dans la culture n'eussent point nécessité les transitions dont nous avons parlé, il eût fallu aller chercher en Angleterre tous les individus nécessaires au peuplement nouveau. De telles opérations se fussent chiffrées par millions de têtes et peut-être par milliards de francs, ce qui suffirait pour en démontrer l'impossibilité, encore bien que la population même de ces races étrangères eût été assez riche pour fournir à ces sortes d'essaimages.

Mais un point sur lequel nous devons insister, au sujet de la pratique du croisement continu, c'est que, dans le choix de la race croisante, il importe par-dessus tout de rechercher l'analogie géographique entre son lieu d'origine et celui dans lequel il s'agit de l'implanter. La condition se trouve-t-elle remplie, vous voyez la transformation commencée par les hommes d'initiative s'étendre rapidement et devenir usuelle. La nature est pour elle, elle réussit. S'il n'en a pas été tenu compte, les efforts les plus persévérants des premiers introducteurs sont fatalement condamnés à échouer. Le commun des éleveurs, que l'appât seul du bénéfice décide, y opposent une résistance invincible.

On a vu, dans l'histoire contemporaine de nos races bovines, des preuves non douteuses de l'un et de l'autre. Partout l'enthousiasme des sectateurs de l'absolu a fait entreprendre des croisements avec la race courtes cornes, dans les trente dernières années. Dans combien de régions ces croisements sont-ils arrivés à prendre de l'extension? Dans le Maine et l'Anjou seulement, et cela pour deux raisons : la première, que la localité se trouve être parfaitement analogue, par sa configuration géographique et son climat, avec le comté anglais de Durham; la seconde, que le bétail local, formant ce qu'on appelait la race mancelle, était trop défectueux pour qu'il y eût lieu d'en espérer par lui-même une prompte amélioration.

Le croisement ayr réussira de même en Bretagne. Il suffit de savoir l'histoire du comté agricole de l'Écosse, voisin, comme notre vieille Bretagne, du littoral, pour en demeurer convaincu; mais ce n'est pas se hasarder trop de penser que la transformation sera plus longue à se produire, en raison de l'immense étendue des landes qui restent encore à défricher.

En tout cas, ajoutons pour finir que le respect attentif de la sélection relative des reproducteurs croisés contribue pour beaucoup, dans les opérations de croisement continu, à hâter la transformation cherchée.

A côté de ce mode de croisement se trouve l'autre, dont la pratique judicieuse ne porte aucune atteinte à la conservation de la race locale. De cette pratique judicieuse, l'exploitation de la race d'Angus, en Écosse, nous offre un modèle à imiter. « Elle met parfaitement en évidence tous les avantages de l'organisation de la production animale telle que l'entendent nos voisins, dans ses opérations fondamentales : amélioration de la race par sélection pour créer des *reproducteurs*, multiplication des *produits* de consommation par le croisement, élevage et emploi de la race pure de Durham pour ce croisement quand on le trouve avantageux. Telle est la doctrine zootechnique qui résulte de l'étude de toutes les races perfectionnées; l'histoire de la race d'Angus lui fournit un de ses arguments les plus puissants. » (Baudement.)

Ce mode de croisement par des taureaux de la race de Durham, dont les métis ne sont pas destinés à se reproduire, et que nous avons pour ce motif qualifié d'industriel, ne convient dans notre pays que dans les contrées à herbages, où l'engraissement des bœufs se pratique sur une grande échelle. Les races qui peuvent s'y prêter ont été indiquées. C'est l'objet d'une spéculation particulière, dans l'exécution de laquelle les règles de la sélection relative et de la gymnastique fonctionnelle, plus haut précisées dans leur application spéciale à l'espèce, doivent être suivies pour assurer le succès. Il importe seulement de bien établir la distinction entre les opérations de croisement de ce genre et celles dont le but est de substituer la race croisante à la race croisée.

CHAPITRE V

DE L'ENGRAISSEMENT DANS L'ESPÈCE BOVINE

Procédés d'engraissement. — Tous les individus de l'espèce bovine, qui ne meurent pas de maladie, finissent leur carrière à l'abattoir de la boucherie. On sait que tel est le but de leur fonction économique ultime. A un moment donné de leur vie, variable suivant la complexité ou la simplicité de leurs aptitudes, ils doivent donc être préparés pour le sacrifice, afin d'y arriver dans les meilleures conditions, fournissant, par rapport à leur race, les plus fortes quantités possibles de poids vif, de poids net et de suif, en même temps que la viande de meilleure qualité.

A ce point de vue, les animaux ont été justement considérés comme des machines à transformer en viande les matières végétales. Les bénéfices qu'ils procurent sont d'autant plus forts, qu'ils en transforment davantage en un temps donné, leur ration d'entretien étant à peu près invariable et s'ajoutant en pure perte dans le calcul, et, d'un autre côté, ces bénéfices résultant surtout de la différence entre le poids vif initial, ou de l'animal maigre, et celui de l'animal gras.

L'ensemble des procédés à l'aide desquels le résultat est favorisé, constitue un art spécial, en zootechnie, que l'on a nommé engraissement. Les animaux s'*engraissent* lorsque, par une disposition ou une aptitude particulière, le système adipeux s'accroît naturellement chez eux, quelque vie qu'ils mènent et quels que soient les aliments qu'ils consomment. Quand on les soumet à un régime spécial, pour lequel ils ont été choisis, afin de leur faire produire de la viande grasse, *ils sont engraissés*.

La nuance n'échappera sans doute pas.

L'art de l'engraissement s'appuie sur des principes physiologiques qui nous sont connus. Ils ont été développés à l'occasion de la gymnastique des fonctions de nutrition (1).

(1) Voy. *Principes généraux*, p. 189; et aussi, *Organisation et fonctions physiologiques*, aux fonctions de la respiration et de la nutrition.

C'est donc seulement de la partie technique qu'il y a lieu de nous occuper.

On engraisse pour la boucherie les veaux, les vaches et les bœufs. Il n'y a, entre la viande de la mère des veaux et celle de leurs « oncles, » aucune différence de qualité normale qui puisse justifier le préjugé dont la viande de vache est encore l'objet; en tout cas, ce ne serait qu'une préférence de gourmet : les deux sont des viandes faites, dites viandes rouges. Au contraire, la viande de veau est une viande spéciale, dite blanche, et ayant des qualités comestibles particulières, dans la production desquelles les procédés d'engraissement ont une part plus ou moins forte.

Notre plan ne comporte point que nous entrions dans tous les minutieux détails de la pratique des procédés d'engraissement applicables aux trois catégories de l'espèce bovine qui viennent d'être indiquées. Il y a sur ce sujet des traités spéciaux, qui ne sont pas à recommencer. Nous ne pouvons nous dispenser, seulement, d'esquisser les lignes principales de la technologie de l'engraissement, que les auteurs spéciaux ont peut-être trop négligée, pour insister davantage sur ce qui est du métier, et ne se prête que bien difficilement aux généralisations de l'enseignement. Il y a des choses qui ne se peuvent acquérir que par l'apprentissage. La pratique de l'art d'engraisser les animaux paraît être une de ces choses.

Les procédés à l'aide desquels ceux de l'espèce bovine sont engraissés se rapportent à trois modes, commandés par les systèmes de culture et dépendant de la nature des aliments qu'ils mettent à la disposition de l'agriculteur, pour entreprendre la spéculation de l'engraissement. Il y a le système herbager, qui entraîne ce qu'on appelle, dans le Charolais et dans la Nièvre, *l'engraissement d'embouches* ou *d'herbages*, pratiqué aussi exclusivement en Normandie; en second lieu, le système de la culture intensive, comportant la stabulation et la pratique anciennement dite *engraissement de pouture;* enfin, le système moyen, à pâturages insuffisamment riches pour fournir toute l'alimentation nécessaire, et dans lequel l'opération, commencée à l'herbage, doit être achevée à l'étable : c'est ce qu'on appelle *l'engraissement mixte.*

Conditions économiques. — Quel que soit le mode usité, cette spéculation, le mot l'indique, présente nécessairement des chances diverses. Le bétail gras et le bétail maigre, comme toutes les marchandises, sont sujets sur les marchés à des alternatives de hausse et de baisse, qui compliquent singulièrement l'entreprise. Les fluctuations des cours dépendent de circonstances générales et de circonstances spéciales, sur lesquelles l'entrepreneur doit avoir son attention toujours dirigée et se mettre en mesure de les apprécier dans leurs moindres détails, afin d'en prévoir les effets et de combiner ses opérations en conséquence. Il ne faut point se lancer dans l'opération industrielle que l'on appelle la spéculation de l'engraissement, si l'on est dépourvu de l'aptitude commerciale, ou si l'on répugne à suivre attentivement, à étudier sans cesse les moindres circonstances qui influent sur le cours de la marchandise. Les procédés par lesquels l'animal maigre est rendu gras ne sont que la moindre partie des conditions qui font de l'entreprise d'engraissement une spéculation profitable ou ruineuse. Acheter et vendre les animaux, voilà le plus difficile et le plus important.

On croit trop facilement et l'on dit trop souvent que les opérations agricoles pourraient être soustraites aux conditions aléatoires de toute entreprise industrielle, et l'on invoque pour cela le concours du gouvernement. L'agriculture, semble-t-il, devrait jouir de cette grâce particulière, en vertu de laquelle elle n'opérerait qu'à coup sûr, les pouvoirs publics arrangeant toutes choses de telle sorte qu'elle pût acheter toujours à bon marché ses matières premières et vendre cher ses produits.

A propos de l'industrie de l'engraissement des bestiaux, la tendance vers cette opinion se manifeste d'une manière non douteuse. En présence des prix de plus en plus élevés du bétail maigre, certains cultivateurs en sont arrivés, dit-on, à se demander s'ils n'auraient pas plus d'avantage à enfouir leurs fourrages à titre d'engrais verts, plutôt que de les faire consommer par des animaux, pour produire de la viande aux prix du cours. Ils ne conserveraient leur bétail que comme un mal nécessaire.

Une telle proposition ne peut manquer de soulever la discussion, non-seulement sur la question spéciale des conditions économiques de l'industrie de l'engraissement, mais encore sur celle plus générale du rôle du bétail, en économie rurale.

S'il était vrai, en effet, que le bétail ne fût, en agriculture, qu'un mal nécessaire, et qu'on n'y pût viser jamais à le produire autrement qu'à la moindre perte possible, la zootechnie, dont le but est le bénéfice ou le produit net, ne serait plus qu'un vain mot. Ceux qui, n'ayant pu arriver encore à bien comprendre la signification et la portée de ce mot, contestent qu'il exprime autre chose que ce qui a été enseigné sur le bétail par Thaër, Mathieu de Dombasle et les autres agronomes de la même école, ceux-là auraient raison de le repousser, et avec lui les enseignements des zootechnistes modernes.

De toutes les entreprises zootechniques, celle qui permet de vérifier ces enseignements avec le moins de difficultés est la spéculation de l'engraissement, parce qu'elle est à la fois la moins complexe dans ses éléments et qu'elle se liquide dans le moins de temps. Il est bien rare qu'entre l'achat et la vente d'un bœuf ou d'une vache, dans le cas, il s'écoule plus de cent jours. La balance de son compte est des plus simples à établir, soit qu'on veuille calculer le prix de revient du fumier laissé comme résidu, soit qu'il s'agisse d'évaluer le taux des fourrages consommés. Le criterium de l'entreprise, en vérité, se trouve dans ces deux données, lorsqu'on la considère au point de vue individuel. Laissant de côté le point de vue général, le cultivateur a besoin de savoir d'abord laquelle des deux opérations lui eût été plus profitable, ou de faire consommer les fourrages qu'il a produits par des bestiaux à l'engrais, pour se procurer le fumier nécessaire à ses cultures, ou de vendre directement ces mêmes fourrages sur le marché et d'y acheter la quantité de fumier produite dans le premier cas.

On voit que nous négligeons, en ce moment, un des modes de la spéculation de l'engraissement : celui des herbages, encore plus simple, car il ne s'agit ici que d'une balance à deux termes, du revenu comparatif de l'herbage loué, fauché ou consommé par du bétail à l'engrais. La valeur du premier terme étant connue par les contrats de location ou les prix offerts, il ne reste plus qu'à la mettre en balance avec la différence nette du prix de vente de l'animal gras au prix d'achat brut de l'animal maigre.

Il n'y a pas lieu de s'arrêter, dans la discussion, à ce mode d'engraissement, parce qu'il constitue à lui seul tout un système d'exploitation, au lieu d'être seulement partie intégrante de ce système, comme dans le cas considéré tout à l'heure. Il ne peut être comparé qu'à la spéculation de l'élevage, et nous connaissons des circonstances, à la vérité, où la comparaison n'est point en sa faveur. Charger, par exemple, un herbage du Poitou de taurillons venus d'Auvergne ou de la Gatine, est une opération généralement plus profitable que d'y mettre des bœufs à l'engrais. En une campagne, il arrive souvent que les premiers doublent de valeur, « se cassent le cou, » comme disent les cultivateurs poitevins. On ne voit point cela pour les bœufs gras; mais c'est une affaire de situation particulière, qui ne saurait être généralisée sans que ses conditions économiques subissent de profondes modifications.

Il ne paraît donc point que la spéculation de l'engraissement doive être en aucun cas mauvaise par elle-même, ainsi qu'on a essayé de le soutenir. Si les assertions pessimistes à cet égard ont trouvé de l'écho (il y a toujours des gens, en agriculture surtout, pour se plaindre de tout et pour pronostiquer la ruine prochaine de toutes les sources de bénéfice), d'autres sont venues, avec une bonne foi non moins grande, qui ont montré la situation sous un jour bien moins sombre. Il en est résulté que la liquidation des opérations d'engraissement dépend plus de la manière dont elles sont pratiquées, que des circonstances générales contre lesquelles il n'y aurait pas moyen de lutter.

On pouvait s'y attendre.

Sans doute, il y a une part à faire à ces circonstances, et notamment à celles qui concernent la vente des bestiaux gras, qui n'a jamais encore été assez abandonnée à la libre concurrence. Sans exagérer l'influence des réglementations qui gênent leur commerce, dans un faux esprit de garantie municipale, on n'en doit pas moins désirer de la voir disparaître et faire des efforts pour en démontrer l'erreur. Loin donc d'exciter les engraisseurs contre leurs acheteurs habituels, en présentant les opérations de ceux-ci comme entachées de bénéfices exagérés ou illicites, comme pour provoquer l'intervention de réglementations nouvelles et plus étroites et plus savantes, il convient de les pénétrer de cette vérité économique fondamentale, que la seule situation bonne et morale pour tout le monde, parce qu'elle est la situation normale, est celle de l'égalité dans une complète liberté des transactions.

Ici, la science et l'art recouvrent tous leurs droits. Les principes zootechniques et leur application judicieuse décident seuls des résultats obtenus, et la spéculation vaut ce que vaut le spéculateur.

Il en est ainsi, dès à présent, même dans les conditions économiques actuelles ; les discussions auxquelles la question a été soumise l'ont bien prouvé. Tandis que des engraisseurs venaient présenter le déficit de leur caisse comme un argument contre l'état général de l'industrie, d'autres ont fait voir qu'ils savaient tirer profit pour eux-mêmes de cet état, en montrant des comptes rigoureusement établis et se soldant en bénéfice.

La conclusion à tirer de ceci, c'est que les engraisseurs, ainsi que tous les autres industriels, doivent assumer la responsabilité entière de leurs spéculations. Celles-ci ne peuvent pas être toujours heureuses : elles ont un élément aléatoire qui ne le permet point ; mais s'il y a des baisses fortuites, qui causent des pertes imprévues, il y a aussi, pour la même raison, des hausses dont on bénéficie. La moyenne dépend seule de l'entrepreneur, et il n'est pas possible qu'elle ne soit point en sa faveur, si, ayant l'habileté pratique nécessaire à l'exercice de son métier, ses opérations sont toujours basées sur les principes enseignés par la science.

Choix des bêtes d'engrais. — Posons d'abord les données du problème. Il s'agit, pour mettre de son côté toutes les chances favorables, 1° de ne faire, autant que possible, consommer les matières à transformer en viande et en suif, que par les individus les plus aptes, à raison de leur constitution physiologique, à opérer la transformation ; par ceux dont la ration d'entretien (1) se réduit aux moindres proportions ; en un mot, par les sujets qu'en zootechnie l'on qualifie de meilleurs consommateurs ; 2° de ne payer, lorsqu'on les achète, ces individus qu'une certaine somme, laissant une marge suffisante entre le prix du kilogramme de viande maigre qui ressort du poids que chacun d'eux représente au moment de l'achat, et le taux probable de la viande grasse au moment de la vente ultérieure.

Cette seconde donnée est, sans contredit, la plus difficile à déterminer ; elle exige, de la part de l'engraisseur, une sûreté de coup d'œil qu'une longue pratique bien dirigée peut seule lui faire acquérir, à la condition même qu'il soit bien doué.

L'on objectera, peut-être, qu'il est obligé de subir en cela, quelles que soient ses aptitudes et son habileté, le cours du marché. C'est vrai, si l'on ne considère qu'un acheteur isolé ; mais supposez, et nous le devons pour analyser à fond notre problème, supposez que tous ceux présents sur ce marché soient en mesure d'apprécier les

(1) Voy. *Hygiène*, p. 306.

choses comme nous le désirons, ils n'ont plus rien à subir, le cours étant établi par eux.

Les acheteurs, en effet, font la hausse ou la baisse suivant les dispositions qu'ils montrent. Poser comme un fait général qu'ils soient capables de produire une hausse permanente, qui les constituerait constamment en perte dans leurs opérations; prétendre que la condition économique normale de la spéculation dont nous nous occupons est devenue telle que le prix du kilogramme de la viande maigre dépasse toujours celui du kilogramme de la viande grasse, ou lui est au moins égal, ce serait avancer un non-sens injurieux pour les engraisseurs. On ne peut pas admettre, en thèse générale, d'autre loi pour fixer le cours de la marchandise que celle du rapport de l'offre et de la demande, dans la limite d'un bénéfice quelconque, si minime soit-il, du côté de la demande; sans quoi elle cesserait naturellement, son unique stimulant faisant défaut, ce qui déterminerait forcément la baisse par la prédominance de l'offre, si rare qu'elle eût pu être d'abord.

Mais nous insistons sans doute à tort sur ces considérations économiques élémentaires. Retenons seulement ce qui concerne l'utilité, pour l'engraisseur, d'être en mesure d'apprécier à l'œil, avec une approximation suffisante, le poids des animaux, afin de calculer le prix maximum qu'il peut y mettre, d'après le cours moyen des bêtes grasses. On n'est jamais forcé de faire sciemment une mauvaise spéculation d'engraissement. Il ne manque pas d'autre moyen d'employer son travail, son capital et ses fourrages.

Quant à l'appréciation de l'aptitude à profiter de la consommation de ces derniers, il y a sur le sujet des indications générales et des indications particulières à donner. Les premières sont relatives aux races et aux métis qu'elles forment entre elles ; les secondes, aux individus. Celles-ci trouvent une application plus fréquente, attendu qu'elles ont leur rôle à jouer dans toutes les races, tandis que des considérations impérieuses s'opposent souvent à ce que l'on puisse opérer un choix entre ces races : il faut nécessairement s'approvisionner à une distance qui ne soit point trop éloignée, afin de réduire les frais d'achat et de conduite, de transport, etc.. et choisir seulement, par conséquent, parmi les animaux mis en vente sur les marchés voisins.

Cependant, les engraisseurs sont obligés, dans quelques cas, d'aller fort loin faire leurs achats. Pendant longtemps, ceux de la Normandie se rendirent en grand nombre, vers la fin de l'hiver, jusque dans le Poitou, la Saintonge et l'Angoumois, pour y acheter les bœufs auvergnats, vendéens et limousins qui peuplent ces provinces. La concurrence des choletais en a depuis quelques années détourné beaucoup. Ceux de la région des distilleries, comprenant les départements du Nord, vont maintenant en Franche-Comté, ou plutôt se servent de l'intermédiaire du commerce, pour se procurer des bœufs comtois.

L'étude des rendements moyens n'a pas encore été poussée assez loin en France, pour qu'il soit possible de classer d'une manière certaine les races de notre pays, au point de vue de leur aptitude à s'engraisser. Baudement s'est beaucoup occupé de ce sujet, et il a recueilli durant dix années, à la suite des concours de Poissy, des observations précises qu'il était loin de considérer lui-même comme assez multipliées pour autoriser une classification définitive. « Quand les faits seront assez nombreux et assez précis, il sera temps, a-t-il écrit, de représenter la valeur de chacune de nos races pour la boucherie et de les comparer, sous ce rapport, avec les races des pays voisins. Ce sera un des éléments les plus importants de leur caractéristique (1). »

Toutefois, les observations recueillies par le savant zootechniste, en suivant de près le rendement à l'abattoir de tous les bœufs primés à Poissy, ont une très-grande valeur relative. Il en a consigné les résultats dans le chapitre sur la boucherie, rédigé par lui pour l'ouvrage qui vient d'être cité et auquel nous avons collaboré tous les deux. Nous aurons plusieurs emprunts à faire à son excellent travail, dans la suite du présent chapitre, et d'abord celui-là, qui fournira au moins de bonnes indications dans le choix des animaux d'engrais.

Sous le rapport du rendement en poids net, par conséquent de l'aptitude à transformer les aliments consommés en viande, les sujets observés se rangent dans l'ordre suivant :

Ayant rendu entre 71 et 72 pour 100 du poids vif : durham-bourbonnais;

Entre 67 et 68 : comtois, durham-manceaux, bretons, durham-ayr-bretons et gascons (les noms sont énumérés dans l'ordre successif de la décroissance du rendement, pour chacun, ainsi que ceux qui suivent) ;

Entre 66 et 67 : salers ou auvergnats, durham-bretons, durham-charolais et limousins;

Entre 65 et 66 : charolais, durham-cotentins, landais;

Entre 63 et 64 : cotentins, durham-salers et garonnais-bazadais;

Entre 61 et 62 : choletais ou vendéens.

Ces rendements, il est à peine besoin de le faire remar-

(1) *Livre de la ferme*, t. Ier, p. 921.

quer, sont exceptionnels et n'ont qu'une valeur comparative. Dans les conditions ordinaires de la boucherie de Paris, la moyenne pour les bœufs en bon état est de 52 à 55; pour les demi-gras, de 55 à 60; pour les bœufs complétement gras, de 60 à 65.

Sous le rapport du poids du suif, les moyennes communes étant de 4 à 5 pour 100, de 5 à 8 et de 6 à 12, les mêmes individus observés par Baudement se rangent dans un ordre différent du précédent pour plusieurs, ainsi qu'on va en juger :

Entre 13 et 14 pour 100 : choletais;

Entre 12 et 13 : bretons;

Entre 11 et 12 : durham-ayr-bretons; durham-bretons;

Entre 10 et 11 : landais, cotentins, gascons, limousins;

Entre 9 et 10 : comtois, durham-manceaux, salers, garonnais-bazadais, durham-salers, charolais;

Entre 8 et 9 : durham-charolais, durham-cotentins, durham-bourbonnais.

Sous le rapport du poids du cuir et du poids des issues, les proportions varient dans des limites beaucoup moins étendues; la différence n'atteint jamais 2 pour 100, dans les deux cas; il n'y a donc guère lieu d'en tenir compte.

On remarquera, après avoir un peu étudié le classement qui résulte des observations de Baudement, que les données s'en trouvent justifiées par la pratique des grandes entreprises d'engraissement. En effet, celles qui sont obligées d'aller chercher au loin des consommateurs pour leurs herbages ou leurs résidus, combinant le poids vif et le rendement les plus élevés, accordent leurs préférences aux bœufs auvergnats, durham-manceaux, comtois et choletais ou vendéens, qui occupent les premiers rangs, soit pour la viande nette, soit pour le suif. Si, en effet, les vendéens sont à la queue sous le premier rapport, ils prennent la tête sous le second, et la qualité de leur viande rachète grandement l'infériorité de leur rendement en poids net.

Pour compléter ces indications générales, il convient d'y ajouter le classement des races et de leurs métis, examinés sous le rapport de la qualité des viandes, tirée de toutes les considérations d'après lesquelles la boucherie de Paris base ses appréciations. 288 bœufs ont été appréciés ainsi dans les sept concours de Poissy, de 1853 à 1859, et l'on n'a tenu compte que de ceux dont la race avait figuré dans quatre de ces concours, au moins.

Voici l'ordre de mérite, pour les catégories sérieuses, la qualité supérieure étant représentée par 100, et l'inférieure par 87.500 :

Durham-bretons, choletais et nantais, durham-manceaux, garonnais, limousins, (durham), garonnais-limousins (?), durham-charolais, durham-cotentins, bretons, salers, charolais, cotentins, garonnais-bazadais.

D'après les observations recueillies en Angleterre, où l'on est beaucoup plus avancé que chez nous sur ces questions, il a été constaté qu'à poids vif égal les vaches donnent un rendement en poids net beaucoup plus élevé que celui des bœufs. Il n'y a pas de raisons pour qu'il en soit autrement en France, et tous les comptes d'engraissement que nous connaissons en témoignent. M. Chamard a établi que dans les embouches, les vaches charolaises produisent 18 fr. 02 pour 100 du capital engagé, tandis que les bœufs ne donnent que 8 fr. 20. Dans le Nord, la comparaison est encore en faveur de la vache, d'après Lefour. Le prix de revient du kilogramme de viande y est pour elle de 1 fr., tandis qu'il est de 1 fr. 20 pour le bœuf.

Après la considération de la *race* et celle du *sexe*, vient celle de l'*âge*. Ici, les éléments d'appréciation sont complexes. En n'envisageant que la question de précocité, il n'y aurait pas à hésiter. Nous savons que, dans toutes les races, les individus les plus précoces sont nécessairement les meilleurs consommateurs, ceux qui profitent le mieux, sous tous les rapports, de la nourriture qu'ils absorbent. Il ne faut même pas en excepter, quant à présent du moins, la considération de la qualité de la viande. Les doutes qui peuvent subsister à cet égard attendent encore, pour être vérifiés rigoureusement, des expériences qui n'ont point été faites.

Toujours est-il que Baudement, dans ses évaluations, ayant marqué par le chiffre 100 la qualité de viande des bœufs de quatre ans et au-dessous observés par lui, n'a cru pouvoir donner que 96.853 à ceux âgés de plus de quatre ans. Et il ajoute, à ce propos : « Ces données, toujours concordantes, répondent nettement à la question différemment résolue par ceux qui s'en sont occupés, à savoir si les animaux jeunes des races précoces peuvent atteindre à la même qualité de viande que les animaux des races tardives arrivant à l'abattoir après une carrière de travail. Elles montrent que non-seulement les animaux jeunes peuvent atteindre à la même maturité, à la même finesse, à la même perfection, mais qu'ils surpassent même les animaux d'âge sous tous ces rapports combinés. »

Mais il importe de ne point confondre en cela tous les individus indistinctement. Seuls, ceux qui sont doués de la précocité donnent avant quatre ans de la *viande faite*, possédant les qualités de couleur, de goût, d'arome et de valeur nutritive auxquelles la race puisse atteindre; les autres manquent encore de maturité, ils fournissent ce qu'on appelle de la *viande verte*, de couleur pâle, manquant de « ce *jus* riche, dans lequel on sent, en quelque sorte, la présence des principes nutritifs, sapides et aromatiques qui font les viandes de haute qualité, » et qu'il faut distinguer du « liquide séreux que laisse suinter la chair des animaux trop verts, mal nourris ou mal portants. »

En général donc, on peut dire que l'âge le plus favorable, pour les bêtes bovines d'engrais, est celui qui se rapproche davantage ou qui s'éloigne le moins de l'âge adulte, caractérisé par la présence de toutes les dents de remplacement avec leur table intacte. Dans l'état actuel de nos races françaises, travailleuses pour la plupart, cet âge se fixe entre cinq et six ans.

C'est une opinion fort répandue, que le travail précédant l'engraissement favorise la production de la viande de première qualité, présentant « la finesse du marbré, auquel la boucherie accorde une si grande importance. » Il n'importe que médiocrement, dans l'état de notre économie rurale, de vérifier cette opinion. Les motifs qui commandent l'emploi du bœuf au travail sont d'un tout autre ordre et ne pourraient subir aucune atteinte, quand même il serait démontré qu'au lieu d'en être améliorée la qualité de la viande y perd.

Toutefois, il est permis de se demander, avec Baudement, si l'unique raison de l'influence supposée n'est point due à ce fait, que nos meilleurs bœufs de travail, les auvergnats et les limousins, ainsi que les vendéens, qui approvisionnent les marchés de Paris depuis si longtemps et pour une si large proportion, présentent le caractère dont il s'agit à un très-haut degré, lorsqu'ils ont été soumis à un bon engraissement. On voit journellement, remarque le même auteur, des bœufs du Berri et de la Marche offrir ce caractère à un égal degré (*se couper* parfaitement, en style de boucherie) et ne donner cependant à la consommation qu'une chair mauvaise, dure et coriace, même quand elle a été bouillie; tandis que « la race cotentine, qui n'occupe pas le premier rang parmi nos races pour la finesse du marbré, en surpasse beaucoup pour la saveur et l'arome de la viande. »

Quoi qu'il en soit, l'influence du travail doit être envisagée d'un autre point de vue, qui est plus important pour le choix des bêtes d'engrais. Trop prolongé ou trop intense, il épuise la constitution des animaux, qui deviennent par là plus durs à engraisser et doivent alors consommer, rien que pour se remettre en état, en bonne chair, avant que l'engraissement puisse être commencé, de fortes quantités de nourriture augmentant leur prix de revient. La meilleure mesure de la condition qui nous occupe en ce moment est fournie par l'âge même des sujets, et cela à double titre, car indépendamment de la résistance normale qu'ils acquièrent rien qu'en vieillissant, pour la plupart d'entre eux, chaque année qui s'ajoute à leur âge équivaut à des fatigues nouvelles. Pour le même nombre d'années, en outre, les effets de ces fatigues se traduisent assez bien par l'état de maigreur ou d'embonpoint. En somme, les bêtes à préférer sont celles qui, étant en bonne chair, s'éloignent le moins de l'âge adulte, ainsi que nous l'avons déjà dit.

Il n'est pas nécessaire de revenir ici sur les caractères de conformation qui conviennent le mieux pour l'engraissement. En décrivant le type idéal du bœuf de boucherie (p. 25) nous avons indiqué tous ceux qu'il y a lieu de rechercher, car ce sont ceux-là qui doivent servir toujours de point de comparaison. Nous y renvoyons pour ne point faire des répétitions inutiles et pour ménager la place aux sujets spéciaux qui doivent seuls composer ce chapitre. Il nous en reste encore quelques-uns à examiner particulièrement.

Maniements. — Tout ce qui se rapporte aux propriétés de la peau et du tissu cellulaire sous-jacent, donne des indications fort utiles pour juger de l'aptitude à prendre la graisse. Le degré d'épaisseur de l'enveloppe cutanée, son élasticité, sa souplesse, résultant de la facilité avec laquelle elle glisse et se prête à former des plis quand on la saisit avec les doigts, sur la région des côtes, notamment; la finesse et la rareté des poils, la sensation moelleuse qu'ils donnent au toucher : tous ces signes, mentionnés déjà comme appartenant au type de boucherie par excellence, parce qu'ils sont des indices d'engraissement facile, doivent être considérés comme faisant partie des maniements ou *manets*, plus spécialement envisagés, toutefois, au point de vue de l'appréciation de la quantité de graisse accumulée déjà.

On n'a entendu désigner, jusqu'à présent, sous le nom de *maniements*, que les saillies formées, sur certains points du corps, par des dépôts de graisse. Ces dépôts accusent l'état général du système adipeux, et donnent approximativement, d'après l'étude qui en a été faite par une longue pratique, des indications assez sûres relativement à la proportion du suif, de la graisse extérieure et de celle qui marbre la viande; en un mot, des éléments d'évaluation pour le poids net probable des animaux gras, sur pied.

Mais par cela même qu'elles ont une telle signification,

ces saillies adipeuses ne peuvent manquer d'en avoir une autre ; du moins en est-il ainsi pour bon nombre d'entre elles. Les points où elles se montrent, chez les animaux gras, présentent avant l'engraissement des caractères qui permettent de prévoir leur développement ultérieur et de juger par là de l'aptitude individuelle. En ces points, la peau est nécessairement plus souple, plus élastique, mieux pourvue de son coussinet cellulaire, chez les sujets les plus aptes à l'engraissement. Les conditions de l'accumulation des cellules adipeuses s'y trouvent ainsi préparées.

L'examen que nous allons faire des maniements nous conduira donc à une double fin ; et c'est pour cela que nous l'entreprenons dès maintenant. Ces maniements ont été diversement classés par les auteurs qui s'en sont occupés d'une manière spéciale. A l'exemple de Baudement, nous suivrons la classification la plus généralement adoptée, sans chercher, avec M. Goubaux, dans leurs rapports anatomiques une explication de leur valeur relative, que cet auteur n'a du reste point trouvée. La physiologie n'est point encore en mesure de fournir la raison de la présence ou de l'absence des ganglions lymphatiques dans les maniements, parce que rien n'indique une relation nécessaire entre ces ganglions et l'accumulation de la graisse. Bien au contraire, le seul fait de l'existence de saillies graisseuses sans ganglions, suffit pour montrer que cette relation n'existe pas. La distinction des maniements en principaux et en accessoires, basée sur la présence ou sur l'absence des ganglions, paraît donc tout à fait arbitraire et nullement fondée en physiologie.

Une première catégorie de maniements se compose de ceux qui sont considérés comme fournissant, pour l'évaluation du poids de l'animal, le complément des procédés à l'aide desquels on passe de la connaissance du volume à celle de ce poids, procédés qui seront indiqués plus loin. Ces maniements sont au nombre de cinq, dont voici les noms vulgaires et la situation, que l'on est prié de suivre sur la gravure 45 ; de même pour tous les autres que nous aurons à décrire.

1° Le *paleron* (A), situé en arrière du bord postérieur de l'épaule et à sa partie supérieure. Ce maniement existe

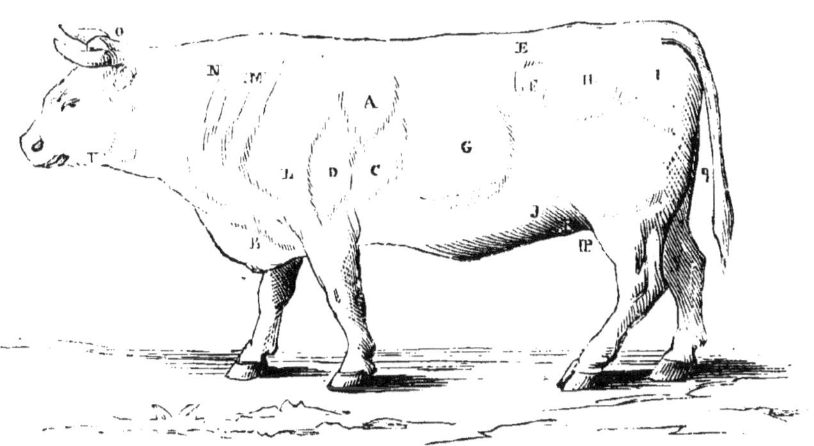

Grav. 45. — Maniements du bœuf.

nécessairement de chaque côté. Guenon lui a donné le nom de veine de l'épaule, qui n'est justifié par rien ; celui de paleron lui vient au contraire de la désignation usitée en boucherie, pour la région à laquelle il correspond, dans la coupe du bœuf. Il indique la graisse extérieure, en même temps que le poids.

2° La *poitrine* (B) occupe la partie du fanon qui correspond à l'extrémité antérieure du sternum (vulgairement *breschet* ou *brisket*). Il prend, chez les animaux précoces, chez les bœufs de Durham surtout, un développement énorme.

3° Le *cœur* (C) est situé immédiatement au-dessous et un peu en arrière du paleron; il est pair comme celui-ci.

4° Le *contre-cœur* (D), pair également, occupe l'espace compris entre le bord postérieur de l'épaule et le bras, en avant du précédent, et correspond à la région musculaire dite olécrânienne.

5° Le *travers* (E), encore *aloyau* ou *pavé de graisse*, occupe la région lombaire. Il est autant musculaire que graisseux et fournit de bonnes indications sur le poids.

Le *flanc* (F) n'appartient ni à la catégorie précédente, ni à la suivante. On le considère comme en formant une à lui tout seul, parce que, suivant son développement, il témoigne de l'accumulation de la graisse sous la peau, dans toute la périphérie du corps, et aussi du dépôt du suif dans la cavité abdominale. On le nomme encore la *croûte*. Comme son premier nom l'indique, il est situé dans l'espace compris entre la dernière côte et la hanche.

La troisième catégorie, composée de trois maniements, sert surtout à l'appréciation de la graisse extérieure ou couverture; elle comprend :

1° La *côte* (G), maniement pair, qui occupe la région des côtes asternales, sur les parois latérales de la cavité abdominale, en arrière du contre-cœur.

2° La *hanche* ou *maille* (H), maniement pair encore, correspond à la saillie osseuse que forme l'angle externe de l'ilium ou hanche, dont il porte le nom. Il gagne surtout en étendue en se développant.

3° Le *bord*, les *abords du bassin*, le *bord du cimier*, le *cimier* ou le *couard* (I). Le maniement impair qui a reçu ces noms divers enveloppe la base de la queue dans tous les sens. C'est un de ceux qui sont le plus généralement explorés chez les animaux maigres. Chez les bêtes grasses, il forme souvent des saillies d'aspect disgracieux, qui s'étendent sur la croupe et sur les fesses. Ces sortes de lipômes existent toujours à un degré assez prononcé chez les animaux de la race de Durham, surtout chez les vaches.

Enfin, une dernière catégorie indique spécialement le suif; elle comprend neuf maniements, qui sont :

1° La *lampe* ou *hampe*, ou le *grasset*, ou l'*œillet*, les *œillères* ou les *fras* (J), occupant le pli de la peau qui unit le haut de la jambe, en face de la rotule, à la paroi inférieure du ventre. Ce maniement, qui est pair, fournit l'indication la plus précise et c'est celui que les bouchers interrogent principalement, en raison de l'importance qu'ils attachent avant tout au suif. On le juge par le poids qu'il donne en le soulevant avec la main, et c'est un des premiers qui se montrent, lorsque l'animal est seulement en bonne chair.

2° Le *dessous de langue*, le *gros de langue* ou la *sous-mâchelière* (K), indique sa situation et sa qualité de maniement impair par ses noms; il occupe la région de l'auge, entre les branches du maxillaire inférieur, où la peau forme souvent un fanon. Il produit, lorsqu'il est très-développé, de ces ondulations graisseuses qui enveloppent la base de la tête et que l'on appelle chez l'homme le double ou le triple menton.

3° La *veine* ou *avant-cœur* (L), situé en avant de la pointe de l'épaule, à la hauteur de ceux appelés cœur et contre-cœur, pair comme eux. Il s'étend en remontant le long du bord antérieur du scapulum, jusqu'à se confondre avec le suivant, mais surtout en avant, vers le bord inférieur de l'encolure.

4° Le *collier* (M), également pair, correspond au point où portent les mamelles du collier des bêtes de trait; il part de l'extrémité supérieure et antérieure de l'épaule, dont il longe le bord pour gagner le maniement précédent et se confondre avec lui le plus souvent.

5° La *veine du cou* (N) est en avant et un peu plus haut que le collier; il ne semble en être qu'un accessoire ou une expansion.

6° L'*oreillette* (O), entre l'oreille et la corne correspondante, par conséquent double, est un maniement qui ne paraît pas avoir une grande signification.

7° Le *dessous*, le *rognon*, la *brague* ou le *scrotum* (P), un des plus importants, surtout pour l'examen des bœufs d'engrais, parce qu'il permet de constater l'état de leurs bourses, au point de vue de la manière dont ils ont été émasculés, considération fort importante pour l'engraissement et dont nous nous occuperons plus loin avec toute l'attention qu'elle mérite. La graisse s'accumule dans la brague ou le dessous, en même temps que dans la lampe ou le grasset. Ce maniement est, nécessairement, particulier au bœuf; les deux qui restent à signaler le sont de même à la vache.

8° Le *cordon*, *entre-fesson*, *entre-fesses*, *entre-deux* ou la *braie* (Q) est placé le long du périnée, sur la ligne médiane, où il forme un cordon plus ou moins saillant, et souvent un empâtement de la région.

9° Enfin, l'*avant-lait* (R), partant des régions inguinales et s'étendant sous le ventre, en avant des mamelles, d'autant plus que l'engraissement est plus avancé.

L'abondance et le développement des maniements sont

toujours en raison de l'abondance du système cellulaire; on le comprendra sans peine, la disposition organique dont il s'agit étant un indice certain du tempérament qui favorise l'engraissement. Chez les sujets susceptibles d'arriver à cet état que l'on appelle le *fin-gras*, ils finissent par se confondre dans la couche générale de graisse qui envahit toute l'enveloppe cellulaire du corps, formant un coussin accidenté mais partout rebondi. Leur valeur indicative est donc seulement relative : elle fait juger de la marche de l'engraissement, mais son importance est surtout grande, ainsi que nous l'avons déjà dit, pour témoigner de l'aptitude. Plus le tissu cellulaire est abondant, chez les animaux maigres, aux régions qu'ils occupent, plus la peau s'y plisse facilement quand on la pince entre les doigts et glisse sur les parties sous-jacentes, plus l'aptitude à l'engraissement est prononcée et meilleurs consommateurs sont les animaux d'engrais. On ne saurait trop, en conséquence, tenir compte de l'exploration des maniements dans le choix de ces animaux.

Au point de vue de l'opération en elle-même, il est bon d'indiquer l'ordre d'apparition des maniements, qui témoigne des progrès que fait l'accumulation de la graisse et du suif dans l'économie.

Il y a une marche générale de cette accumulation. La graisse envahit d'abord les muscles et leurs interstices, puis les viscères, enfin l'extérieur du corps ou les régions sous-cutanées; mais cette marche, naturelle on peut le dire, est modifiée par les procédés zootechniques, par les considérations d'âge et de race. Les jeunes et les individus précoces s'engraissent plus en dehors; les adultes, dans les races tardives surtout, font plus de suif. Dans les chiffres de rendements énoncés plus haut, on en trouverait plusieurs preuves.

En tout cas, la *lampe* et le *bord* sont les premiers à se munir de graisse : ils apparaissent dès que l'animal est en bonne chair; ils sont donc précieux pour le choix des bêtes d'engrais, car il y a toujours avantage à ne commencer la spéculation d'engraissement que sur des bêtes en cet état; c'est celui où elles profitent le mieux de leurs rations. Bientôt les deux maniements acquièrent plus de volume, le *travers* se prononce, à mesure que l'arrière-train, par où l'accumulation commence toujours, se munit, et que les parties antérieures sont envahies. Le *cœur*, le *contre-cœur*, l'*avant-cœur*, se montrent et se prononcent, la *poitrine* étant déjà bien appréciable. Alors on considère en général l'animal comme assez gras pour être livré à la consommation, et il ne faut pas beaucoup le pousser pour que le *travers* se développe davantage et que la *côte* se montre et tende à se confondre avec les autres maniements voisins indiqués déjà.

A mesure que l'engraissement progresse, la *veine* s'accuse, puis le *dessous de langue*, puis l'*oreillette*, puis la *veine du cou*, puis le *paleron ;* enfin les *hanches*, le *travers*, les *flancs* se rapprochent et se confondent, les *lampes* gagnent le dessous du ventre et les *bords* s'étendent sur la croupe, sur les fesses et les cuisses, qui sont couvertes d'une épaisse couche de graisse, en même temps que les viscères abdominaux se sont chargés de suif. C'est l'état de l'animal très-gras. Le *fin-gras* n'en est que l'exagération. Il ne s'obtient que pour les animaux de concours, la viande à cet état d'engraissement n'ayant pas une valeur équivalente de son prix de revient; noyée, en quelque sorte, dans une graisse surabondante, elle ne se débite pas bien et laisse beaucoup de déchet. En outre, l'obésité qui le caractérise n'est pas sans danger pour la vie du sujet. Passé un certain degré, l'augmentation de poids n'est plus en rapport avec la nourriture consommée, et il y a avantage alors à liquider l'opération.

C'est ce moment que l'engraisseur habile doit choisir. L'habitude de pesées fréquentes est ce qu'il y a de mieux pour le faire saisir. On a cherché depuis longtemps des moyens plus commodes que la balance, afin d'arriver au but. Nous devons les faire connaître et les examiner.

Cubage des animaux gras. — Les méthodes à l'aide desquelles on essaye de déterminer le poids des animaux sans le secours de la balance, ont toutes pour objet de conclure de leur volume à ce poids, en multipliant le cube qu'ils représentent par un coefficient variable, qui est celui de leur densité.

On voit tout de suite combien ces méthodes comportent d'incertitude, attendu que rien n'est plus difficile à établir qu'une densité moyenne pour une espèce animale déterminée, et que d'ailleurs l'individu s'éloigne toujours plus ou moins de la figure géométrique à laquelle on l'assimile dans le calcul. Aussi est-ce par des recherches expérimentales autant multipliées que possible, que les auteurs ont tenté de réduire les chances d'erreur. Ils y sont peut-être arrivés pour les races ou les sujets considérés dans leurs expériences; mais personne n'ignore à quel point on s'exposerait à se tromper, en concluant à cet égard d'une race à une autre, même souvent d'un individu à un autre individu.

En Angleterre, les chances sont moins grandes. L'uniformité des méthodes d'élevage et d'engraissement a fait prendre à toutes les races de boucherie une conformation et une densité de chairs qui ne diffèrent que très-peu. Nous sommes bien loin de là chez nous; et il en est de même pour les autres nations voisines. Il ne faut donc accepter que pour ce qu'elles peuvent valoir les indications relatives à la détermination du poids des animaux par la mesure de leur corps. Ce ne sont que des approximations plus ou moins voisines de la vérité.

La première méthode employée a été inventée par Burger. Elle n'avait point pour but la détermination du poids vif, mais bien celle du poids net. M. de Dombasle l'a vérifiée, appropriée au bétail lorrain, et en France on lui en attribue généralement l'invention. Elle est en grande partie empirique ou purement expérimentale. Elle consiste à prendre la mesure oblique du thorax, à l'aide d'un ruban passant derrière l'épaule, le coude, entre les membres antérieurs, puis remontant de l'autre côté jusqu'au sommet du garrot, où il vient rejoindre son extrémité libre. Ce ruban, autant que possible inextensible, est gradué sur l'une de ses faces en centimètres, sur l'autre en sommes de poids correspondant à chacune des divisions métriques. C'est le rapport entre ces deux graduations, qui a été établi empiriquement. Il est recommandé d'opérer deux mensurations de la poitrine, en partant successivement de la droite et de la gauche, ou inversement, afin d'en prendre la moyenne, si elles diffèrent.

Dans le ruban ou cordon primitivement établi par M. de Dombasle, en se fondant sur ce que le périmètre de la poitrine ainsi trouvé correspondait, dans ses expériences, à un poids net constant, la graduation partait d'une longueur de 1 mètre 82, équivalant à 175 kilogrammes. Les divisions étaient ensuite de 25 kilogrammes, correspondant à des distances métriques variables, mais de plus en plus rapprochées, jusqu'à une longueur totale de 2 m. 29 équivalant à 350 kilogrammes, limite à laquelle l'expérimentateur s'est arrêté, faute sans doute de sujets d'expérience donnant un poids net plus élevé.

En étudiant les résultats, on a découvert un rapport entre la série des mesures et celle des poids, rapport tel que ceux-ci sont entre eux sensiblement comme les cubes des mesures correspondantes, les longueurs étant, par conséquent, proportionnelles aux racines cubiques des poids. M. Linden a été par là conduit à étendre, par le calcul, l'échelle du ruban de M. de Dombasle, qui a été appliquée aux veaux. Voici le tableau des chiffres correspondants :

Mesure.	Poids.	Mesure.	Poids.	Mesure.	Poids.	Mesure.	Poids.	Mesure.	Poids.	Mesure.	Poids.
m.	kil.	m.	kil.	m.	kil.	m.	kil.	m.	kil.	m.	kil.
1.81	175.0	1.97	225.0	2.13	283.0	2.29	355.0	2.45	435.0	2.61	525.0
1.82	178.0	1.98	228.5	2.14	287.5	2.30	360.0	2.46	440.0	2.62	531.0
1.83	181.0	1.99	232.0	2.15	291.5	2.31	365.0	2.47	445.0	2.63	537.5
1.84	184.0	2.00	235.5	2.16	295.5	2.32	370.0	2.48	450.0	2.64	543.5
1.85	187.5	2.01	239.0	2.17	300.0	2.33	375.0	2.49	455.0	2.65	550.0
1.86	190.5	2.02	242.5	2.18	304.0	2.34	380.0	2.50	460.0	2.66	556.0
1.87	193.5	2.03	246.0	2.19	308.0	2.35	385.0	2.51	465.0	2.67	562.5
1.88	196.5	2.04	250.0	2.20	312.5	2.36	390.0	2.52	470.0	2.68	568.5
1.89	200.0	2.05	253.5	2.21	316.5	2.37	395.0	2.53	475.0	2.[illegible]	575.0
1.90	203.0	2.06	257.0	2.22	320.5	2.38	405.0	2.54	481.0		581.0
1.91	206.0	2.07	260.5	2.23	325.0	2.39	400.0	2.55	487.5		587.9
1.92	209.0	2.08	264.0	2.24	330.0	2.40	410.0	2.56	493.5	2.72	593.0
1.93	212.5	2.09	267.5	2.25	335.0	2.41	415.0	2.57	500.0	2.73	600.0
1.94	215.5	2.10	271.0	2.26	340.0	2.42	420.0	2.58	506.0		
1.95	218.5	2.11	275.0	2.27	345.0	2.43	425.0	2.59	512.5		
1.96	221.5	2.12	279.0	2.28	350.0	2.44	430.0	2.60	518.5		

On peut, avec le poids net marqué dans ce tableau, obtenir le poids vif pour chaque cas, à l'aide d'un coefficient indiqué précédemment pour le rendement moyen des divers états d'engraissement. Ainsi, par exemple, le poids net étant 600 kilogrammes pour un bœuf très-gras, le coefficient, qui est dans ce cas 0.60, donne par un calcul fort simple 1,000 kilog. pour le poids vif.

Mais il existe des méthodes diverses pour arriver à ce poids vif. La plus généralement adoptée est celle de M. Quételet, dont la formule générale exprime que le poids égale le volume du corps (celui-ci étant assimilé à un cylindre) multiplié par sa densité. Or, dans le problème ainsi posé, il y a bien des données arbitraires. D'abord, l'assimilation même de la figure à un solide géométrique, qui ne saurait être rigoureuse; puis la mesure de la base de ce solide, prise comme étant celle du périmètre du thorax, en arrière de l'épaule, et celle de sa longueur prise de la pointe de l'épaule à la pointe de la fesse, qui laissent l'une et l'autre plusieurs éléments en dehors du calcul; enfin la détermination de la densité réelle d'un corps aussi variable dans ses éléments que l'est le corps animal, composé d'os, de muscles, de viscères tantôt vides, tantôt pleins, et dont le poids absolu décroît parfois à mesure que leur volume augmente, ainsi que Baudement l'a fait voir pour le poumon.

Pour l'usage auquel la méthode de M. Quételet était destinée, cela n'avait que de médiocres inconvénients. Il s'agissait, en effet, de fournir à l'administration belge un moyen plus expéditif que l'emploi des bascules, dans la perception des droits d'octroi sur le bétail. Elle est allée retrouver les bascules qu'elle avait remplacées, l'octroi ayant été heureusement supprimé en Belgique.

Il serait plus grave de se tromper beaucoup dans l'estimation du poids d'un animal gras à vendre. Nous ne saurions donc trop répéter qu'une telle méthode de calcul, quelque rigueur qu'on y mette, à la fois, quant à l'application de la formule géométrique du cylindre, pour en obtenir le volume, et quant au coefficient de densité par lequel ce volume est multiplié, ne peut donner qu'un simple renseignement, auquel le résultat d'une pesée devra toujours être préféré. C'est à ce seul titre que les tables de M. Quételet, dressées par ce savant d'après les résultats de beaucoup d'expériences sur le bétail belge, vont être reproduites. Pour en faire usage, il suffit de remarquer que la circonférence thoracique y est indiquée dans la première colonne à gauche, et que les longueurs du corps pour lesquelles le calcul a été fait, occupent les cases situées en haut de chacune des autres colonnes. Le chiffre du poids vif se trouve dans la colonne où la longueur est indiquée, sur la même ligne que celui de la circonférence thoracique.

(**Quételet**.) Table n° 1.

CIRCONFÉRENCE thoracique.	LONGUEUR EN CENTIMÈTRES, DE LA POINTE DE L'ÉPAULE A LA POINTE DE LA FESSE.															
	120	124	128	130	132	134	136	138	140	142	144	146	148	150	152	154
	k.	k.	k.	k.	k.	k.	k.	k	k.	k.	k.	k.	k.	k.	k.	k.
140.	206	213	220	223	226	230	233	237	240	244	247	250	254	257	261	264
144.	2 2	219	226	229	233	236	240	244	247	251	254	258	261	265	268	272
142.	218	225	232	336	240	243	247	250	254	258	261	265	269	272	276	280
146.	224	231	239	242	246	250	254	257	261	265	269	272	276	280	284	287
148.	230	238	245	249	253	257	261	265	268	272	276	280	284	288	291	295
150.	236	244	252	256	260	264	268	272	276	280	283	287	291	295	299	303
152.	243	251	259	263	267	271	275	279	283	287	291	295	299	303	307	311
154.	249	257	266	270	274	278	282	286	291	295	299	303	307	311	316	320
156.	256	264	273	277	281	285	290	294	298	302	307	311	315	319	324	326
158.	262	271	280	284	288	293	297	302	306	310	315	319	323	328	332	337
160.	269	278	287	291	296	300	305	309	314	318	323	327	332	336	341	345
162.	276	285	294	299	303	308	312	317	320	326	331	335	340	345	349	354
164.	282	292	301	306	311	315	320	325	330	334	339	344	346	353	358	362
166.	283	299	309	314	318	323	328	332	338	342	347	352	356	362	366	371
168.	296	306	316	321	326	331	336	341	346	351	356	361	366	370	375	380
170.	304	314	324	330	334	339	344	349	354	359	364	369	374	379	385	390
172.	311	321	331	337	342	346	352	357	362	368	373	378	383	388	393	399
174.	318	329	339	344	350	355	360	366	371	371	382	387	392	397	403	408

(**Quételet.**) Table n° 2.

CIRCONFÉRENCE thoracique.	LONGUEUR EN CENTIMÈTRES, DE LA POINTE DE L'ÉPAULE A LA POINTE DE LA FESSE.															
	140	142	144	146	148	150	152	154	156	158	160	162	164	166	168	170
	k.	k.	k.	k.	k.	k.	k.	k.	k.	k.	k.	k.	k.	k.	k.	k.
176...	380	385	390	396	401	407	412	418	423	428	434	439	445	450	455	461
178...	388	394	399	405	411	418	422	427	432	438	444	449	455	460	466	471
180...	397	403	408	414	420	425	431	437	442	446	454	459	465	471	477	482
182...	406	412	417	423	429	435	441	446	452	458	464	470	475	481	487	493
184...	416	421	427	433	438	444	450	456	462	468	474	480	486	492	498	504
186...	424	430	436	442	448	454	460	466	472	478	484	490	496	503	509	515
188...	433	439	445	452	458	464	470	476	483	489	493	501	507	514	520	527
190...	442	449	455	461	468	474	480	487	493	499	506	512	518	525	531	537
192...	453	458	465	471	477	484	490	497	503	510	516	523	529	535	542	549
194...	461	468	474	481	487	494	501	507	514	520	527	534	540	547	553	560
196...	471	477	484	491	498	504	511	518	524	531	538	545	557	558	565	572
198...	480	487	494	501	508	515	521	528	535	542	549	556	563	570	576	583
200...	490	498	504	511	518	525	532	539	546	553	560	567	574	581	588	595
202...	500	507	514	521	529	536	543	550	557	564	571	570	586	593	600	607
204...	510	517	524	532	539	546	554	561	568	575	583	590	597	605	612	619
206...	520	527	535	542	550	557	565	572	579	587	594	602	609	612	024	631
208...	530	538	545	553	560	568	576	583	591	598	606	613	621	628	636	644
210...	540	548	556	563	571	579	587	594	602	610	618	625	633	641	648	656

(**Quételet.**) Table n° 3.

CIRCONFÉRENCE thoracique.	LONGUEUR EN CENTIMÈTRES, DE LA POINTE DE L'ÉPAULE A LA POINTE DE LA FESSE.																	
	152	154	156	158	160	162	164	166	168	170	172	174	176	178	180	182	184	186
	k.	k.	k.	k.	k.	k.	k.	k.	k.	k.	k.	k.	k.	k.	k.	k.	k.	k.
212.	598	606	614	622	629	637	645	653	661	669	677	685	692	700	708	724	740	755
214.	609	617	625	633	641	649	657	665	673	681	689	698	705	713	722	437	754	769
216.	621	629	637	645	653	662	670	678	686	694	707	721	719	827	735	751	768	784
218.	632	641	649	657	666	674	682	691	699	707	715	724	732	740	749	765	782	799
220.	644	652	661	669	678	686	695	703	712	720	729	737	746	753	763	780	797	813
222.	656	664	673	681	690	699	707	716	725	733	742	751	759	768	776	794	811	828
224.	668	676	685	694	703	712	720	729	738	747	755	764	773	782	790	808	826	843
226.	680	688	697	706	715	724	733	742	751	760	769	778	187	796	805	822	840	858
228.	692	701	718	719	728	737	746	755	764	773	783	792	801	810	819	437	855	874
230.	704	713	722	732	741	750	759	768	778	787	796	806	815	824	832	852	876	889
232.	716	725	735	744	754	763	773	782	791	801	811	821	830	839	849	868	808	905
234.	728	745	748	737	767	776	786	796	805	815	824	834	843	853	863	882	901	920
236.	741	751	760	770	780	790	800	809	819	829	839	848	858	868	878	897	916	936
238.	754	764	773	783	793	803	813	823	833	843	853	863	873	883	893	912	932	952
240.	766	776	786	797	807	817	827	837	847	857	867	877	887	897	907	928	948	968

On a déterminé en Angleterre le multiplicateur décimal pour chaque état d'engraissement, qui peut donner, le volume étant connu à l'aide de la formule dont nous venons de parler, le poids vif pour produit, et aussi celui qui peut donner le poids net. Les chiffres obtenus ne sauraient être d'aucun usage utile en France, vu la différence considérable des conditions des animaux. Un auteur français, M. Jean Kiener jeune, a fait les mêmes déterminations, dans des conditions qui s'éloignent moins sans doute de la moyenne de notre bétail. Voici les valeurs qu'il a obtenues pour l'espèce bovine, dans ses divers états de densité :

	Multiplicateur du poids vif.	Multiplicateur du poids net.
Maigre	0.70	0.40
En état ou en bonne chair. .	0.85	0.48
Gras	0.95	0.54
Fin-gras.	1.00	0,58 à 0.60
Engrais de concours. . . .	1.02 à 1.04	0.65 à 0.70

La formule d'emploi d'un de ces nombres est celle de la mesure du cylindre, que l'on obtient en multipliant par la longueur le produit de la circonférence par le demi-rayon. Le produit définitif est ensuite multiplié par le coefficient ci-dessus.

Une règle à calcul comme celle qui est usitée en Angleterre (*tape measure*) facilite considérablement l'application de la formule.

Neutralisation sexuelle. — Une des premières conditions pour que l'animal d'engrais profite bien de la nourriture qu'il consomme, c'est que ses fonctions de relation soient le moins possible excitées par les circonstances extérieures; aussi les individus du caractère le plus placide sont-ils, toutes choses d'ailleurs égales, les plus tôt arrivés à l'état d'engraissement ; et c'est une considération qu'il ne faut point négliger dans leur choix. Les bêtes fières, énergiques, impressionnables, dépensent en agitations stériles une partie des aliments qu'elles absorbent, et particulièrement celle qui s'accumulerait sans cela dans leurs tissus, sous forme de graisse. Dans les herbages surtout, elles sont nuisibles, parce qu'elles y mettent le trouble en provoquant les autres, plus disposées à demeurer tranquilles. Il serait superflu d'insister à cet égard ; la théorie physiologique de l'engraissement, développée à propos de la gymnastique des fonctions de nutrition (1), en a rendu suffisamment raison.

En dehors de toute question de tempérament, il existe une cause normale et générale d'excitation, plus ou moins intense suivant les individus, mais toujours présente : c'est celle de l'instinct génésique, qui, indépendamment de l'obstacle qu'il apporte à l'engraissement, s'accompagne d'une constitution particulière des chairs, nuisible à leurs propriétés comestibles. Cet instinct agit surtout en ce sens chez le mâle, parce que sa satisfaction, au lieu de le calmer, ne fait que l'exciter davantage. La viande de taureau, grossière, dure et d'une couleur brune, est à juste titre peu estimée, parce qu'elle a en outre une saveur désagréable. Il n'en est pas de même pour la vache, dont l'instinct génésique sommeille durant qu'elle accomplit l'importante fonction de la gestation, et dont les chairs sont d'ailleurs naturellement plus tendres.

Aussi a-t-on pris de temps immémorial la coutume de soumettre les jeunes mâles de l'espèce bovine à une opération dont le but est de les priver plus ou moins de l'at-

(1) Voy. *Principes généraux*, p. 189.

tribut essentiel de leur sexe. Dès l'époque des peuples pasteurs de la Judée, ainsi qu'on en trouve la preuve en maint passage de la Bible, cette opération était pratiquée.

Deux points nous intéressent surtout, en ce qui la concerne, et cela aussi bien quant à la pratique de l'élevage qu'au sujet de celle de l'engraissement, but final, comme nous l'avons souvent répété, de tout individu appartenant à l'espèce bovine. Le premier de ces points est relatif à l'âge le plus convenable pour l'émasculation; le second, au choix du procédé opératoire.

Du moment qu'il a été bien établi précédemment que le perfectionnement économique de l'espèce a pour direction essentielle l'aptitude à l'assimilation des éléments de la viande, il suffit de songer à l'influence physiologique de l'instinct génésique, pour comprendre aussitôt que le mieux doit être de le laisser toujours ignorer aux sujets qui ne sont pas destinés à se reproduire, à ceux dont le lot est de devenir des bœufs, par conséquent de supprimer l'organe dont le fonctionnement le fait naître, avant que cet organe soit suffisamment développé pour fonctionner.

En termes plus précis, il convient d'émasculer les veaux avant toute manifestation de l'ardeur sexuelle, de les neutraliser aussitôt que possible. Toutes les raisons que nous avons fait valoir en faveur de l'émasculation hâtive, à propos des poulains, se fortifient ici de la considération touchant la principale fonction économique des bœufs, qui vient s'y ajouter. La facilité avec laquelle les veaux qui doivent être livrés au couteau du boucher s'engraissent, sans distinction de sexe, auparavant qu'ils aient atteint l'âge auquel les attributs de la sexualité s'accusent, cet âge que l'on appelle la puberté dans notre espèce, prouve l'avantage qu'il y aurait à ce qu'ils pussent passer de cet état à celui de neutres, sans avoir ressenti les ardeurs naturelles de leurs organes générateurs. La précocité du développement individuel en serait beaucoup favorisée.

Au sujet de l'opération même, deux méthodes se partagent fort inégalement les préférences des éleveurs. La plus généralement adoptée, celle qui porte le nom de *bistournage*, a pour but de supprimer l'instinct génésique par l'atrophie des testicules, en laissant subsister à leur place normale les restes de ceux-ci. Elle a l'avantage de n'être point une opération sanglante, de ne point nécessiter l'emploi d'un instrument tranchant, en un mot de se pratiquer sans plaie; l'autre, dite *castration*, supprime en même temps radicalement les glandes testiculaires, par divers procédés d'ablation.

Nous n'avons pas à nous occuper ici de la comparaison des méthodes, au point de vue chirurgical. Cela concerne exclusivement les vétérinaires. Que ceux-ci, en outre, discutant théoriquement leurs effets, entreprennent de soutenir qu'il n'y a aucune différence physiologique entre l'individu complétement bistourné et l'individu châtré, l'organe, dans les deux cas, étant perdu pour la fonction, il n'en demeurera pas moins acquis pour les engraisseurs expérimentés, que le volume et l'état relatifs des testicules atrophiés par le bistournage, qui sont appelés vulgairement *marrons*, ont une importance considérable chez les individus d'ailleurs parfaitement inféconds, comme s'ils avaient été châtrés.

Devant ce fait d'observation constante, les inductions spéculatives ne peuvent rien. Il est incontestable que les bœufs s'engraissent avec d'autant moins de difficulté qu'ils ont les marrons plus petits et plus consistants. Le maniement de la *brague* a pour principal but de s'assurer de leur état. Il ne serait peut-être pas très-difficile de réfuter en théorie les objections théoriques opposées à cette vérité expérimentale; mais une réfutation de ce genre ne serait point à sa place ici.

La conséquence qu'il faille seulement tirer du fait, c'est que sa constatation suffit pour faire sentir l'utilité de substituer, dans l'émasculation des animaux de boucherie, l'ablation complète des testicules à leur bistournage. L'enlèvement des marrons, lorsqu'ils sont trop gros, chez les bœufs d'engrais, est une pratique utile et recommandée. Ne vaudrait-il pas mieux que les éleveurs prissent le parti de renoncer au bistournage, et qu'ils adoptassent la pratique de la castration, opération peu grave, surtout lorsqu'elle a lieu dans le jeune âge?

Il nous reste à parler, en vue spécialement des bêtes d'engrais, d'une opération qui n'a point été encore appréciée à toute sa valeur. Elle me paraît appelée, lorsque ses avantages seront bien compris, à introduire dans les spéculations d'engraissement un élément de profit d'une singulière portée.

Il s'agit de la neutralisation ou de la stérilisation des vaches, dont la pratique a été rendue au moins aussi inoffensive que celle de la castration des mâles, par les inventions chirurgicales et les efforts si persévérants, si désintéressés et si louables de M. P. Charlier. Je suis porté à penser, pour mon compte, que si l'habile vétérinaire n'a point recueilli, sous ce rapport, les fruits légitimes de tant de sacrifices, la raison principale en est qu'il n'a point assez insisté sur le côté par lequel son invention est surtout précieuse pour l'économie rurale. Il eût dû se faire une arme contre ses adversaires de l'objection fondamentale qu'ils lui ont toujours opposée, au lieu de chercher à la réfuter, en insistant surtout sur le mérite des « bœuvonnes » pour la production du lait.

En effet, voulant prouver que la lactation des vaches stérilisées ne se prolonge point au delà du terme ordinaire, ce qui est d'ailleurs une erreur, l'expérience ayant maintes fois prouvé le contraire à ceux qui ont entrepris sérieusement des spéculations de laiterie avec ces vaches, notamment à M. Ménard, de Huppemeau, voulant prouver qu'il en était ainsi, l'on a soutenu que les vaches stériles étaient bientôt envahies par un engraissement si exagéré, qu'il faisait tarir leurs mamelles.

Pour être fortement exagérée, l'objection n'en avait pas moins un fond de vérité. Il est certain qu'après avoir fourni, durant assez longtemps, une quantité de lait en rapport avec leur aptitude native, lorsque leurs mamelles épuisées commencent à ne plus fonctionner, les bœuvonnes s'engraissent avec une facilité merveilleuse; et qu'au moment où leur lait, dont l'excellente qualité a été souvent constatée, ne pourrait plus payer la nourriture qu'elles consomment, elles sont en état d'être livrées très-grasses au boucher.

Si c'est là une objection contre l'opération, c'est ce qu'aucun économiste ne saurait admettre. C'est au contraire la plus puissante raison de l'adopter. On y voit du premier coup la possibilité de combiner, dans les conditions les plus avantageuses, la spéculation de l'engraissement avec celle de la laiterie; et il n'y aurait lieu de s'étonner que d'une chose, si le fait était mieux connu, c'est qu'il subsistât encore quelque part des laiteries où toutes les vaches arrivées à un certain âge ne fussent pas stérilisées, au lieu de les mettre en état de gestation pour les engraisser, comme on le fait souvent.

A plusieurs reprises déjà j'ai essayé de faire ressortir le rôle économique de la castration. En vertu de son influence même sur l'aptitude à l'engraissement, influence dont la physiologie rend compte, aussi bien que l'observation et l'expérience en témoignent, la stérilisation des vaches par le procédé de M. Charlier, rend possible la spéculation de leur engraissement dans les conditions économiques les meilleures. Cet engraissement a lieu, bien que la nourriture consommée soit compensée par le produit en lait, au moins pour la plus forte partie, sinon pour le tout.

Elle ne se borne pas à cela, elle permet de faire disparaître tout à fait la nécessité de l'amortissement. Toute vache arrivée au moment où sa valeur va décroître fait un dernier veau, est opérée, donne du lait jusqu'à ce que, s'étant engraissée suffisamment, elle soit vendue comme bête de boucherie, à un prix que l'excellente qualité de sa viande, autant que sa grande augmentation de poids, ne pourra manquer de rendre bien supérieur à son prix d'achat.

La différence qu'il y a entre l'économie de cette spéculation et celle du simple renouvellement des vaches laitières, ou d'une spéculation ordinaire d'engraissement, n'échappera pas au lecteur attentif. Elle est tout entière dans l'aptitude acquise par la vache stérilisée à bénéficier de sa ration à un plus haut degré. Le capital engagé ne subit aucune déperdition et s'accroît au contraire sans cesse, par une très-forte réduction des rations d'entretien, considérées avec juste raison, en économie rurale, comme absolument improductives.

Des avantages si évidents doivent appeler l'attention sur une pratique jusqu'à présent trop peu étudiée.

Pratique de l'engraissement. — En vérité, il n'y a pas lieu d'entrer dans de grands détails sur la pratique de l'engraissement proprement dit, après avoir étudié les propriétés des divers aliments et la composition des rations (1). Quelques indications sur l'ordre d'administration de ces aliments suffiront. Pour les formuler méthodiquement, il convient de considérer à part les veaux, d'abord, puis les adultes, bœufs et vaches.

Engraissement des veaux. — A ce sujet, nous saisirons l'occasion de signaler quelques particularités, qui n'ont pas pu être mentionnées dans les développements précédents, sur l'âge auquel les veaux sont abattus le plus avantageusement et sur le côté économique de la spéculation de leur engraissement.

Partout où l'engraissement des veaux est l'objet d'une spéculation régulière, sur les confins de la Normandie, du côté de Paris, en Beauce, dans le Gâtinais, dans le Nord, etc., le lait forme la base principale de leur alimentation. On choisit de préférence les veaux mâles les plus forts, ceux qui ont la tête la plus grosse, excepté dans le Nord, où les vêles obtiennent la préférence. Les engraisseurs pensent que les mâles s'engraissent plus facilement. C'est aussi l'avis de M. de Dombasle et de M. F. Villeroy. En tout cas, dans le choix des vêles, il serait bon de tenir compte de l'écusson, afin de ne pas enlever à l'élevage celles qui promettent d'être de fortes laitières.

Nous venons de dire que le lait forme la base principale de l'alimentation des veaux à l'engrais. Ce lait, ils le tettent au pis de la vache, et même de plusieurs vaches, lorsqu'ils arrivent au moment où la quantité fournie par

(1) Voy. *Hygiène* (de l'alimentation), p. 252 et suiv.

une seule ne suffit plus; ou bien ils le boivent au seau, ce qui vaut mieux pour faciliter l'administration de suppléments de nourriture, dont l'usage se généralise de plus en plus, et dont les principaux sont le thé de foin, les décoctions de grains, les farines délayées d'orge, de maïs, de féveroles, le tourteau de lin, etc.

Perrault de Jotemps, qui a expérimenté le thé de foin, a calculé que 5 litres de ce thé équivalent à 1 litre de lait. Il faut remarquer que ce calcul ne peut être exact que pour le foin et le lait considérés. On sait, en effet, qu'il y a foin et foin, au point de vue de la valeur nutritive, comme il y a lait et lait.

D'intéressantes expériences ont été suivies rigoureusement par un vétérinaire instruit, M. Mignon, sur l'emploi de la farine de maïs préparée par les procédés de M. Betz-Penot. Ce vétérinaire en a constaté d'excellents résultats (1), et j'ai pu juger moi-même des qualités remarquables de la viande de veau engraissé avec cette farine de maïs.

En Beauce et dans le Gâtinais, l'opération est très-simple : elle consiste à faire teter le veau à discrétion, surtout dans le premier mois, la vache qui l'allaite étant nourrie abondamment. Entre ses repas, le petit animal est tenu à l'écart, sur une bonne litière, dans un lieu un peu obscur et chaud, mais entretenu dans un grand état de propreté. L'engraissement dure de deux à quatre mois. A deux mois et demi, les veaux gras pèsent en moyenne de 50 à 70 kilogrammes, viande nette; beaucoup atteignent, à trois mois, de 150 à 160 kilogrammes, poids vif. Ils appartiennent, comme nous savons, à la race normande. Il

(1) *La Culture*, t. VIII, p. 97.

y a rarement avantage à les pousser plus loin, et l'opération peut être plus économiquement conduite que par le mode d'allaitement primitif qui vient d'être indiqué.

L'allaitement artificiel est de beaucoup préférable; il permet de substituer, après la première quinzaine, le lait écrémé au lait pur, en y joignant les aliments plus haut indiqués, d'abord les liquides, puis les farines et le tourteau, à mesure que l'engraissement avance. Aucun de ces aliments, équivalent pour équivalent, n'a une valeur égale à la valeur marchande du lait, surtout aux environs des grandes villes.

En Beauce et dans le Gâtinais, on ajoute au lait pris au baquet des échaudés, du pain blanc, du riz bouilli. On a coutume aussi de faire avaler au veau, matin et soir, des œufs frais avec la coquille, qu'on leur casse dans la bouche. Cela, croit-on, le préserve de la diarrhée, la coquille ayant la propriété de neutraliser les acides de l'estomac. Au prix actuel des œufs, le préservatif est un peu cher, et la nourriture aussi que fournit son contenu.

Dans le Nord, les veaux d'engrais, enfermés dans des sortes de boîtes où ils ne peuvent se retourner, reçoivent trois fois par jour du lait pur, auquel on mêle parfois de la graine de lin ou des farineux et même de la décoction de tête de pavot ; ce narcotique les dispose, pense-t-on, à mieux s'engraisser. L'engraissement y dure en moyenne soixante-quinze jours et entraîne, d'après Lefour, une consommation de 600 litres de lait.

Beaucoup de comptes de prix de revient de la viande de veau ont été publiés. Ceux de M. de Dombasle, relatifs à l'augmentation de poids obtenue par litre de lait consommé, et tous les autres du même genre, ne valent que pour les cas particuliers auxquels ils se rapportent. On ne saurait trop s'élever contre la tendance à généraliser les résultats de ces sortes de calculs, tendance que l'on rencontre trop souvent en économie rurale. Les variations dans la richesse du lait, que nous avons signalées en décrivant les races, montrent le danger des conclusions établies sur de telles bases. Chacun doit opérer pour soi, en ces matières, s'il veut marcher sur un terrain solide.

En tout cas, les comptes de prix de revient ne font nulle part ressortir la valeur du lait consommé au-dessous de 10 centimes le litre, condition généralement considérée comme bonne pour la spéculation. Toutes les fois que les circonstances permettent d'en tirer par la vente directe ou autrement un meilleur parti, il y a donc avantage à substituer au lait les matières indiquées plus haut, en préférant celles qui n'empêchent pas les veaux de *tomber blancs*, comme disent les bouchers, c'est-à-dire qui ne rougissent point leur viande et n'en altèrent pas la fermeté. Parmi ces matières, la farine de maïs, d'après les expériences rapportées par M. Mignon, paraît appelée à jouer un grand rôle.

L'écueil de la spéculation d'engraissement des veaux est la diarrhée qui atteint assez souvent ces jeunes animaux, trop poussés de nourriture. Quand elle se prolonge, elle fait perdre en peu de jours le bénéfice de l'opération. Elle est plus fréquente et plus grave lorsque le lait a une moindre part dans l'alimentation. Dans ce cas, l'eau d'orge, dont M. de Dombasle a vanté les bons effets obtenus chez lui, ne suffirait point; cela est bon pour les veaux nourris exclusivement au lait.

Un habile praticien de la Beauce, qui en avait une grande expérience, a préconisé l'emploi de la crème de tartre soluble à la dose de 60 à 75 grammes, en solution dans quatre litres d'eau tiède édulcorée de miel et administrée d'heure en heure, en douze ou quinze fois. La diarrhée cède le plus souvent, pour ne pas dire toujours, à ce traitement. Si elle s'accompagne de coliques, on y joint 5 centigrammes d'extrait d'opium.

Engraissement des bœufs et des vaches. — En Normandie, l'on estime qu'il faut 24 ares d'herbages de première qualité, pour engraisser un bœuf de 600 kil., poids vif; 40 ares de deuxième, pour un de 500 kil.; et 32 seulement de troisième qualité, pour un de 400 kil. Les herbages sont chargés de bétail d'après ces bases, et l'opération est ainsi des plus simples. Les bœufs entrent maigres dans l'herbage et n'en sortent que pour aller au marché de Sceaux ou de Poissy. L'opération dure en moyenne quatre mois, en commençant par les herbages de dernière qualité, où les bœufs maigres, en arrivant, se reposent et se rafraîchissent, pour passer ensuite successivement dans les plus riches. En général, un quart du nombre — les meilleurs consommateurs — sont gras après trois mois de séjour; la moitié, un mois après, et le dernier quart dans le courant du mois suivant. En automne, ces bœufs sont remplacés par des *trembleurs* (ainsi appelés par les herbagers, à cause des intempéries qu'ils ont à supporter), ou bœufs maigres, qui se rafraîchissent à l'herbage avant d'être engraissés à l'étable durant la saison d'hiver.

Dans les embouches du Charolais et de la Nièvre, les herbages de première qualité engraissent trois bœufs pour une superficie de 2 hectares; ceux de seconde qualité sont surtout affectés aux vaches, à raison de deux têtes par hectare. Il s'agit, bien entendu, d'animaux de la race charolaise, d'un engraissement facile, en général. Là, les bêtes d'engrais sont achetées dès le mois de janvier, jusqu'au mois de mai. Avant d'aller à l'herbage, elles reçoivent, en attendant la pousse de l'herbe, des rebuts de foin, fauchés l'année précédente dans les embouches les moins tondues par le bétail. Dans le pays on appelle cela des *rougeons*. Le tiers de la charge de l'embouche se compose d'animaux adultes et prêts pour l'engraissement; un deuxième tiers comprend ceux qui sont un peu moins avancés; enfin le dernier, ceux qui ont encore à croître et qui ne peuvent être gras qu'à la fin de la saison.

La spéculation, dans les deux cas qui viennent d'être énoncés, est réputée bonne. Sans accorder trop d'importance aux évaluations qui ont été faites en chiffres précis, en vertu de cette tendance à généraliser abusivement, signalée plus haut, nous dirons qu'on a porté, pour les herbages de la Normandie, le bénéfice à 6 fr. 30 pour 100 du capital engagé, et à environ 60 fr. par hectare et par an, en sus de la valeur locative; pour les embouches, à 8 fr. 20 pour 100 du capital, pour les bœufs, et à 18 fr. 02 pour les vaches.

Dans l'engraissement à l'étable, les résultats économiques varient beaucoup, car ils dépendent, pour la plus forte part, de la manière dont la nourriture est utilisée. C'est ce mode-là qui a toujours donné lieu aux plus grandes controverses. Ce qu'on peut affirmer sans crainte, c'est que, bien pratiqué, il doit au moins payer la nourriture au prix du marché et laisser le fumier comme résidu gratuit. On ne serait pas embarrassé pour citer des engraisseurs en mesure de présenter un tel résultat, à l'aide d'une comptabilité bien tenue; et cela est dû à ce que, chez eux, toute la nourriture consommée est bien utilisée par des animaux bien choisis; les rations, composées suivant les principes de l'hygiène, contiennent, en proportions convenables, des matières de peu de valeur, des pailles hachées, des résidus, rendus facilement digestibles et assimilables par leur mélange, progressivement additionnées de farineux et de tourteaux, pour donner le dernier coup à l'engraissement. L'opération est plus tôt achevée et le compte définitif bénéficie, répétons-le, des rations d'entretien consommées en moins.

Une étable spacieuse, à température égale et peu élevée; une grande propreté et une grande régularité dans la distribution des repas; l'éloignement de tout ce qui peut déranger les animaux, les exciter; la variété des aliments pour stimuler leur appétit, en réservant pour la fin les plus sapides et les plus appétissants; en un mot, le repos complet au sein de l'abondance, voilà le secret pour réussir dans la spéculation de l'engraissement, si les animaux sont bien achetés et bien vendus.

Ici, comme en toutes choses, le succès n'arrive pas tout seul. Il faut l'aller chercher en s'armant de savoir et d'activité. Il dépend seulement de nous de réunir les éléments du savoir. Je crois n'avoir rien négligé pour qu'on les trouvât dans le présent ouvrage. Il appartient aux praticiens d'en tirer parti.

Un engraisseur du Nord écrivait naguère que le compte de chaque bête engraissée par lui se balançait par un déficit de 58 fr. Un autre, assez voisin, y répondit par le compte général de ses opérations pour l'année 1864, duquel il est résulté que 414 vaches engraissées, après avoir coûté, maigres, 62,894 fr. et avoir consommé pour 33,948 fr. de pulpes, drèches et tourteaux, avaient été vendues 94,672 fr., soit, sensiblement, 5 fr. 25 de perte par tête. Le fumier et la litière étaient négligés des deux côtés (1). Enfin un autre, de la Brie celui-là, pour ses opérations tout à fait identiques, montrait de très-beaux bénéfices.

La seule conclusion qu'il faille tirer de ces divergences, c'est que, dans les unes ou les autres, l'opération péchait sous le rapport de la comptabilité, ou sous celui de la manière dont elle était conduite. Il faut choisir entre les deux alternatives, il n'y en a pas d'autre. Je n'ai point, pour mon compte, à faire un choix.

Ce qui précède peut nous dispenser d'insister sur ce qui concerne le mode mixte d'engraissement, pratiqué en Normandie, ainsi que nous l'avons déjà dit, et aussi dans le Charolais et la Nièvre, concurremment avec celui des herbages, ou plutôt après, durant l'arrière-saison et l'hiver. En Vendée et en Limousin, c'est le seul mode presque généralement usité. Les bœufs restent au pâturage jusqu'à ce qu'ils soient en bon état, c'est-à-dire depuis le mois d'août jusqu'à la fin d'octobre. Ils y consomment un regain vigoureux, puis sont rentrés à l'étable, où ils consomment de 12 à 15 kilog. de foin et de 15 à 35 kilog. de raves, par tête et par jour, durant un mois; après quoi les raves sont remplacées par 3 kilog. de farineux, orge, seigle ou sarrasin, en buvées chaudes, pour parachever l'engraissement. En Vendée, au lieu de raves ce sont des choux branchus que consomment les animaux.

Lorsqu'on a des prairies voisines des étables, la spéculation de l'engraissement mixte est une bonne manière d'en utiliser les regains. Ceux-ci valent toujours mieux, consommés sur pied, que fauchés et séchés, attendu qu'ils sont d'une difficile conservation.

(1) *La Culture*, t. VI, p. 509 et 535.

Il est bon de rappeler, du reste, en cette occasion, que les regains sont très-riches en matières azotées, comme toutes les jeunes pousses des végétaux, ainsi que M. Payen l'a démontré. S'ils ne constituent pas une alimentation suffisamment tonique pour les animaux de travail ou pour les jeunes élèves, ils remplissent toutes les conditions nécessaires à des bœufs dont l'existence est limitée au temps de leur engraissement.

ESPÈCES OVINES

(Genre *Ovis*)

Caractères génériques. — Jusqu'à présent, les naturalistes n'ont admis, dans le genre *ovis*, qu'une seule espèce domestique, *O. aries domestica*, généralement connue sous le nom de mouton, qu'ils considèrent comme une modification du mouflon, *O. aries*. Pour eux, ce genre naturel ne comporte, en outre de celle-ci, que les espèces suivantes : *O. tragelaphus*, ou *mouton barbu*, et *O. montana*, qui sont les mouflons d'Afrique et d'Amérique, enfin *O. ammon*, ou argali.

Indépendamment de ce que l'hypothèse de la transformation du mouflon en mouton domestique n'a jamais été vérifiée expérimentalement, à l'aide de la caractéristique physiologique de l'espèce, cette caractéristique, ainsi que celle du genre, permet d'introduire dans la classification zoologique, dite naturelle, une importante correction. Cette correction ne serait sans doute pas la seule, si toutes les espèces et tous les genres admis étaient soumis à la même vérification. La révision, qui devrait bien être entreprise par les naturalistes qui en ont les moyens, ferait éclater le vice fondamental de la méthode d'après laquelle la faune a été classée.

En effet, il n'est plus possible de laisser subsister, en particulier, le genre *capra*, dont les caractères distinctifs, même au point de vue purement descriptif, n'ont d'ailleurs aucune consistance, ainsi que nous allons le voir.

Du moment qu'il est établi que l'espèce de la chèvre et celle du mouton se fécondent réciproquement, sans être douées, toutefois, de la fécondité continue entre elles, il est démontré par là qu'elles font partie toutes deux d'un seul et même genre naturel, qui sera pour nous le genre *ovis*. Les raisons qui doivent faire préférer celui-ci au genre *capra* n'ont sans doute pas besoin d'être développées, l'un des deux ne pouvant plus être maintenu. Par ordre d'importance, le premier l'emporte évidemment.

L'espèce de la chèvre rentre donc ainsi à sa vraie place naturelle dans le genre *ovis*, et devient *O. capra*, au lieu d'être *C. hircus* des naturalistes.

Les autres espèces admises du prétendu genre *capra* sont notamment celles du bouquetin et de l'œgagre. La dernière est considérée comme la souche de la chèvre domestique. L'hypothèse, si elle n'était gratuite, serait un argument, et non le seul, en faveur de la mutabilité de l'espèce, que la presque unanimité des naturalistes repoussent.

Il resterait à vérifier si ce sont bien là de véritables espèces, plutôt que des races distinctes de l'unique espèce de la chèvre ; de même qu'il n'est pas du tout prouvé que le genre *ovis* contienne tant d'espèces de mouflons ou de moutons. Il y a tout lieu de penser, au contraire, que ces espèces supposées ne sont non plus que des races d'une espèce unique. C'est l'expérimentation de la fécondité, qui seule permettrait d'en décider définitivement, les différences anatomiques n'ayant aucune valeur absolue à cet égard, pas plus que pour la distinction des genres.

Voici, par exemple, les caractères classiques considérés comme distinctifs des genres *ovis* et *capra*, faisant partie de l'ordre des ruminants, sous-ordre des ruminants à cornes, bien que les races ou les familles de moutons et de chèvres sans cornes ne se comptent plus.

Genre ovis : tête busquée et dépourvue de mufle; oreilles longues et étroites; cornes creuses, anguleuses et ridées transversalement, contournées en spirale et persistantes; menton dépourvu de barbe; deux mamelles inguinales; canal biflexe entre les deux doigts; queue longue et tombante; peau recouverte d'un poil grossier, mêlé d'un duvet tendre.

Genre capra : tête plutôt droite que busquée; cornes recourbées en haut et en arrière; barbe plus ou moins longue sous le menton; deux grosses mamelles inguinales pendantes, ayant chacune un long trayon; pas de canal biflexe; queue très-courte et relevée; deux poils, l'un droit et rude, l'autre fin et formant duvet.

En vérité, pour ceux qui ont quelque peu étudié les races ovines et caprines, il est impossible de prendre au sérieux de telles caractéristiques, dont pas un seul point n'est rigoureusement exact, comme Isidore Geoffroy Saint-Hilaire l'a déjà fait remarquer. Ainsi, il y a tout autant de races de moutons à chanfrein droit que de races de chèvres à chanfrein busqué : la direction du chanfrein ne peut donc pas servir à les distinguer entre elles.

Dire que les cornes du mouton, lorsque cornes il y a, sont contournées en spirale, c'est énoncer une erreur pour le plus grand nombre des races de l'espèce. La vérité est qu'on ne les observe ainsi que chez les races dont la laine présente des flexions très-rapprochées, comme celles du mérinos et du mouflon d'Afrique, qui ont probablement tout seuls servi de modèle à la description des naturalistes.

Toutes les autres races à laine droite ou seulement ondulée ont leurs deux cornes, quand elles n'en ont pas quatre, ainsi que cela se montre fréquemment dans les races de montagnes, recourbées en haut et en arrière, comme les cornes des chèvres qui en ont.

La seule existence du mouton barbu (*O. tragelaphus*) suffirait pour annuler l'importance caractéristique de la barbe des chèvres, si d'ailleurs elle ne faisait pas défaut chez des races caprines entières, et chez un grand nombre de sujets de celles mêmes qui en sont en général pourvues.

Dans les deux cas, les deux poils existent au même degré, chez les individus ayant toujours vécu du même régime. Les mamelles aussi sont construites sur le même plan et ne diffèrent que par le volume, chose évidemment acquise.

Il ne resterait donc, comme caractères vraiment distinctifs, que le canal biflexe et la forme de la queue, s'il était bien définitivement établi que leurs différences fussent tout à fait générales ; mais I. Geoffroy Saint-Hilaire a pu faire voir aux auditeurs de ses cours que la poche digitale est absente dans quelques races de moutons et qu'elle se trouve, rarement à la vérité, chez la chèvre.

Si l'on n'en possédait une plus naturelle et plus logique, on pourrait, par besoin urgent, accepter une telle caractéristique pour établir des distinctions de race; mais, en conscience, même en vue de la caractéristique anatomique ou morphologique, c'est dépasser de beaucoup la mesure, de présenter cela comme suffisant à mettre entre les individus une distance aussi grande que celle qui sépare en réalité les genres naturels.

Les individus de la même espèce diffèrent souvent, ainsi que nous l'avons vu déjà, par les formes de leur tête, autrement importantes dans la hiérarchie anatomique qu'un petit détail comme le canal biflexe ou la longueur de la queue. Dût-on trouver une caractéristique morphologique certaine, il est évident qu'elle ne pourrait se rencontrer là, même pour distinguer l'espèce de la chèvre de celle du mouton; à plus forte raison ne doit-elle donc pas valoir pour le genre.

Cuvier dit lui-même, à propos de l'ordre des ruminants, que « l'on a été obligé de les diviser en genres d'après des caractères assez peu importants. » Comment un tel génie n'en a-t-il pas plutôt conclu contre la méthode adoptée? En ce qui concerne les moutons, il ajoute : « Ils méritent si peu d'être séparés des chèvres qu'ils produisent avec elles des métis féconds (1). »

Cependant, l'illustre naturaliste n'en continue pas moins de les séparer.

En définitive, d'après la caractéristique expérimentale, il est incontestable que les deux espèces domestiques du mouton et de la chèvre, qui nous intéressent seules particulièrement ici, appartiennent au même genre naturel, puisqu'elles sont capables de se féconder mutuellement et de donner des hybrides jouissant d'un certain degré de fécondité, comme le prouvent surtout les *chabins* du Chili (2).

Et par là tombe, soit dit accessoirement, l'argument

(1) *Règne animal*, 1re édit., t. Ier, p. 266 et 277.

(2) Voy. *Principes généraux*, p. 255.

invoqué par I. Geoffroy Saint-Hilaire, en preuve de l'*hybridité bigénère* admise par lui, en s'appuyant sur ce qu'il devait lui-même contribuer à faire disparaître : la distinction générique de la chèvre et du mouton, dont nous venons de voir le peu de fondement.

LIVRE PREMIER

MOUTON (O. A. domestica, L.)

CHAPITRE PREMIER

CARACTÈRES SPÉCIFIQUES ET ORIGINES

Caractères spécifiques. — La caractéristique de l'espèce adoptée dans cet ouvrage étant bien connue maintenant, nous pouvons nous borner à dire que dans le genre *ovis* auquel ils appartiennent, les moutons des diverses races ne se distinguent rigoureusement des chèvres que par leur faculté de fécondité illimitée entre eux. Si la plupart de ces races diffèrent, par leur physionomie, de celles des chèvres, il en est d'autres qui s'en rapprochent tellement, ainsi que nous le verrons, qu'il serait bien impossible d'établir une démarcation nettement tranchée. Il n'y a donc de vraiment spécifique, ici comme partout en zoologie, que la limite de l'aptitude à donner des suites naturelles et indéfinies.

Et il y aurait lieu de s'étonner que les naturalistes, tout en reconnaissant la vérité du principe, n'en persistent pas moins à baser leurs déterminations d'espèces sur des caractères tirés de la forme des animaux, malgré les démentis que l'expérience leur donne à chaque instant. Leur persistance inconcevable à cet égard ne peut être comparée qu'à l'arbitraire de ce qu'ils appellent des différences de valeur spécifique, en vertu de quoi l'on voit, par exemple, ranger dans la même espèce des individus qui n'ont pas le même nombre de vertèbres ou de côtes, et distinguer au contraire ceux qui ont des cornes plus ou moins rameuses, ou la queue plus ou moins longue, ou plus ou moins large, ce qui n'est guère méthodique, on en conviendra.

Origines. — L'auteur que nous avons déjà cité à propos de l'origine de nos bœufs, emploie, quant à celle des moutons domestiques, les mêmes arguments pour trouver leur patrie originaire en Orient. C'est, du reste, une thèse qu'il a soutenue pour toutes les espèces. Après avoir fait appel de nouveau à la lettre des antiques monuments des civilisations hébraïque et indoue, il conclut que le mouton ne descend donc pas « de notre mouflon d'Europe, comme l'avait cru Buffon, et comme on l'a répété jusqu'à nos jours, quoique Pallas, dit-il, eût depuis longtemps relevé ces erreurs.

« Les faits de l'histoire naturelle, ajoute-t-il, concordent ici avec les données de l'histoire et confirment les conclusions auxquelles celles-ci conduisent. Ils ne le font toutefois, à l'égard des races ovines, que d'une manière générale, nous montrant dans l'Orient plusieurs mouflons dont ces races se rapprochent autant que de notre espèce, mais sans qu'elles se rattachent à aucun d'eux en particulier par une similitude plus marquée de caractères.

« Nous n'avons d'ailleurs sur ces mouflons orientaux, fort difficiles à distinguer entre eux et à caractériser par rapport à ceux d'Europe, que des connaissances insuffisantes. Aujourd'hui, comme il y a trente ans, nous croyons prématurée toute tentative de détermination spécifique de la souche ou des souches des moutons. Nos races ovines sont originaires d'Orient; c'est à peu près tout ce que nous pouvons en dire (1). »

Et c'est encore beaucoup trop, eu égard aux bases si fragiles sur lesquelles la conclusion d'Isidore Geoffroy Saint-Hilaire est fondée. Leur fragilité deviendra bien plus évidente encore, lorsqu'on aura lu la description des races ovines si diverses. Tout au plus doit-on admettre cette origine orientale pour la race mérinos et celles qui, comme elle, ont des cornes en spirale; mais, en ce qui les concerne, elle n'est pas douteuse, attendu que leur type se trouve encore en Asie mineure et dans le nord-est de l'Afrique; mais quant aux races à laine droite et grossière du nord de l'Europe, de ce qu'elles n'y ont plus de représentant sauvage, on ne peut, sans céder à une idée préconçue, se refuser à reconnaître qu'elles en soient originaires, pour l'excellente raison que dans les pays qu'elles habitent il n'y a plus un seul ruminant vivant en état de sauvagerie. Tous les représentants de ces races ont été domestiqués, ce qui n'était pas chose difficile, à vrai dire.

L'état de nos connaissances sur la permanence du type naturel ne permet pas d'arriver à une autre conclusion, lorsqu'on veut remonter à l'origine des races. Il est évident, désormais, que le type distinct implique une souche distincte, et il n'y a plus à choisir, comme le pensent les partisans de la variabilité limitée, entre l'origine orientale de tous nos moutons et la transformation du mouflon de Corse en mouton domestique, du moment que cette trans-

(1) *Hist. nat. génér. des règ. org.*, loc. cit., p. 85.

formation, admise par Buffon, est reconnue impossible. Le mouton, d'où qu'il vienne, a toujours été mouton, comme le mouflon d'Europe a toujours été et restera toujours, tant qu'il vivra, le mouflon que nous connaissons. La solution de ces questions-là ne présente plus les difficultés, depuis qu'on a substitué, dans leur étude, les recherches anatomiques et physiologiques aux ressources de l'imagination.

CHAPITRE II

FONCTIONS ÉCONOMIQUES ET TYPES DE CONFORMATION

1. Fonctions économiques.

Spécialités de service. — Longtemps les moutons ont été désignés, en économie rurale, ou dans le « mesnage des champs, » comme on disait jadis, sous le nom de bêtes à laine. Ils le sont encore à l'heure présente par beaucoup de gens.

L'idée qui s'exprimait ainsi, dans la désignation générale des troupeaux, notre siècle est appelé à la modifier profondément. La laine, chez le mouton, tend à ne plus être le produit le plus estimé ; c'est aussi de la viande, c'est de la nourriture qu'il faut à un siècle témoin de l'avénement au bien-être, par la glorification du travail, des classes les plus nombreuses qui en avaient été toujours déshéritées.

Si donc, ainsi que nous l'avons dit en posant les principes généraux de la zootechnie, aucune des deux spécialités de service de l'espèce ne peut plus être désormais considérée comme accessoire; si les moutons doivent être exploités avec un égal intérêt et pour leur viande et pour leur laine; le point de vue qui dominait à la fin du dernier siècle toute la doctrine de leur amélioration, se trouve être par là changé entièrement. Ce ne sont plus seulement, pour l'économiste, des bêtes à laine, ce sont en même temps, et dans tous les cas, des bêtes à viande.

En réalité, tel que se présente le problème économique des races ovines de notre pays, aucune de ces races ne peut être considérée comme devant répondre à une spécialité quelconque de service; aucune ne doit être par conséquent étroitement spécialisée.

Sans doute, les aptitudes naturelles ne se prêtent point chez toutes au même degré, à la satisfaction de leur double fonction. Les caractères de leurs toisons présentent des variétés irréductibles qui, sous le rapport de la production de la laine, laisseront toujours subsister des différences considérables d'aptitude et, en conséquence, d'importance dans la fonction, que les différences de milieux naturels contribueront à maintenir de leur côté. Mais il n'en est pas moins vrai qu'en toute circonstance, les deux fonctions ne peuvent manquer de coexister, quelle que soit leur importance réciproque sur les individus considérés.

Cette donnée économique a été mise en évidence, croyons-nous, principalement par nos propres études sur la race mérinos, qui offre le type parfait de la double fonction à sa plus haute puissance. Quelques éleveurs, que nous aurons l'occasion de citer en décrivant cette race, en avaient auparavant fourni la démonstration expérimentale. Elle domine toute l'économie de l'exploitation des races ovines et elle trace, pour cette exploitation, des règles de conduite dont on a trop souvent sollicité les éleveurs de s'écarter, dans des sens divers et toujours trop exclusifs.

Tant il est vrai que la zootechnie, combinaison équilibrée de tous les éléments entrant dans la constitution d'un tel problème, pouvait seule fournir une doctrine sûre pour le résoudre définitivement, en donnant sa consécration aux travaux des éleveurs distingués qui, opérant d'abord pour eux-mêmes, en avaient pressenti la solution.

2. Types de conformation

Beautés absolues. — Des conditions qui viennent d'être rappelées sommairement, quant aux fonctions économiques du mouton, découle cette conséquence, qu'il y a dans son espèce un ensemble de formes pouvant se prêter en même temps au plus grand développement de ses deux aptitudes et à l'accomplissement le plus complet de ses deux fonctions. Quelles que soient les qualités spéciales de sa laine, constituant pour lui des beautés relatives, l'étendue des régions qui fournissent de la viande ne peut être augmentée, sans que la surface de son corps couverte de cette laine, sans que la toison, en un mot, bénéficie de cette augmentation. Si, comme nous le verrons, quelques-uns des caractères de la toison en doivent être un peu modifiés, en bien ou en mal, suivant l'état du marché des laines, que la qualité en souffre ou non, la quantité, je le répète, bénéficie toujours.

Il y a donc, dans l'espèce ovine qui nous occupe, un type

unique et absolu de belle conformation; et les applications de la zootechnie sont assez avancées sous ce rapport, Dieu merci, pour que nous en puissions indifféremment trouver le modèle, aussi bien dans les races les plus remarquables et les plus estimées pour la qualité de leur laine, que dans celles qui sont spécialisées le plus étroitement pour la production de la viande.

Indiquons les caractères secondaires dont la réunion constitue, dans tous les cas, la meilleure conformation; nous examinerons ensuite, avec tous les détails qu'un tel sujet comporte, ceux qui ne peuvent être que des beautés relatives et qui concernent exclusivement la toison.

La taille et le développement absolu sont indifférents : ils dépendent des circonstances de milieu, et sont toujours en rapport avec elles. C'est là un des principes fondamentaux de la zootechnie. Les considérations de volume qui vont être indiquées sont, par conséquent, essentiellement relatives, dans le type de la belle conformation (grav. 46, 47 et 48).

La tête est fine, légère, aux naseaux humides, mais dépourvus de mucosités épaisses et agglutinées; à l'œil bien ouvert, vif et clair, d'une expression douce, avec la sclérotique d'une blancheur brillante, de la nuance de la belle porcelaine, la conjonctive rosée, sans sécrétion exagérée de larmes; aux cornes absentes, ou en tout cas peu développées et contournées de manière à ne pas enserrer la tête dans leurs spirales, lorsqu'elles existent, le mieux étant toujours qu'il n'y en ait point.

La nuque et le col, minces à l'attache de la tête, sont courts et vont ensuite s'élargissant et s'épaississant insensiblement, pour s'unir sans dépression à une poitrine ample et profonde, à un garrot bas et épais, à des épaules bien musclées, séparées l'une de l'autre par un poitrail large et saillant.

Les parois thoraciques, uniformément arrondies, ne laissent voir aucune dépression en arrière des épaules, toutes les côtes étant également arquées depuis la tige dorsale jusqu'au sternum.

Cette tige, se prolongeant sans inflexion, ainsi que

Grav. 46. — Type parfait de la beauté zootechnique du mouton, vu de profil.

celle des lombes jusqu'à la croupe, donne pour la partie supérieure du corps, du garrot à la queue, un plan rectiligne, large, abondamment musclé et divisé par un sillon longitudinal correspondant au sommet des apophyses vertébrales, sur la ligne médiane. Des hanches écartées, un *râble* large et épais, un bassin long, bien fourni de muscles donnant une croupe épaisse; des cuisses larges, également épaisses et descendues, en un mot de forts gigots; un flanc court, un ventre bien arrondi, continuant le cylindre de la poitrine, pour se relever insensiblement vers les aines; enfin des membres grêles dans leurs régions inférieures, exclusivement osseuses et tendineuses, complètent le tableau de la conformation parfaite, en y joignant toutefois, pour ceux-ci, des aplombs réguliers.

Cette dernière considération est de grande importance. A elle seule elle suffirait, jusqu'à un certain point, pour

Grav. 47. — Type parfait de la beauté zootechnique du mouton, vu de face.

donner une idée assez juste de la plupart des autres détails de la conformation qui viennent d'être exposés, et l'on va le comprendre sans difficulté.

L'écartement de chacun des bipèdes antérieur et postérieur témoigne effectivement de l'ampleur du thorax, de l'inclinaison des os du bassin et par conséquent de l'ampleur de la coupe, qui commandent tout le plan du squelette, d'où résulte la conformation. Or, des membres bien verticaux, dont chaque pied s'appuie d'aplomb à l'un des angles du parallélogramme représentant une base de sustentation large et relativement longue, supposent nécessairement un développement harmonique de toutes les parties du corps, qui rapproche l'ensemble de celui-ci de la figure géométrique du parallélipipède, reconnue, ainsi que nous l'avons vu, comme étant la plus favorable aux forts rendements, chez les animaux de boucherie. Ajoutons que c'est en outre celle qui multiplie le plus les sur-

Grav 48. — Type parfait de la beauté zootechnique du mouton, vu de derrière.

faces, et par conséquent l'étendue de la peau, ce qui ne saurait être indifférent pour le cas présent, où il s'agit aussi de la production de la laine dont elle est revêtue.

Et de plus, nous pouvons faire remarquer dès maintenant que les régions de la peau ainsi développées sont précisément celles qui, d'une manière absolue, sécrètent la laine de premier choix, quelle que soit d'ailleurs la valeur relative de la toison.

Caractères de la toison. — Des deux sortes de poils

que sécrètent, à l'état naturel, les bulbes de la peau du mouton, l'un, roide et droit, est le plus abondant, l'autre, onduleux ou frisé, l'est le moins. Dans l'état domestique, leurs proportions sont renversées : c'est la seconde sorte, appelée *laine*, qui domine et constitue la *toison*, laquelle est réputée d'autant meilleure que la proportion du poil roide, ou *jarre*, y est moins forte. Tous les efforts de la culture des toisons ont pour but de faire substituer, à la surface du corps, la laine à la jarre et de reléguer celle-ci à la région inférieure des membres, sinon à la faire disparaître tout à fait, comme on y a réussi pour quelques familles de moutons mérinos.

L'appréciation de la valeur de la toison se tire de l'examen des propriétés des filaments laineux dont elle se compose, de la manière dont ils sont groupés entre eux et de l'étendue de la surface du corps qu'ils recouvrent. Cet examen fournit en outre des caractères secondaires pour la classification des races, au point de vue de la fonction économique qui s'y rapporte, et il comprend, dans l'ordre analytique, trois termes successifs, qui sont : la *toison*, la *mèche* et le *brin* ; la toison résultant de l'assemblage des mèches, la mèche étant de son côté une réunion de brins groupés d'une certaine façon.

Pour désigner les propriétés de ces divers objets, nous nous servirons des expressions usitées dans le commerce des laines, en vue duquel, en définitive, les éleveurs doivent travailler, puisque les débouchés de la marchandise qu'ils fabriquent dépendent de lui ; et pour la plus grande efficacité de nos enseignements, nous procéderons en mode synthétique, au lieu de procéder en mode analytique. Les faits apparaîtront ainsi d'une façon plus saisissante.

Brin. — L'étude de la constitution anatomique ou histologique du brin de laine est fort intéressante pour la science spéculative. A notre point de vue présent, nous pouvons la négliger sans aucun inconvénient; les tubes emboîtés, de cellules épidermiques, dont ce brin se compose, ne se voient qu'au microscope et à de forts grossissements. Un savant membre de la Société d'anthropologie de Paris, notre collègue M. Pruner-Bey, a poussé très-loin l'examen des chevelures humaines, en vue de déterminer la figure géométrique de la coupe du cheveu dans chacune des races admises, afin d'y trouver, si c'était possible, un caractère distinctif. Chez les animaux, et chez le mouton notamment, je ne pense pas qu'un tel travail pût offrir un bien grand intérêt. Il n'en est point de même des propriétés que nous allons passer en revue.

Le diamètre du brin est ce qui doit être considéré d'abord; il donne la mesure de la *finesse* de la laine, dont les degrés ont fait établir cinq grandes catégories commerciales de pure convention, sur la distinction desquelles les hommes spéciaux s'entendent parfaitement, bien qu'elles n'aient rien de précis. Il y a ainsi les *laines extra-fines* ou *superfines*, *fines*, *intermédiaires*, *communes* et *grossières*. Chacune de ces catégories a son type dans certaines races ou certaines tribus, ainsi que nous le verrons par la suite, et c'est ce type qui sert de point de comparaison.

Quel que soit le diamètre du brin, s'il est le même dans toute son étendue, cela indique une sécrétion de la toison non interrompue par de mauvaises conditions hygiéniques, et cette *égalité du brin* est une propriété justement estimée. Lorsque le brin est droit, la laine est *lisse;* avec de larges flexuosités, elle est *ondulée;* avec des flexions rapprochées, elle est *frisée;* enfin le brin présente sur toute son étendue des plis alternatifs, à angles opposés et plus ou moins aigus, qui donnent la laine *en zigzags*, souvent confondue avec la laine frisée, mais à tort : ce dernier caractère est d'une grande valeur, attendu qu'il paraît appartenir exclusivement à la race mérinos et peut servir, par cela même, à montrer au moins l'intervention de cette race lorsqu'il se présente dans une toison quelconque.

Du reste, les flexions du brin sont assez en rapport, en général, avec son degré de finesse. C'est pour cela qu'on a proposé de juger de celui-ci par leur nombre, dans une longueur déterminée. En comptant les angles ou leurs sommets, on aurait ainsi la finesse comparative. Il est certain que la laine se frise d'autant plus qu'elle est plus fine, quand elle se frise; mais l'existence de laines lisses et fines enlève aux procédés de mensuration imaginés leur valeur absolue; ils ne valent que pour la catégorie des laines frisées.

On recherche toujours la *souplesse*, le *moelleux*, la *douceur*, qui signifient que le brin subit et conserve sans la moindre résistance toutes les directions qui lui sont imprimées. Ces propriétés sont les opposées de celles qui font qualifier les laines de *roides*, *dures*, ou de *jarreuses*, parce qu'elles participent plus ou moins de la nature du poil inculte. Elles dépendent de la structure du brin et par conséquent des soins donnés au mouton et de son état de santé. Elles comptent parmi les plus estimées, en raison des facilités qu'elles procurent pour le travail de la laine, pour son feutrage, et aussi à cause des qualités qu'elles communiquent aux tissus fabriqués, le moelleux et la douceur au toucher, si recherchés dans les étoffes de laine.

La résistance opposée à la tension par le brin constitue sa

force ou son *nerf*, ce dernier terme étant le plus employé. Cela s'apprécie approximativement, par l'habitude; on n'a jamais déterminé l'effort que la laine doit supporter sans se rompre, pour mériter d'être qualifiée de *nerveuse*. L'égalité du brin n'est pas nécessairement un signe de force, mais elle existe toujours dans les laines nerveuses. On la rencontre aussi parfois sur de la laine *faible*, comme l'est celle des animaux uniformément mal nourris ou maladifs; toutefois, l'absence de force ou de nerf qui caractérise celle-ci est surtout le propre de la laine *à deux bouts* ou *laine fourchue*, ainsi appelée parce que le brin présente en son milieu une partie moins résistante, qui a été sécrétée durant une période d'alimentation mauvaise ou insuffisante, ou de faiblesse quelconque. Cette sorte de laine existe souvent chez les brebis qui ont été épuisées par la lactation. Elle a peu de valeur, en raison de ce qu'elle est difficile à travailler ou qu'elle casse sous les outils, en donnant beaucoup de déchet; ce qui explique le grand cas qu'on fait des qualités opposées.

Avant que la propriété précédente soit mise en jeu par la traction opérée sur le brin, une autre se manifeste lorsqu'elle existe : c'est celle qui est appelée *extensibilité* et qui s'accompagne le plus souvent d'une certaine *élasticité*. Elles se définissent par leur nom même, car elles sont des propriétés générales de la matière. Elles varient l'une et l'autre suivant la finesse et la direction du brin; mais pour chaque direction leur degré est un bon indice de la qualité.

A finesse égale, les laines lisses et droites sont moins extensibles et moins élastiques que les laines ondulées, ou frisés, ou en zigzags. Une fois qu'on a fait disparaître, en les étendant, les ondulations ou les angles du brin de celles-ci, il est encore susceptible de supporter sans se rompre un allongement plus ou moins considérable, quand on lui fait subir une traction; si, la limite de son extensibilité n'ayant pas été franchie, non plus que celle de sa force ou de son nerf, il est ensuite abandonné à lui-même, il revient à sa longueur première avec une rapidité plus ou moins grande, qui donne la mesure de son élasticité.

Ce sont encore là des qualités précieuses, car les laines qui ne les possèdent pas, telles que les laines grosses, droites et lisses, ne sont point propres à la fabrication des étoffes foulées; elles se rompent sans s'être allongées sensiblement. L'extensibilité et l'élasticité du brin sont donc à rechercher au plus haut degré.

La plupart des propriétés examinées jusqu'à présent, la souplesse, le moelleux, la douceur, l'extensibilité, l'élasticité, le nerf, paraissent dues à la matière grasse appelée *suint*, dont le brin de laine est plus ou moins pénétré. La preuve en est que les laines sèches sont dures et cassantes.

La composition chimique du suint, que Vauquelin avait déjà examinée, a été, de la part de M. Chevreul, l'objet d'études persévérantes. Les analyses de l'illustre savant y ont fait découvrir plus de trente principes immédiats constitués par autant d'acides gras divers. C'est donc une matière fort complexe et très-variable dans sa composition, suivant les individus. Elle est sécrétée par des follicules particuliers de la peau du mouton, qui fonctionnent suivant les circonstances d'habitation, de température et d'alimentation. Elle est plus ou moins fluide et onctueuse, d'après les principes immédiats dont elle est composée et leurs proportions relatives. C'est ce qui fait que le suint communique au brin de laine des propriétés variables par leur intensité. Ses propres qualités sont donc grandement à considérer.

Le suint blanc ou faiblement coloré en jaune, abondant à la surface du brin, indique la douceur et la souplesse de celui-ci. Il donne au toucher une sensation onctueuse. Un simple lavage à l'eau froide suffit pour l'enlever. Il ne se rencontre guère avec ces qualités que sur les laines fines, qui sont toujours moins bonnes quand elles en sont dépourvues ou n'en possèdent qu'une minime quantité. Aussi provoque-t-on parfois artificiellement sa sécrétion, ce qui doit mettre en garde contre la surabondance du suint, même dans ces conditions.

Épais et fortement coloré, il devient nuisible, plus par ses propriétés que par son abondance, bien que dans le cas la laine soit dite *chargée de suint*. Il s'observe ainsi sur les laines grossières, auxquelles il communique un toucher rude, contrairement à celui du suint huileux et fluide. Il ne s'en va pas au lavage. La laine qui en est chargée doit subir des procédés particuliers de dégraissage, les principes immédiats qui dominent alors dans sa composition étant peu susceptibles d'être entraînés par l'eau toute seule.

Nous n'avons encore rien dit de la couleur du brin, qui apparaît cependant la première quand on l'examine. C'est que si elle est due essentiellement à la constitution propre de celui-ci, à la présence ou à l'absence du pigment, les nuances diverses qu'elle présente dépendent de celles du suint qui l'entoure et l'imprègne.

La laine est naturellement de couleur blanche, rousse ou noire. Les moutons à laine noire ou rousse ne sont pas en général estimés et on les élimine soigneusement des grands troupeaux, lorsqu'ils y apparaissent accidentellement. Cependant, nous connaissons au moins un éleveur en France qui se livre à l'exploitation d'un troupeau tout entier composé de bêtes portant un tel lainage.

La laine dépourvue de pigment est tantôt d'un jaune d'ocre ou roussâtre, tantôt d'un jaune vif ou blanchâtre, tantôt enfin d'un blanc mat. Ces nuances diverses sont dues aux qualités du suint, répétons-le, car le brin prend une teinte uniforme lorsque le lavage l'en a débarrassé. Le blanc mat et le jaune vif ou blanchâtre sont les plus estimés et se rencontrent indifféremment dans les toisons de premier choix. L'habitation des moutons, suivant qu'elle est disposée sous le rapport de l'aération, fait développer l'une ou l'autre teinte. La couleur jaune d'ocre ne se voit que sur les laines grossières et chargées de suint. Jamais elle n'est accompagnée de l'éclat soyeux, du brillant, du lustre des belles laines, qu'il ne faut point confondre avec l'aspect vitreux des laines communes.

Enfin, pour terminer sur ce qui concerne la caractéristique du brin de laine, il nous reste à parler de sa longueur. Dans les usages de la classification des laines, ce n'est point la longueur absolue qui est considérée. Le brin d'une toison rangée dans la catégorie des laines courtes peut fort bien, une fois étendu, avoir plus de longueur qu'un autre appartenant à celle des laines dites longues. Cela dépend uniquement de la forme générale du brin. *Laine courte* équivaut à *laine frisée; laine longue* à *laine droite* ou seulement *ondulée.* Les brins les plus fins, toutefois, dans les laines frisées, sont ordinairement les plus courts d'une manière absolue, et ils sont les plus estimés parce que, en s'enchevêtrant plus facilement à la filature, ils communiquent aux filés une plus grande résistance pour la fabrication des tissus auxquels les laines frisées sont propres.

Mèche.— Les brins de laine, avons-nous dit, se groupent en touffes pour former la *mèche*. Celle-ci, plus ou moins volumineuse, prend des formes particulières, qui ont de l'importance dans l'appréciation des toisons. C'est la constitution de la mèche qui a servi pour la distinction que nous venons de voir, des laines en courtes et en longues, dans laquelle la longueur absolue du brin n'est pour rien. *Laine courte* est donc pris pour *mèche courte ; laine longue* pour *mèche longue*.

Suivant les dispositions de la mèche, la *toison* est *ouverte* ou *fermée*. Si chacune des mèches qui la composent est pointue et pendante, la toison est ouverte. C'est le propre des laines lisses et longues, et aussi, mais d'une façon moins tranchée, des laines ondulées. La *mèche* de celles-ci est quelquefois tordue sur elle-même, ou *vrillée*.

Ces *toisons* ouvertes sont aussi dites *mécheuses*. Toujours plus ou moins souillées par la poussière, la terre ou les impuretés de toute sorte qui s'introduisent entre les brins en altérant le suint, elles sont généralement inférieures et peu estimées, et d'autant moins qu'elles sont plus ouvertes.

Le plus grand intérêt de l'étude de la mèche se rapporte à celle des toisons fermées, dont la constitution dépend uniquement de sa propre structure. Celle-ci dépend, de son côté, de la manière plus ou moins régulière dont les brins sont groupés. Les laines fines seules forment des mèches de toison fermée, dont les caractères spéciaux sont tirés de la longueur, du diamètre et de la forme de la mèche.

On qualifie de *mèche cylindrique* ou de *mèche carrée* celle qui présente un diamètre égal dans toute son étendue. La *mèche conique* a un diamètre plus fort en haut ou en bas; dans ce dernier cas, la base du cône étant à l'insertion des brins, ou à leur naissance, le sommet en est émoussé, arrondi ou pointu. Suivant l'abondance des brins qui la forment, la *mèche* est *drue* ou *clair-semée;* d'après leur mode d'agglomération, elle est *serrée* ou *lâche*.

L'étendue en longueur de la mèche ainsi dressée dépend à la fois de la longueur absolue des brins et du nombre des inflexions de chacun. Son diamètre est d'autant moins fort que les brins sont plus fins, le même nombre à peu près de ceux-ci se groupant ordinairement en mèches. L'important est surtout que ce diamètre soit égal, que la mèche soit par conséquent cylindrique ou carrée, parce que cela témoigne d'une égale finesse et d'une croissance régulière de tous les brins qui la composent. La mèche conique à sommet supérieur émoussé ou arrondi ne présente cependant pas de grands inconvénients, pourvu que la forme n'en soit point due à ce que tous les brins n'aboutissent pas au sommet. Dans ce cas, d'ailleurs, le sommet est celui d'une *mèche pointue*, toujours défectueuse. Un sommet plus large que la base, ce qui est le cas de la mèche conique renversée, est également un mauvais indice, attendu que cela est dû à l'inégalité du diamètre du brin, plus fort au sommet.

La meilleure constitution de la mèche est donc celle qui résulte de la réunion de brins uniformément frisés et très-rapprochés. Des mèches ainsi constituées, bien égales, obtuses, forment par leur ensemble la *toison serrée* ou *tassée*, toujours la plus lourde. Elle tient en grande partie à l'*homogénéité de la mèche*. Celle-ci ne s'entend pas seulement de l'égalité parfaite de tous les brins, quant aux diverses propriétés passées en revue, elle résulte aussi du nombre relativement considérable de brins implantés sur une surface donnée. On constate ce nombre d'une manière suffisante, en écartant les mèches sur une petite étendue de la toison. Si elles sont tassées, elles laissent voir alors des brins fortement serrés les uns contre les autres, uniformément infléchis ou ondulés sans entre-croisement; on n'aperçoit qu'à peine la surface cutanée, tant les brins sont drus, et les mèches conservent l'inclinaison qu'on leur a donnée en ouvrant la toison.

Tous les mérites absolus de celle-ci se trouvent donc, en réalité, résumés dans la qualité que l'on appelle *le tassé*. Mais il est bon de se mettre en garde à cet égard contre de fausses apparences. Un certain défaut d'homogénéité, caractérisé par la *laine brouillée*, pourrait à la vue seule faire prendre le change; de même pour les mèches coniques à base élargie et supérieure. Ces deux dispositions des mèches caractérisent la *toison creuse*. Le tassé n'appartient qu'à la mèche carrée et parfaitement homogène, et il est facile de le constater par l'examen direct de ses propriétés.

Étendue.—Les mérites de la toison, analysée ainsi dans ses détails, sont enfin complétés par ceux qui résultent de l'examen de l'ensemble. Deux caractères de cet ensemble doivent être considérés : l'étendue de la surface de peau couverte de laine, qui, à qualités égales, donne à la toison une somme de poids plus ou moins forte; la répartition, sur les diverses régions, des différentes qualités de laine.

Auguste de Weckherlin (1), qui a beaucoup observé

(1) *Traité des bêtes ovines*, etc., traduit en français par Adolphe Scheler. Bruxelles, Em. Tarlier, 1861.

dans les États de l'Allemagne où les moutons producteurs des toisons les plus fines sont surtout exploités, paraît avoir fourni les meilleures indications sur le dernier de ces caractères. Nous allons les lui emprunter. Le premier

Grav. 49. — Indication des qualités de la laine dans la toison.

n'exige aucun développement. Je demande seulement la permission de ne pas reproduire servilement le texte du traducteur, qui laisse parfois à désirer sous le rapport de la correction et aussi quant à la méthode d'exposition.

La meilleure laine de la toison se trouve constamment sur les parties latérales du corps, depuis les épaules jusqu'à la croupe, et en bas jusqu'au niveau de la face inférieure du ventre, embrassant par conséquent les épaules, les côtes et les flancs (grav. 49. — 1, 1, 1, 1, 2, 2, 2, 2). Il n'en faut excepter qu'une bande étroite le long de la ligne dorsale. La valeur de la toison est donc d'autant plus élevée que la distance est plus grande entre les deux limites antérieure et postérieure qui viennent d'être indiquées. Sur l'épaule, la laine est souvent plus fine que sur les côtes, mais en ce dernier point la structure de la mèche est généralement plus régulière.

Sur les faces latérales du col, les mèches sont presque toujours un peu plus hautes que dans les points précédents.

Sur la face inférieure du ventre (3), bien que la laine ne soit pas moins fine qu'ailleurs, ses mèches sont resserrées, feutrées, courtes, par suite de la compression qu'elles subissent et de l'humidité qui les imprègne lorsque l'animal est couché. Elle est jaune, rude et très-lâche, ce qui lui enlève de sa valeur, attendu qu'elle ne prend pas toutes les teintes à la cuve du teinturier. L'acheteur, lorsqu'il opère son triage, la classe dans les « morceaux jaunes. » C'est dans cette région aussi que la toison est le plus ordinairement moins fournie, chez les races les plus laineuses; il n'est pas rare d'y voir des places vides, principalement en arrière des coudes. Ajoutons que chez beaucoup de races elle en est complétement absente et remplacée par le poil commun appelé jarre ; le vide se prolonge même parfois jusqu'à une certaine hauteur des parois latérales. En thèse générale, la présence d'une laine longue, abondante et tassée au ventre, augmente donc la valeur de la toison, et réciproquement son absence la diminue.

Sur la ligne dorsale, sur la croupe et sur la partie supérieure des cuisses (3, 3, 3), la régularité de la mèche et l'uniformité du brin diminuent. Il est rare que la laine du dos possède la souplesse et le moelleux de celle des côtes. Les mèches y sont moins souvent fermées, ce qui provient de l'influence exercée par les intempéries, la pluie, le vent, etc., sur ces parties surtout. En outre, quand la toison est en général peu serrée, c'est au dos que la séparation des mèches est particulièrement beaucoup plus sensible.

La laine des parties inférieure et supérieure du cou (3, 3) se montre très-souvent molle et pendante, au lieu d'être courte et nerveuse comme le reste de la toison. Lorsqu'il existe des replis de la peau, ou des fanons, que l'on appelle aussi cravates, la laine n'y est pas toujours beaucoup moins fine qu'ailleurs ; mais elle s'y montre souvent assez grossière, surtout chez les individus à laine épaisse ou tassée. C'est alors un très-grave défaut, qui se peut communiquer, dans la reproduction, à toutes les autres parties de la toison, à la longue. L'influence se manifeste par des raies couvertes d'une laine rude, dont les mèches ont une mauvaise structure, autour du col, de la nuque, et à la gorge, surtout chez les agneaux riches en laine, dont la peau se durcit entre ses plis.

Cela démontre que la multiplication des fanons n'est pas un bon moyen d'augmenter à la fois l'étendue et la valeur de la toison.

Sur la tête, sur le front, au poitrail, de même qu'aux régions du cou ci-dessus mentionnées, la laine est en général plus rude et plus dure, ses ondulations sont larges, ses mèches irrégulières, lâches et pendantes. On observe souvent dans le milieu de la gorge une raie lustrée qui, pour n'avoir pas une influence bien marquée sur la valeur individuelle de la toison, doit être prise en très-sérieuse considération lorsqu'il s'agit du choix d'un reproducteur. A ce titre elle doit le faire rejeter.

A la tête, il n'est pas rare de voir la laine mélangée de poils roides *(jarre)*, de même qu'au fanon. Cette particularité est toujours fâcheuse. Une tête bien garnie est précieuse comme indice de la puissance de production de la laine; plus ou moins chauve, au contraire, sa signification est nécessairement opposée.

La laine du garrot est presque toujours grossière, avec des ondulations moins prononcées. Si elle est fine, ses ondulations sont alors très-serrées et fort souvent les brins en sont feutrés. Quand on ne trouve pas au garrot de la laine feutrée, on peut être assuré qu'il n'y en a point ailleurs. Si elle y est fine et semblable à celle des parties environnantes, c'est un indice certain d'une très-grande valeur de l'ensemble de la toison.

A la base de la queue et aux cuisses, elle est aussi une bonne pierre de touche de l'homogénéité. Moins elle y diminue de finesse, mieux cela vaut. Souvent elle prend sur ces régions une grande longueur de mèche, ses ondulations étant imperceptibles, sinon nulles, et les brins formant des mèches comprimées et pendantes. C'est là que chez les métis elle se montre le plus souvent mêlée de beaucoup de jarre ou poil commun. Quand donc elle y est épaisse et tassée, c'est encore un excellent signe pour tout le reste de la toison.

Dans les opérations de croisement continu, c'est à la partie externe de la cuisse que la laine commune persiste le plus longtemps, dans la toison des métis de la race à laine fine; et il faut ajouter à cette occasion qu'il est permis de concevoir des doutes sur la constance ou la pureté d'une souche donnant des rejetons chez lesquels les variétés de finesse, dans la toison, ne suivent pas exactement l'ordre tracé par Weckherlin.

Enfin, pour terminer, disons que la laine de l'extrémité des membres n'est pas du tout estimée et qu'elle est ordinairement rangée parmi les laines d'abat. Toutefois, sa présence a de l'importance comme expression d'une toison très-étendue.

Avec ces bases, fondées sur les caractères de la beauté relative de la toison, jointes à celles qui se rapportent à la beauté absolue de la conformation du mouton, il nous sera facile maintenant de trouver des points de comparaison pour la description zootechnique des races de moutons et pour l'application des méthodes d'amélioration de leurs produits.

CHAPITRE III

DES RACES DE MOUTONS ET DE L'AMÉLIORATION DE LEURS PRODUITS

Classification des races. — Les considérations générales exposées au sujet des races bovines (p. 55) sont de tout point applicables à celles dont nous avons à nous occuper dans ce chapitre. Les répéter ici serait superflu. En ce qui concerne les moutons, les mêmes fausses doctrines ont également régné sans partage, et l'on peut ajouter qu'elles persistent à quelques égards encore ici, tandis qu'elles ont, au contraire, complétement disparu dans l'exploitation des races de bœufs.

Ainsi, nous rencontrerons quelques groupes de métis considérés comme formant des races nouvelles, et préconisés comme tels, à titre d'agents universels de transformation économique de l'espèce. La prétention a été examinée scientifiquement au chapitre du métissage (1). Sans y revenir, nous aurons à détailler davantage les faits qui s'y rapportent, parce que les individus dont il s'agit font partie de la population que nous devons décrire, en la groupant autour de chaque type de race naturelle auquel elle appartient.

Il y a une remarque à faire, relativement à la caractéristique de ce type.

Nous avons vu l'importance du caractère fourni par la cheville osseuse qui soutient la corne, dans l'espèce bovine. Appendice du crâne, dont elle est en quelque sorte, de chaque côté, un bourgeonnement, cette proéminence participe de la propre fixité de ses formes. Elle affecte, surtout dans sa direction, une constance qui la rend précieuse, jointe aux autres caractères de la tête osseuse, pour déterminer le type de la race.

Dans l'espèce du mouton, et pour mieux dire dans les deux espèces ovines qui nous intéressent, cette ressource nous manquera pour beaucoup de cas. D'abord, c'est très-exceptionnellement que les cornes existent, chez la femelle du mouton ; elles ne s'y montrent encore que dans le peu de races restées en grande partie incultes. Dans la plupart des autres, le nombre des mâles qui en sont dépour-

(1) Voy. *Principes généraux*, p. 304 et suiv.

vus va sans cesse croissant, car la tendance du progrès, dans l'espèce, est à leur disparition. Il est permis de prévoir qu'avant longtemps il n'y aura plus du tout de béliers cornus.

En présence du fait ainsi énoncé, il n'y a donc pas lieu de tenir grand compte de l'appendice du crâne, le plus souvent, parmi les caractères typiques des races ovines, et il ne faudra point s'étonner si nous ne pouvons même en faire mention.

L'embarras que nous avons éprouvé pour trouver une classification rigoureuse des races bovines, se présente encore bien plus au sujet de celles que nous avons maintenant à passer en revue. Il n'y a plus moyen de les distinguer par leur fonction économique et de les grouper en catégories basées sur cette fonction. Toutes offrent à la fois réunis, bien qu'à des degrés divers, les deux genres de service auxquels l'espèce est propre. L'usage a fait établir deux modes de division, entre lesquels il nous est permis seulement de choisir. L'un, fondé sur des différences de taille et de volume, admet des grandes et des petites races. Il ne sera pas nécessaire de faire sentir à quel point il est défectueux. Outre que la démarcation est impossible à établir, même d'une manière peu rigoureuse, qui ne sait que dans une seule race on observe souvent à cet égard les différences les plus tranchées? Il n'y a, pour s'en convaincre, qu'à comparer les mérinos de Naz à ceux de Rambouillet.

L'autre mode est basé sur l'un des caractères de la toison; on y reconnaît la catégorie des races à laine longue et celle des races à laine courte. Sans y attacher une idée de rigueur, qui ne serait point justifiée, c'est ce mode de classification que nous adopterons, faute de mieux, en prenant, bien entendu, les expressions dans le sens qui a été défini plus haut. Il n'y a point d'individus, de familles ou de tribus portant de la laine frisée, dans les races dites à longue laine ; mais la réciproque n'existe pas : la laine frisée est devenue longue et faiblement ondulée, dans certaines familles, ainsi que nous le verrons.

Des considérations de méthode d'exposition nous obligent, pour la clarté de nos descriptions, à commencer l'examen des races par celles de la catégorie des laines longues, dont quelques-unes, importées d'Angleterre à cause de leur grande aptitude à la production de la viande, ont été employées chez nous à la production de métis que nous ne pourrions décrire convenablement, si nous ne connaissions au préalable leur ascendant de la souche paternelle.

1. Races à laine longue.

Considérations générales. — Les raisons qui nous ont fait commencer la description des races de chevaux et de bœufs par celles venues en France des îles Britanniques subsistent, ainsi que nous venons de le dire, et avec la même force, pour les races de moutons. Il y en a ici une encore plus péremptoire. C'est sur l'espèce ovine que les premières applications des procédés de Backewell ont été faites ; c'est une race ovine qui a fourni la preuve la plus éclatante de leur efficacité et ce sont ses sujets améliorés, mis sous les yeux des éleveurs anglais, qui ont déterminé cet immense mouvement en vertu duquel tout le bétail anglais a été transformé dans ses aptitudes.

Dans les races à longue laine, dont la toison grossière

n'a pour les usages industriels qu'une valeur relativement faible, c'est la fonction économique de la production de la viande qui domine. Aussi bien est-ce à ce seul point de vue que leur amélioration a été entreprise et poussée si loin en Angleterre.

Nous avons voulu, chez nous, en tirer un autre parti, moins affermis qu'étaient nos éleveurs dans le sens pratique qui distingue nos voisins d'outre-Manche à un si haut degré. Par la nature même de notre climat, dont l'influence est d'une grande puissance sur la constitution des organes fort accessoires qui sécrètent la laine, ces races sont en très-petit nombre dans notre pays. Les régions qui pourraient leur être propices, en raison du climat, sont en grande partie occupées par l'espèce bovine. Le système herbager, auquel ces régions sont soumises, ne comporte point l'entretien des grands troupeaux. La France est d'ailleurs, sans contredit, le plus remarquable de tous les pays à moutons. D'immenses espaces leur sont consacrés, ainsi que nous le verrons; mais non pas aux moutons à laine longue. Nous pouvons faire mieux, en réunissant la production de la belle laine à celle de la viande. Notre situation climatérique s'y prête merveilleusement.

C'est donc plutôt à titre de modèle pour la conformation qu'en vertu de sa valeur intrinsèque, en raison de son incontestable priorité pour l'aptitude à l'engraissement précoce, plutôt que par ses mérites propres en qualité de producteur de viande, qu'il convient de placer en première ligne le mouton amélioré par Backewell. Le cas est seulement de dire ici : « A tout seigneur, tout honneur! »

Race de Leicester. — Cette race est plus connue en France sous le nom de *race de Dishley*, qui lui vient de la ferme (Dishley-Grange) où furent entreprises et conduites à si bonne fin les opérations dont il vient d'être parlé.

Sans doute, il est bon de perpétuer, dans leurs créations, la mémoire des grands hommes. J'ai dit quelque part que si l'humanité compte et révère des individualités plus illustres que le fermier de Dishley-Grange, elle n'a point eu, à mon sens, de plus réel et de plus grand bienfaiteur. Trouver une méthode capable d'accroître à ce point la somme des subsistances, mérite autrement l'illustration que de moissonner en leur fleur des millions d'hommes en cent batailles, quelque génie qu'on déploie à ce jeu cruel. Je n'ai donc garde de marchander la gloire à Robert Backewell.

Mais je ne saurais consentir à ce que cette gloire, si bien acquise, fût constatée au prix d'une erreur scientifique. Un nom nouveau donné à la race du Leicestershire, améliorée par Backewell, implique la création d'une race nouvelle; il implique que le type issu du troupeau de Dishley diffère en quelque point essentiel de celui du comté dans lequel la ferme était située; ce qui n'est pas. Aussi, sans vouloir en aucune façon déroger à la vénération qu'inspire en Angleterre la mémoire de l'illustre éleveur, y a-t-on pris en général le parti, maintenant, de désigner l'ensemble des individus issus de ce troupeau, sous le nom de *race new-leicester*, qui formule une idée de conciliation.

Pensant que les mots doivent s'appliquer exactement aux choses qu'ils désignent, il nous est impossible d'admettre aucun qualificatif pour une qualité qui n'existe pas. Or, le nom d'une race est celui de son type, et le type leicester est aujourd'hui ce qu'il était avant la venue de Backewell, ni plus ni moins. Il n'y a donc pas plus lieu d'appeler race de Dishley ou new-leicester les moutons dont il s'agit, que de désigner sous le nom de race de Ketton, ou autrement, les bœufs de Durham.

Qu'on les appelle, si l'on veut, pour indiquer leurs qualités réelles, race de Leicester améliorée, de même qu'on ajoute une désignation équivalente au nom des bœufs de Durham, je n'y vois pas d'inconvénients.

La race de Leicester a été importée en France, en vue d'opérer des croisements. Hormis dans les bergeries de l'État, on connaît bien peu de troupeaux qui en soient composés, si même il en existe, ce que j'ignore, n'en ayant jamais vu nulle part. Voici sa caractéristique (grav. 50) :

Grav. 50. — Bélier dishley du troupeau de M. Pinte (dessiné d'après nature par M. Mégnin, au Conc. rég. de Versailles, en 1865).

Caractères typiques. — Crâne brachycéphale, présentant une dépression profonde, en arrière de chacune des arcades orbitaires qui sont très-saillantes; pas de cheville osseuse; front proéminent; face moyenne, pointue, à chanfrein très-légèrement curviligne, sans dépressions latérales; crête zygomatique saillante; maxillaire inférieur à branches écartées, relevées à angle presque droit; arcade incisive petite. Sur le vivant, museau fin, lèvres minces, bouche petite; oreilles fines, minces et horizontales; absence de cornes; tête chauve; œil grand et bien ouvert.

Caractères secondaires. — Laine longue, grossière et rude, à mèches pointues et pendantes, peu serrées, absente au ventre et aux membres; le brin atteint jusqu'à

25 centimètres de longueur, et quelquefois davantage; taille élevée; tête relativement petite; nuque dépourvue de laine; cou très-court et mince, de telle sorte que la tête, chez l'animal couvert de sa toison, semble enfoncée entre les épaules; poitrine très-ample et profonde, à côtes arrondies; garrot bas, très-épais;. dos court, lombes ou râble large; hanches écartées, croupe courte, fesses et cuisses peu charnues; ensemble du corps court, épais, d'apparence cubique et rebondi, les saillies musculaires disparaissant sous une couche plus ou moins épaisse de graisse extérieure; membres fins, un peu allongés relativement à l'ampleur du corps; ossature légère, indice d'une très-grande précocité; constitution peu vigoureuse et pas du tout rustique; mouvements lents.

Rendement. — Le poids vif des moutons de la race de Leicester varie beaucoup suivant le régime auquel ils ont été soumis; cela se comprend facilement, en songeant à leur aptitude si prononcée au développement précoce. Les femelles sont toujours moins lourdes que les mâles. Cependant, le poids ne descend guère au-dessous de 60 à 80 kilogrammes, pour l'âge de dix-huit mois à deux ans, qui est celui où l'engraissement est complet. On cite des cas exceptionnels où il a atteint jusqu'à 150 kilogrammes.

En poids net, le rendement a quelquefois atteint jusqu'à 75 pour 100; mais en moyenne on n'a trouvé que 68.587 de viande et 9.219 de suif pour 100 du poids vif. Weckherlin pense qu'on peut admettre comme chiffres normaux de 50 kilogrammes à 67 kilog. 50 de viande nette, dans une brebis adulte et grasse, et 80 kilogrammes dans un mouton. Dans certains cas rares, on en trouve, d'après lui, jusqu'à 125 kilogrammes.

La viande des leicesters est longue, peu ferme, le plus souvent trop grasse et manquant de saveur.

Le même auteur donne les résultats d'une tonte de moutons de Leicester à laquelle il a assisté en Angleterre. Le troupeau a rendu par tête, en moyenne, dans cette circonstance, de 6 à 7 livres de laine lavée à froid. La toison, dans la race qui nous occupe, n'est pas assez intéressante par sa valeur, pour que nous prenions la peine de rechercher si les livres dont il s'agit expriment ou non des poids anglais.

Historique. — Avant 1755, la race de Leicester était bien loin de se trouver en possession de l'aptitude que nous venons de constater par les chiffres précédents. Un sol fertile, de riches herbages, un climat uniformément doux, étaient alors comme aujourd'hui le lot du comté qu'elle habitait, situé vers le centre de l'Angleterre; mais les auteurs contemporains rapportent que c'était en ce temps-là une race haute sur jambes, au squelette volumineux, forte mangeuse, mais d'un développement tardif, comme celles analogues que nous possédons en France.

Le génie de Backewell sut tirer un habile parti de ces circonstances; son intuition lui avait fait deviner, du premier coup, ce que la physiologie la plus avancée a pu seule nous apprendre depuis, en permettant l'interprétation de ses procédés, transmis par l'exemple et conservés par la pure tradition. (L'illustre éleveur n'a, en effet, ni écrit ni parlé sur ses pratiques; on l'accusait même d'en faire mystère et d'y employer des moyens peu avouables, ce qui ne peut plus être aujourd'hui considéré que comme des suppositions gratuites, sinon comme des calomnies, excitées par l'ignorance ou par l'envie.) Backewell sut, disons-nous, si bien profiter des circonstances favorables au milieu desquelles il se trouvait à Dishley-Grange, et mettre en œuvre une méthode d'amélioration si sûre dans ses résultats, que cinq ans seulement après le commencement de ses opérations, en 1760, la réputation de son troupeau était telle, qu'il put inaugurer l'industrie de la location des béliers améliorateurs, qui devait bientôt prendre en Angleterre une si grande extension.

Au début, les conditions de la location furent, il est vrai, fort modestes. David Low rapporte que les premières enchères ne produisirent pas au delà de 20 à 25 francs par tête. Mais l'amélioration des béliers marchant toujours, par une sélection et une gymnastique fonctionnelle de plus en plus perfectionnées, chaque année les éleveurs se disputèrent davantage leurs services. La vogue dont ils jouirent arriva à ce point, qu'en 1786 Backewell se faisait déjà, du chef de cette industrie dont il fut le créateur, un revenu annuel de 1,000 souverains (25,000 fr.). A partir de ce moment, on relève des chiffres qui sont vraiment fabuleux. Ainsi, le prix de location de trois béliers s'éleva, en 1789, jusqu'à 1,200 souverains, soit 30,000 francs ou 10,000 fr. par tête; et cette même année, le revenu total des béliers loués fut au-dessus de 170,000 francs.

Jamais l'éloquence des chiffres ne fut plus persuasive que dans cette circonstance. Il serait bien superflu d'entreprendre, après les avoir rappelés, de réfuter les contes qui ont cours encore cependant sur les effets désastreux des procédés d'élevage de Backewell, notamment de celui des accouplements entre consanguins, dont il poussa nécessairement l'usage jusqu'à ses plus extrêmes limites. Les reproducteurs, en effet, ne pouvaient pas être choisis ailleurs que dans le troupeau. S'il était vrai qu'ils eussent été si affaiblis, si cachectiques et si peu prolifiques qu'on l'a dit, comment comprendrait-on que des éleveurs, alors les plus habiles du monde, eussent pu mettre de si hauts prix pour obtenir de leur descendance? Cela ne souffre pas l'examen.

Et les choses se passèrent si peu comme l'ont prétendu ceux qui cherchaient après coup, dans l'histoire du troupeau de Dishley-Grange, des arguments pour étayer, vaille que vaille, leurs idées préconçues, que l'empressement des éleveurs du comté de Leicester à rechercher les béliers de ce troupeau, produisit bientôt l'amélioration générale de tous les autres et les conduisit, plusieurs années avant la fin du dernier siècle, au point où nous les voyons aujourd'hui.

Cette histoire, en sa réalité, fournit un enseignement plus solide et bien autrement fécond, sur lequel nous avons appelé déjà l'attention, à propos de la race bovine de Durham, traitée par les Colling d'après la même méthode. Elle nous montre qu'en un grand maximum de vingt-cinq années, la race de Leicester avait pu arriver, entre les mains de Backewell, de ses aptitudes communes à celles dont elle est en possession aujourd'hui chez ses sujets les plus remarquables. Nouvelle preuve qu'on se montre bien peu au courant des faits, lorsqu'on répète sentencieusement le lieu commun stéréotypé par les prôneurs de la doctrine de la prétendue amélioration des races par le croisement : qu'il faut beaucoup de temps pour développer leurs aptitudes par la sélection, et que les effets de la méthode appelée ainsi ne peuvent être obtenus qu'à la longue.

Mode d'élevage. — Les femelles de la race de Leicester n'entrent en chaleur que fort tard; aussi les reproducteurs doivent-ils être soumis à un régime substantiel et tonique, ayant pour but de combattre leur grande tendance à l'engraissement, qui les rendrait stériles, et tout au moins peu prolifiques.

Les animaux de cette race ne sont pas propres au parcours. Ils supportent difficilement les températures élevées, surtout la chaleur des rayons directs du soleil; mais en revanche le froid ne les incommode que très-peu : en Angleterre, ils passent tout l'hiver en plein air. M. Yvart a donné de cela une explication des plus plausibles, basée sur une disposition anatomique signalée pour la première fois par lui, croyons-nous, et qui a été mentionnée plus haut en décrivant leurs caractères.

La couche épaisse de graisse qui existe sous leur peau gêne, d'après M. Yvart, l'action des vaisseaux et des nerfs de celle-ci; elle finit par altérer ses fonctions, la sécrétion de la laine et la transpiration. Dans leur première année, dit-il, les moutons anglais ont la peau souple, rose, onctueuse, la laine douce et longue; « mais à mesure que ces moutons vieillissent et que la graisse devient plus épaisse, la peau et la laine changent de caractère; la peau devient blanche et sèche, la laine moins longue, moins vivante et plus cassante. Chez de vieux béliers, abondamment nourris, il arrive même quelquefois que la toison tombe par plaques. Dans tous les cas, la laine de la première tonte est tellement supérieure à celle des tontes suivantes, qu'elle est toujours vendue séparément.

« Lorsque l'embonpoint est devenu excessif et que la vitalité de la peau est amoindrie, l'animal ne peut supporter l'effet de la chaleur par suite de la diminution de la transpiration cutanée. J'ai vu, ajoute l'auteur que nous citons, des cultivateurs anglais se trouver dans la nécessité de couvrir de vieux béliers récemment tondus; cette précaution avait pour but de les garantir de l'action directe es rayons solaires, qui serait devenue extrêmement pénile et même dangereuse. Les moutons anglais, transpirant ifficilement, souffrent beaucoup de la chaleur; une des auses qui les font souffrir est toute physique; l'on peut ıême faire remarquer que, seuls, dans l'espèce du mouon, ils se trouvent couverts d'une sorte de lard répandu ır tout le corps (1). »

Ces indications, émanant de l'homme le plus compétent de rance sur tout ce qui se rapporte à l'élevage des moutons, ont précieuses à recueillir. Elles montrent clairement les mites dans lesquelles il convient de se tenir pour l'adopon des races anglaises, et nous les avons consignées ici our pouvoir les rappeler à l'occasion de celles que nous urons à décrire encore.

Quant à la race de Leicester en particulier, ajoutons u'il lui faut une vie facile, dans des parcs bien pourvus. n Angleterre, elle est entretenue principalement dans s champs de turneps et de raves. A la bergerie, les racies forment la base de son alimentation, qui doit être oujours copieuse. Au reste, si elle arrive aux rendements élevés que nous avons dits, c'est que son élevage et son égime sont conformes de tout point aux méthodes les lus perfectionnées de la sélection et de la gymnastique nctionnelle.

Race de Romney-Marsh. — Cette race occupe en ngleterre les parties basses des comtés de Kent et de ussex, voisines du littoral du Pas-de-Calais, formant une laine de riches alluvions, qui ne dépasse guère le niveau e la mer, parcourue par des canaux et protégée par des

(1) *Mémoire de la Société nationale et centrale d'agriculture.* Paris, 350.

digues contre les inondations. Cette plaine de Romney-Marsh (en français marais de Romney), par sa configuration et par son climat toujours humide, a de l'analogie avec les watteringues du pays flamand, situées de ce côté-ci du détroit, dans notre département du Nord. La race qui l'habite est plus connue maintenant sous le nom de *race de New-Kent*, parce que c'est dans le comté de Kent que ses aptitudes ont été d'abord améliorées.

Introduite en France en même temps que celle de Leicester, comme elle à titre expérimental dans les bergeries de l'État, sous l'influence de M. Yvart, elle y a pris une moins grande place, attendu sa réelle infériorité sous plusieurs rapports. Cependant elle nous intéresse en raison du rôle qu'on lui a fait jouer dans la création du troupeau de la Charmoise, habilement présenté comme capable de transformer chez nous toute l'espèce ovine pour la plus grande satisfaction de nos intérêts.

Grav. 51. — Bélier new-kent ou romney-marsh, 1er prix de la 2e catégorie au Concours universel de Paris, en 1855.

Caractères typiques.—(Grav. 51). Crâne brachycéphale, sans dépression en arrière des arcades orbitaires, qui sont saillantes; pas de cheville osseuse; front arrondi, se continuant avec la boîte crânienne fortement bombée; face moyenne, à chanfrein un peu busqué, sans dépressions latérales; crête zygomatique effacée; maxillaire inférieur à branches écartées, relevées à angle presque droit; arcade incisive petite. Sur le vivant, museau pointu, lèvres minces, bouche moyenne; oreilles larges, épaisses et pendantes; tête chauve; absence de cornes, œil petit, à paupière supérieure tombante.

Caractères secondaires. — Laine longue et droite, d'une douceur moyenne, à mèches pointues mais assez serrées, absente sous le ventre et aux membres; taille très-élevée; tête relativement forte; nuque laineuse, col allongé; poitrine profonde, mais d'une ampleur moyenne, à côtes pas très-arquées; épaules longues et un peu plates; garrot bas et peu large, dos long, souvent infléchi aux lombes, moyennement larges; hanches faisant parfois saillie; croupe courte; cuisses et fesses peu fournies; flang long, ventre volumineux; membres gros, aux aplombs le plus ordinairement irréguliers, les jarrets surtout étant rapprochés; pieds larges et forts. En somme, corps très-volumineux, mais en général manquant d'harmonie et ayant pour base un squelette fortement développé, indice d'une précocité peu avancée, par rapport à celle dont jouit la race de Leicester.

Le rendement et le mode d'élevage des moutons de Romney-Marsh, comparés à ceux de Leicester, présentent quelques différences qu'il suffira de constater sommairement. Les toisons des premiers sont plus lourdes et leur laine est beaucoup moins rude, ainsi qu'on l'a déjà vu. Leur viande, en proportion moins forte, eu égard au poids vif, est d'une qualité moins inférieure et plus estimée par la consommation anglaise; ils donnent, en moyenne, une plus forte quantité de suif. La race est aussi plus prolifique, meilleure laitière et plus facile à entretenir; mais la moindre précocité du développement des individus améliorés et la moindre perfection de leur conformation, les rend beaucoup moins précieux pour la fabrication des métis.

Race cotteswold. — De temps immémorial, les collines du comté de Glocester, en Angleterre, ont été habitées par une race de moutons rustiques, abrités en hiver sous des cabanes, pour les préserver contre la rudesse du climat de ce district pastoral. C'est de cette dernière circonstance que la race a tiré son nom (*cott's wold*, camp de cabanes).

Avant la venue de Backewell, ils étaient réputés pour la blancheur et la finesse (relative, bien entendu) de leur laine. Au commencement du seizième siècle, Cambden signalait les nombreux troupeaux de moutons élevés sur les collines du Glocestershire, comme fournissant de la laine d'une blancheur éclatante, de très-belle qualité, très-estimée et très-recherchée des nations étrangères. Le même auteur ajoutait que ces moutons avaient le cou long et le corps carré (1).

Après le mouvement produit dans l'élevage du bétail anglais par l'homme de génie nommé tout à l'heure, une grande faveur s'empara de la race cotteswold, à cause de la supériorité que lui assuraient ses qualités natives. Dès le début de ce siècle, elle donnait déjà lieu à des ventes publiques de béliers. En 1861, la moyenne de leur prix s'est élevée jusqu'à 40 livres (1,000 fr.). Cette année-là, un de ces animaux a même été payé 126 livres (3,150 fr.) par M. Flechter, de Shepton.

On estime que 3,500 béliers sont annuellement élevés sur les collines du Glocestershire pour ces ventes, et leur race est maintenant une des plus répandues, une des plus usuelles des îles Britanniques. On la trouve dans la plupart

(1) Voyez *Cambden's Britannia*, p. 223. Cité par M. P. A. de la Nourais, dans la *Culture*, t. III, p. 632.

des fermes des comtés de Witt, d'Hereford, d'Oxford, de Buckingham, de Worcester, de Glamorgan, de Norfolk, de Kent, de Sommerset, etc. Elle n'a été encore que fort peu introduite en France, où il n'y a, en vérité, guère de place pour elle. Nous ne connaissons que le troupeau de M. de Sourdeval, lauréat de la prime d'honneur dans le département du Cher, dans lequel deux seuls béliers cotteswold aient été introduits en 1855 et 1856. Nulle part ailleurs il n'existe, à notre connaissance du moins, un troupeau pur cotteswold dont la présence se soit révélée. Cela suffit toutefois pour nous faire une obligation de la décrire.

Grav. 52. — Bélier cotteswold, 1er pr., 3e catég., 1re sect., 2e cl. (M. John Brown, Conc. univ., Paris, 1856).

Caractères typiques. — (Grav. 52). Crâne dolichocéphale; absence de cheville osseuse; front court et non proéminent; arcades orbitaires peu saillantes; face longue, très-peu conique, à chanfrein épais et busqué, depuis le front jusqu'au bout du nez; crête zygomatique saillante; maxillaire inférieur à branches rapprochées, relevées à angle obtus; arcade incisive grande. Sur le vivant, museau large, émoussé; lèvres épaisses, bouche grande; oreille courte, épaisse et tombante en avant; tête garnie de laine jusqu'en arrière des arcades orbitaires et formant pointe sur le front; œil petit, à paupière supérieure un peu tombante.

Caractères secondaires. — Laine d'un blanc mat remarquable, dont la nuance ne se rencontre au même degré sur aucune autre race, à brins longs, lisses et doux, formant des mèches pointues mais bouclées; toison plus tassée que celle des races à laine longue, en général, s'étendant sous le ventre, mais non pas sur les membres; taille très-élevée, plus forte que celle du leicester; tête relativement un peu forte; col long, légèrement arqué, mais mince; poitrine très-ample, à côtes arrondies, poitrail large et saillant; épaules fortement musclées; garrot bas et très-épais; ligne du dos un peu relevée; reins larges; hanches écartées, croupe longue et pointue; fesse et cuisse un peu maigres; flanc court, ventre bien arrondi; ensemble du corps très-volumineux, de forme parallélipipédique; membres forts, écartés, très-réguliers dans leurs aplombs; aptitude très-prononcée à l'engraissement, malgré le développement assez grand du squelette et une précocité moindre que celle qui appartient à la race de Leicester.

Rendement. — Les moutons de Cotteswold, engraissés par les fermiers pour le marché, atteignent communément un poids vif de 80 kilogr. Des quatre lots qui ont figuré au concours international de Poissy, en 1862, l'un, composé de cinq bêtes âgées seulement de neuf mois et quinze jours, pesait en totalité 532 kilogr., poids vif, soit en moyenne 106 kil. 400 par tête. Le lot des plus âgés, qui avaient vingt et un mois, ne pesait que 457 kilogr., ou 91 kil. 400 par tête. Les deux autres lots, de dix mois et de dix mois quinze jours, ont pesé : le premier, 387 kilogr.; le second, 486 kilogr. ; soit 77 kil. 400 et 97 kil. 200 par tête, en moyenne. En considérant qu'il s'agissait là d'animaux engraissés pour un concours, et venus directement d'Angleterre, on voit que le chiffre indiqué pour le poids moyen de la race n'est pas exagéré.

La viande est de meilleure qualité et plus estimée que celle des new-leicester et des new-kent, bien que, comme celle-ci, elle soit le plus souvent entourée de cette couche épaisse de graisse extérieure dont nous avons parlé.

« Très-souvent il arrive, disait M. de la Nourais, dans l'article de la *Culture* mentionné plus haut, que des moutons (cotteswold) d'un an se vendent tondus jusqu'à 60 shilling (75 fr.). Dans les derniers jours d'avril, on en a vendu à Circenster 58 shilling, et si l'on compte 12 livres de laine à 1 sh. 6 d. (1 fr. 875), on aura 4 livres ou 100 fr., tant pour l'animal que pour la laine. »

Mode d'élevage. — Le même auteur a dit avec raison qu'une des qualités que la race possède à un degré remarquable, « c'est de s'accommoder à toutes les variétés de climat et de nourriture. » Elle prospère, a-t-il ajouté, sur son pauvre sol des collines du comté de Glocester, « et, en même temps, supporte très-bien les riches pâturages du Leicester et du Buckinghamshire, car on en demande tous les ans des quantités considérables pour ces comtés. »

En devenant plus apte à s'engraisser, elle a donc conservé de sa vigueur et de sa rusticité natives la faculté de s'accommoder, mieux qu'aucune des autres races anglaises, aux circonstances diverses de l'agriculture et du climat. Tel est le motif principal de la grande extension qu'elle a prise sur le sol du Royaume-Uni.

Les procédés d'élevage auxquels elle y est soumise ne diffèrent point, toutefois, de ceux qui sont uniformément usités de l'autre côté du détroit, et dans lesquels, ainsi que nous le savons, le principe de la sélection absolue est toujours religieusement respecté.

Race flamande. — La race flamande est la seule à laine longue que nous ayons, parmi celles qui peuvent être considérées comme autochtones, dans notre pays. Elle habite, ainsi que l'indique son nom, les Flandres belges et française ; mais elle s'est étendue, de notre côté, dans une région qui en dépasse de beaucoup les limites et où elle a reçu des dénominations diverses et nombreuses.

Cette région se prolonge, du côté de l'Ouest, tout le long du littoral, jusqu'à l'embouchure de la Seine, que la race a cependant franchie pour contribuer, par des individus détachés, à la formation de la population ovine métisse, peu considérable en somme, qui occupe les départements du Calvados et de la Manche. Elle embrasse, vers l'Est et le Midi, toute l'étendue des départements du Nord, du Pas-de-Calais, de la Somme, une partie de l'Aisne et de l'Oise, et le peu de la Seine-Inférieure qui exploite des moutons.

Ici encore, on peut saisir la relation sur laquelle nous avons souvent insisté, à propos de l'espèce bovine, entre toutes les circonstances de géographie physique qui constituent l'ensemble du climat de la région occupée par la race flamande. Nous nous y appesantirons davantage, à propos d'une autre race bien autrement importante, dont les envahissements l'ont refoulée du Midi vers le Nord-Ouest, autant que l'humidité du climat l'a permis. Je veux parler de la race mérinos, à l'endroit de laquelle des tentatives de fusion sont même poursuivies depuis longtemps avec des chances bien diverses, par des voies détournées.

Suivant la coutume, la race dont il s'agit a reçu autant de dénominations particulières qu'il y a, dans la région qu'elle habite, de localités principales ou de provinces ayant imprimé à son développement quelques légères modifications.

En dehors de l'ancienne Flandre, on distingue les moutons *cambraisiens ;* dans l'Artois, elle est devenue *race artésienne*, quoiqu'elle n'y forme qu'une tribu améliorée, à la vérité ; dans la Somme, c'est la *race picarde*, dont on sépare même les moutons *vermandois*, des environs de Saint-Quentin, qui conservent leur nom de picards dans l'Oise, appartenant à l'ancienne Picardie. Dans la Seine-Inférieure, les flamands sont des moutons *normands*, ainsi du reste que tous ceux composant la population ovine hétéroclite de l'ancienne province de Normandie.

Les dessécheurs venus des Flandres avec Bradley (le *maître des digues*) dans les marais de la Charente, à l'instigation de Sully, sous Henri IV, avaient emmené avec eux, vraisemblablement, des moutons flamands, de même que des chevaux de leur pays, qui ont formé depuis la prétendue race poitevine, dite mulassière. Toujours est-il qu'on rencontre, disséminés par petits groupes, et le plus souvent même par individus isolés, chez les petits cultivateurs des vignobles du Médoc et de la Saintonge, surtout de cette partie des deux départements charentais qui porte le nom de Champagne, entre la Charente et l'embouchure de la Gironde, des sujets de la race flamande, ayant acquis dans ces localités un développement énorme, sous le nom de *moutons champanais*. Ils y sont conduits en laisse, comme des ânes dont ils ont la taille, et pourraient au besoin servir de bêtes de somme. Pour manger leur chair, il faut avoir de bonnes dents.

Dans tous ces lieux et sous toutes ces dénominations, le type de la race flamande a conservé son identité. L'on peut s'en assurer en confrontant les bêtes indiquées avec sa caractéristique (grav. 53).

Caractères typiques. — Crâne dolichocéphale ; absence de cheville osseuse ; front étroit, comprimé ; arcades orbitaires effacées ; face longue, à chanfrein tranchant très-busqué, formant avec le front et le crâne une courbe continue; crête zygomatique saillante; maxillaire inférieur à branches rapprochées, arrondies à leur bord tranchant et relevées à angle aigu; arcade incisive moyenne. Sur le vivant, museau pointu; lèvres minces, bouche très-fendue; joues grosses; oreille large, longue et pendante en arrière; tête chauve; œil petit, à paupière tombante.

Grav. 53. — Mouton flamand, 1er pr., 1re classe. (M. Bernard, Concours de boucherie, Lille, 1851).

Caractères secondaires. — Laine grossière, dure, roide et jarreuse, en général, en mèches longues, pointues, droites et pendantes, absente au ventre et en arrière des coudes, ainsi qu'aux membres, bien entendu; toison lâche et chargée de suint; taille variée, mais toujours au-dessus des plus grandes; tête grosse; cou long et mince; poitrine étroite, à côtes plates et sanglée; poitrail rentré; épaules minces; garrot élevé; ces derniers caractères des parties antérieures du corps sont moins prononcées chez les individus de l'Artois, qui peuvent être considérés comme améliorés par rapport aux autres; sous l'influence d'un meilleur régime et d'une direction plus éclairée des troupeaux, leur poitrine a pris de l'ampleur dans plusieurs de ces troupeaux, et tout le reste du tronc s'en est ressenti; la remarque s'applique donc également aux caractères suivants : ligne du dos et des lombes longue et un peu fléchie; râble étroit; croupe longue, arrondie, assez musclée, ainsi que le gigot, qui est cependant peu descendu; flanc large, ventre volumineux; membres longs et forts, souvent aux aplombs défectueux; en somme, squelette très-développé et d'un achèvement tardif. La race était anciennement renommée pour sa grande fécondité. Elle s'engraisse facilement.

Rendement. — Le poids des moutons de la race flamande varie de 60 à 90 kilogrammes. Les différences dans le poids vif tiennent uniquement aux variétés de taille ci-dessus indiquées. Le maximum dépasse même parfois le chiffre qui vient d'être écrit, mais seulement sur des individus exceptionnels.

On a calculé la moyenne du rendement en poids net et en suif, d'après des observations recueillies sur cinquante animaux gras; cette moyenne a été de 56 en viande et de 14.720 en suif pour 100 du poids vif. La proportion du suif est très-forte et indique une remarquable aptitude à l'engraissement; mais la viande, surchargée d'os, à grain grossier et peu savoureuse, laisse beaucoup à désirer sous le rapport de sa quantité relative, si l'on songe que celle-ci va quelquefois jusqu'à 75 pour 100 du poids vif, chez les moutons de Leicester, et toujours au-dessus de 65 chez ces derniers et chez les new-kent auxquels les flamands ressemblent sous plus d'un rapport.

La toison, d'un fort poids, considérée absolument, mais non pas relativement à son étendue, n'est propre qu'à remplir les matelas. C'est un produit très-secondaire dans la race.

Mode d'élevage. — Les faits qui précèdent et les considérations qui les accompagnent tracent d'eux-mêmes la ligne de conduite à suivre pour améliorer l'élevage de la race flamande. Dans la région qu'elle habite, tout est merveilleusement disposé pour la production de la viande en forte quantité : culture intensive poussée au plus haut degré, climat humide à température moyenne ni trop basse ni trop haute, race douée d'une aptitude très-prononcée à l'engraissement. Seulement, il manque à celle-ci la précocité et la conformation du corps qu'elle entraîne, c'est-à-dire un squelette moins volumineux, une poitrine plus ample, des membres moins longs ; en un mot, les beautés absolues du type de boucherie.

Les éleveurs les plus éclairés de la région l'ont bien senti. Bon nombre d'entre eux ont cherché depuis longtemps à réaliser ce type dans leurs troupeaux, et cela par des moyens divers, parmi lesquels le croisement a joué le plus grand rôle, surtout dans le Pas-de-Calais et dans l'ancien Vermandois, aux environs de Saint-Quentin, dans la partie septentrionale du département de l'Aisne.

Le mode d'élevage le plus général, toutefois, est celui qui conserve la race dans sa pureté, mais sans aucun souci de sélection relative. Si quelques-uns des caractères secondaires se sont améliorés, chez les artésiens surtout, c'est grâce à la seule influence du progrès agricole, qui a permis de nourrir plus copieusement les troupeaux à la bergerie, en ménageant leurs jambes. On ne cite aucun éleveur ayant entrepris, de propos délibéré, d'appliquer aux bêtes flamandes les méthodes zootechniques capables de hâter leur amélioration. Ceux qui ont raisonné paraissent avoir tous donné leurs préférences à la production des métis améliorés.

Ont-ils bien fait ? C'est selon. Nous ne devons pas être fanatique de la conservation quand même des races indigènes, au point de condamner en principe toute tentative de substitution.

Dans la région qu'habite la race flamande, tout permet, ainsi que nous l'avons déjà remarqué, l'adoption des moutons les plus avancés sous le rapport de l'aptitude précoce à produire de la viande. C'est un procédé plus facile, pour arriver au but, d'entreprendre l'absorption de la race locale dans une autre dès à présent mieux douée, au moyen du croisement continu, plutôt que de poursuivre le développement de son aptitude et l'amélioration de sa conformation par la gymnastique fonctionnelle et la sélection.

Les opérations de croisement par la race de Leicester, dite de Dishley, ne peuvent donc qu'être approuvées; mais c'est à deux conditions : la première, que les métis, à chaque génération, trouvent toujours des conditions de régime en rapport avec leurs aptitudes natives, de plus en plus exigeantes à mesure que la substitution avance par le nombre des générations; la seconde, qu'il s'agisse de croisement continu, et non pas de métissage, opération difficile et toujours incertaine dans ses résultats.

Dans le cas que nous posons il ne s'agit pas, remarquons-le bien, d'améliorer la race flamande; il s'agit de la remplacer par celle de Leicester, en la faisant absorber progressivement par celle-ci. C'est une manière économique d'implanter la race anglaise sur le terrain qu'occupe l'autre actuellement.

On a cru qu'il était possible et avantageux tout à la fois d'améliorer en même temps les formes du corps et la toison, dans les troupeaux. Une bergerie de l'État a été établie dans le Pas-de-Calais, pour mettre à la disposition des éleveurs des béliers métis appelés dishley-mérinos, réalisant sur eux-mêmes, à ce qu'on croit, la solution du problème ainsi posé.

Nous avons trop insisté sur la valeur propre de ces métis et sur ce qui concerne leur puissance héréditaire (1), pour qu'il soit nécessaire d'entrer ici dans des

(1) Voy. *Princ. généraux*, p. 284 et suiv.

développements nouveaux à cet égard. Les résultats d'un tel métissage peuvent être avantageux, et ils le sont quelquefois, soit pour la viande, soit pour la toison, suivant que l'hérédité de l'ascendant anglais ou celle du mérinos domine ; mais ces résultats, toujours inégaux, sont en toute rencontre inférieurs, au total, à ceux que l'on pourrait obtenir par le seul croisement anglais. La valeur acquise par le lainage ne compense jamais l'infériorité du métis sous les autres rapports. Celui-ci n'est égal au leicester, son aïeul, qu'à la condition d'être revenu à son type et de n'être plus, par conséquent, qu'un prétendu dishley-mérinos.

Il ne faut pas s'en laisser imposer par ce fait que les produits du métissage seraient, en réalité, supérieurs aux individus purs de la race flamande. Le fait n'est point douteux ; mais nous sommes en présence d'un des nombreux cas dans lesquels le mieux n'est point l'ennemi du bien ; et du moment que les avantages les moins contestables de l'opération peuvent être plus sûrement obtenus et même dépassés par le simple croisement avec l'anglais pur, c'est ce croisement qui doit être préféré.

Je ne pense pas que la question ainsi formulée puisse recevoir une meilleure solution.

Race de la Bretagne. — Remontons un peu vers l'Ouest, pour signaler seulement le type dont la population clair-semée sur les landes de Bretagne, où elle n'a pour le zootechniste qu'un bien faible intérêt, acquiert cependant sur le littoral du Morbihan et du Finistère une valeur que lui donnent les qualités gustatives de la chair des individus qui la composent. Tout le monde connaît, au moins de réputation, les petits moutons dits de *présalé*. C'est la race bretonne qui les fournit en attendant que les progrès de la culture, rapides maintenant en Bretagne, l'aient fait disparaître.

Est-il nécessaire de la décrire? — Oui, ne fût-ce que pour en conserver le souvenir.

Caractères typiques. — Crâne brachycéphale; cheville osseuse forte, épaisse, contournée en spirale ; souvent absente; front large et court; arcades orbitaires peu saillantes; face moyenne, à chanfrein un peu busqué et étroit; crête zygomatique saillante; maxillaire inférieur à branches très-écartées, relevées à angle obtus; arcade incisive petite. Sur le vivant, museau fin, lèvres minces, bouche petite; joue plate; oreille moyenne et horizontale; cornes grosses, à spires allongées; tête chauve; œil petit et vif.

Caractères secondaires. — Laine lisse, rude, souvent plus ou moins brune ou rousse entièrement, quelquefois mélangée de brins de ces couleurs et de brins blancs en diverses proportions; toison ouverte, en mèches pointues, fortement mêlée de jarre, qui domine au col, au garrot et aux cuisses; taille petite; tête fine, ordinairement marquée de brun ou de roux dans sa plus grande étendue; conformation générale médiocre, mais gigots bien musclés; membres petits, grêles et très-agiles, tachetés comme la tête.

Tous ces caractères établissent une grande analogie avec le *black-faced* d'Écosse, ou mouton à tête noire.

Mode d'élevage. — Les moutons bretons ne sont, dans les landes, l'objet d'aucun soin. Ils mangent et se reproduisent comme il leur plaît. Ils s'engraissent dans les prés salés du littoral, ainsi qu'on l'a déjà dit. Il ne peut être question de les améliorer. A l'École de Grand-Jouan on en a tiré le seul parti qu'une économie rurale avancée puisse comporter, en croisant d'une manière continue la race de Bretagne avec celle de Southdown, afin de la remplacer par celle-ci. L'opération y est achevée depuis longtemps, « attendu que depuis plus de vingt ans on a employé d'une manière continue le bélier southdown pur, » lisons-nous dans un travail récent de M. Chazely (1); ce qui n'empêche pas l'auteur de continuer d'appeler métis southdown-bretons les moutons de Grand-Jouan, comme s'il ignorait que l'absorption est nécessairement effectuée à la quatrième génération. « On voit, dit-il, l'influence des mères persister dans la production de la laine. » C'est l'influence du climat océanien qui s'exerce, lequel climat s'oppose à la production des laines fines, ainsi que l'a bien vu M. Trochu, lorsqu'il a voulu élever à Belle-Ile des mérinos, ce à quoi il dut renoncer.

La Bretagne n'est point et ne deviendra point sans doute un pays à moutons; mais si elle doit le devenir, c'est dans la voie ouverte par M. Rieffel qu'elle devra s'engager, en se peuplant d'animaux de la race de Southdown.

Cette race, qui est à laine courte, sera décrite tout à l'heure. Auparavant, nous avons à nous occuper du prototype, en quelque sorte, de la catégorie des laines droites et lisses.

Race du désert, dite touareg. — Très-répandue en Algérie, surtout dans la province de Constantine, cette race est principalement celle des tribus indigènes. Les événements de la guerre, ces opérations si morales et si dignes d'éloge que l'on appelle des razzias, dans lesquelles le nombre des moutons volés ou conquis, comme on vou-

(1) *Annuaire de la Société des anciens élèves de l'École de Grand-Jouan*, 2e année, p. 49. Paris, Bouchard-Huzard, 1866.

dra, se chiffre par milliers et augmente d'autant la gloire du vainqueur, l'ont fait venir vers le littoral.

Nous appelons particulièrement l'attention des naturalistes sur les caractères typiques et secondaires de cette race du centre de l'Afrique, parce qu'elle fournit un des plus forts arguments contre les idées admises en zoologie sur le genre *ovis*. Les éleveurs y sont moins intéressés, ainsi qu'on va le voir, car il n'est pas possible de songer à conserver dans notre colonie un type si éloigné, par ses aptitudes, de l'idée que l'économie rurale moderne se fait du mouton productif et cultivé.

Par la confusion introduite dans quelques ouvrages classiques, à l'endroit des troupeaux indigènes de l'Algérie, au point de vue de l'appréciation de leurs laines aussi bien qu'à celui de leur caractéristique, il semblerait que l'Afrique septentrionale soit dès à présent aussi bien pourvue que la France en moutons. «... Quoique inégalement disséminées, lit-on dans le plus autorisé de ces ouvrages, les bêtes à belle toison se retrouvent dans les trois provinces, et en assez grande quantité pour démontrer la possibilité d'en produire dans toute la colonie, et même pour fournir en nombre suffisant des types améliorateurs (1). »

Les vétérinaires de l'armée d'Afrique, qui, après avoir habité longtemps le pays, ont décrit ses races ovines, MM. Hugot, Bernis, Poncet, etc., n'y ont pas vu les choses du même œil. Ils ont décrit avec soin les caractères des deux races dont se composent, pêle-mêle, la plupart des troupeaux des indigènes. Ceux de la race barbarine seront

(1) J. H. MAGNE. *Étude de nos races d'animaux domestiques*, etc., t. II, p. 113. Paris, Labé, 1857.

donnés plus loin; voici la caractéristique de celle qui vient du Sud (grav. 54).

Caractères typiques. — Crâne dolichocéphale du type le plus allongé; quatre chevilles osseuses au moins, et quelquefois six, implantées en ligne droite de chaque côté du crâne par groupes de deux ou de trois, souvent inégaux, ce qui en donne cinq au lieu de quatre ou de six. La première du groupe, la plus près de l'oreille, est plus arquée que les autres, qui sont droites d'abord, puis courbées en arrière vers leur pointe; elles existent dans les deux sexes, mais plus petites, ou rudimentaires seulement, chez la femelle; front étroit et bombé; arcades orbitaires peu saillantes; face longue, à chanfrein busqué, épais; crête zygomatique effacée; maxillaire inférieur à branches peu écartées, relevées à angle obtus; arcade incisive petite. Sur le vivant, museau fort, lèvres minces, bouche moyenne; oreille longue et pendante; cornes inférieures en arc, petites et peu épaisses, anguleuses à sillons prononcés; les autres finement annelées, longues et infléchies en arrière à leur pointe effilée, quelquefois tordues sur elles-mêmes en dehors ; tête et nuque poilues; œil petit et vif.

Grav. 54. — Bélier touareg (dessiné d'après nature par M. Poncet, dans la province d'Oran (Algérie), en 1852).

Caractères secondaires. — Dans le type inculte, absence complète de laine apparente; celle-ci, formant seulement duvet, est entièrement dissimulée par les poils noirs ou blancs, longs et roides, qui couvrent la peau, comme chez la chèvre de nos climats; dans le type domestique des trious du Sud et des troupeaux de la colonie, laine longue, isse, grossière et fortement mêlée de jarre; toison ouverte alors, en mèches rares et pointues; taille moyenne; ête petite, à poils longs sous la gorge et au menton, quelquefois marquée de roux ou de brun; col long et mince; garrot tranchant, poitrine peu profonde, mais arrondie; paules minces; corps cylindrique; dos court et droit; croupe étroite et avalée; cuisse grêle; membres longs, orts et mal d'aplomb, surtout les postérieurs : l'animal a dans le port quelque chose de l'antilope, a écrit M. Hugot; beaucoup de mères ont des portées doubles et souvent deux gestations par an; rusticité et sobriété à toute preuve; supportant la soif avec une grande facilité.

On sera frappé des nombreux points de ressemblance ue présente la race dite touareg avec la race des chèvres e nos climats. Il serait curieux de vérifier s'il existe un anal biflexe entre les onglons des pieds.

Mode d'élevage. — Les troupeaux de moutons forment resque entièrement la fortune des tribus du sud de l'Algérie. ls cherchent leur nourriture sur d'énormes étendues de errain, passant du désert dans le Tell et réciproquement, uivant la saison. Ils se reproduisent comme il plaît à llah. La remarquable fécondité des femelles en fait le eul mérite.

Il n'y a pas, pour les colons français ou les indigènes oumis à notre domination, de tentatives d'amélioration e la race économiquement possibles. Il n'y a qu'à l'abrber dans la race mérinos à laine fine, choisie parmi les ujets les plus rustiques, comme l'a conseillé M. Bernis. Sous l'influence de ce vétérinaire distingué, l'on avait ndé à Laghouat une bergerie modèle de cette race, déjà isséminée d'ailleurs de temps immémorial sur quelques points de l'Algérie, où elle est, selon toute vraisemblance, indigène.

2. Races à laine courte.

Considérations générales. — S'il fallait caractériser en général la population des moutons français, on pourrait dire qu'elle se compose de races à laine courte, en donnant à l'expression son sens particulier. Les seules races à laine longue qui semblent avoir toujours habité sur notre continent, au lieu de gagner du terrain, ont dû céder au contraire devant l'envahissement de celui qu'elles occupaient au dernier siècle, dans quelques-unes de nos provinces du Nord, par une autre dont l'histoire, relativement toute récente, forme à elle seule la plus grande partie de celle de la population tout entière.

On trouve assurément, en considérant l'ensemble de cette population composée de races à laine dite courte, de grandes variétés, quant aux caractères de la toison. Le degré de finesse du brin, la structure de la mèche, le nombre et l'étendue des ondulations qui caractérisent la laine frisée, présentent des différences, dont quelques-unes font singulièrement confiner à la première catégorie établie celle dont nous avons à nous occuper maintenant.

Mais n'a-t-il pas été convenu que ces catégories n'avaient rien de précisément rigoureux? Il est entendu que toute race dont la laine offre des ondulations, si faibles qu'elles soient, entre dans la seconde. Une classification basée sur un caractère si facilement modifiable par l'influence du milieu ne peut avoir des limites tranchées. En définitive, il suffit de s'entendre, et je pense que nous nous entendons parfaitement.

Ici encore, les mêmes exigences de méthode nous obligeront à débuter par une race venue d'Angleterre. Les traditions de la courtoisie française nous en feraient peut-être d'ailleurs une loi; et il nous serait d'autant plus facile de nous y conformer que notre conduite, dans ce cas, n'entraînerait en aucune façon les conséquences fatales qu'eut celle des gentilshommes français à Fontenoy.

Race de Southdown. — Il existe, à l'extrême sud des îles Britanniques, dans le comté de Sussex, le long du littoral de la Manche (où se trouve Hastings, remarquons-le en passant, puisque nous évoquons les souvenirs guerriers des siècles passés); il existe là, dis-je, une série de ces étendues sableuses, fréquentes sur les bords de la mer, qui les a formées, et que l'on appelle des dunes. En Angleterre, elles sont connues de temps immémorial sous le nom de dunes du Sud (*South*, Midi ou Sud, *Down*, plaine). De temps immémorial aussi, ces dunes, entourées de parties fertiles, ont été habitées par une race de moutons à laquelle elles ont donné leur nom.

Cette race est à tous égards, présentement, la plus remarquable de la Grande-Bretagne; et elle pourrait même être considérée comme la plus remarquable du monde entier, si nos éleveurs français, profitant des enseignements qu'elle leur a fournis, n'avaient fait acquérir au mérinos, dont la toison est de beaucoup supérieure à la sienne, une conformation qui égale ses propres formes. La dépasser sous ce rapport n'était pas possible : elle représente la perfection.

La race de Southdown a déjà pris possession, en France, de vastes étendues de pays, et elle s'y étendra vraisemblablement encore davantage. Notre pays compte à présent des éleveurs de béliers southdown, qui ne le cèdent en rien aux meilleurs éleveurs anglais. A leur tête, il faut citer M. le comte de Bouillé, lauréat de la prime d'honneur dans le département de la Nièvre, après avoir cueilli, dans tous les concours d'animaux reproducteurs et de moutons gras, les plus hautes récompenses à profusion.

Si nous avions le patriotisme des Anglais, au lieu de nous engouer surtout de ce qui nous vient de l'étranger, la carrière de cette race serait bientôt arrêtée chez nous, quels que soient ses mérites incontestables et incontestés. Les mérinos améliorés, dont je viens de parler, lui feraient une concurrence qu'elle ne serait point en état de soutenir. Mais notre esprit national est ainsi fait qu'on ne se borne point, dans notre pays, à l'indifférence pour les travaux des plus habiles éleveurs de ces mérinos; on prend un certain plaisir à les dénigrer. Il n'y a pas apparence que jamais aucun éleveur français soit l'objet d'une démarche comme celle qui fut faite auprès de Charles Colling par ses collègues, en 1810. Honorer spontanément les services de nos pairs n'est point notre fort. Qui donc a dit que nous étions un peuple léger et vaniteux? N'est-ce pas précisément un Anglais?

Cela, toutefois, ne diminue en rien les mérites propres de la race de Southdown, qui semble devoir surtout s'établir dans le centre de la France, et qu'il nous faut maintenant décrire (grav. 55).

Caractères typiques. — Tête brachycéphale; absence de cheville osseuse; front plat, large; arcades orbitaires saillantes; face courte, large, pyramidale, à chanfrein droit, épais et arrondi d'un côté à l'autre; crête zygomatique saillante et prolongée; maxillaire inférieur à branches écartées fortement, relevées à angle droit; arcade incisive petite. Sur le vivant, museau mousse, lèvres minces, bouche petite; joues fortes; oreille petite, mince et dressée; crâne laineux; œil grand, vif et bien ouvert; peau de la face toujours noirâtre ou ardoisée. Ce dernier caractère est d'une fixité absolue.

Caractères secondaires. — Laine courte et frisée, de teinte blanche, de moyenne finesse, mais manquant de douceur; toison à mèches carrées, un peu creuse, encadrant la face en formant un toupet sur le front, sans lacune sous la poitrine et le ventre et descendant sur les membres jusqu'au-dessus des genoux et des jarrets; taille moyenne; tête fine; col court, épais et arqué; poitrail très-saillant; poitrine très-ample, à côtes bien régulièrement arrondies; épaules fortes, bien musclées; garrot épais, un peu bas le plus souvent; ligne du dos parfois un peu relevée vers les lombes et la croupe; tout le plan supérieur du corps large, se terminant postérieurement par des fesses arrondies et saillantes; gigots fortement musclés et descendus; flanc court, ventre arrondi; membres fins, très-courts et gris foncé ou noirâtres, comme la tête; corps long par rapport à la taille de l'animal; tempérament docile et relativement rustique; développement achevé à deux ans, en général, souvent même à quinze mois; grande aptitude à s'engraisser; squelette réduit aux plus faibles dimensions absolues.

Grav. 55. — Bélier southdown, 1er prix, 4e catég., 1re sect., 2e classe (M. Jonas Webb, Conc. univ., Paris, 1856).

Rendement. — Le poids vif maximum des moutons de

Southdown les plus perfectionnés ne dépasse jamais 80 kilogrammes, à l'âge de douze à quinze mois; il est communément de 60 à 70 kilogrammes, ce qui, eu égard à la taille, indique une ampleur, une épaisseur et une longueur de corps peu communes.

Sur des individus fins gras, dont le rendement à été examiné à la suite du concours de Poissy, il a été trouvé, en moyenne, de 53.35 de viande nette, et de 9.991 de suif pour 100 de poids vif. D'après Weckherlin, le poids net ordinaire est de 40 à 50 kilogrammes, ce qui donnerait une proportion plus forte.

En Angleterre, la viande de southdown est classée parmi les plus estimées; elle a le grain beaucoup moins grossier que celui des viandes de leicester, de kent, etc., et sa saveur est plus prononcée. En prenant la moyenne de toutes les qualités spéciales sur lesquelles la boucherie de Paris se fonde pour classer les viandes, Baudement à donné à celle des individus de la race élevés en France, qu'il a examinés, le chiffre 8.250, celui du maximum étant 10.

La toison ne pèse pas, en moyenne, au delà de 1 kilog. 500 à 1 kilog. 750, lavée à froid; elle est donc des plus légères, par rapport au volume du corps. Sa valeur marchande est en outre peu élevée. Weckherlin l'estime sur le pied de 90 florins, ou environ 190 francs le quintal. D'où l'on peut conclure qu'elle est, dans l'exploitation de la race, un produit bien secondaire.

Historique. — Avant 1780, la race des dunes du Sussex était, dit David Low, « de la plus petite espèce de moutons, avec les quartiers antérieurs légers, la poitrine étroite, le cou long et les jambes de même, quoique non grossières. » Cette race avait alors, comme à présent, la face et les membres noirâtres, la laine courte et frisée, la tête ornée de cornes, chez le mâle. Elle était de la plus remarquable rusticité, ainsi qu'il le fallait bien pour qu'elle pût subsister sur ses dunes aux herbes rares et fines. Son développement tardif ne permettait pas qu'elle pût être engraissée et tuée avant d'avoir accompli sa troisième année.

Depuis lors, quel chemin parcouru par les moutons de cette race ainsi caractérisée, sur la voie du perfectionnement! « C'est, ajoute le même auteur, aux soins donnés à leur éducation, dans des circonstances favorables, que les southdowns modernes doivent la supériorité qu'ils ont acquise sur tous les autres moutons à laine courte des comtés du centre et du sud de l'Angleterre. Avec les progrès de l'agriculture et la production plus considérable des turneps et autres plantes succulentes, les éleveurs de Sussex ont trouvé les moyens de traiter assez bien leurs animaux pour en hâter la maturité, en même temps qu'une attention plus soutenue était donnée au choix des reproducteurs et au développement de toutes ces qualités qui indiquent une tendance à la précocité des muscles et de l'engraissement. »

En d'autres termes, c'est par l'application de la méthode de Backewell, ici comme dans tous les autres cas, que la transformation a été opérée. Nouvelle preuve du peu de fondement des accusations de mystère portées contre la mémoire de l'illustre inventeur, qui ne fut pas seulement un industriel habile, comme on l'a dit, mais bien un génie fécond et un bienfaiteur de son pays et de l'humanité.

Les plus efficaces, sinon les premières applications de cette méthode à la race de Southdown, paraissent avoir été commencées en 1790, dans la ferme de Glynde, aux environs de Lewis, comté de Sussex, par John Ellmann. Du moins l'histoire a-t-elle retenu son nom parmi ceux des plus célèbres éleveurs de l'Angleterre. Après avoir occupé sa ferme pendant cinquante ans, John Ellmann est mort en 1832, à l'âge de quatre-vingts ans, emportant l'estime que lui avait value une longue et honorable carrière d'indépendance et de vertueuse simplicité, comme on en trouve tant d'exemples dans l'histoire agricole des îles Britanniques.

Toutefois, les travaux du vénérable éleveur étaient encore loin d'avoir porté la race au point où elle en est arrivée aujourd'hui. Il était réservé à un autre, dont la carrière offre plus d'un trait de ressemblance avec la sienne, d'y réaliser de nouvelles améliorations. Jonas Webb continua l'œuvre à sa ferme de Brabaham, dont le nom, à jamais célèbre désormais, a retenti durant plus de quarante ans, porté par la renommée des succès obtenus dans tous les concours de l'Angleterre par les béliers qui en sont sortis. On allait à Brabaham, dans ces derniers temps, comme en une sorte de pèlerinage, pour jouir du spectacle bienfaisant de l'hospitalité patriarcale offerte par le père de Jonas Webb, ce beau vieillard nonagénaire, rayonnant d'une gloire pure sur deux générations de fils qui l'entouraient de leurs respects simples et affectueux, de cette vénération naturelle dont la famille anglaise, la famille rurale surtout, fournit tant et de si ravissants tableaux.

Elle était belle à voir aussi, la ferme de Brabaham, aux grands jours des ventes publiques de béliers ! La fine fleur des gentlemen farmers s'y disputait les enchères avec un entrain qui témoignait assez de la renommée sans pareille de ces animaux si parfaits de formes, si bien doués des qualités qui font le reproducteur accompli. L'habileté de

Jonas Webb, comme éleveur de moutons, pourra être égalée; elle ne sera pas dépassée. L'illustre éleveur est mort le 10 novembre 1862; il était né le 10 novembre 1796. Il avait commencé ses opérations en 1822. La vente générale de son troupeau, effectuée dans l'été de 1861, a produit une somme totale de plus de 400,000 francs.

Mode d'élevage. — Dire que par les transformations survenues dans ses aptitudes, sous l'influence surtout des reproducteurs répandus en si grand nombre par l'élevage de Brabaham, la race a beaucoup perdu de sa rusticité primitive, ce ne sera certainement surprendre personne. Cependant, elle peut encore s'accommoder, surtout sous le rapport de la chaleur du climat, de conditions auxquelles la race de Leicester ne résisterait point. Il lui faut cependant une nourriture relativement abondante, sinon très-succulente, eu égard à sa taille; et, du reste, si elle peut subsister, elle ne saurait prospérer et donner des bénéfices avec une alimentation parcimonieuse, pas plus qu'aucune autre race précoce. C'est là un principe trop souvent méconnu.

Il serait superflu, sans doute, d'ajouter que sous le rapport de la reproduction, la race de Southdown ne se maintient avec ses éminents mérites que par une sélection attentive et scrupuleuse.

Race mérinos. — Amenée en Espagne par les Maures, puis introduite d'Espagne en France, à cause de la finesse et de la beauté de sa laine, déjà réputée du temps des Romains, qui estimaient au-dessus de toutes, les étoffes fabriquées en Andalousie, la race mérinos a tiré son nom de son mode d'existence dans la péninsule Ibérique (de l'espagnol *merino*, qui signifie, proprement : errant).

Aussi loin qu'on puisse remonter dans les traditions des Ibères, on y trouve toujours la trace de l'existence de troupeaux de moutons soumis au système pastoral primitif de la *transhumance*, qui s'est conservé jusqu'à nos jours dans les contrées méridionales de l'Europe. Les mérinos d'Espagne vivent durant l'hiver dans les riches vallées et les plaines fertiles de l'Estramadure, de l'Andalousie et de la Nouvelle-Castille, qu'arrosent le Tage et le Guadalquivir, sous ce climat doux si souvent chanté par les poëtes. Ils vont passer la saison d'été sur les hautes montagnes de l'ancien royaume de Léon, de la vieille Castille, du pays basque, de la Navarre et de l'Aragon, où règne alors une température fraîche.

Là croissent des herbes fines et sapides, que le soleil ne dessèche point. C'est vers les premiers jours du mois d'avril qu'ils sont mis en marche pour transhumer, afin d'arriver à destination à la fin de mai, ou dans les premiers jours de juin, au plus tard, vivant en route du libre parcours. Durant le voyage, dont il n'est pas besoin sans doute de faire remarquer l'influence sur l'agriculture espagnole, qui leur paye ainsi ce tribut forcé, ils sont tondus dans des établissements spéciaux, appelés *esquileos*, munis du personnel suffisant pour tondre en un jour un troupeau de mille têtes. Ils reviennent ensuite, à la fin de septembre, faisant un nouveau voyage d'un mois à six semaines, dans leurs cantonnements d'hiver.

Une faculté de cosmopolitisme des plus remarquables pouvait seule s'accommoder à un tel genre de vie. Aussi la race mérinos en est-elle douée au plus haut degré. On la rencontre sous les latitudes les plus éloignées. En Allemagne, où elle fut introduite pour la première fois en 1765, par l'électeur de Saxe, et prit de là le nom de *race électorale*, si renommée par la finesse de sa laine; puis dans les autres provinces de l'Empire, en conservant les noms des troupeaux ou des cavagnes dans lesquels les individus importés avaient été puisés, ou plutôt ceux de leurs propriétaires: de là les dénominations d'*Escurial*, d'*Infantado*, de *Negretti*, conservées en Prusse, dans le Wurtemberg, en Bavière, dans le duché de Bade, en Hongrie et en Autriche; en France, où nous devons seulement la considérer en détail; et, au delà de l'équateur, jusque dans les colonies anglaises du Cap et de l'Australie ou Nouvelle-Hollande, à l'extrémité du continent africain et en Océanie, où elle a mis en valeur d'immenses espaces incultes, conquis ainsi par elle, au bénéfice de l'humanité.

Nous aurons à revenir sur cette dernière circonstance, qui, réalisée seulement dans ces derniers temps par le génie cosmopolite aussi de la race anglo-saxonne, a jeté dans l'économie de l'exploitation du mérinos français une grave perturbation. Pour l'instant, remarquons seulement qu'aucune autre race animale n'a jamais envahi, à la surface de notre globe, une étendue de terrain comparable à celle qu'y occupe maintenant la race mérinos.

Partout ailleurs qu'en France, nous ne devons nous en occuper que dans la mesure de ce qui est nécessaire, pour expliquer la situation économique faite à ses produits par une si vaste concurrence. Établissons à présent les limites de son occupation dans notre pays.

En l'explorant du nord-est au sud-sud-ouest, on y trouve d'abord la race mérinos dans une vaste région, comprenant tout ou partie des départements de l'Aisne, des Ardennes, de la Meuse, de la Moselle, de la Meurthe, des Vosges, de la Haute-Marne, de la Côte-d'Or, de l'Yonne, de l'Aube, de la Marne, de Seine-et-Marne, de Seine-et-Oise, de l'Oise, de l'Eure, de l'Orne, de la Sarthe, d'Eure-et-Loir, du Loiret, de Loir-et-Cher, d'Indre-et-Loire, de Maine-et-Loire, de la Vienne, de l'Indre, du Cher, de la Nièvre et de l'Allier.

Cette région, on le voit facilement, comprend les parties centrales des bassins géographiques de la Seine et de la Loire, séparés par les ramifications de la Côte-d'Or, qui s'étendent en collines jusque dans l'Orne, après s'être étalées en un vaste plateau dans le Loiret. Elle est limitée, à l'est, par la chaîne des Vosges, les monts Faucilles, le plateau de Langres et la Côte-d'Or, dont l'altitude, en ce point, n'est pas favorable à la race mérinos; au nord et à l'ouest, pour le même motif, par l'humidité du climat océanien; au sud, par les ramifications occidentales des Cévennes, d'une altitude encore plus élevée que celle de la chaîne des monts qui la limitent à l'est.

Toujours s'offre à l'observation cette influence physique, dans l'établissement des populations animales, qui s'est imposée aux introducteurs de moutons mérinos, sans que pour sûr ils eussent pris la peine de l'analyser, et par la plus péremptoire et la plus efficace des raisons : l'impossibilité, pour ces moutons, de prospérer en un milieu qui ne leur était pas propice.

Avant de dire les différents noms sous lesquels la race est désignée, dans les diverses localités de la région qui vient d'être limitée et caractérisée, il convient d'en indiquer une autre où elle s'est de même établie, et à une date antérieure mêmement.

Dans celle-ci, elle a conservé, s'il est permis de s'exprimer ainsi, ses mœurs espagnoles. Occupant, durant la saison tempérée, les terres voisines des rivages de la Méditerranée , elle transhume, lorsque commence celle des fortes chaleurs, vers les sommets des Alpes, voyageant de l'ouest à l'est; un faible contingent de sa population reste seulement sur les hauteurs de la montagne Noire, dites des Corbières, qu'elle habite, dans le département de l'Aude.

Cette région des mérinos transhumants, beaucoup moins étendue que la première, comprend les anciennes provinces du Roussillon, du bas Languedoc et de la Provence, celle-ci contenant l'immense plaine de cailloux roulés, dite de la Crau, située sur la rive gauche de l'embouchure du Rhône, et dans laquelle on a peine à comprendre que des moutons puissent subsister, tant les herbes y sont rares. Les versants des Cévennes et des Alpes, du côté du nord, limitent encore le terrain à la race, qui n'a pu occuper, pour ce motif, que les départements de l'Aude, de l'Hérault, du Gard, de Vaucluse, des Bouches-du-Rhône, des Basses-Alpes, du Var et des Alpes-Maritimes.

En comparant à la carte géologique dressée par MM. Elie de Beaumont et Dufrénoy les points occupés par les mérinos, qui forment ce que nous appellerons leur région du Nord, M. Yvart eut le premier, croyons-nous, l'idée que la race n'en pouvait prospérer que sur les terrains calcaires. Cette idée d'un rapport entre la nature des terrains et la constitution des animaux qui les habitent, recueillie de sa bouche — car je ne sache pas qu'il l'ait développée nulle part — a été amplifiée et appliquée à des problèmes d'ethnologie pathologique à grand renfort de statiques dont les éléments, ramassés comme à la pelle et sans la moindre discussion de leur valeur, ne pouvaient manquer d'être trouvés en cette rencontre, attendu qu'ils sont de ceux qu'on appelle généraux ou constants.

Il manque à toutes ces recherches la contre-épreuve, dont la méthode expérimentale fait une obligation. Si cette contre-épreuve avait été entreprise, en effet, on n'aurait pu manquer de s'apercevoir que l'idée dont il s'agit n'est qu'une hypothèse sans fondement. Il est bien vrai que les localités exclusivement peuplées de mérinos correspondent, pour la plupart, à des formations calcaires de la période tertiaire; mais il faut remarquer d'abord que c'est là le fait de la plus grande étendue de notre continent; ensuite, pour que le rapport fût nécessaire, ainsi qu'on l'a pensé, il faudrait que la race mérinos ne se rencontrât jamais ailleurs que sur ces terrains; or, sans chercher plus loin, il suffit de citer la plaine de la Crau, pour montrer qu'il n'en est point ainsi.

Le fait même des habitudes séculaires de l'Espagne, dans le genre de vie de ses moutons, nous indique la véritable loi de leur répartition. Il montre clairement que cette loi se rapporte à la géographie physique, non à la géologie; qu'elle dépend du climat et non pas de la composition du sol. Les mérinos supportent mal les froids rigoureux ou les saisons trop humides, comme les sécheresses trop prolongées. Le tribut qu'ils payent au sang de rate, durant les étés chauds, sur les plateaux secs de la Beauce et de la Brie, le prouve assez. La transhumance vers des régions plus propices les en préserve, en Espagne et dans le sud-est de la France.

Une distinction non justifiée, ainsi qu'on le prouvera plus loin, s'est perpétuée dans plusieurs parties des régions occupées chez nous par les mérinos. Tandis que dans les localités où les troupeaux sont le mieux soignés, ces troupeaux sont considérés comme formés de purs mérinos et portent le nom de la race, seulement avec un complément ou un qualificatif tiré de la localité même; dans les autres, qui sont les plus nombreuses et les plus étendues, on a conservé l'habitude de prendre les animaux pour des métis mérinos seulement. Sur quelques points même, bien des gens ont oublié leur origine et croient qu'ils ont de tout temps habité leur pays.

Visitant naguère, dans une belle ferme de la basse Bourgogne, un troupeau remarquable par la conformation des bêtes qui le composaient, il m'arriva de dire que ces bêtes étaient des mérinos améliorés par l'excellent régime auquel ils étaient soumis.

« — Faites excuse, monsieur, observa le fermier, homme d'ailleurs fort intelligent, ce ne sont pas des mérinos, ce sont des moutons de notre pays; les mérinos sont plus grands et moins bien faits. »

En poussant mon homme plus loin, j'appris que pour lui le type du vrai mérinos était quelque chose comme les grandes bêtes décousues de la Brie et de la Beauce.

C'est l'opinion commune en Bourgogne, les éleveurs éclairés mis à part.

Cette opinion, aussi bien, n'est pas particulière à la localité citée; on la rencontre un peu partout. Là même où il ne subsiste point de doute sur l'identité de la race, les variations survenues dans ses caractères secondaires ont fait admettre des catégories désignées par des dénominations spéciales. Ainsi l'on distingue les *mérinos de Naz*, du nom de la ferme où ils furent introduits dans le département de l'Ain, en dehors des régions plus haut délimitées, et dont nous parlerons en retraçant l'histoire de l'introduction de la race en France; les *mérinos de Ram-*

bouillet; les *mérinos de la Beauce* (souvent qualifiés de métis, ainsi que les suivants); les *mérinos de la Brie;* les *mérinos du Soissonnais;* les *mérinos de la Champagne;* les *mérinos de la Bourgogne, du Châtillonnais, du Tonnerois;* les *mérinos de la Provence;* les *mérinos du Roussillon;* les *mérinos des Corbières;* enfin les *mérinos de Mauchamp* ou *soyeux.* Et dans l'idée qu'y attachent ceux qui les emploient, ces dénominations particulières correspondent à autant de races distinctes de moutons.

Grav. 56. — Bélier mérinos, 1er pr., 1re catégorie, 2e classe (M. le Dr Noblet, Concours régional, Blois, 1858).

Grav. 57. — Brebis mérinos du troupeau de M. Bouvry (Aisne). (Dessinée d'après nature par M. Mégnin, au Conc. de Versailles, en 1865.)

La vérité est que pour l'observateur attentif et compétent, l'identité du type est évidente, dans tous ces groupes, pour la désignation desquels le terme générique de mérinos se trouve le plus souvent négligé. Quelles que soient les variétés de toison, de taille, de conformation du corps, toutes dépendantes du mode d'élevage et d'exploitation, ce type se montre partout le même, avec la caractéristique que nous allons décrire et qui est une des plus nettement accusées que nous connaissions (grav. 56 et 57).

Si l'on est bien pénétré de la doctrine que nous voulons faire prévaloir dans l'étude des races, on ne sera point surpris qu'avec cette identité de caractères typiques, se montrent de si grandes variations dans les caractères secondaires. Tant de différences dans les conditions d'habitation et d'exploitation en rendent parfaitement raison.

Caractères typiques. — Tête dolichocéphale; cheville osseuse à base large, épaisse, prismatique, aplatie, implantée depuis le milieu du front jusque près du trou auditif, de telle sorte qu'une très-faible distance la sépare de celle du côté opposé, et dirigée obliquement en arrière, puis contournée en spirale allongée, avec un sillon longitudinal profond sur sa face supérieure, la plus large; presque toujours absente chez les femelles, elle le devient de plus en plus chez les mâles perfectionnés; front étroit et déprimé; arcades orbitaires effacées; face moyenne, à chanfrein busqué vers son milieu seulement, épais, arrondi d'un côté à l'autre; maxillaire inférieur à branches peu écartées, fortes, incurvées dès le menton et relevées à angle presque droit; crête zygomatique peu saillante, arcade incisive moyenne. Sur le vivant, museau mousse, lèvres épaisses, grosses; bouche moyenne; joues fortes; oreille petite, horizontale; cornes fortes, aplaties, à sillons transversaux nombreux, coupés par un sillon longitudinal supérieur, longues et contournées en spirale plus ou moins serrée; face encadrée par la toison, qui se prolonge parfois jusque sur le milieu du chanfrein, dont la peau présente souvent, chez les mâles âgés surtout, des rides transversales; yeux petits, mais bien ouverts, souvent cachés par la toison.

Caractères secondaires. — Laine variable par le degré de finesse du brin, mais atteignant seule celui qui la fait qualifier d'extra-fine ou de superfine, et aussi le plus haut degré de douceur, de nerf, d'élasticité; toutes les qualités, en un mot, qui font considérer la laine comme étant de premier choix ; c'est aussi la seule dont les flexions du brin se multiplient et se rapprochent assez pour former la laine dite en zigzags, bien qu'elle se montre parfois seulement avec de très-faibles ondulations, auquel cas elle est dite soyeuse ; toison d'une étendue variable : elle recouvre entièrement la surface de la peau, souvent jusqu'aux ongles et ne laisse libre que le petit bout du nez ; ordinairement à mèches carrées, serrées, elle est fermée, sauf dans le cas de laine soyeuse, et atteignant le plus haut degré de tassé connu ; dans ce cas un suint fluide, blanc mat ou d'un beau jaune vif, aglutine entre elles les mèches par leur sommet, où il se concrète en devenant noirâtre ; mais aussi la toison, chez les mérinos communs, s'éloigne le plus possible de ces qualités, devient beaucoup moins étendue, jarreuse, plus ou moins ouverte, à brins relativement rudes, mais conservant toujours leur caractère fondamental de la laine en zigzags ; taille variable depuis la plus petite (mérinos de Naz) jusqu'à la plus grande de l'espèce (mérinos de Rambouillet), généralement moyenne en France ; tête forte, chez les individus communs et chez les producteurs de la laine la plus fine ; cou long, fortement arqué, le plus souvent muni, à son bord inférieur, d'un double et d'un triple repli transversal de la peau, dit fanon ou cravate, multipliant l'étendue de la toison ; poitrail peu saillant ; poitrine étroite et peu profonde, serrée en arrière de l'épaule, qui est plate ; garrot élevé et mince ; dos souvent tranchant ; lombes étroites et fléchies ; croupe courte et peu musclée ; cuisse mince ; jambes longues par rapport au corps, qui est souvent ramassé, comme on dit, mais aussi parfois au flanc long, au ventre volumineux et pendant ; membres forts, vigoureux et bien d'aplomb ordiairement; grande agilité dans la marche, mouvements ifs, et supportant bien les longs parcours; squelette ourd; développement tardif, encore à de rares exceptions près, eu égard à la nombreuse population.

Rendement. — Il est à peine besoin de faire remarquer, près ce qu'on vient de lire, les variations considérables qui se font remarquer dans le poids vif des mérinos, dans eur poids net et dans celui de leurs toisons. Nous ne pouvons donc qu'indiquer quelques résultats d'observations, qui en marqueront les limites.

Parmi ceux qui sont exploités pour leur laine, le poids vif minimum, correspondant naturellement aux plus petites ailles, n'est guère au delà de 25 à 30 kilogrammes. Des esées exactes, exécutées à Rambouillet sur un nombre d'individus d'âge et de sexe différents, ont permis de conclure aux moyennes suivantes, comme maximum du poids vif de la race: agnelles de cinq mois, 25 kil. 045; agneaux du même âge, 32 kil. 857; brebis de dix mois, 46 kil. 750; brebis antenaises, 48 kil. 018; béliers de dix-huit mois, 78 kilogr.; béliers adultes, 97 kilogr.

Ces poids sont à peu de chose près ceux des mérinos de la Beauce, de la Brie et du Soissonnais.

A la ferme de Genouilly, peu loin de Melun, dans Seine-et-Marne, on a pesé devant nous, au mois de mai 1866, des brebis âgées de dix-huit mois et seulement en bon état, et leur poids vif a été trouvé de 80 et 86 kilogrammes, avec une taille peu élevée, des os très-légers, mais une ampleur de corps qui était l'indice de leur très-grande précocité. Nous en reparlerons (voy. grav. 46, 47 et 48).

En Champagne, les parties de l'Yonne, de l'Aube, de la Marne et des Ardennes voisines de la Brie et du Soissonnais, nourrissent des moutons qui ne diffèrent en rien de ceux de l'ancienne Ile-de-France; mais en remontant vers le Nord et vers l'Est, jusqu'en Lorraine, ils perdent beaucoup de leur poids, surtout dans les plaines crayeuses.

En Bourgogne, c'est-à-dire dans les districts appelés Tonnerrois et Châtillonnais, des départements de l'Yonne et de la Côte-d'Or, arrondissements de Joigny, d'Auxerre, de Tonnerre, de Châtillon, de Semur et de Beaune, les mérinos, bien qu'ils aient en général moins de taille que ceux des parties fertiles de la Champagne et de l'Ile-de-France, atteignent les mêmes poids, en raison de la plus grande ampleur de leur corps, sur les bords de l'Armançon, en descendant vers la Nièvre, et vers la rive droite de la Saône. Les brebis pèsent communément de 44 à 45 kilogrammes.

Dans le Roussillon, le Languedoc et la Provence, la taille et le poids représentent à peu près la moyenne entre les deux extrêmes signalés plus haut, sauf toutefois pour les moutons des Corbières, qui sont peut-être même, en général, au-dessous du minimum indiqué. L'aridité des sommets de ces collines, qui s'étendent des environs de Perpignan jusqu'à Carcassonne, sans cesse balayés par des vents secs, l'explique suffisamment.

Le mérinos a été, jusqu'à présent, considéré comme un trop médiocre mouton de boucherie, pour qu'on se soit beaucoup occupé de son rendement en poids net et en suif. Weckherlin l'a donné pour les brebis allemandes d'Infantado et d'Escurial. Les premières, bien nourries, rendent, d'après lui, de 20 à 25 kilogrammes de viande, les autres, de 17 kil. 500 à 20 kilogr. seulement. Nos forts mérinos français de la région du Nord rendent aux environs de 55 pour 100 de leur poids vif, en général ; mais des faits certains prouvent à présent que leur aptitude peut être développée au point de leur faire atteindre les plus hauts rendements des races anglaises les plus perfectionnées.

Leur viande, surchargée d'os, ayant un goût de suint très-prononcé, est rangée dans la catégorie des plus médiocres. Baudement lui a attribué le chiffre 5.667, dans sa classification. C'est le plus bas qui ait été relevé, dans l'examen des viandes de moutons français.

J'ai constaté, ainsi que plusieurs personnes compétentes en fait de gourmandise ou de dégustation, que cette infériorité dans la qualité de la viande de mérinos n'est point inhérente à la race. En dégustant avec le recueillement qui convient à une opération de cette importance, les principaux morceaux d'une brebis et d'un bélier cryptorchide, venus, celui-ci de Châteaurenard et l'autre de Genouilly, épaule, côtelettes, carrés, filet et gigots, accommodés convenablement, nous en avons trouvé unanimement la viande tendre, d'un grain fin, pleine de jus et d'une saveur très-agréable, dans laquelle par conséquent le goût du suint n'avait aucune part. Je n'hésite pas à déclarer, pour mon compte, que cette viande-là était la meilleure et la plus délicate que j'eusse jamais mangée, surtout celle de la brebis de Genouilly.

Les deux bêtes qui l'avaient fournie étaient arrivées au plus haut degré de la précocité; et il y a sur ce point une remarque importante à faire, qui paraîtra peut-être facile à comprendre : c'est que la précocité et la grande aptitude à l'engraissement, qui rendent en général les viandes un peu fades, et en tout cas d'un goût moins délicat, amènent celle du mérinos au point de saveur des plus estimées sous ce rapport. C'est apparemment que, dans le mérinos commun, ce point est de beaucoup dépassé et devient ainsi désagréable, par son exagération même.

Nous prions que l'on prenne la remarque en grande considération.

Pour le rendement en laine, les variations ne sont pas moins fortes que celles qu'on vient de voir en ce qui concerne la viande. Ces variations suivent à la fois la taille, le poids vif, les degrés de finesse et de tassé de la toison. Les plus faibles poids, quant à celle-ci, s'observent pour les laines superfines. Chez le mérinos de Naz et autres analogues, elle ne pèse jamais, en moyenne, au-dessus de 1 kilog. à 1 kilog. 500, en suint. Dans les pesées effectuées à Rambouillet, et dont nous avons parlé plus haut, les résultats ont été de 1 kilog. 909 et de 2 kilog. 263 de laine lavée à dos, pour les brebis de dix mois, et les antenaises ; de 5 kilog. 800 et 5 kilog. 750 de laine en suint, pour les béliers de dix-huit mois et les béliers adultes.

En Beauce, la toison pèse de 5 à 10 kilog. en suint, tout y étant sacrifié à l'augmentation de son poids, sauf à diminuer sa valeur intrinsèque par la forte proportion de déchet qu'elle laisse au dégraissage et au peignage, étant souillée par les impuretés de toute sorte qui s'attachent, dans la bergerie et aux champs, à un suint surabondant. Elle contient aussi souvent une forte proportion de jarre et n'est que de moyenne finesse.

En Brie, le maximum de poids que nous venons d'écrire pour les toisons de la Beauce est plus souvent atteint ; la mèche est plus longue et plus homogène. Il en est de même dans le Soissonnais, où le nombre des mérinos sans cornes a beaucoup augmenté. Seulement, ici, la laine a peut-être un peu plus perdu de sa finesse primitive, à mesure que les formes des animaux se sont néliorées; mais elle n'en est pas moins douce et très-erveuse.

C'est cette qualité de laine que l'on appelle *laine intermé-iaire*, et qui a le plus de chances de débouchés avanta-eux désormais, dans notre industrie, ainsi que nous le errons ; c'est celle des vallées très-fertiles et de la ulture intensive, qui se rencontre de même dans les arties de la Champagne confinant à l'Ile-de-France, ont il a été question précédemment, à propos du poids if.

Dans les autres parties de cette même province et en .orraine, le poids des toisons descend au-dessous du mi-imum de la Beauce ; elles sont moins homogènes, à nèche moins longue, moins étendues que celles du Sois-onnais et plus propres à la fabrication des tissus de dra-perie.

En Bourgogne, les toisons du Châtillonnais et du Ton-nerrois se font plus remarquer par leur homogénéité que par leur poids ; la qualité compense largement la quan-tité, celle-ci étant à peu près, en moyenne, conforme aux pesées de Rambouillet ; et de toutes les toisons de mé-rinos, ce sont peut-être celles qui atteignent le prix total le plus élevé, dans la catégorie commerciale des laines fines.

Les mérinos de la région méridionale sont ceux qui, sous le rapport de la toison, se rapprochent le plus du mérinos espagnol. Leur laine très-frisée, à brin court et élastique, est souvent mêlée d'une forte proportion de jarre. La toison, chargée de suint, ne pèse cependant guère plus de 1 kilog. 500 à 2 kilog. Les laines les plus estimées, dans cette région, sont celles des environs d'Arles.

Enfin, il nous reste à parler spécialement des toisons soyeuses, portées par les mérinos dits de Mauchamp, et maintenant répandues à des degrés divers sur quelques points du pays. Ces toisons, ayant des caractères tout particuliers, devaient être considérées à part, sous le rapport de leur rendement. Celui-ci a été étudié d'une manière très-sérieuse par les hommes les plus compétents. Il n'y a qu'à exposer les faits qu'ils ont constatés.

A l'ancienne bergerie de Gevrolles (Côte-d'Or), on avait constaté, après quelques années de séjour des mérinos soyeux, que leur toison ne différait plus guère, sous le rapport du poids, de celle des mérinos de Rambouillet. La laine s'était tassée, la toison fermée, ses mèches étaient devenues carrées, de pointues qu'on les voyait auparavant. Ces caractères se sont encore plus prononcés, lorsqu'on eut accouplé les mérinos issus du troupeau de Mauchamp avec ceux de Rambouillet, pour obtenir les toisons soyeuses qui subsistent, pour bien dire, seules à présent.

Dans son mémoire de 1850, cité précédemment, M. Yvart a donné des chiffres précis sur le poids de ces toisons, évalué en tant pour 100 du poids vif.

Les antenoises ont produit en laine 5.523 pour 100 de leur poids vif; les brebis de trente mois, 4.894; les brebis de plus de trente mois, 4.252. Dans les essais comparatifs, les mérinos à laine frisée de Rambouillet ont été généralement inférieurs; mais la différence n'a pas atteint, toutefois, dans les cas où elle était le plus accusée, au-dessus de 0.277 pour 100.

Au peignage, les essais comparatifs ont donné les résultats suivants :

	Abats.	Perte au dégraissage.	Peignage cœur.	Peignage blousse.
[T]oisons de Rambouillet (pour 100).........	10.0	41.6	39.1	19.3
[T]oisons soyeuses (pour 100)...............	7.5	32.7	50.8	17.0

Les résultats ont donc été très-favorables aux toisons [s]oyeuses de la variété appelée par M. Yvart *mauchamp-[m]érinos*, et qu'il eût mieux valu appeler *mauchamp-ram-[b]ouillet*, pour plus de clarté, attendu que les individus à [l]aine soyeuse, multipliés à Mauchamp par M. Graux, sont [d]es mérinos au même titre que ceux issus du troupeau im-[p]orté à Rambouillet.

La toison des premiers, qui en diffère si essentielle-[m]ent par la forme du brin, en diffère aussi notablement [p]ar son poids. En 1848, M. Yvart l'a trouvée inférieure de [1]4 pour 100 sur les antenoises lavées à dos, et de 27 [p]our 100 sur les brebis nourrices, qui perdent beaucoup [d]e leur laine pendant l'allaitement ; mais la valeur com-[p]ense la différence de poids. La plus value, en 1850, était [d]e 25 pour 100. Tandis que la laine mérinos ordinaire se [v]endait à raison de 6 fr. le kilogramme, la laine soyeuse [é]tait payée 8 fr. ; et cela pour deux raisons : elles rendent [d']avantage au peignage et conviennent pour la fabrication [d]e plusieurs étoffes précieuses, à cause de leur force très-[g]rande et de leur extrême douceur.

Dans des essais qui ont porté sur plus de 300 kilogr., [M]. Biétry a obtenu jusqu'à 59 et 62 pour 100 de cœur, et [s]eulement 13 et 14 de blousse. En comparant ces chiffres [à] ceux qui ont été donnés plus haut, on saisira sans peine [l]e motif de la faveur dont jouissent les laines soyeuses [d]ites de Mauchamp.

La laine des petits mérinos des Corbières a beaucoup des caractères et des mérites de celle de Mauchamp. Leur toison, en mèches pointues, peu tassée, ouverte, comme en lambeaux, est très-légère ; elle pèse moins d'un kilogramme en suint.

Historique. — Un aperçu des traits principaux relatifs à l'introduction de la race mérinos en France, outre l'importance historique qu'il peut avoir, ne laissera point, pensons-nous, que de compléter sur plus d'une face les faits qui viennent d'être exposés, en contribuant à les expliquer. L'histoire et la physiologie, en ces matières, se fortifient mutuellement, et leur accord communique aux conclusions une solidité inébranlable.

Dès le dix-septième siècle, sous l'administration de Colbert, quelques béliers mérinos avaient été introduits dans le Roussillon, en vue d'améliorer la laine des troupeaux de cette province. C'est à cette époque qu'on trouve pour la première fois leur trace dans l'histoire de France. Avec ses idées sur l'industrie et le commerce, Colbert ne devait négliger aucun moyen d'arriver à ce résultat, que nos manufactures de tissus pussent s'approvisionner chez nous des laines qu'elles étaient obligées de faire venir d'Espagne.

Il est écrit aussi que vers le milieu du siècle suivant, d'Etigny, alors intendant du Béarn, fit de nouvelles introductions de béliers espagnols dans sa province. On a peu de détails, toutefois, sur ce qu'il advint de la tentative, pas plus que de la première ; on ignore si l'une et l'autre furent suivies ou abandonnées, en se tenant aux seuls renseignements historiques.

Pour ce qui concerne le Roussillon, nous verrons tout à l'heure pourquoi il n'est pas possible de vider la question, à l'aide des lumières de la physiologie; quant à ce qui s'est passé dans le Béarn, ou plutôt dans les vallées de la Garonne et de l'Ariége, où les béliers importés par l'intendant avaient été vraisemblablement placés, le cas est différent. Il est permis de penser que la première importation ne s'est point renouvelée et que les croisements n'ont pas dépassé trois générations; car les traces qu'on trouve, dans les troupeaux de ces vallées, de l'influence héréditaire des mérinos, se bornent à la toison; le type de la race s'est effacé devant celui de la race dite lauragaise, objet du croisement interrompu, comme nous le verrons en décrivant plus loin cette race. Du côté de la chaîne des Pyrénées, si des mariages ont eu lieu, ce n'a pu être que d'une façon bien restreinte et bien fugace, car ils n'ont laissé absolument aucune trace.

C'est de 1766 que date l'implantation solide de la race mérinos sur le sol français. Cette fois, elle y vint en forces, s'empara du terrain, et sa conquête ne fit plus que s'étendre par des contingents nouveaux, qui franchirent ensuite les Pyrénées.

Daubenton, l'ami, le collaborateur et le compatriote de Buffon, avait fait venir d'Espagne, sous les auspices de Trudaine, un troupeau qu'il plaça dans son domaine de Montbard, entre Châtillon et Semur, dans la Côte-d'Or, et qu'il entoura de soins. C'est sur ce troupeau, devenu bientôt prospère, et qui a été la souche de tous les mérinos actuels de la Bourgogne, qu'il recueillit les observations devant servir plus tard à la rédaction de son *Instruction pour les bergers et les propriétaires de troupeaux.*

Le succès de Montbard fit ouvrir les yeux aux hommes de la cour.

Les travaux des encyclopédistes, particulièrement ceux

de Quesnay, de Turgot, des physiocrates en général, qui soutenaient que les paysans avaient bien aussi quelque droit à ce qu'on s'occupât de leur bien-être, chose assez hardie durant le règne d'un Louis XV, ces travaux avaient fait tourner un peu du côté de l'agriculture les esprits alors excités par la fermentation révolutionnaire. On résolut donc de fonder, à l'imitation de Daubenton, un troupeau de mérinos dans l'un des domaines royaux. En 1786, sous le ministère de Calonne, Louis XVI chargea son ambassadeur près la cour d'Espagne, M. de la Vauguyon, de négocier l'affaire et d'obtenir du roi son beau-frère la permission de choisir les éléments de ce troupeau et de leur faire passer la frontière.

La demande fut accueillie favorablement; l'ambassadeur donna commission à deux Espagnols, don Ramira et André-Gilles Hernans, de faire le choix dans les cavagnes, et le 15 juin 1786 partirent de Ségovie, à destination de Rambouillet, 342 brebis et 42 béliers. Le 12 octobre suivant, 366 en tout arrivaient seulement au domaine. Beaucoup plus de dix-huit individus, constituant la différence au départ et à l'arrivée, étaient morts en route; mais ils avaient été remplacés en partie par des agneaux nés durant le voyage.

Telle est l'histoire du premier fondement de la célèbre bergerie de Rambouillet, que la Révolution respecta, comme toutes les autres institutions utiles de la monarchie qu'elle venait de briser, et qu'elle contribua même à beaucoup agrandir.

En effet, à l'instigation des citoyens Gilbert et Tessier, aidés de Daubenton, qui avait sauvé sa tête durant la Terreur, en se faisant délivrer un certificat de civisme où la qualité de berger lui était attribuée, un traité conclu sous le Directoire stipulait que l'Espagne devait pendant cinq ans nous livrer annuellement cent béliers et mille brebis mérinos. Les embarras de cette époque si profondément troublée, ne permirent pas que la clause du traité fût complétement exécutée ; mais aussitôt que le Consulat eut ramené un peu d'ordre dans les affaires intérieures, l'idée fut reprise par les mêmes hommes et reçut ses développements. Les serviteurs de la science peuvent se laisser détourner, par les événements, de l'objet de leur prédilection : ils ne manquent jamais d'y revenir, ramenés qu'ils sont par le sentiment du bien public qui les possède.

A la fin du dix-huitième siècle et dans les premières années du dix-neuvième, le premier Consul envoyait en Espagne Gilbert et Tessier (Daubenton était alors un vieillard) et fondait des bergeries de mérinos à la Malmaison, dans les environs d'Aix-la-Chapelle, de Trèves, de Nantes, de Mont-de-Marsan, de Clermont-Ferrand, de Villefranche (Rhône), à Arles et à Perpignan. La plupart n'eurent qu'une existence éphémère ; mais celles d'Arles et de Perpignan subsistèrent plus longtemps. La dernière, fondée en 1800, existait encore en 1842 et fut supprimée cette année-là seulement. 334 brebis et 16 béliers, choisis en Espagne par Gilbert, y avaient été introduits lors de la fondation.

Il n'est pas besoin de se demander, après cela, comment le Roussillon, le bas Languedoc et la Provence se sont peuplés de mérinos.

Le troupeau de Rambouillet, de son côté, prospérait. Il reçut d'ailleurs, durant l'Empire, de nouveaux renforts tirés de l'Espagne. Ses produits se répandirent dans toute la région du Nord, rayonnant autour du domaine impérial, après avoir, sous l'influence des soins judicieux dont ils étaient l'objet, acquis dans leur nouvelle patrie une supériorité de développement, de conformation et de lainage, que personne ne songea jamais à contester.

Le rôle qu'ils y jouèrent est tracé, non-seulement dans l'écrit de Daubenton rappelé tout à l'heure, mais encore dans ceux analogues que publièrent Tessier, sous le titre d'*Instruction sur les bêtes à laine*, et Gilbert, sous celui d'*Instructions sur les moyens les plus propres à assurer la propagation des bêtes à laine d'Espagne*.

La méthode préconisée dans ces écrits, et qui fut universellement suivie par les éleveurs pour « propager les bêtes à laine d'Espagne » dans leurs troupeaux, est celle que nous appelons maintenant le croisement continu, que l'on a longtemps désignée en qualifiant les troupeaux où elle était employée, de *troupeaux de progression;* c'est celle enfin qu'un rapporteur de l'assemblée provinciale d'Auvergne, en 1788, ayant à signaler les réformes capables de remédier aux si profondes misères de ce temps-là, voulait désigner en disant dès lors qu'il fallait améliorer les troupeaux de la province « par la méthode de M. Daubenton. »

Grâce à son emploi persistant durant assez longtemps, à l'aide des béliers issus des troupeaux de Montbard, de Rambouillet, de Perpignan, d'Arles, etc., la race mérinos s'est substituée partout aux races locales, en les absorbant.

C'est vers la fin du dernier siècle aussi que fut formé, par des importations directes, le troupeau de Naz, dans l'arrondissement de Gex, département de l'Ain. La première de ces importations est de 1798. Elle fut faite par celui qui devint, sous l'Empire, Girod de l'Ain. En même emps, Pictet, Favre, introduisaient, de leur côté, le mé-inos sur les bords du lac de Genève, entraînés par le ourant des idées françaises.

On se rend facilement compte, avec ces documents, du eeuplement des régions que nous avons circonscrites. Il 'est pas difficile non plus de déterminer les motifs des hoix qui furent faits, pour l'établissement des centres au-our desquels la race espagnole devait rayonner, en s'as-imilant progressivement celles qui étaient en possession u terrain avant sa venue.

Avant la Révolution, des raisons de convenance person-elle, avaient seules agi : Daubenton et le roi introduisi-ent la race dans leurs propres domaines, se préoccupant niquement de doter le pays d'une laine précieuse. Après, n voit clairement que la situation des principales manu-actures de draps existant alors, fut le motif détermi-ant.

Quand même on ne saurait point que telle fut la poli-ique industrielle du Consulat et de l'Empire, la logique ommanderait d'en demeurer persuadé. Trèves et Aix-la-Chapelle étaient pour Sedan, Roubaix et Turcoing; Cler-mont-Ferrand, Arles, Perpignan, pour Montauban, Maza-net, Lodève, Villefranche, etc., ainsi que Mont-de-Marsan et Villefranche (Rhône); et nous trouverons, à l'entour de eux de ces points où les troupeaux administratifs n'ont u qu'une existence éphémère, seulement dans les toisons, a trace de leur passage.

Ce qui, dans la conception, était factice, s'est évanoui. La volonté la plus despotique se brise contre les obstacles naturels. On ne commande à la nature qu'en lui obéissant. La haute Bourgogne et Rambouillet n'ont pas cessé d'être, depuis le premier jour où les mérinos y parurent, des centres actifs de diffusion de la race, parce que toutes les conditions de prospérité s'y trouvaient réunies. Sous d'habiles directions, ces animaux y ont acquis des caractères d'une supériorité telle, que la France, on peut le dire, est devenue la métropole des mérinos. Depuis longtemps déjà, c'est de chez nous que partent les reproducteurs d'élite, à l'aide desquels les colonies du Cap et de l'Australie ont été fondées et sont entretenues. L'Espagne est détrônée. L'Allemagne elle-même paye à nos bergeries son tribut annuel. L'industrie de la production des béliers mérinos pour l'exportation est maintenant en Bourgogne, en Brie, dans le Vermandois et en Beauce, une des plus lucratives de notre agriculture. Les noms des Godin, des Achille Maître, des Beaudoin, des Garnot, des Noblet, etc., sont portés à l'extrémité de l'Afrique et en Océanie, aussi bien que de l'autre côté du Rhin, par les précieux sujets sortis de leurs troupeaux.

La préoccupation principale des directeurs qui se sont succédé à Rambouillet, depuis 1786 jusqu'à nos jours, a été constamment de multiplier l'étendue de la toison du mérinos d'Espagne, en lui faisant acquérir plus d'homogénéité, tout en conservant la finesse du brin. Il fallait à la fois augmenter pour cela sa taille et la surface relative de sa peau. L'on y a parfaitement réussi. Le poids de l'animal a été doublé, et bien plus celui de sa toison. A Naz, on obéit à d'autres idées. Ce fut surtout l'extrême finesse de la laine qui fut visée. Par les soins de Girod de l'Ain, d'abord, puis de M. Perrault de Jotemps, les toisons de Naz acquirent, pour leur finesse, une réputation universelle, qui a, il faut bien le dire, beaucoup baissé.

Les mêmes doctrines régnèrent longtemps en Bourgogne. Là aussi la toison seule parut devoir exciter l'inérêt. Les mérinos étaient avant et par-dessus tout des ɔêtes à laine. Ils avaient été introduits en France à ce itre, et quand on parlait de leur perfectionnement, il était ous-entendu, là comme partout, que la finesse, l'homo-éénéité, le tassé et par conséquent le poids de la toison, n devaient faire tous les frais. Dans les idées de l'époque, e mérinos n'était qu'un producteur de laine, et rien de lus. Son corps? guenille que cela! Dans le traité de l'au-eur allemand contemporain que nous avons déjà plu-ieurs fois cité, c'est le point de vue qui domine encore, l'endroit des mérinos.

Mais, il y a quelque trente ans, une autre façon d'en-isager les choses commençait à se faire jour. La concur-ence des laines coloniales s'annonçait aux yeux clair-oyants. Ils voyaient poindre, dans les vastes solitudes de 'Océanie, le commencement d'immenses troupeaux dont es toisons, en venant sur le marché européen, ne pou-aient manquer d'en modifier profondément les condi-ions. Le génie colonisateur de l'Angleterre leur était un ûr garant de la réalisation prochaine de ces promesses, t l'événement ne les a point démenties, bien au con-raire. Le marché des laines coloniales, à Liverpool et à ondres, a pris en peu d'années un développement inouï.

Il fallait donc se préparer à subir le choc. Le marché es laines fines menaçait de faire défaut au continent, nvahi qu'il serait par les toisons d'outre-mer. On songea ue le mérinos avait aussi de la chair dont il était possi-le de tirer meilleur parti qu'il n'avait été jusque-là dans es habitudes de le faire. Il fut résolu qu'on devait lui de-nander en même temps sa laine et sa viande, sauf à sa-rifier tout ou partie de la finesse de celle-là. Le péril tait imminent; la doctrine du croisement dominait;

l'Angleterre, alors notre rivale heureuse sur les champs de bataille de l'industrie, comme elle avait été l'ennemie victorieuse de nos monarques dans les jeux cruels de la guerre d'ambition, était, ainsi que nous l'avons vu, en possession de magnifiques races à viande ; le plus simple, le plus facile et le plus efficace parut être de les lui emprunter, pour parer le coup qu'elle nous portait.

Telles furent, rapidement esquissées, les considérations qui décidèrent l'introduction en France des races anglaises de Leicester et de Romney-Marsh, et l'entreprise, par M. Yvart, de croisements anglais dans les anciens troupeaux mérinos de Charentonneau et d'Alfort, succursales de Rambouillet. Ces croisements étaient entrepris en vue de créer ce type intermédiaire appelé *race d'Alfort* ou *dishley-mérinos*, qui devait, introduit lui-même dans les troupeaux des cultivateurs de la région des mérinos, procurer, en les transformant, la meilleure solution du problème.

Nous examinerons plus loin les caractères et la valeur des métis dont il s'agit. En ce moment, nous faisons seulement de l'histoire à grands traits; et il nous faut ajouter que ce sont ces mêmes considérations qui inspirèrent à Malingié la création des *moutons de la Charmoise*, sur lesquels nous reviendrons aussi.

On peut dire, sans fausser la vérité de l'histoire, que si l'observation qui lui avait donné naissance était incontestablement juste, l'idée n'en échoua pas moins complétement. Les éleveurs de la région des mérinos résistèrent; et nous sommes de ceux qui pensent que bien ils firent, malgré les exhortations d'auteurs encore plus royalistes que le roi, dont l'éternel refrain, à propos de chacune des populations ovines de la France, consiste à préconiser invariablement l'amélioration des toisons et de la viande par l'emploi des béliers d'Alfort, comme une sorte de panacée. C'est que l'exécution de l'idée avait contre elle, ainsi comprise, la physiologie, dont les lois ne se laissent point transgresser.

Parmi les éleveurs de mérinos qui s'abstinrent avec le plus d'ensemble, il faut citer en première ligne ceux de la Bourgogne. Ils s'abstinrent, entendons-nous bien, d'adopter le moyen proposé, mais non point de reconnaître la justesse de l'idée économique que ce moyen avait pour objet de réaliser. A la suite du concours du comice d'Ancy-le-Franc, dans l'arrondissement de Tonnerre, où se trouvaient réunis, en 1862, trente lots de béliers, brebis et agneaux du Tonnerrois, un bon juge, M. Mathieu, vétérinaire distingué ayant longtemps habité le pays, pouvait justement écrire ceci : « Depuis vingt ans le mérinos bourguignon a été complétement transformé. Sa taille est moyenne, la tête, le cou et les membres ont considérablement diminué de grosseur. Le développement physique est hâtif, et, dans certains troupeaux, l'aptitude à l'engraissement se remarque chez de très-jeunes sujets. Tout en subissant ces transformations, ce mérinos a conservé une toison à mèche assez longue, fine et tassée. Encore quelques années de progrès, et cet idéal que tout éleveur doit entrevoir : un southdown quant à la forme, un mérinos quant à la toison, sera près d'être réalisé. Le problème laine et viande sur le même animal peut se résoudre en opérant sur le mérinos seul ; l'immixtion du sang anglais doit nécessairement rendre ce problème insoluble (1). »

(1) *La Culture*, t. IV, p. 63.

La démonstration est aujourd'hui complète à ce dernier point de vue; et si quelques éleveurs soutiennent encore les mérites des anglo-mérinos, ce n'est plus guère qu'en leur qualité de producteurs de viande ; aussi ne les rencontre-t-on dans la région qu'à titre de très-rares exceptions, en Beauce, en Brie et dans quelques fermes du nord de l'Ile-de-France. En Brie, la plus active opposition leur a été faite par M. Teyssier des Farges, dont je me plais à citer ici le nom, parce qu'il se trouve dans les actes des associations agricoles de la province, en toute occasion où il s'agissait de soutenir la thèse tout à l'heure formulée dans la citation empruntée à M. Mathieu.

Cette thèse a reçu de la part de deux éleveurs de mérinos, et dans des conditions qui peuvent être à juste titre considérées comme précieuses, une confirmation expérimentale, je veux dire pratique, telle qu'après en avoir constaté les résultats, il semble impossible de ne point s'incliner, à moins d'être aveuglé par l'idée préconçue la plus enracinée.

Par les seules influences de la gymnastique fonctionnelle et de la sélection, M. Garnot, à Genouilly (Seine-et-Marne), et M. Noblet, à Châteaurenard (Loiret), ont réussi à constituer des troupeaux de mérinos purs qui, par la perfection des formes, et par la précocité, ne le cèdent en rien aux plus beaux sujets de la race de Southdown, et cela tout en conservant à leur toison les qualités incomparables qui distinguent entre toutes la laine mérinos. Cette toison, un peu moins tassée, mais plus étendue et à mèche plus longue, n'a guère perdu de son poids. Ses qualités nouvelles, d'ailleurs, ont augmenté sa valeur intrinsèque, dans l'état actuel du marché. Quant à la qualité de la viande, nous en avons déjà parlé; et sa quantité, résultant de la précocité du développement, atteint, on s'en souvient, jusqu'à 86 kilogrammes de poids vif pour des brebis de dix-huit mois. Je ne pense pas qu'il soit possible de pousser plus loin le perfectionnement de l'aptitude.

Depuis dix ans, la supériorité de l'élevage de ces deux agriculteurs a été mise constamment en évidence par les concours de leurs régions respectives. A Londres, à Hambourg, où leurs animaux ont figuré dans des expositions internationales, les plus hautes récompenses leur ont été décernées. Si, au lieu d'être des éleveurs français, ils étaient des fermiers anglais, ils ne pourraient plus, depuis longtemps, suffire aux demandes de leurs confrères. Ceux-ci n'auraient pas manqué de comprendre le service qui leur a été ainsi rendu, en mettant à leur disposition des béliers si bien perfectionnés, dans le sens de la double aptitude qui convient au mérinos moderne, pour remplir complétement sa fonction économique. Les acheteurs habituels de M. Garnot et de M. Noblet sont des étrangers, allemands ou colons anglais du Cap et de l'Australie; et il s'est trouvé quelqu'un en France pour écrire, avec un dédain qui serait comique s'il n'était navrant, que leurs procédés d'élevage des mérinos n'étaient bons, tout au plus, que pour servir à un « trafic de béliers. »

Les résultats financiers de ce « trafic, » dont ils peuvent s'honorer à bon droit, les dédommagent justement de l'indifférence ou du dédain des éleveurs français; mais le propre des hommes de progrès, qui ouvrent des voies nouvelles et utiles, c'est d'être possédés par l'ambition d'y être suivis. Chez nous, c'est triste à dire, notre premier mouvement a toujours été de leur tourner le dos, quand nous ne les maltraitons pas. Il semble que nous dussions considérer comme nous étant volé, le peu de gloire que nous leur accorderions.

Je veux penser, pour mon compte, que l'avenir, et un avenir prochain, est assuré à l'extension des mérinos perfectionnés et précoces dans les troupeaux de notre pays. Il y va d'un trop grand intérêt pour que les possesseurs de ces troupeaux ne soient pas bientôt convaincus qu'ils peuvent, en un très-petit nombre de générations, leur communiquer une aptitude qui doit considérablement augmenter leur valeur. Par une heureuse fortune, ainsi que nous l'avons déjà fait pressentir, il y a, tout prêts pour cela, des reproducteurs accommodés à toutes les situations. Aux terres de médiocre fertilité, les petits mérinos de Châteaurenard ; aux plus fertiles, à la culture la plus avancée, les lourds et volumineux animaux de Genouilly. Ils prouvent, les uns et les autres, que l'on formule une objection puérile, lorsqu'on oppose à ceux qui préconisent l'amélioration du mérinos par sélection, la question du temps qu'il faudrait pour la réaliser. Ce n'est plus du temps qu'il faut, c'est seulement de la volonté. Du côté des reproducteurs, on vient de le voir, les éléments sont tout prêts. Ce temps, les éleveurs distingués dont nous venons de raconter brièvement les travaux, se sont chargés de le capitaliser. Il peut dès à présent fonctionner à puissances accumulées.

On aura remarqué, sans doute, que nous n'avons rien dit encore de l'histoire de la création des mérinos à laine soyeuse, commencée en 1828 dans la ferme de Mauchamp (Aisne), exploitée par M. Graux. Cette histoire a été retracée, en ses principaux traits, à propos des lois de l'hérédité des aptitudes (1). Il serait superflu de la répéter ici. Ajoutons seulement, avant de finir, que dans les ventes faites chaque année au compte de l'État, dans la bergerie où sont élevés les individus issus de la souche de Mauchamp, ce sont des étrangers qui deviennent adjudicataires de la plupart des béliers.

Mode d'élevage. — Le mérinos, avons-nous dit, était dans son pays d'Espagne un animal de parcours, et il est encore cela; de plus, un animal transhumant, accomplissant de longues courses pour aller chercher, au temps de la sécheresse, un climat plus propice à des altitudes plus élevées. En France, il a conservé tout ou partie de ses habitudes. Dans la région méridionale, en Languedoc, en Roussillon et en Provence, les troupeaux sont soumis au régime de la transhumance, comme en Espagne.

Les premiers passent l'hiver dans les plaines de l'Aude; ils sont conduits en été sur le versant septentrional des Pyrénées ariégeoises et orientales, aux environs de l'Hospitalet, dans la Cerdagne, près du val d'Andorre et sur les plateaux que domine le Tarbezou, où ils trouvent des pâturages excellents. Toutefois, la transhumance n'est pas générale. Les progrès de la culture des prairies dites artificielles ont permis de conserver une bonne partie des moutons dans la plaine, durant l'été, et de les y nourrir convenablement.

En Provence, le delta du Rhône, non plus que la Crau, ne peuvent suffire à l'alimentation des troupeaux de mérinos; ils émigrent vers la mi-juin, un peu plus tôt, un peu plus tard, pour aller trouver les pâturages des Alpes, loués à cet effet par leurs propriétaires. (Le régime de la pro-

(1) Voy. *Principes généraux*, ch. IV, p. 114.

priété est un peu plus avancé chez nous que dans le pays des Hidalgos.) On les conduit dans l'Isère, les Hautes et les Basses-Alpes. La première station est la plus éloignée; ils n'arrivent à la Grande-Chartreuse qu'après un voyage d'une dizaine de jours, et ils restent dans les montagnes jusque vers la fin d'octobre, pour revenir ensuite prendre leurs quartiers d'hiver dans le plat pays. Le coût du droit de pacage en montagne varie suivant les conventions particulières. Il y a quelques années, on estimait les frais d'estivage, avec tous les accessoires, de 2 fr. à 2 fr. 50 c. par tête de mouton.

Dans ces conditions, le régime de la transhumance est favorable à la fois aux propriétaires des régions alpestres et à ceux des plaines provençales, dont les troupeaux sont exploités surtout en vue de la laine. Il entretient chez les moutons une santé robuste; mais il n'est pas nécessaire de faire remarquer que ce régime n'est pas propre à favoriser le développement de l'aptitude du mérinos à produire, en un temps donné, une plus grande quantité de viande.

Cette aptitude, en effet, acquiert, dans la région du Nord, un degré plus élevé, à mesure que les mérinos ont moins à marcher pour trouver leur nourriture. Plus le parcours diminue, par les progrès de la culture, plus la conformation s'améliore et l'aptitude aussi. C'est ce que l'on voit en Bourgogne, dans les parties fertiles de la Champagne, dans le Soissonnais et sur quelques points de la Brie et de la Beauce.

Sur la plus grande étendue de ces deux derniers districts, où le sol calcaire manque d'eau durant la saison d'été, et où surtout les troupeaux vont beaucoup paître dans les champs desséchés, ils sont périodiquement déciıés par l'affection meurtrière connue sous le nom de *ang de rate*, contre laquelle les agriculteurs invoquent epuis si longtemps en vain les secours de la science. Enn, dans ces mêmes localités subsiste encore la coutume, icieuse à plusieurs égards, du parcage des troupeaux, qui au moins l'inconvénient, à notre point de vue spécial, e nuire à la qualité de la toison.

Du reste, en général, la race mérinos est l'objet, dans a reproduction, de soins attentifs quant au choix des béers. Dans la plupart des cas, la sélection porte surtout ur les caractères de la laine, sur l'étendue et le poids de a toison, mais les éleveurs se préoccupent aussi de plus n plus de réunir à ces caractères ceux d'une bonne conormation.

La principale réforme à introduire dans l'élevage de la ace consiste donc à diminuer le plus possible, pour elle, a nécessité du parcours, en mettant l'agriculture en meure de lui fournir, sur un espace restreint, une nourriure fraîche abondante durant la belle saison, et aussi à la ergerie durant la saison d'hiver. Mieux et plus régulièrenent alimentées, les mères donnent ainsi de plus beaux gneaux, qu'elles allaitent avec plus d'abondance, et eux-ci, après le sevrage, pouvant consommer davantage, chèvent leur développement en moins de temps, en cquérant plus d'ampleur.

Indépendamment des effets de la précocité sur l'aptiude des individus et de la race, l'observation des troueaux soumis à ce mode d'élevage a prouvé que le sang le rate est inconnu chez les mérinos précoces. Il faut apeler sur ce fait important l'attention des éleveurs de la Beauce, particulièrement. Une fois qu'ils l'auront bien constaté, à la ferme de Genouilly, par exemple, au milieu d'une contrée où le sang de rate fait chaque année tant de ravages, il les décidera peut-être à changer leurs habitudes dans l'exploitation des troupeaux, mieux que tout ce qu'on pourrait leur dire relativement à la valeur économique des mérinos précoces, producteurs à la fois de laine et de viande en forte quantité.

A notre époque, le problème de l'amélioration du mode d'élevage des mérinos est donc tout à la fois agricole et zootechnique. Tel qu'il se présente pour les éleveurs français, sa solution dépend de la réalisation de deux conditions : assurer aux mères et aux élèves une alimentation riche et variée en fourrages et racines à la bergerie, le pâturage n'étant plus que l'accessoire, au lieu d'être le principal; choisir les béliers dans les troupeaux améliorés dont les plus remarquables ont été signalés. Il ne s'agit plus de créer l'aptitude, puisqu'elle existe maintenant dans des familles assez nombreuses ; il suffit de la transmettre par une sélection relative judicieuse, et de la maintenir chez les individus qui en auront hérité, par l'application à ces individus d'une gymnastique fonctionnelle semblable à celle qui en a doué les reproducteurs.

Métis anglo-mérinos. — Nous n'avons pas à nous occuper en particulier des populations ovines mélangées que l'on trouve partout, sur les confins des régions que nous avons circonscrites en décrivant les mérinos. Lors du grand mouvement de propagation de la race espagnole, au commencement de ce siècle, des croisements y ont été entrepris, mais les influences naturelles y eurent bientôt mis un terme. Il fut démontré, par le plus irrésistible des arguments, que l'opération du croisement continu n'était pas utilement praticable là. Elle dut être interrompue.

En vertu des lois physiologiques connues, il en est réulté des populations dans cet état d'instabilité de type que nous appelons la variabilité désordonnée, sans puissance héréditaire déterminée, et douées à la fois du double atavisme de leurs deux souches. On les rencontre elles en beaucoup d'endroits, mais particulièrement dans a région des Pyrénées qui confine au Roussillon. Elles 'ont pas de caractères qui leur soient propres. On ne peut donc songer à les décrire. Il doit suffire de les indiquer.

D'autres, ayant subi une moindre atteinte du croisement mérinos, n'ont pas tardé à revenir nettement et d'une manière définitive, au type de leur souche maternelle, mais en onservant toutefois dans leur toison l'empreinte indélébile du passage de la race mérinos; phénomène curieux 'hérédité, sur lequel nous avons déjà dirigé l'attention et ui nous occupera de nouveau lorsque nous en serons arivés à la description des races véritables qui en témoignent.

En fait de métis mérinos dignes d'attention, il n'y a onc que ceux qui ont été et sont encore formés en vue de a réalisation du type mixte dont il a été question précéemment, par l'accouplement des brebis mérinos avec le élier anglais de Leicester, dit de Dishley.

L'idée qui fit entreprendre à M. Yvart le croisement dont il s'agit, avec l'intention et la confiance de créer une ace nouvelle, nous l'avons exposée déjà, et aussi en nême temps appréciée. Si le problème n'eût pas été, de a nature, physiologiquement impossible à résoudre, il ' est point douteux qu'il eût été résolu. Les lumières péciales de M. Yvart le garantissent suffisamment. Bien les fois, dans les expériences poursuivies avec tant de ompétence et de persévérance, à Alfort d'abord, puis à

Montcavrel, puis à Haut-Tingry, dans le Pas-de-Calais, toujours dans les bergeries de l'État, il est arrivé que des individus, parmi les métis obtenus, réalisaient d'une façon extrêmement remarquable la double aptitude cherchée : une toison mérinos sur un dishley. Chaque fois, par des métissages entre les sujets qui semblaient avoir atteint le but, la fixité du résultat fut cherchée, et, disait-on même, trouvée ; mais, au moment où l'on croyait le mieux la tenir, un nouvel agnelage, par un de ces retours si fréquents en cas pareil, venait déjouer toutes les combinaisons. Il fallait de nouveau recommencer le croisement ; il fallait rafraîchir le sang.

Trente années bientôt de ces tentatives, dans lesquelles sont intervenus les mérinos soyeux dits de Mauchamp, se seront écoulées. Les proportions des deux sangs (comme l'on dit) ont été variées à l'infini. Les plus habiles éleveurs, en même temps que M. Yvart et après lui, ont poursuivi la chimère, croyant, de la meilleure foi du monde, arriver enfin à l'atteindre, et affirmant même, à l'occasion, qu'ils la tenaient bien décidément.

Parmi ces derniers, le plus convaincu, certes, est M. Pluchet, dont le troupeau de métis anglo-mérinos, à Trappes (Seine-et-Oise), est justement réputé pour les qualités individuelles des bêtes qui le composent. Au milieu d'une culture des plus intensives, disposant de fourrages en abondance, de pulpes de distillerie, de tout ce qui peut enfin favoriser le développement de l'aptitude à produire de la viande, en faisant alterner le croisement et le métissage, M. Pluchet est enfin parvenu à constituer un troupeau suffisamment homogène, sous le rapport de la taille et des formes du corps, de la précocité, de tout ce qui dépend, en somme, des conditions de milieu. Les moutons de M. Pluchet sont de fort beaux moutons, nul ne saurait le contester justement.

Eh bien, les efforts d'ailleurs si louables de l'habile

Grav. 58. — Bélier dishley-mérinos, du troupeau de M. Pluchet. (Dessiné d'après nature par M. Mégnin, au Concours de Versailles, en 1865.)

Grav. 59. — Brebis dishley-mérinos, du troupeau de M. Pluchet. (Dessinée d'après nature par M. Mégnin, au Concours de Versailles, en 1865.)

Grav. 60. — Bélier dishley-mérinos, du troupeau de M. Pluchet. (Dessiné d'après nature par M. Mégnin, au Concours de Versailles, en 1865.)

Grav. 61. — Brebis dishley-mérinos, du troupeau de M. Muret, de Noyon (S.-et-M.). (Dessinée d'après nature par M. Mégnin, au Conc de Versailles, en 1865.)

éleveur de Trappes ont-ils réussi mieux que ceux de M. Yvart et des autres éleveurs qui, sous l'inspiration du célèbre « moutonnier, » sont entrés dans la même voie? ces efforts ont-ils mieux réussi à faire que les anglo-mérinos soient arrivés à constituer un type fixe, transmissible par hérédité, condition sans laquelle il n'y a pas de race ?

Ce que des dissertations multipliées n'avaient pu réaliser à cet égard, la controverse restant toujours ouverte et la question pendante, en présence d'assertions contradictoires, la représentation exacte et précise des faits nous a permis de l'accomplir. Je ne sache pas que personne ait osé résister ouvertement à l'évidence de la signification des portraits authentiques d'individus provenant, pour la plupart, du troupeau même de Trappes, et choisis par le jury du concours régional de Versailles, où ils avaient été exposés en 1865. Ces portraits, qui sont reproduits ici (grav. 58, 59, 60 et 61), montrent que si les anglo-mérinos présentent plus ou moins d'uniformité dans quelques-uns de leurs caractères secondaires, il suffit d'un petit groupe d'entre eux, pris même parmi les plus remarquables et à toute autre intention, pour que la variabilité des caractères typiques s'y fasse observer. Les uns (grav. 58 et 61) sont plus près du type mérinos ; les autres (grav. 59 et 60), plus près du type leicester, et à des degrés fort divers, qui prouvent bien l'instabilité de ces métis.

C'est, au reste, la loi générale du métissage. D'autres preuves en ont été données, dans les espèces décrites précédemment ; on en verra de nouvelles à l'occasion des races ovines qu'il nous reste à passer en revue. Et l'on insiste sur ce fait, déjà invoqué en discutant les principes généraux de la méthode, parce que les métis anglo-mérinos, présentés comme étant constitués désormais en une race à double aptitude, ont été et sont encore préconisés à titre d'agents d'amélioration de toutes ou presque toutes les races ovines françaises.

A ce titre, il n'y a plus lieu, pensons-nous, de faire de 'opposition. Le débat est clos et la question vidée. La réation de M. Yvart, abandonnée depuis longtemps à son ropre sort par lui-même, n'a bien décidément en ce sens ucun avenir.

Mais il reste à juger la prétendue race d'Alfort au point le vue de la valeur économique et individuelle des métis qui la composent, et qui sont entretenus dans quelques roupeaux, isolés sur la surface du pays. En d'autres ternes, il s'agit d'examiner si la production de ces métis st une bonne entreprise zootechnique, et si, dans les onnes conditions où ils réussissent, il n'y aurait pas noyen de faire mieux.

Admettons que tous les troupeaux de dishley-mérinos rospèrent, dans la Brie, dans l'Artois, en Beauce, et surout dans Seine-et-Oise. Nous ne voulons en aucune façon hagriner les éleveurs honorables et distingués qui ont ntrepris leur production. Mais, si belle qu'on leur fasse a partie, il est permis de se demander s'il y a quelque art, chez eux, des brebis pesant à dix-huit mois au-desus de 86 kilog., poids des pures mérinos que nous avons ues chez M. Garnot, à Genouilly.

A cette demande, la réponse ne peut être évidemment que négative. Ce n'est donc pas pour leur supériorité, ous le rapport de l'aptitude à produire de la viande, que es métis anglo-mérinos doivent être préférés aux mérinos méliorés.

S'il en est ainsi pour la viande, on n'a pas besoin sans oute de s'occuper d'une comparaison, au sujet de la oison. Personne n'a jamais eu l'idée de mettre, sous auun rapport, la laine des métis en parallèle avec celle des ujets purs.

Dira-t-on que le croisement dishley-mérinos est une opération plus facile et plus prompte dans ses résultats, au point de vue de la viande, que celle à laquelle nous la comparons? La prétention ne serait pas plus fondée. Il n'est pas plus difficile aujourd'hui de se procurer des béliers mérinos améliorés, que des béliers purs leicester ou dishley-mérinos.

A tous les autres égards, les conditions de l'entreprise sont égales. Les dishley-mérinos, pour prospérer, exigent les mêmes soins, la même alimentation, le même régime, en un mot, que les mérinos précoces. Ceux-ci donnent autant de viande, au moins, et de la meilleure laine; ils donnent, de plus, leurs toisons, d'une valeur incomparablement plus grande : par conséquent, le croisement du mérinos par la race anglaise est une opération qui ne se justifie par rien, dans l'état actuel des choses, ni par ses avantages économiques, ni par sa nécessité. C'en est assez pour que la production des métis qu'il donne doive être abandonnée.

Cette production a pu avoir sa raison, avant l'existence des familles améliorées de mérinos que nous avons signalées. C'était, apparemment, une nécessité économique transitoire. Elle n'en a plus aucune aujourd'hui.

Une telle conclusion risque beaucoup de n'être point du goût des partisans du dishley-mérinos. On tient à ce qui vous a donné beaucoup de peine. C'est tout naturel. Je regrette infiniment, pour eux, d'avoir à la formuler. Mais elle est commandée par la plus évidente vérité. Les éleveurs sans parti pris, s'ils raisonnent, le reconnaîtront. C'est tout ce dont il faille se préoccuper.

Race du Berry et de la Sologne. — Sur les confins méridionaux de la région septentrionale des mérinos rançais, une race autochtone, ou du moins fort ancienne, persisté. Elle n'a été absorbée qu'en partie par le croisement, l'extension de celui-ci ayant été arrêtée, évidemment par les circonstances naturelles.

Dans les vastes plaines de la partie centrale du bassin e la Loire, maintenant peuplées de mérinos pour une orte proportion, comprenant les anciennes provinces de 'Orléanais, de la Touraine et du Berry, il a existé de trèsrandes étendues de terrain humide et peu fertile, au limat malsain, parsemées d'étangs et de brandes, sur les ords de la Sauldre, du Cher et de l'Indre, affluents de la oire, coulant paisiblement comme elle, en temps ordiaire, sur un sol absolument plat. Ces districts, connus ous les noms de Sologne et de Brenne, dépourvus de calaire et surchargés d'eau, n'étaient pas propres, on le omprend sans peine à présent, à la subsistance de la race spagnole; elle ne put envahir, pour ce motif, que les lateaux plus sains de la Beauce, d'Indre-et-Loire et du oiret, ainsi que les parties du Cher et de l'Indre qui onfinent à la Nièvre, à l'Allier et à la Creuse, en se releant vers la ramification occidentale des Cévennes, tout n s'y partageant le terrain, cependant, avec la race ocale.

C'est une des tâches de notre époque, d'assainir et de ertiliser les districts que nous venons de délimiter, et ette tâche est en voie d'exécution. Les dessèchements, es défrichements, la marne et les phosphates calcaires ossiles, une des découvertes scientifiques précieuses de otre temps si fécond en découvertes utiles, sont en train le l'accomplir. Il y a lieu d'espérer que la Sologne et la Brenne ne seront plus bientôt que des souvenirs; mais en même temps il est permis de penser qu'elles entraîneront avec elles, là où vont toutes les choses qui disparaissent, la race dont nous avons à nous occuper. Le progrès agricole, qui suit les travaux de desséchement, amène un nouvel envahisseur. La race de Southdown la transforme et l'absorbe peu à peu, procédant avec mesure, comme tout conquérant qui veut réussir, et ne dépassant point le but, de peur de le manquer. Elle semble donc devoir céder la place ici, comme elle l'a cédée au mérinos sur les points du bassin de la Loire qu'elle occupait certainement au siècle dernier.

Grav. 62. — Bélier berrichon, 1er prix de la 2e catégorie au Concours rég. de Blois, en 1858.

On a coutume de séparer en deux races distinctes la population ovine des lieux ci-dessus indiqués. On admet une *race solognote* et une *race berrichonne*. La distinction, fondée comme d'usage sur un simple caractère secondaire, ne peut plus subsister, le type étant identique, et la couleur des poils de la tête et des membres sur laquelle cette distinction se fonde, se dégradant d'un point à l'autre par des nuances insensibles. Le type considéré comme le plus pur se trouve dans les environs de Crevant (grav. 62).

Caractères typiques. — Crâne dolichocéphale; front bombé, à dépression médiane longitudinale; absence de cheville osseuse; arcades orbitaires effacées; face allongée, à chanfrein un peu déprimé à la hauteur des orbites, puis légèrement busqué, mince et comprimé; crête zygomatique saillante; maxillaire inférieur à branches rapprochées, relevé à angle presque droit; arcade incisive étroite. Sur le vivant, museau pointu, allongé, lèvres

ration difficile, exigeant beaucoup d'attentions, de soins et d'habileté. M. Saulnier n'était pas au-dessous de la tâche et il a toujours tiré sans bruit un bon parti de son troupeau; mais, à notre connaissance du moins, il n'a pas eu beaucoup d'imitateurs. Il n'y a donc pas lieu d'insister. Disons seulement qu'un lot de six moutons dishley-berrichons de treize à quatorze mois, exposé par M. Tiersonnier au concours de Poissy, en 1866, pesait 712 kilogr., soit en moyenne 118 kilog. 660, poids vif, par tête.

A la ferme du château de Serruelles, dans le Cher, un autre éleveur, M. le baron Augier, avait, à force de soins aussi, constitué un troupeau de métis analogues, par d'autres voies. Cet habile éleveur, passionné pour le progrès, était lié avec M. Yvart et ambitionnait la réputation de « moutonnier, » dont le célèbre inspecteur général des bergeries jouissait à juste titre. Il fut de ceux qui adoptèrent avec le plus d'enthousiasme la création du dishley-mérinos, avec toutes ses conséquences, et il entreprit d'employer les béliers d'Alfort au métissage de la race berrichonne.

Entre des mains habiles, tout réussit avec le temps, à certains égards. Le baron Augier est mort avec la conviction d'avoir formé une race nouvelle, qu'il appelait *race de Serruelles*, et de fait il avait pu exhiber dans les concours des individus assez bien réussis, présentant à la fois un meilleur lainage et une meilleure conformation que le lainage et la conformation des berrichons communs. Mais on n'a jamais dit au prix de quel déchet ces individus étaient obtenus.

L'avenir, pour les métis anglo-mauchamp-berrichons de Serruelles, est clos également par la mort regrettable, à d'autres titres, de leur créateur. Nous n'en avons parlé que dans un intérêt purement historique.

Métis new-kent-berrichons de la Charmoise. — L'histoire de la création du troupeau de la Charmoise, dans le département de Loir-et-Cher, a été retracée sommairement dans le volume consacré à l'exposition des principes généraux, quant à l'idée qui a présidé à cette création, et quant aux moyens employés pour la réaliser. Malingié l'a racontée lui-même en détail dans un écrit qui fit sensation, lors de son apparition (1). Le but formellement arrêté de cet agriculteur distingué, qui avait un des premiers transporté en Sologne l'activité intelligente des cultivateurs du Nord, était, on s'en souvient, de créer un type capable de transformer toute la population ovine de la France. L'ambition était grande, mais l'homme avait une non moins grande puissance de volonté et d'habileté. Son œuvre lui a survécu, et l'on trouve encore aujourd'hui disséminés sur presque tous les points de notre pays, quelques béliers de la prétendue *race de la Charmoise*, acceptée pour telle par la plupart des éleveurs français.

Mon lecteur sait maintenant à quoi s'en tenir sur ce point. S'il a pris connaissance des principes généraux de la zootechnie, il a vu, démontrée par l'exemple même des individus tirés du troupeau de la Charmoise, l'impuissance du croisement et du métissage à former des races nouvelles, telles que la science permet de les déterminer. Il sait que la race est un produit naturel, dont nous pouvons modifier les caractères secondaires, mais qui oppose, dans ses caractères typiques, une résistance insurmonta-

(1) *Considérations sur les bêtes à laine au dix-neuvième siècle.* Paris, 1844. Librairie agricole.

ble à notre influence, si habilement qu'elle puisse être dirigée.

C'est le lieu de reproduire les portraits authentiques (grav. 63, 64, 65 et 66) de sujets de la Charmoise exposés dans les concours régionaux. On y voit parfaitement dis-

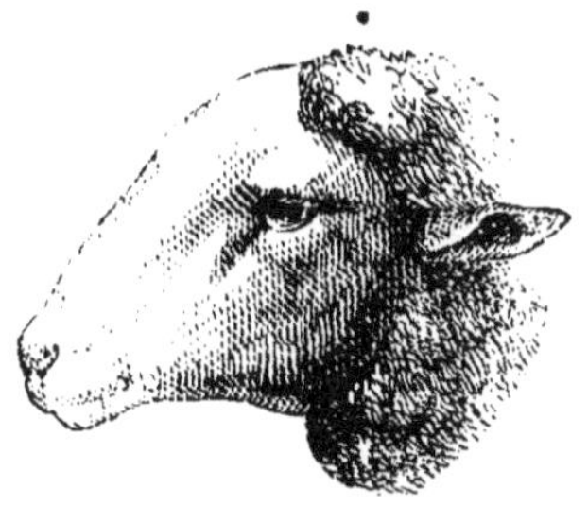

Grav. 63. — Bélier du troupeau de la Charmoise, 1er prix de la 3e catégorie au Concours de Nevers, en 1854. (Revenu au type new-kent.)

Grav. 64. — Brebis du troupeau de la Charmoise, 1er prix de la 3e catégorie au Concours de Tours, en 1856. (Revenue au type new-kent.)

Grav. 65. — Bélier du troupeau de la Charmoise, 1er prix de la 3e catégorie au Concours de Blois, en 1858. (Revenu au type berrichon).

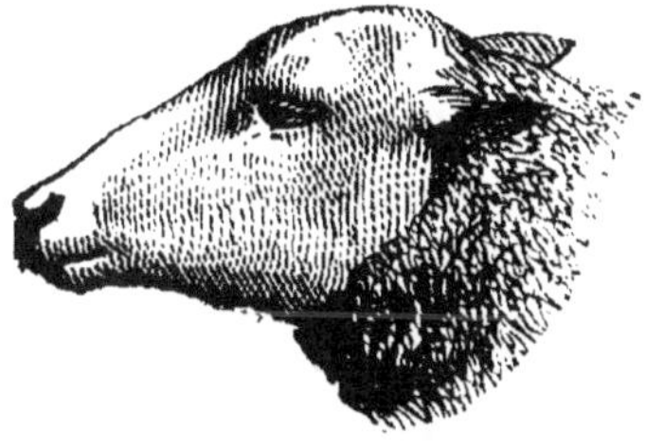

Grav. 66. — Brebis du troupeau de la Charmoise, 1er prix de la 3e catégorie au Concours de Blois, en 1858. (Revenue au type berrichon).

tincts les types new-kent (grav. 51) et berrichon (grav. 62) dont le croisement a fourni les souches du troupeau. Le métissage se poursuit depuis longtemps, la prétendue race étant considérée comme fixée, parce que la conformation du corps et l'aptitude, d'ailleurs fort remarquables, persistent sans déchéance dans l'influence d'un élevage bien conduit. Ce métissage fait apparaître indifféremment le type new-kent (grav. 63 et 64) et le type berrichon (grav. 65 et 66) chez les agneaux. Je déclare qu'il ne m'est jamais arrivé de voir réunis quelques individus de la Charmoise, sans les constater tous les deux. Je n'ai jamais manqué non plus de les faire constater par d'autres dans les concours. Je les ai fait remarquer, notamment, à deux membres du jury de Poissy, en 1866, mon éminent ami M. H. Bouley, inspecteur général des écoles vétérinaires, et M. le comte Cornudet, avec qui je me rencontrai devant le lot de moutons exposés sous le nom de Charmois, par M. Poulain, de Pont-Levoy (Loir-et-Cher).

Il serait superflu de discuter en ce moment la qualité de race attribuée aux métis de la Charmoise, aussi bien que la théorie en vertu de laquelle, d'après Malingié, la race de Romney-Marsh, dite new-kent, devait se fondre plus facilement avec la race mère, par l'affolement de celle-ci, au moyen d'un croisement préalable entre berrichons et solognots. Les traditions orales ont fait prendre aux assertions et dissertations du fermier de la Charmoise, à cet égard, un sens tout différent de celui qu'elles avaient. La vérité est que le premier noyau des brebis employées par Malingié a été tiré des environs de Buzançais, sur la limite qui sépare le département de l'Indre de celui de Loir-et-Cher, par conséquent le Berry de la Sologne, et qui furent supposées, pour ce motif, être le résultat d'un croisement entre les deux populations ovines de ce département.

Sans revenir sur la singulière idée des races dites affolées, il nous suffira, pour la réduire, dans le cas présent, à son importance réelle, de rappeler qu'il n'y a en Sologne et en Berry qu'une seule et même race, qu'un unique type, et que, par conséquent, toute hypothèse de croisement tombe devant cela.

Les animaux de la Charmoise sont donc de purs et simples métis new-kent-berrichons, nom sous lequel ils ont été du reste longtemps exposés dans les concours, avant qu'on se décidât à commettre l'erreur de les considérer comme fixés en une race distincte et nouvelle. C'est en cette seule qualité que nous devons examiner leur valeur comme producteurs de viande, pour les comparer aux autres métis anglo-berrichons.

Voyons pour cela les rendements qui ont été constatés au maximum.

Le lot de dix moutons, dont il a été parlé plus haut, exposé en 1866, à Poissy, pesait vif 579 kilog., soit 57 kilog. 900 par tête, en moyenne, à l'âge de quatorze mois. En 1860, un lot exposé par M. Malingié, et composé d'individus de dix mois, n'a pesé vif, au moment de l'abatage, que 280 kilog. Il a rendu 158 kilog. de viande nette et 41 kilog. de suif. La proportion du poids net au poids vif a été de 56.423 et 14.642 pour 100. En 1861, un autre lot du même exposant a pesé 310 kilog. vif; il a rendu net 190 kilog. de viande et 33 kilog. de suif; proportion du poids net de viande au poids vif : 61.290 et 10.645 pour 100.

Ces exemples suffisent, attendu que nous prendrons ceux relatifs aux autres métis anglo-berrichons dans les concours des mêmes années et que les résultats seront ainsi parfaitement comparables. Ajoutons que la viande a obtenu le chiffre 8.667, comme qualité moyenne.

Métis southdown-berrichons. — Le croisement par la race de Southdown, en Sologne et en Berry, a été entrepris sous l'influence de l'école zootechnique, et il a pris rapidement une très-grande extension. Le troupeau de Villars fournit des béliers en abondance, et M. le comte de Bouillé fut bien inspiré, lorsqu'il institua dans la Nièvre, tout près d'un débouché si important, son élevage de southdowns purs.

Aussi, contrairement à ce que nous venons de voir pour les créations qui remontent à plus de quinze ans, n'est-il plus question ici de former une nouvelle race. Les éleveurs qui croisent leurs brebis berrichonnes ou solognotes avec les béliers southdown se proposent seulement d'obtenir des produits plus précoces, plus pesants et mieux conformés qu'elles, réglant le degré du croisement sur les ressources alimentaires, afin qu'il n'y ait point disproportion entre ces ressources et l'aptitude communiquée aux produits. Jusqu'à présent, on s'en tient à la production des premiers métis, dits de demi-sang, lesquels ne sont point admis à la reproduction. Ce sont donc des opérations industrielles, sans intervention aucune de métissage, en attendant que le moment soit venu d'avancer davantage par le croisement, pour arriver, en définitive, à la substitution progressive de la race anglaisé.

C'est ainsi que les harmonies naturelles sont respectées et que l'exploitation du bétail suit une marche sûre, inconnue à nos devanciers, qui envisageaient toujours les questions qui s'y rapportent d'un point de vue trop absolu. La race locale continue de se multiplier là où la culture est demeurée stationnaire ou à peu près, de même que dans les parties de la région où la fertilité n'a pas acquis le point qui permet l'exploitation lucrative des métis. Les agriculteurs plus avancés lui empruntent des mères pour leurs opérations de croisement; et tout va bien de cette façon.

Parmi les éleveurs ayant bien compris cette nécessité d'une bonne organisation de la production animale, dans laquelle toutes les forces productives sont convenablement équilibrées, il faut citer M. de Béhague, dont l'exploitation de Dampierre (Loiret) en offre un spécimen des plus remarquables. Sa fabrication de viande par les métis southdowns est une véritable usine, douée de cette élasticité qui se peut prêter à toutes les combinaisons capables de dominer toujours la situation, et n'ayant d'autre système que celui qui consiste à produire toujours ce qui est le plus lucratif. Ceci devrait être partout la loi fondamentale de l'économie rurale.

Ce sont précisément les métis produits chez M. de Béhague, qui nous fourniront nos principaux éléments d'appréciation des qualités du southdown-berrichon ou solognot, comme consommateur de fourrages.

De deux lots exposés par l'habile éleveur au concours de Poissy, en 1860, l'un, composé de moutons de 11 mois, a pesé, au moment du concours, 285 kilogr., au moment de l'abatage, 270 kilogr.; il a rendu 160 kilogr. de poids net en viande et 31 kilogr. de suif, soit 59.259 de viande et 10.480 de suif pour 100 du poids vif; l'autre, composé de bêtes âgées de 24 mois, pesait au concours 385 kilogr. et 370 à l'abattoir; son rendement a été de 220 kilogr. en viande et de 42 kilogr. en suif, soit 59.459 et 11.351 pour 100 du poids vif.

En 1861, un lot exposé par M. le comte Robert de Pourtalès, de Dourdan (Seine-et-Oise), et composé de moutons âgés de 14 mois, pesait au concours 330 kilogr.; il a pesé vif, à l'abatage, 300 kilogr. et a rendu net 188 kilogr. de viande et 41 kilogr. de suif, soit 62.666 et 13.666 pour 100 du poids vif.

En 1866, neuf lots de southdown-berrichons étaient exposés par des éleveurs de la Nièvre, du Loiret, de la Vienne, de Seine-et-Oise, du Cher et de Seine-et-Marne. Agés de 27 mois au plus et de 11 mois et 15 jours au moins, ils ont pesé 723 kilogr. au plus (ceux de Seine-et-Oise, âgés de 14 à 15 mois), et 363 kilogr. au moins (ceux de la Vienne, âgés de 13 à 14 mois). Ce dernier lot est le seul qui soit descendu au-dessous de 500 kilogr. Ceux du Loiret, exposés par M. de Béhague, formaient deux lots, les plus jeunes de tous, et pesaient 513 et 544 kilogr., preuve du progrès considérable réalisé à Dampierre depuis 1860.

Nous voyons là réunies les diverses conditions des métis dont il s'agit, auxquels Baudement a attribué le chiffre 7 dans sa classification des qualités moyennes de viande, ce qu'on s'explique difficilement en voyant les dishley-artésiens obtenir 7.333. Le mariage de deux races supérieures donnerait, apparemment, un moindre résultat que celui de deux races inférieures.

Métis cotteswold-berrichons. — Pour compléter la série, il nous reste à faire connaître les résultats obtenus, dans une situation exceptionnelle de culture très-intensive, par le croisement des brebis berrichonnes avec le cotteswold. M. Lalouel de Sourdeval, depuis lauréat de la prime d'honneur, avait exposé à Poissy, en 1860, un lot de cotteswold-berrichons élevés et engraissés à son exploitation de Laverdines (Cher). Composé de moutons âgés de 15 mois, ce lot a pesé, au moment du concours, 295 kilogr. ; au moment de l'abatage, il ne pesait plus que 290 kilogr. ; il a rendu 177 kilogr. de viande nette et 36 kilogr. de suif, soit 61.034 et 20.338 pour 100 du poids vif. Le même éleveur, en 1861, avait deux lots de ses métis au concours, composés de moutons âgés de 26 mois. Le remier a pesé

420 kilogr. à Poissy, et 380 à l'abattoir; il a rendu 243 kilogr. de viande nette et 55 kilogr. de suif, soit 63.947 et 14.473 pour 100 du poids vif; le second a pesé 320 kilogr. à l'abatage, poids vif, il a rendu 203 kilogr. net et 36 kilogr. de suif, soit 63.437 et 11.250 pour 100 du poids vif.

La qualité de la viande des cotteswold-berrichons a été cotée 8.

Il est facile maintenant de juger, avec les données qui précèdent, quels sont de tous ces métis ceux qui doivent obtenir la préférence dans la Sologne et le Berry. Éliminons d'abord les dishley-berrichons, auxquels la culture la plus intensive pourrait seule permettre de songer.

De ceux qui restent, il est évident que les southdown-berrichons ont l'avantage sous tous les rapports. Il suffit, pour s'en assurer, de comparer entre eux les poids officiellement constatés dans des conditions toujours identiques. Et il est visible aussi que les préférences des éleveurs se sont décidées en ce sens.

Mais si la race berrichonne doit disparaître — ce qui ne semble point douteux — est-il bien définitivement démontré que sa succession doive être dévolue au southdown plutôt qu'au mérinos qui, depuis longtemps, est en possession d'une partie? Il est permis de se poser la question.

Certes, le mérinos étant resté ce qu'il fut au moment de sa grande extension, cette question ne pourrait recevoir qu'une réponse négative. C'est de la viande que veulent produire surtout les éleveurs de la Sologne et du Berry. En cela ils ont grandement raison : ils sont de leur temps. L'existence du mérinos amélioré, aussi apte à la production de la viande que le southdown, aussi précoce, et de plus conservant sa toison précieuse, change complétement les termes de la question. Il ne serait pas plus difficile d'élever des mérinos précoces à Dampierre ou à Levroux qu'à Châteaurenard, à Laverdines qu'à Genouilly. Partout en somme où les métis du southdown prospèrent, les métis du mérinos amélioré donneraient certainement dès à présent des bénéfices supérieurs. Il n'y a aucune raison d'en douter.

Race du Poitou. — La race poitevine habite les départements des Deux-Sèvres, de la Vendée, la plus grande partie de ceux de la Charente-Inférieure et de la Vienne, et s'étend jusque dans ceux de Maine-et-Loire et de la Loire-Inférieure. Par des calculs faits, il y a quelques années, d'après les chiffres recueillis par les commissions cantonales de statistique, nous étions arrivés à conclure que, dans la région occupée par la race du Poitou, la population ovine était d'environ 3,500,000 têtes pour une superficie de 3,250,000 hectares. C'est un peu plus d'un mouton par hectare superficiel, mais non point par hectare cultivé, car dans la région l'étendue des bois, forêts, vignes, marais, est relativement considérable. Le sol y est d'ailleurs fertile et très-riche en bétail des espèces bovine et équine, ainsi qu'on l'a vu dans les précédents livres consacrés à ces espèces. On se souvient notamment que le Poitou est, en France, le centre principal de la production des mulets.

Les moutons poitevins sont disséminés en troupeaux n'atteignant que très-exceptionnellement le chiffre de 100 têtes. Le plus ordinaire ne dépasse pas 20, et le parcours étant le régime généralement usité, sur les chaumes toujours abondamment pourvus d'herbes, cela augmente dans des proportions effrayantes les frais généraux de garde, et le nombre des chiens qui est, on peut le dire, une véritable calamité. Il n'est pas possible de suivre en voiture, à cheval ou à pied, un chemin du Poitou, sans avoir à ses trousses quelques chiens de berger aboyant à vous fendre les oreilles.

Le Poitou fournit aux marchés de Sceaux et de Poissy des moutons gras en forte quantité. Dans l'état actuel des choses, les herbes qui poussent dans les champs de blé, la plupart succulentes et très-drues, où domine surtout la minette, pourraient en engraisser bien davantage, entre le moment de la moisson et celui des labours; mais les cultivateurs poitevins ne savent pas, apparemment, qu'ils en pourraient tirer ce parti, qui augmenterait singulièrement le revenu de leurs terres. En outre, le capital d'exploitation leur manque pour l'engager dans une opération de ce genre, si tôt liquidée et si peu sujette pourtant aux chances mauvaises. Nous appelons leur attention sur ce point, avant de passer à la description de la race du Poitou (grav. 67) et à l'indication des moyens d'améliorer ses aptitudes.

Grav. 67. — Mouton poitevin, 1er pr., 2e cat., 2e cl. (M. Peronnat, Conc. de bouch. de Bordeaux, 1854).

Caractères typiques. — Crâne dolichocéphale, très-petit; front étroit, court; arcades orbitaires très-saillantes, séparées du crâne par une dépression profonde; cheville osseuse le plus souvent absente, mais, quand elle existe, étroite à la base, longue, dirigée en haut et en arrière, en forme d'arc peu courbé; face longue, à chanfrein un peu déprimé au niveau des orbites, puis légèrement busqué, tranchant et comprimé; crête zygomatique saillante ; maxillaire inférieur à branches obliques, relevées à angle arrondi et obtus ; arcade incisive petite. Sur le vivant, museau pointu, lèvres minces, bouche petite, joue un peu grosse ; tête et nuque entièrement chauves ; oreille moyenne, dirigée en arrière et peu mobile ; cornes minces, longues et arquées en arrière chez les rares sujets mâles qui en portent ; œil grand, physionomie stupide.

Caractères secondaires. — Laine commune, à brin relativement long, mais frisé, gros et peu élastique ; toison peu étendue, laissant toujours le ventre et les membres nus entièrement, s'arrêtant même parfois au niveau de la pointe de l'épaule et suivant une ligne qui remonte le long du corps jusqu'à la pointe de la fesse, de telle sorte que la moitié inférieure des parois de la poitrine et du ventre, ainsi que la cuisse, en sont dépourvues, comme la plus grande partie du cou ; mèches rares et pointues, absentes même par plaques chez quelques individus, mais plus tassées dans les troupeaux mieux conduits ; taille variable entre 60 et 75 centim., atteignant bien au delà de de ce dernier chiffre, chez quelques béliers de la Vendée ; tête grosse, marquée parfois de petites taches brunes ou rousses ; col très-long, mince, fortement relevé ; poitrine étroite, serrée en arrière des coudes, à côte le plus souvent peu arquée et courte ; épaule plate ; poitrail peu saillant ; garrot mince ; dos droit ; lombes souvent étroites et longues ; croupe courte et ordinairement avalée, peu musclée, ainsi que la cuisse : ces derniers défauts d'ampleur se rencontrent atténués chez un certain nombre d'individus soumis à un mode d'élevage meilleur que le mode commun ; membres forts et très-longs, par rapport au corps, caractérisant l'individu dit haut sur jambes ; squelette en somme lourd et d'un développement tardif; mouvements vifs et agiles; caractère craintif à l'excès; tempérament vigoureux, grand mangeur et facile à l'engraissement.

Rendement. — Des moutons poitevins sont souvent exposés au concours d'animaux gras de Bordeaux, où leur est ouverte une catégorie. En 1858, date des derniers renseignements précis que nous ayons sous la main, un lot engraissé par M. Rivaud, à Cigogne (Charente), a pesé vif, à l'âge de vingt-quatre à trente mois, 722 kilog., soit 72 kilog. 200 par tête, en moyenne; un des moutons, dont le rendement a été constaté officiellement, a donné 39 kilog. de viande nette, aux quatre quartiers, et 7 kilog. de suif, soit 54.016 et 9.695 pour 100 du poids vif. Ceci est un maximum, bien entendu; le commun des individus engraissés pour le commerce donnent en moyenne entre 20 et 25 kilog. de viande, qui représentent environ 50 pour 100 de leur poids vif. Cette viande est de qualité moyenne; elle est surchargée d'os et manquant de saveur, lorsqu'elle n'a pas un goût de suint assez prononcé et fort désagréable, ce qui arrive fréquemment.

Le poids des toisons les plus étendues et les plus fournies ne dépasse jamais 2 kilog. 500, en suint; la moyenne est de 2 kilog. environ, qui rendent de 750 grammes à 1 kilog. après le lavage à l'eau claire. Les laines poitevines ont en outre une faible valeur intrinsèque. D'où il suit que la race doit être rangée, quant à présent, dans une des dernières catégories de l'espèce pour la production des toisons.

Mode d'élevage. — Il n'en est guère non plus dont l'élevage soit négligé davantage. On peut dire que les moutons du Poitou s'élèvent à peu près tout seuls. Les brebis sont fécondées, en général, par un antenais du troupeau, dont les testicules ont été conservés sans grand souci de sa conformation et qui a été choisi seulement en raison de sa taille et de sa vigueur. La lutte achevée, il est bistourné et devient mouton comme les autres. C'est à cette pratique, sans aucun doute, qu'il faut attribuer l'absence générale des cornes dans la race poitevine.

Les troupeaux ne reçoivent rien ou à peu près rien à la bergerie, sauf dans des cas encore très-exceptionnels. Ils vont au champ le matin et y restent jusqu'à ce que, leur appétit étant satisfait, ils se rassemblent et se tiennent coi. (Les bergères poitevines ont des expressions pittoresques, comme toutes celles de nos vieux dialectes, pour exprimer cela. Les bêtes qui ne mangent plus *soguent*, du verbe *soguer*, équivalant de s'abstenir; lorsqu'elles se rassemblent tête contre tête, pour s'abriter du soleil, elles *mariennent*, du verbe *marienner*, dont le substantif est *mariennée*, équivalant de matinée.) Les moutons repus sont rentrés dans une bergerie étroite, basse et obscure, où ils demeurent entassés, pour retourner au pâturage dans l'après-midi, puis rentrer de nouveau le soir à la bergerie. Ils n'y reçoivent quelques fourrages médiocres que quand, en hiver, ils n'ont pu être rentrés bien saoûls de l'herbe des champs.

Un tel régime explique facilement les défauts de la race et indique les moyens auxquels il faudrait avoir recours pour les faire disparaître et tirer meilleur parti de ses aptitudes naturelles, dont une gymnastique fonctionnelle et une sélection bien entendues auraient promptement développé les bonnes tendances. De si forts mangeurs arriveraient à coup sûr, en peu de générations, à la précocité et à l'ampleur de corps qu'elle entraîne. Dans les exploitations où les troupeaux sont mieux et plus régulièement nourris, la meilleure conformation et le plus fort oids des bêtes le prouvent suffisamment.

Des tentatives de croisement avec les races anglaises ont té faites et quelques-unes sont passées aujourd'hui à 'état d'opérations suivies. Dans les environs de Niort, des éliers de Leicester, introduits par des propriétaires, mateurs seulement d'agriculture, n'ont fait que passer, et 'usage de ce mode de croisement ne s'est point répandu. 'un des lauréats de la prime d'honneur de la région, I. Lévrier, opère, dans l'arrondissement de Melle, le méissage de la race poitevine par les béliers new-kent-berrihons de la Charmoise, ce dont il ne faut pas lui faire ompliment; le premier de ces lauréats, M. le baron Aymé le la Chevrelière, poursuit dans le même arrondissement, l'après nos conseils qu'il a bien voulu demander, le croiement continu de la race par celle de Southdown, de maière à substituer bientôt celle-ci à la race locale, ce que a culture fortement intensive lui permet de réaliser sans éril. De son côté, M. le marquis de Dampierre opère, lans la Charente-Inférieure, des croisements du même enre, mais seulement d'après le mode industriel, ayant bservé que dans l'état de son exploitation, les deuxièmes nétis ne valent jamais les premiers. En 1859, il exposait u concours de boucherie de Bordeaux un remarquable lot le ces premiers métis southdown-poitevins, âgés seulenent de 13 mois, qui l'emporta de beaucoup sur les poievins purs et lui valut le premier prix de la catégorie.

Aucune considération n'intervient ici pour s'opposer à es croisements, qui peuvent être menés de front avec 'amélioration de l'aptitude de la race par sélection, cette ace n'ayant rien à perdre du côté de la toison et ne pouant guère gagner, en raison du voisinage de l'Océan. Le climat océanique, on s'en souvient, n'est pas favorable à la production des laines même de moyenne finesse. Nous l'avons fait remarquer dans notre étude sur le mérinos.

Race de la Marche et du Limousin. — Tout le long de la ramification occidentale des Cévennes, qui part des monts d'Auvergne pour aller se terminer au plateau de Gatine, surtout dans l'étendue des monts de la Marche, des montagnes du Limousin, et entre les monts du Poitou et les collines du Périgord, qui se détachent comme ces derniers de la chaîne limousine dont ils ne sont qu'une sorte de bifurcation ; sur ces altitudes élevées, au sol granitique entrecoupé de vallées ou de plateaux argilo-siliceux comprenant les départements de la Creuse, de la Haute-Vienne, de la Corrèze, une partie de chacun de ceux du Cantal, du Lot, de la Dordogne, de la Charente, de la Charente-Inférieure et de la Vienne, qui concourent à former comme une bande circulaire autour des premiers, pour compléter la région dont on veut parler; dans cette région, dis-je, existe un type de moutons partout uniforme par ses caractères essentiels, et variable seulement sous le rapport de la taille et du volume des individus, en raison des différences que présente lui-même le sol dans son degré de fertilité, en général en raison inverse de l'altitude. C'est à ce type que nous donnons le nom de race de la Marche et du Limousin, parce qu'il peuple exclusivement les départements compris dans les deux anciennes provinces ainsi nommées.

Les moutons qui appartiennent à ce type sont connus sous diverses dénominations, dans le commerce surtout. Dans le Poitou et la Saintonge, où ils se rencontrent en tribus assez fortes, établies depuis longtemps au milieu de la race du pays décrite plus haut, et où l'influence d'une alimentation plus riche sur un sol calcaire, plus fertile, leur a fait acquérir la taille et l'ampleur de cette dernière, tout en conservant leur meilleure conformation, ils sont souvent confondus avec elle. L'individu dont nous avons fait graver le portrait (grav. 68) pour représenter le type qui nous occupe en ce moment, en fournit une preuve. Il fut exposé dans un concours de boucherie, à Bordeaux, comme appartenant à la race poitevine. Il est facile de voir que dans la détermination de sa race on s'était plus inspiré sans doute de sa provenance que de ses caractères.

Et c'est à cette occasion que l'on peut faire remarquer en passant combien ils se trompent, ceux qui, en anthropologie, par exemple, aussi bien qu'en zootechnie, accordent à la considération de la taille une valeur absolue dans la caractéristique des races. Nous avons déjà vu jusqu'à quel point l'étude des mérinos démontre l'erreur à laquelle ils se laissent entraîner. Les choses ici sont telles que la démonstration est encore plus frappante, attendu qu'elle s'impose en quelque sorte à l'esprit par degrés successifs. Il suffit, en effet, de partir, comme il m'est arrivé, du département de la Creuse, pour traverser la Haute-Vienne, la Charente et la Charente-Inférieure, allant de Guéret à Bellac, de Bellac à Confolens, de Confolens à Ruffec et de Ruffec à Saint-Jean-d'Angély, observant sur la route suivie les troupeaux de moutons de la race dont il s'agit et traçant ce qu'il est permis d'appeler la courbe de leur taille; à la fin du voyage, cette courbe se trouvera être une ligne constamment ascendante; et, ce qui est à remarquer, c'est qu'elle serait exactement parallèle à celle qu'on aurait également tracée, sur les mêmes abcises, de la proportion de calcaire contenue dans le sol arable, à dater du point où cet élément commence à se montrer.

Un tel parallélisme de la courbe de la taille du bétail et de celle de la fertilité du sol peut être considéré comme une des lois les mieux acquises à la zootechnie scientifique. C'est en raison de son importance, qui n'échappera point au lecteur attentif, que nous ne négligeons de signaler aucun des faits capables de la confirmer.

Quoi qu'il en soit, pour revenir aux désignations sous lesquelles la race est le plus généralement connue, disons que ces désignations sont celles de *moutons marchois* et de *moutons limousins*. La tendance de son expansion est vers l'Ouest, suivant l'inclinaison du sol qu'elle habite, et c'est aussi de ce côté que s'exportent, à la saison des vendanges surtout, une partie des produits auxquels les départements si peu fournis de population qui l'élèvent n'offrent point de débouchés; mais c'est Paris qui en consomme la plus grande quantité, surtout depuis l'établissement du chemin de fer dit Grand-Central.

Grav. 68. — Mouton marchois, 1er pr. de la 1re classe (M. Perronat, Conc. de boucherie de Bordeaux, 1851).

Caractères typiques. — Crâne brachycéphale; cheville osseuse toujours absente chez la femelle et le plus souvent aussi chez le mâle, à base étroite, mince et contournée en spires allongées, quand elle existe; front large, bombé, sans dépression au niveau de la boîte crânienne; arcades orbitaires peu saillantes; face courte, pyramidale, à chanfrein droit et tranchant; orbite grand; crête zygomatique peu accusée; maxillaire inférieur à branches écartées, relevées à angle droit; arcade incisive très-petite. Sur le vivant, museau fin, pointu; lèvres minces; bouche moyenne; joue plate; oreille petite, le plus souvent dressée; cornes minces, en spirale allongée, presque toujours absentes; crâne chauve; œil vif, bien ouvert; physionomie intelligente et éveillée.

Caractères secondaires. — Laine commune, à brins moyens ou grossiers, secs et rudes, frisés, en mèches longues et pointues; toison ouverte, le plus souvent de couleur blanche, mais quelquefois brune ou rousse, s'étendant jusqu'au delà de la nuque, le plus ordinairement sous la poitrine et la plus grande partie du ventre et jusqu'aux jarrets; taille très-petite dans le centre de la région habitée, s'élevant progressivement de l'Est à l'Ouest, pour atteindre à son maximum jusqu'à 60 centimètres et au delà; tête petite, fine, souvent marquée de brun ou de roux; col de longueur moyenne, mince, peu relevé et légèrement arqué; poitrine peu profonde, mais à côtes bien arquées; épaule assez musclée; poitrail saillant; garrot bas et non tranchant; dos et lombes courts, larges; hanches écartées; croupe courte et arrondie; cuisse bien musclée, gigot descendu; corps trapu et cylindrique; membres courts, grêles, portant souvent des taches brunes ou rousses; en somme, mouton bas sur jambes, très-agile, très-vif, très-rustique et d'une grande sobriété, mais profitant fort bien d'une bonne nourriture pour s'engraisser promptement. Les brebis sont prolifiques et font ordinairement des parturitions doubles.

Rendement. — Le poids vif varie beaucoup dans la race. Ce que nous avons dit plus haut de la taille l'a dû faire pressentir. Considérée dans son centre principal de production, elle n'atteint pas, en moyenne, au-dessus de 20 à 25 kilogr. Le maximum, dans l'Ouest, est de 30 kilogr., rendant de 15 à 18 kilogr. d'une viande d'un goût fin, exquis et très-recherché, de première qualité aussi, relativement à la faible proportion d'os qu'elle contient.

La toison, qui pèse au plus 600 grammes en suint, et ne dépasse pas même 500 grammes ordinairement, est d'une valeur très-faible.

Mode d'élevage. — Régime presque exclusif du pâturage ; absence de toute idée d'amélioration et de préoccupation du choix des reproducteurs : tel est le mode d'élevage auquel est en général soumise la race de la Marche et du Limousin.

Là aussi, quelques tentatives de croisement ont eu lieu avec des métis de la Charmoise, notamment dans la Creuse, chez M. Léonce de Lavergne, et nous avons entendu l'éminent écrivain se féliciter des résultats obtenus. C'est admissible, sous bénéfice d'inventaire, et selon le point où l'opération a pu être considérée. Cela dépend des ressources alimentaires exceptionnellement créées dans l'exploitation. J'ai assisté au concours de Guéret, en 1863, et je n'y ai vu exposés que de très-médiocres métis de diverses sortes.

Le plus sage, avec une race si bien douée dans sa petite taille par son squelette léger et sa bonne conformation, et dans un tel pays, me paraît être de viser à lui faire acquérir plus d'ampleur et de précocité, plus de poids, par conséquent, par la gymnastique fonctionnelle et la sélection. Elle suivra par-là sans difficulté les progrès de la culture, tout en conservant l'excellente qualité de sa viande, qui la fait surtout estimer. Le croisement n'a rien à faire dans un pays dont le sol, dépourvu de calcaire, commence à peine à donner du blé, grâce à la marne et à la chaux.

Race des Pyrénées. — Nous ramenons ici à l'unité du type auquel elle appartient, en réalité, toute une population ovine qui, du versant septentrional de la chaîne des Pyrénées, s'étend vers les bassins de l'Adour et de la Garonne, pour remonter au Nord-Est jusque sur le plateau de Levezou, le causse de Severac, les monts du Rouergue, qu'elle franchit, s'arrêter aux monts d'Aubrac et se limiter au cours du Lot, vers le Nord. A l'Est, ce sont les montagnes Noires qui bornent son domaine.

Dans cette étendue de terrains variés, tantôt calcaires et tantôt argilo-siliceux, mêlée de vallées, de plaines, de collines et de plateaux, qui comprend les départements des Basses et des Hautes-Pyrénées, de l'Ariége, des Landes, du Gers, de la Haute-Garonne et une partie de l'Aude, du Tarn, de l'Aveyron et une partie de la Lozère, de Tarn-et-Garonne et par portions ceux du Lot et de Lot-et-Garonne, la race a subi, dans ses caractères secondaires, diverses modifications, dont quelques-unes, relatives au lainage, lui ont été imprimées dans le temps par le croisement mérinos.

Ces modifications, entretenues sur quelques points par une sélection relative persistante, se sont maintenues avec une assez constante uniformité pour qu'on ait pu, non sans quelque apparence de raison, considérer les tribus qui les présentent comme constituées en races distinctes. C'est ainsi que l'on admet généralement l'existence d'une *race du Larzac*, sur les altitudes élevées de l'Aveyron et de la Lozère, où se produisent les fromages de Roquefort; une *race lauragaise*, dans cette vaste plaine dite du Lauragais, qui s'étend de Toulouse à Castelnaudary, à cheval sur les trois départements de la Haute-Garonne, du Tarn et de l'Aude.

Ce n'est pas pour les mêmes raisons que sont admises les prétendues *races landaise*, *agenaise*, *gasconne*, *arié-*

geoise et *béarnaise*. Il n'y a même pas l'excuse, dans ces derniers cas, de l'apparence, car rien ne diffère entre les individus ainsi distingués. Le cornage, particulièrement, subsiste, même chez les femelles et la plupart des moutons émasculés, et le lainage aussi, tandis que dans le Larzac et le Lauragais, les cornes ont disparu et la toison s'est rapprochée de la finesse et du tassé.

C'est donc seulement en vertu de la coutume qui consiste à donner aux animaux un nom de race tiré du pays qui les produit, et sans s'inquiéter autrement d'une classification rigoureuse, basée sur leurs caractères, que ces distinctions arbitraires ont été établies. La vérité est que le type se retrouve partout identique, avec ses lignes fondamentales, et varie uniquement sous le rapport de la taille et du développement, qui dépendent de la fertilité du sol, et de quelques caractères accessoires que le mode d'élevage a pu permettre de modifier.

Grav. 69. — Bélier des Pyrénées. 1er prix, 2e catégorie (M. Jean Laurent, Conc. nat. de Toulouse, 1851).

Caractères typiques. — (Grav. 69.) Crâne dolichocéphale; cheville osseuse implantée bas, dirigée obliquement sur le côté et en bas, puis faiblement contournée en avant, d'épaisseur moyenne et peu anguleuse, quelquefois absente; front étroit comprimé, se continuant avec le crâne sans dépression; arcades orbitaires peu saillantes; face d'une longueur égale à celle du crâne, prise de l'orbite à la nuque, à chanfrein busqué dans toute son étendue, épais, sans dépression latérale; crête zygomatique effacée;

maxillaire inférieur à branches rapprochées, relevées à angle obtus; arcade incisive large. Sur le vivant, museau mousse; lèvres épaisses, bouche grande; joue petite; oreille moyenne, pendante; cornes de moyenne grosseur, à larges rides transversales, à angles peu saillants, dirigées en bas et en avant, arquées et terminées en pointe effilée, absentes chez tous les individus du Larzac et du Lauragais, quelquefois chez les autres; tête poilue jusque sur le front dans le type pur, chauve dans le Larzac, laineuse à la façon du mérinos dans le Lauragais; œil petit, mais vif et bien ouvert; physionomie calme.

Il y a, entre ce type de la région pyrénéenne et celui de la race anglaise de Cotteswold, ainsi qu'on peut s'en apercevoir en les comparant, une analogie fort grande, mais qui ne va pas cependant jusqu'à l'identité. On verra qu'elle s'étend aussi au lainage, sous un certain rapport.

Caractères secondaires. — Laine variable, quant à la longueur et au diamètre du brin, comme nous l'avons déjà dit, mais toujours à mèches plus ou moins bouclées; dans le type pur des Basses-Pyrénées, elle est d'une blancheur éclatante, grosse et un peu dure, en mèches pointues, classée en moyenne parmi les laines communes; toison étendue sous la poitrine et le ventre, jusqu'au jarret et au genou, couvrant la nuque toujours et le crâne, ainsi que la gorge et les joues chez les lauragais, où elle est plus tassée, plus frisée et beaucoup moins commune; taille un peu au-dessus de la moyenne, sauf dans le Larzac, où elle est petite avec un corps trapu; tête d'un volume moyen, en général, par rapport à celui du corps, le plus souvent marquée de taches brunes, jaunes ou rousses; col court, épais, horizontal; poitrine peu profonde, serrée en arrière des coudes, mais à côtes arquées en haut; poitrail saillant; garrot bas et assez épais; épaules fortes et musclées; dos et reins droits, allongés, ceux-ci moyennement larges; hanches écartées; croupe courte, arrondie, gigots descendus et bien musclés ; membres d'un volume moyen, marqués de taches, comme la tête, qui sont formées par des bouquets de poils d'un jaune plus ou moins brun, agiles, bien d'aplomb, mais plus écartés dans le bipède postérieur que dans l'antérieur, ce qui tient au défaut d'harmonie entre l'ampleur de la poitrine et celle du bassin; tempérament rustique et vigoureux.

Rendement. — Les moutons des diverses tribus de la race pyrénéenne sont surtout engraissés dans les plaines. C'est donc là qu'il faut aller étudier les résultats de leur aptitude à produire de la viande.

En 1854, huit lots de ces moutons étaient exposés au concours de Bordeaux, sous les noms de race agenaise et de race agenaise-gasconne. Le lot de ceux qui obtinrent le premier prix des jeunes avait été engraissé par M. Boudet, à Castelmaron (Lot-et-Garonne). Les animaux étaient âgés de 24 mois. Ils ont pesé ensemble 704 kilogr. poids vif; leur rendement fut de 480 kilogr. en viande nette et de 70 kilogr. en suif, soit 68.181 et 8.522 pour 100 du poids vif.

La même année, au concours de Nîmes, où ils figurent comme représentants des prétendues races du Larzac, de Ségur, albigeoise, etc., chaque mouton de 24 mois du lot ayant obtenu le premier prix a pesé, vif, en moyenne 52 kilogr. 500; il a rendu 27 kilogr. 50 de viande nette et 3 kilogr. de suif, soit 50 et 10 pour 100 du poids vif. Ce lot de moutons avait été engraissé par M. Peyre père, à Saint-Côme (Gard).

En 1858, à Bordeaux, un lot d'agenais, premier prix, exposé par M. Laurent, à Labarte-Camiran (Gironde), a pesé vif 704 kilog.; il a rendu par chaque mouton, âgé de 18 mois, 40 kilogr. de viande nette et 5 kilogr. de suif, soit 56.818 et 7.102 pour 100 du poids vif; enfin, un autre lot de gascons, deuxième prix de la même catégorie, de 15 à 18 mois, exposé par M. Boulin, à Gironde (Gironde), a pesé vif 556 kilogr. et a rendu, par tête, 38 kilogr. de viande nette et 5 kilogr. de suif, soit 68.818 et 8.992 pour 100 du poids vif.

Ces chiffres de poids vif et de rendement indiquent qu'il s'agit là d'une race précieuse pour la production de la viande; et la conclusion se fortifie encore lorsqu'on y ajoute que la qualité de cette viande, dans les Pyrénées, dans l'Ariége surtout, jouit d'une réputation justement méritée pour la finesse de son grain et sa saveur des plus agréables. Elle n'est pas moins bonne dans les Landes et dans les Cévennes.

Sur ce dernier point, on sait que les brebis du Larzac sont exploitées pour leur lait. D'après les estimations de Roche-Lubin, chaque brebis en donne, entre ses deux gestations, de quoi faire 25 kilogr. de fromage, le rapport de celui-ci au lait étant de 26 à 27 pour 100. Dans les montagnes ariégeoises et béarnaises, ainsi que dans la plaine, la race est aussi bonne laitière et même exploitée pour son lait; mais on comprend que partout les brebis laitières aient des toisons fort pauvres.

Dans les Cévennes, on les estime à 4 fr. 50 en moyenne; dans les Pyrénées, elles valent moins, la laine y étant plus commune. C'est dans la plaine du Lauragais que la toison est le plus à considérer. Les laines de cette plaine sont recherchées pour les fabriques de Castres, de Mazamet, de Montauban, de Lodève, etc. Les toisons y sont relativement assez lourdes.

Mode d'élevage. — La race des Pyrénées compte une population nombreuse. Il y a quelques années, M. Sainte-Colombe, vétérinaire distingué de l'Ariége, a pu compter jusqu'à vingt-sept mille têtes de moutons de cette race dans la seule vallée qui s'étend de Tarascon à Ax. Les troupeaux sont abondants en proportion dans tout le reste de la région. Ils passent la belle saison sur les pâturages des montagnes et viennent hiverner dans la plaine. Du reste, la reproduction s'effectue sans aucune idée d'amélioration, en général, pour ce qui concerne le type pur.

Il n'en est pas tout à fait de même dans les tribus du Lauragais et du Larzac. Si les troupeaux qui avoisinent le Roussillon et qui se sont, dans un temps, plus ou moins mêlés aux mérinos, ne conservent plus dans l'Ariége qu'une faible empreinte du passage des béliers espagnols, il n'en est plus de même ici. Dans le Lauragais, on se préoccupe avec assez d'attention de conserver aux moutons la toison meilleure qui les distingue, ainsi que nous l'avons vu, et, de plus, leur alimentation est relativement bonne. Lorsque le pâturage n'est plus assez abondant, ils reçoivent à la bergerie quelque nourriture. L'agriculture du Lauragais est en progrès. Les troupeaux y sont d'une remarquable homogénéité.

Dans le voisinage des Cévennes, la tribu dite du Larzac est dirigée, elle, principalement en vue de l'aptitude laitière. La sélection s'y exerce en ce sens avec un soin qui a pour mesure le rendement en fromage. Elle a produit à cet égard des résultats dignes d'attention. « Comme autrefois, — écrivait il y a quelques années Roche-Lubin, vétérinaire à Sainte-Affrique (Aveyron) — comme autrefois il ne faut plus traire neuf brebis pour avoir 40 kilogr. de fromage : aujourd'hui quatre d'entre elles en fournissent 50 kilogr.; il est même des troupeaux qui, composés de cent têtes, en rendent 22 kilogr. par tête, et tout nous fait espérer que, dans beaucoup d'exploitations rurales, deux brebis en donneront 50 kilogr.; alors les pailles seront réservées aux litières. »

La race, malgré ses mérites attestés par les rendements plus haut indiqués, n'a pas échappé à la sorte d'engouement qui s'est emparée de nos éleveurs progressifs pour le croisement anglais. Ignorant, sans aucun doute, les considérations relatives à l'influence de la chaleur sur les races ovines anglaises, si bien mises en évidence par M. Yvart, on a tenté des mariages avec des béliers de Leicester et de Romney-Marsh, sous le climat de Toulouse. Cela sort de toute zootechnie raisonnable, bien qu'on ait pu voir accidentellement figurer au concours de boucherie de Bordeaux des métis dishley-lauragais et new-kent-lauragais venant de là, et aussi des southdown-lauragais ou larzac, venant du Tarn. Il est trop visible que dans une exploitation régulière, les races anglaises ne pourraient point s'acclimater sous le soleil brûlant du Midi.

Le métissage de la race par le fameux type prétendu d'Alfort est poursuivi depuis longues années dans une bergerie de la Haute-Garonne, dirigée par un agronome habile et distingué bien connu, M. Martegoute. On a pu voir à Bordeaux, en 1859, un lot de moutons gras de 14 mois, qualifiés de race dishley-mauchamp-mérinos-lauragaise, ayant pesé vifs ensemble 621 kilogr. et ayant rendu 402 kilogr. de viande nette et 55 kilogr. de suif, soit 68.814 et 8.856 pour 100 du poids vif. Un tel résultat atteste hautement l'habileté d'éleveur et d'engraisseur du fabricant de ces produits véritablement remarquables; mais à aucun point de vue la zootechnie ne saurait l'avouer : elle ne peut tirer parti des tours de force; et si des travaux de ce genre peuvent l'intéresser, c'est seulement en ce qu'ils fournissent de nouvelles preuves de l'incessante variabilité des métis issus de métis et montrent l'écueil contre lequel les entreprises de ce genre viennent infailliblement se briser. En comparant, d'ailleurs, les chiffres de la viande produite par l'élevage de ces métis, qui exige tant de soins et d'attentions, on voit que pour un même nombre de têtes il n'est pas supérieur à celui des individus purs, autrement faciles à élever.

Si donc on veut, dans la région sous-pyrénéenne, produire de la plus belle laine en plus grande quantité, en même temps que de la viande, ce n'est point par un métissage quelconque qu'on y pourra parvenir. Seul le mérinos amélioré, implanté par la voie du croisement continu, serait capable de fournir une solution véritablement zootechnique du problème, dans la mesure permise par le climat et l'état de l'agriculture. Les éleveurs n'ont à choisir qu'entre cette solution et celle de l'amélioration de la race locale en elle-même, par les méthodes bien des fois indiquées déjà. Le choix à faire dépend des situations particulières; on ne peut à cet égard que s'en référer aux principes généraux.

Race barbarine. — Nous signalons, pour n'en omettre aucune parmi celles qui se rencontrent en France, la race dite barbarine, qui habite les rivages de la Méditerranée, où elle est en petit nombre sur notre continent, mais plus abondante sur le sol africain de notre colonie, le long du littoral, depuis la Calle jusqu'à Oran. C'est le mouton à large queue de Syrie, connu des naturalistes (grav. 70).

Caractères typiques. — Crâne brachycéphale; cheville osseuse moyenne, implantée droit, puis courbée en arrière et contournée en hélice à son extrémité; quelquefois absente, surtout en France; front large et saillant; arcades orbitaires accusées; face longue, à chanfrein déprimé au niveau des orbites, puis busqué; crête zygomatique accusée; maxillaire inférieur à branches écartées, relevées à angle droit; arcade incisive moyenne. Sur le vivant, museau effilé; lèvres minces, bouche grande; joue petite; oreille longue et tombante; cornes peu épaisses, à larges sillons, dressées, puis arquées en arrière vers le cou et contournées en spirale allongée; tête souvent chauve chez la femelle; œil petit et couvert; physionomie calme.

Grav. 70. — Bélier barbarin, de la tribu des Ouled-Khalfa, province d'Oran. (Dessiné d'après nature par M. Poncet, en 1852.)

Caractères secondaires. — Laine grosse mais assez douce, commune, en mèches longues et pointues, quelquefois vrillées; toison ouverte, couvrant quelquefois le crâne, la gorge, l'angle des mâchoires, le dessous du thorax et du ventre, et descendant jusqu'aux jarrets et au genou; taille moyenne; tête forte, le plus souvent garnie de poils noirs ou bruns, par places plus ou moins larges; col de moyenne longueur, épais, horizontal et portant au moins un fanon; poitrail saillant; poitrine étroite, serrée en arrière des coudes; garrot bas, assez épais; épaules fortes; dos un peu renflé, lombes courtes, de largeur moyenne; croupe courte; queue à base très-large, portant de chaque côté un fort coussin adipeux qui lui donne l'aspect d'une masse aplatie, carrée, exclusivement propre à la race; cuisse étroite et mince; membres forts, tachetés ou tigrés de poils bruns ou noirs; aplombs défectueux; développement tardif.

Rendement. — On estime que les moutons barbarins, en Algérie, donnent une moyenne de 20 à 25 kilogr. de viande pour un poids vif de 40 à 50 kilogr. Les toisons, peu lourdes, sont en général communes. Nous n'avons pas de renseignements précis sur leur poids moyen. Des pesées effectuées en 1852 par M. J. Poncet, dans la province d'Oran, ont donné 5 kil. 500 pour la peau fraîche et munie de sa laine d'un bélier maigre, et 4 kilogr. pour celle d'une brebis.

Mode d'élevage. — Il va sans dire que la race barbarine est soumise au régime exclusif du parcours et qu'elle se reproduit d'après les conditions naturelles. Il n'y a, suivant nous, qu'un moyen d'en tirer bon parti, c'est de lui substituer le mérinos. L'Algérie est une terre toute trouvée pour la production économique des laines fines, que notre culture française avancée ne comporte plus. Elle devrait être, pour la France, ce que la Nouvelle-Hollande est pour l'Angleterre. C'est la même latitude et le même climat. Le mérinos serait le meilleur agent de la mise en valeur des terres algériennes, ainsi que l'a depuis longtemps fait remarquer M. Bernis. Mais on n'aime pas, chez nous, les choses simples. On aime mieux s'obstiner à ne rien faire, en déplorant l'absence des capitaux et des bras; et l'on ne rêve que culture intensive, là où des pâturages et des moutons à laine fine produiraient de très-beaux revenus nets.

Population ovine de l'Est. — Tout le long du Rhin,

dans les plaines de l'Alsace et d'une partie de la Lorraine, sur les Vosges et le Jura, l'élevage du mouton n'a qu'une importance extrêmement secondaire. Nous ne parlons ici que pour mémoire de la population très-clair-semée de la région de la France dont il s'agit.

Cette population n'appartient en propre à aucune race déterminée. On y trouve des représentants de toutes celles des régions voisines, mais particulièrement des métis mérinos, débordant du Luxembourg, des Ardennes, de la Haute-Marne. Dans quelques troupeaux, des croisements avec les races anglaises de Leicester et de Southdown sont poursuivis. La race suisse noire, remarquable surtout par sa fécondité, a été introduite dans les Vosges, à la ferme-école de Lahayevaux, qui eut aussi pendant quelque temps le troupeau de mérinos soyeux appartenant à l'État. Ce troupeau a été transféré ensuite à Gevrolles, pour cause des altérations que lui avait fait subir une acclimatation impossible. On rencontre aussi dans l'Est, comme presque partout, des métis de la Charmoise.

Une telle variété dans la population indique assez que l'économie rurale de la région ne comporte guère l'exploitation du mouton dans de bonnes conditions, du moins sur une grande échelle. Ces conditions sont très-variées, comme dans tous les pays où les cultures industrielles dominent. Le houblon et le tabac, et des hivers trop froids, ne font pas l'affaire du mouton.

CHAPITRE IV

APPLICATION DES MÉTHODES ZOOTECHNIQUES AUX RACES OVINES

Méthodes applicables. — Les développements dans lesquels nous sommes entrés en ce qui concerne, au même point de vue, l'espèce bovine, nous permettront de restreindre beaucoup le présent chapitre. Toutes les méthodes zootechniques connues sont applicables pour l'amélioration des produits de l'espèce ovine. Il ne nous reste donc à donner que quelques indications pratiques, au sujet de l'application convenable de chacune d'elles aux moutons.

Gymnastique fonctionnelle. — La difficulté est ici tout entière dans le choix des procédés capables de développer, par l'exercice méthodique, l'une et l'autre à la fois des deux aptitudes qui aboutissent aux fonctions économiques de l'espèce. Considérées isolément, ces deux aptitudes comportent chacune un mode particulier d'exercice.

S'il s'agit de la production de la viande, par exemple, de la précocité, par conséquent, il n'y a pas de différence, proportions gardées, entre la gymnastique fonctionnelle capable de l'amener chez le mouton et celle qui y conduit chez le bœuf. Nourriture abondante et variée des mères, durant l'allaitement aussi prolongé que possible;

des agneaux après le sevrage, dans des pâturages cultivés et voisins de la bergerie, en même temps que dans celle-ci, où se distribuent les racines et les farineux, ainsi que les bons fourrages verts ou secs; en somme, alimentation copieuse et repos des fonctions de relation, réduction du parcours à sa plus simple expression, les animaux allant dehors plutôt pour y respirer le grand air que pour y trouver leur nourriture: voilà les conditions simples de l'application de la gymnastique méthodique aux troupeaux de moutons, pour y faire développer l'aptitude à la production de la viande, en d'autres termes pour hâter le développement individuel et faire atteindre plutôt chaque sujet à un poids vif plus élevé.

C'est ainsi qu'ont procédé tous ceux qui ont perfectionné le mouton sous ce raport, Backewell en tête; et il n'est pas besoin, sans doute, d'ajouter que l'application de la méthode en ce sens n'est possible que dans les exploitations à culture intensive; mais on doit remarquer aussi qu'elle comporte des degrés. Nous les mesurerons assez exactement, en prenant pour base commune le chemin parcouru par le mouton, pour trouver dans les champs de quoi satisfaire son appétit.

Le premier point à considérer est donc en cela relatif au régime du parcours. Les moutons profitent de la nourriture qu'ils consomment, quelle qu'elle soit, en raison inverse de l'exercice de leur appareil locomoteur. La gymnastique des fonctions de nutrition, c'est, à proprement parler, leur prédominance sur le fonctionnement des facultés de relation.

Singulière gymnastique, a-t-on dit, celle qui consiste uniquement à boire, manger et dormir! Ce n'est pas celle des anciens Grecs,—j'en conviens, sans me faire prier; —

mais, depuis l'antiquité grecque, les choses ont un peu changé partout, et de nos jours la langue française a fait, paraît-il, quelques progrès. Le grand maître de l'Université lui-même ne craint pas d'écrire que l'on fait de la gymnastique, en habituant graduellement sa cervelle à penser d'après certaines méthodes; à plus forte raison nous est-il permis, à nous, de dire qu'un bœuf ou un mouton en fait lorsque, paisiblement au repos dans son étable ou sa bergerie, il rumine activement, digère, absorbe et se nourrit au delà de ses besoins personnels.

A cet égard, répétons la distinction faite à propos du bœuf, relativement aux reproducteurs d'élite et aux sujets communs. Aux premiers, c'est l'application de la méthode dans toute sa rigueur qui convient; quant aux seconds, il faut s'en rapprocher le plus possible, dans la mesure compatible avec la situation agricole.

Passons à la laine.

Quel que soit le mode de sécrétion du bulbe laineux, lequel varie, comme nous l'avons vu, suivant les races, l'alimentation exerce sur ce mode une influence constante, par conséquent aussi la direction méthodique que nous appelons gymnastique fonctionnelle. L'action se fait observer à la fois sur le diamètre du brin, sur sa longueur absolue, et par corollaire obligé sur sa forme générale. Plus l'activité nutritive est grande et exclusive, plus le brin est sécrété activement, plus la quantité de matière laineuse élaborée en un temps donné est considérable; et de ce fait physiologique incontestable, découle une conséquence absolue qui domine toute la question.

On sait, en effet, qu'une des premières qualités à rechercher, dans l'appréciation des toisons, c'est l'égalité du diamètre du brin, d'où résulte la force et le nerf.

Or, d'après ce qui vient d'être dit, cette égalité suppose nécessairement une activité régulière de la sécrétion qui, dans l'état normal, ne peut résulter elle-même que d'une uniformité constante de l'action nutritive.

Quelle que soit donc la quantité de l'alimentation et quel que soit aussi son mode d'action sur la constitution générale du mouton ; que ce mode d'action ait pour conséquence de hâter le développement, d'amener la précocité, en un mot, auquel cas l'excitation de la sécrétion laineuse augmente à la fois le diamètre du brin et sa longueur, en diminuant le nombre de ses flexions, s'il s'agit d'une race à laine frisée ; ou bien que, par ses propriétés essentielles et par la combinaison de ses effets avec ceux de la gymnastique des fonctions de relation, l'alimentation copieuse ait pour seule conséquence d'allonger le brin sans exercer aucune influence sur son diamètre ; dans toutes ces circonstances, la gymnastique des fonctions de nutrition ne peut être efficace qu'à la condition de ne subir ni interruption, ni ralentissement. Il y a même un cas particulier, celui des brebis nourrices, dans lequel il faut absolument augmenter l'alimentation normale, tant que dure l'allaitement, sans quoi la laine sécrétée durant la période de celui-ci subit une diminution de force, lors même qu'elle ne tombe pas.

Il y a des circonstances économiques, ainsi que nous venons de le pressentir, où l'on ne peut viser à augmenter utilement le poids de la toison que par l'allongement absolu du brin, sans diminution de sa finesse et de son tassé, et même tout en perfectionnant l'un et l'autre. Le résultat ainsi indiqué a été obtenu, en Allemagne et en France, sur des tribus de mérinos à laine superfine, par une alimentation uniformément substantielle, prise à la bergerie, mais surtout fournie, sous un climat favorable, par des pâturages aux herbes fines et aromatiques. Cela peut être compatible avec une amélioration de la conformation obtenue par la sélection, mais non point avec la précocité du développement et l'accroissement du poids relatif de la viande. La précocité entraîne, comme conséquence obligée, l'augmentation du diamètre du brin et la diminution du tassé de la toison ; elle fait passer celle-ci de la catégorie commerciale des laines fines dans celle des laines intermédiaires.

Ce n'est pas le moment d'examiner les avantages ou les inconvénients économiques de la transformation : le sujet a été discuté en son lieu, et la question résolue, croyons-nous ; on ne doit s'occuper ici que des procédés zootechniques à l'aide desquels cette transformation se produit.

On sait maintenant que dans l'application spéciale à l'espèce du mouton, des principes généraux de la gymnastique des fonctions de nutrition, la précocité du développement, qui augmente l'aptitude à la production de la viande, diminue forcément la finesse de la laine et par conséquent le tassé de la toison. C'est là le point capital, que l'éleveur de moutons ne doit jamais perdre de vue, parce qu'il est en son pouvoir, dans une certaine mesure, d'en modérer les effets par la direction imprimée, au moyen de la sélection, à la reproduction du troupeau.

Sélection. — Nous n'avons que peu de chose à dire sur l'application spéciale des principes de la sélection aux races ovines. Les lois étant connues, ainsi que les beautés économiques et les caractères typiques de ces races, nous sommes assez avancés maintenant dans nos études pour que le praticien en puisse combiner tout seul les élénents, afin d'arriver au but qu'il se propose d'atteindre. our s'étendre sur ces sujets, il faudrait nécessairement e livrer à des répétitions.

Ajoutons cependant qu'au point de vue de la sélection absolue, on ne saurait trop se préoccuper de l'origine des reproducteurs. Une nombreuse ascendance pure est dans 'espèce encore plus à considérer qu'en aucune autre, surtout s'il s'agit des races à laine fine ; car l'observation a montré nombre de fois que l'atavisme, en ce qui concerne la toison, se fait sentir d'une façon fâcheuse, lorsque es reproducteurs comptent, parmi leurs ancêtres, quelques sujets à laine commune. C'est pour exprimer ce fait, précisément, que les Allemands ont adopté leur mot *Ruckschlag* (coup en arrière). Et nous avons d'autant plus ieu d'en tenir compte, chez nous, que notre race de moutons à laine fine y a été implantée par voie de substitution progressive ou de croisement continu. Le résultat de la conquête sera donc d'autant mieux assuré que les reproducteurs auront été choisis parmi les plus anciennement acclimatés.

Et c'est à cet égard aussi que la double fonction économique du mouton, dans les races qui la comportent à des degrés égaux, impose une sélection relative exercée avec une grande attention. Lorsque la toison, par le fait de l'aptitude naturelle de la race, est un produit fort accessoire en raison de sa grossièreté, ses qualités relatives peuvent être sans inconvénient bien sensible négligées, au profit exclusif de l'aptitude à la production de la viande ; il n'en est plus de même quand il y a lieu de concilier avec cette dernière aptitude celle à la production d'une laine précieuse. Chez les mérinos, par exemple, à précocité égale, il convient de rechercher toujours les reproducteurs chez qui la gymnastique fonctionnelle a fait perdre le moins de la finesse de leur laine et du tassé de leur toison, ainsi que de son étendue.

Il importe de ne point perdre de vue que les hauts mérites, dans les deux genres d'aptitude, ne sont physiologiquement incompatibles que dans une certaine mesure, et qu'il appartient à la sélection de faire reproduire toujours préférablement les individus chez lesquels cette mesure se présente à son moindre degré. Elle a son double criterium dans les indications données au premier chapitre du présent livre ; et je prie de remarquer qu'il ne s'agit point ici d'une pure spéculation théorique. En décrivant la race mérinos, nous avons signalé des troupeaux entiers où elle se trouve admirablement réalisée par la pratique de quelques-uns de nos habiles éleveurs, que l'on peut sans hésitation offrir en exemple aux autres.

Croisement. — L'histoire de l'introduction en France de cette même race mérinos et de l'extension qu'elle y a prise, nous fournit pareillement un excellent exemple d'application du croisement continu, auquel nous pouvons renvoyer (p. 382). Il en est ainsi pour la race de Southdown, en train de s'implanter à son tour, par le même procédé, dans quelques-unes de nos régions. M. Rieffel, qui n'a jamais fait lutter les brebis de son troupeau de Grand-Jouan, primitivement composé de bretonnes, que par des béliers purs de Southdown, depuis plus de vingt ans, s'y est de tout point conformé. Il n'y a pas lieu d'insister là-dessus. Les principes sont clairs et absolus. Indépendamment de toute autre considération, l'application du mode continu de la méthode du croisement, ne comporte que l'emploi persévérant, dans les races ovines comme dans toutes les autres, des mâles purs de la race croisante. Ce mode aboutit toujours forcément à l'absorption de la race croisée.

Mais il est bon de remarquer que le maximum du temps au bout duquel cette absorption se réalise par la seule force des choses physiologiques, et qui, dans les expériences rigoureuses, n'a jamais dépassé la quatrième génération, peut être réduit par l'intervention de la sélection relative dans l'opération. C'est en effet une question d'hérédité. Or, nous savons que la puissance héréditaire n'est pas toujours égale entre les deux reproducteurs. Dans l'entreprise du croisement continu, l'on arrivera donc plus tôt au résultat désiré, si l'on choisit les femelles métisses parmi celles qui auront hérité de leur père au plus haut degré, en élaguant les autres de la reproduction.

Toutefois, une considération importante entre en ligne ici : c'est celle du rapport entre les aptitudes de la race croisante et la situation agricole et économique du milieu dans lequel l'opération se poursuit. Cette considération commande parfois de modérer sa marche, au lieu de la précipiter; et c'est un des mérites de la méthode de pouvoir se plier, comme la sélection, aux exigences de cette nature, dont la doctrine empirique de l'économie du bétail n'avait point tenu compte, avant que la zootechnie fût constituée.

C'est en vue de la nécessité fondamentale de ce rapport d'équivalence, mise en lumière par la zootechnie scientifique, que la pratique du croisement interrompu et celle du métissage, dont nous nous occuperons tout à l'heure, trouvent surtout dans les races ovines leur application utile, comme procédés transitoires, permettant de tirer un meilleur parti du bétail local. Les croisements effectués en Sologne, en Berry et ailleurs, avec la race de

Southdown, plus haut citée, sont conduits tout à fait en ce sens, sur lequel il serait superflu de s'étendre beaucoup.

L'aptitude de la race locale ne lui permet plus de tirer parti de toutes les ressources que l'état de la culture a mises à sa disposition; pourtant ces ressources ne seraient pas encore suffisantes pour alimenter complétement une race précoce : leur croisement donne des métis dont l'aptitude intermédiaire, qu'il est possible de faire varier avec le degré du croisement, correspond exactement à la situation et prépare pour l'avenir la substitution complète de la race précoce, si cette situation vient à la hauteur de sa propre aptitude.

Jusque-là les métis seront des produits, fabriqués industriellement en vue du marché des animaux gras et livrés à la consommation, dès qu'ils auront atteint aux moindres frais de production leur plus haute valeur commerciale; jamais des reproducteurs; à moins que, par le fait d'une double aptitude, on puisse exceptionnellement trouver quelque avantage à prolonger leur existence. Le croisement se combine alors avec le métissage et la sélection relative, et devient une opération aussi difficile que complexe, sur laquelle il nous reste à dire quelques mots.

Métissage. — Ayant beaucoup insisté, en posant les principes généraux de la méthode (1), sur les faits empruntés à l'observation des opérations de métissage dans l'espèce qui nous occupe, nous y reviendrions en ce moment sans nécessité. Rappelons-nous seulement que l'application de cette méthode ne peut être considérée que

(1) Voy. *Principes généraux*, p. 312.

omme un pis-aller; qu'elle exige, pour être fructueuse, ›s soins les plus attentifs; qu'elle est hérissée des plus randes difficultés, à cause de la variabilité incoercible des nétis, et qu'il est plus que douteux que jamais, en aucun as, elle puisse donner des résultats économiques compa-ables à ceux obtenus par l'exploitation des races pures, u par le croisement dit industriel ou interrompu.

J'engage donc les éleveurs de moutons à n'avoir recours u métissage que quand ils ne peuvent pas faire autre-nent. Se créer des difficultés pour mettre en évidence son abileté à les vaincre ou à les tourner, peut convenir à uelques natures pétries d'une certaine pâte, auxquelles le ruit plaît mieux que la besogne. Les entreprises zootech-iques solides et sérieuses doivent avoir des bases plus ormales et marcher pour ainsi dire toutes seules, lors-u'elles ont été bien combinées et instituées d'après les rincipes de la science. Or, ces principes, appuyés ici sur 'invincibles démonstrations, ont établi que deux méthodes eulement de reproduction, dans toutes les espèces, peu-ent donner de bonnes bases à ces entreprises : la sélec-ion absolue et relative, pour conserver les races en amé-iorant leurs aptitudes économiques; le croisement, pour es substituer les unes aux autres et pour fabriquer des produits améliorés. Hors de là, il n'y a qu'incertitude et confusion, ainsi que l'étude des races ovines, en particu-ier, nous en a fourni les exemples les plus fameux.

CHAPITRE V

DE LA CONDUITE DES TROUPEAUX DE MOUTONS

Le berger. — L'un des points les plus importants de l'administration d'un troupeau quelque peu considérable, est le choix de l'employé chargé de la conduite de ce troupeau, de sa garde, et d'exécuter les diverses opérations qu'il comporte, sous la direction du chef de l'exploitation. Il faut pour cela un homme intelligent, probe, aimant son métier, capable de s'intéresser par amour-propre au succès de l'entreprise zootechnique, indépendamment des avantages pécuniaires qu'il est bon de stipuler en sa faveur pour le cas échéant, et de plus possédant des connaissances spéciales, acquises par expérience ou autrement.

Il règne dans les campagnes un préjugé absurde contre la profession de berger. « En général, les paysans n'apprécient bien que les travaux qui nécessitent le déploiement de la force physique. Celui qui ne sue pas comme eux est à leurs yeux un fainéant. Et un fainéant, quand il n'est pas riche, est l'objet de leur plus profond mépris... L'homme qui peine à cultiver la terre ne peut se décider à admettre qu'il ne soit pas supérieur à celui dont toutes les fatigues se bornent à soigner et à garder un troupeau. »

J'écrivais ces lignes il y a quelques années; elles ne sont plus aussi absolument exactes aujourd'hui. Les progrès qui s'introduisent si rapidement dans l'organisation des exploitations agricoles ont un peu changé le point de vue, en beaucoup d'endroits. A mesure que l'emploi de la force humaine diminue par l'emploi des machines, on apprécie davantage l'intervention de la seule intelligence qui les dirige, et l'on se sent porté davantage à accorder quelque considération à l'homme qui inspire assez de confiance pour être mis à la tête d'un troupeau de mérinos tel que celui de Genouilly, par exemple, dont la valeur n'est pas moindre de deux cent mille francs.

La vérité est que la situation du maître berger, dans une exploitation agricole basée sur la production des moutons, est celle du plus important des chefs de service. En outre des qualités énumérées plus haut, pour en remplir convenablement la fonction, la douceur du caractère et la vigilance, l'activité, résultant d'une santé robuste et de la vigueur du tempérament, sont indispensables. Un homme violent, brutal, toujours funeste dans la conduite des animaux en général, l'est bien davantage encore quand il s'agit de moutons, naturellement craintifs, et surtout des brebis en état de gestation, sur lesquelles s'appuie l'avenir du troupeau.

Indépendamment des mérites personnels du berger, le contrat qui le lie à l'exploitation exerce, par sa nature, une influence considérable. C'est toujours une utile pratique d'éviter qu'en aucun cas l'antagonisme existe entre le devoir et l'intérêt. La vertu est belle, mais la morale veut qu'on la mette le moins possible à l'épreuve, et la bonne administration le veut encore plus. C'est une loi de justice aussi que chacun profite du bien qu'il fait.

Dans les pays à moutons aux toisons précieuses, on l'a compris, mais de diverses façons. Il n'est pas facile, par contre, de s'expliquer en vertu de quel calcul d'économie inintelligente, certains cultivateurs de la Beauce diminuaient et diminuent peut-être encore les gages de leur berger, en lui assurant le bénéfice des dépouilles des moutons morts de maladie, de telle sorte que celui-ci fût intéressé à ce qu'il en pérît beaucoup. Un tel mode de contrat constitue une excitation permanente à la malhonnêteté. Il est par cela même immoral. On ne saurait trop le blâmer, à tous les points de vue. Le choix ne peut être posé qu'entre la stipulation d'un salaire fixe, sans aucun accessoire éventuel, et celle d'un intérêt dans les bénéfices produits par le troupeau, joint à ce même salaire.

Weckherlin examine à cet égard trois procédés, d'après lesquels ce qu'il appelle des récompenses extraordinaires peut être attribué. L'idée et le mot qui l'exprime ne sont pas tout à fait justes, à mon sens; ils laissent aussi trop de prise aux appréciations. Dans l'état des rapports entre propriétaires ou entrepreneurs et salariés, il convient d'éviter le plus possible les causes de dissentiment. Si le berger doit être intéressé pécuniairement à la prospérité du troupeau, le mieux est que ce soit en vertu d'un droit précis et bien déterminé.

Quoi qu'il en soit, voici d'après quelles bases les gratifications accordées aux bergers qui pouvaient montrer le plus de jeunes animaux en bon état étaient calculées à Hohenheim, lorsque Weckherlin dirigeait l'établissement : « On pouvait établir, dit-il, qu'en moyenne 350 brebis seraient admises à la monte — de ce chiffre on obtient en moyenne 90 pour 100 d'agneaux, soit 315. Jusqu'à l'âge d'un an, il y a perte de 5 pour 100; il reste donc environ 300. — Par un entretien ordinaire, on peut admettre qu'il y en a 16 pour 100 qui prospèrent moins bien : il en reste de bons environ 252. — On suppose ensuite que par un entretien négligé, il y en aurait 8 autres pour 100 qui réussiraient moins bien : reste 232.

« Par un entretien bien soigné, au contraire, on peut espérer que des 16 pour 100, on en fera encore bien réussir la moitié, ou 8 pour 100. Il s'agit donc de voir si le berger, à la fin de la première année, produira des antenois de peu de valeur au nombre de 29 pour 100, c'est-à-dire 5 + 16 + 8, ou de 13 pour 100 seulement, savoir de 5 + 8 ; en d'autres termes, si, des brebis admises à la monte, il pourra montrer 77 ou seulement 61 pour 100 de bons antenois.

« C'est en prenant ce calcul pour base et en tenant compte des résultats des récompenses extraordinaires accordées auparavant, qu'il a été décidé que tous les bergers recevraient à part égale une récompense extraordinaire pour chaque tête d'antenois, bélier, brebis, mouton, que sur 100 brebis admises à la monte ils pouvaient montrer au delà de 60, avec un développement corporel convenable (1). »

Il paraît plus simple, plus efficace, et plus conforme aux nouvelles idées sur le droit, de stipuler en faveur du berger un tant pour cent sur tous les produits de la spéculation, au moment de leur vente, agneaux, brebis pleines, moutons gras, béliers ou toisons. Cela ne laisse rien à l'arbitraire et coupe court à toute récrimination. Le berger, relevé à ses propres yeux en devenant associé en même temps que salarié, acquiert en outre plus d'autorité sur ses aides, qu'il surveille et dirige avec d'autant plus d'activité qu'il s'agit, au demeurant, autant de ses intérêts propres que de ceux du propriétaire du troupeau.

(1) *Traité des bêtes ovines*, loc. cit., p. 380.

La solidarité bien évidente de ces mêmes intérêts, engendre ainsi l'estime et l'affection réciproques, dont l'effet économique n'a pas plus besoin d'être démontré que l'effet moral.

Le chien. — Dans l'espèce si remarquablement intelligente du chien, si fidèle à l'amitié, si dévouée, si bien douée, en un mot, des qualités morales que nous estimons le plus haut dans notre espèce, le chien de berger occupe un des rangs les plus distingués. Pour maintenir l'ordre dans la troupe laineuse au pâturage et réprimer les écarts des vagabonds, stimuler les traînards, il est un auxiliaire précieux. Quiconque l'a vu, se promenant le long de la ligne à garder, ou assis sur un point qui la domine, surveillant de l'œil les mouvements de la gent confiée à sa vigilance, prêt à s'élancer sur le délinquant; quiconque l'a vu, dis-je, accomplir ainsi sa fonction de police, que le troupeau soit arrêté dans un pâturage ou en marche le long d'un chemin, ne pourra manquer de réformer pour son propre usage l'opinion psychologique qui refuse la faculté de former des idées, d'élaborer des raisonnements, de déterminer des actions en vertu d'une initiative propre, à tout autre cerveau que le cerveau humain.

Que le chien de berger ait ou non un *moi*, comme disent les psychologues, qu'il connaisse sans se connaître, ou qu'il se connaisse lui-même comme il connaît ses moutons, c'est ce qu'il ne nous a point dit. Admirons seulement l'assurance de ceux qui se croient en mesure de résoudre catégoriquement une pareille question, et bornons-nous à constater qu'il n'y a ni sergent de ville, ni gendarme, ni policeman de Londres ou de New-York, pour maintenir mieux que lui, dans une foule, l'ordre et la tranquillité.

Je parle, bien entendu, de l'élite de la fonction, du

Grav. 71. — *Charmante*, chienne de berger de la Brie ; prix d'honneur de l'exposition universelle des races canines, en 1863.

chien de berger aux aptitudes cultivées par une éducation que j'appellerai de famille, à la fois doux et sévère, soumis au maître dont il est le meilleur ami, le plus fidèle compagnon, dont il prévient les désirs et les ordres, avec une intelligence et un dévouement dont l'humanité ne lui donne l'exemple que bien rarement, hélas! Je parle, en un mot, du chien de la Brie (grav. 71), dont la race est vouée de temps immémorial à cette fonction, devenue pour elle un véritable héritage.

On rencontre de ces chiens-là sur tous les points de la France. Partout ils répondent au nom de *Labrie*, qui a été conservé à leurs familles, comme une sorte de titre de noblesse. Ils apportent en naissant l'aptitude au métier. Ils naissent gardiens de troupeaux comme on naît rôtisseur. Les autres, les mâtins, peuvent le devenir par une éducation soignée; eux se dressent tout seuls.

Ce n'est donc pas pour les griffons de la Brie que nous avons à formuler les préceptes de l'éducation du chien de berger et à indiquer les qualités qu'elle doit développer. En cette matière, ils seraient capables de nous en remontrer; et, à tout prendre, le meilleur instituteur d'un mâtin dont on veut faire un chien de berger, c'est un vieux serviteur de la Brie, plein de ressources et ferré sur toutes les finesses du métier, qui a le mérite, en cas pareil, de pouvoir joindre l'exemple au précepte et de parler au néophyte la langue qu'il comprend le mieux.

J'ignore, pour ma part, s'il existe en quelque lieu des mâtins, gardiens de troupeaux, qui soient exempts des principaux défauts que l'on peut reprocher à un chien de berger. La vérité est que je n'en ai jamais vu. Le moindre des inconvénients que je leur aie trouvés, en tout pays, c'est de faire plus de bruit que de besogne, de s'occuper plus des passants que du troupeau confié à leur garde, d'aboyer sans cesse, pour un oui et pour un non, d'effrayer les moutons, de n'agir que sur l'ordre du berger, quand il leur plaît d'obéir, et de mettre dans l'exécution plus d'impétuosité et de colère que de discernement, de mordre lorsqu'il suffirait de presser un peu les délinquants pour les faire rentrer dans l'ordre, sans déranger la portion paisible de la troupe.

A force d'attention et de persévérance, de caresses, de friandises et de châtiments administrés à propos, on peut cependant enseigner à peu près le métier de chien de berger à quelques individus, parmi les moins mal doués de la race des mâtins; mais il est mieux dans leurs instincts de préserver les moutons contre la dent du loup, que de surveiller leurs incartades. Armés d'un solide collier, pour éviter que la bête fauve ne les étrangle dans les combats qu'elle peut leur livrer lorsqu'elle les trouve en sentinelle, ils remplissent ainsi une fonction mieux en rapport avec le développement moyen de l'intelligence de leur race brutale et guerrière, et tout au moins hargneuse et violente comme tous les gens à petite cervelle.

Administration du troupeau. — L'usage a fait établir des dénominations particulières, pour les diverses catégories d'individus qui composent un troupeau de reproduction. Les mâles en état de féconder les femelles sont appelés *béliers;* celles-ci sont des *brebis*, dites *portières* lorsqu'elles sont en gestation. Les jeunes, *agneaux* ou *agnelles* jusqu'à l'âge d'un an, deviennent, passé cet âge, *antenois*, *antenais*, ou *antenoises*, *antenaises*, jusqu'au moment où ils ont acquis le développement qui permet de les accoupler.

Les antenois émasculés conservent la désignation spécifique de *moutons*.

Catégories. — La première condition à remplir, dans la

bonne administration, est de séparer ces catégories, dont chacune exige une conduite et des soins particuliers. Embrassant toutes celles qu'un troupeau peut compter, on arrive à établir sept groupes distincts, nécessaires surtout pour la bonne distribution de la nourriture à la bergerie et pour éviter les accouplements hâtifs ou spontanés.

Voici l'indication de ces groupes :

1° Brebis de reproduction ou portières;

2° Femelles de deux ans à préparer pour la prochaine lutte et brebis qui n'ont pu être fécondées lors de la lutte précédente, dans le premier groupe dont elles ont été retirées ;

3° Antenois émasculés de bonne heure et antenoises;

4° Agneaux et agnelles, qu'il est nécessaire de séparer seulement lorsqu'on n'a pas adopté la pratique d'émasculer les mâles de bonne heure;

5° Moutons producteurs de toisons ;

6° Moutons à l'engrais;

7° Enfin, béliers.

La proportion des individus répartis dans chacun de ces groupes varie suivant le genre de la spéculation, et aussi suivant qu'il s'agit de maintenir dans le troupeau un effectif déterminé, ou d'arriver en un temps donné au plus grand accroissément de cet effectif. Weckherlin, qui écrivait surtout en vue des troupeaux de bêtes à laine fine, s'est livré à des calculs sur la mortalité probable, en admettant la réforme de tous les individus âgés de six ans. Il en est résulté que, pour assurer le renouvellement par lui-même d'un troupeau de cent bêtes, il faudrait que ce troupeau fût composé de la manière suivante, les mâles et les femelles étant en égale proportion :

De 0 à 1 an....................	19.05
De 1 à 2 ans.................	17.33
De 2 à 3 ans	16.64
De 3 à 4 ans...................	16.14
De 4 à 5 ans...................	15.66
De 5 à 6 ans...................	15.18
Total...........	100.00

Ces bases peuvent être admises, sauf à les corriger ensuite par l'expérience, dans chaque situation particulière.

Marque. — Il est des cas dans lesquels il y a lieu d'adopter une marque spéciale, qui puisse servir à distinguer les individus appartenant au troupeau, de ceux des troupeaux voisins. Il est bon de ne s'y astreindre qu'en présence d'une nécessité bien démontrée, surtout lorsqu'il s'agit de bêtes à toison précieuse; car la marque, appliquée sur celle-ci, et qu'il faut préférer autant que possible indélébile, l'altère toujours plus ou moins.

Numérotage. — Mais il en est autrement de la marque individuelle, consistant en un numérotage en chiffres, facilement applicable à l'aide d'instruments de tatouage inventés à cet effet, ou bien en signes de convention, crans ou trous pratiqués à l'emporte-pièce. Ce numérotage, pour lequel les oreilles sont les meilleures places, permet d'établir un registre matricule du troupeau, sur lequel sont consignées toutes les observations relatives à chaque individu.

Le numérotage en chiffres tatoués serait certainement préférable s'il existait des instruments peu coûteux et faciles à manier pour l'exécuter. En l'absence de ces instruments, il faut se contenter des crans et des trous, avec leur valeur de convention. A Alfort, on avait adopté une clef qui permettait d'atteindre jusqu'au nombre 9,999. On peut la prendre pour modèle. Dans cette clef, les crans d'unités sont marqués au bord antérieur de l'oreille gauche; ceux des dizaines, au bord antérieur de la droite; ceux des centaines, au bord postérieur de la gauche; ceux des mille, au bord postérieur de la droite; à la pointe de l'oreille gauche, un cran vaut cinq; à celle de la droite, il vaut cinquante; un trou dans la conque gauche, vaut cinq cents; dans la droite, il vaut cinq mille. Il est facile de compter qu'avec neuf crans à chaque oreille, plus un trou, l'on arrive au nombre indiqué plus haut, qui peut être décomposé depuis 1 jusqu'à 9,999.

Il est utile d'adopter, dans l'opération, des séries correspondant aux diverses catégories du troupeau, en laissant vacants dans chaque série, jusqu'à son épuisement, les numéros dont les titulaires disparaissent par une cause quelconque. Cela facilite la mémoire et rend moins nécessaire d'avoir recours au registre matricule.

Registre matricule. — L'usage de celui-ci ne saurait être trop recommandé. Dans les entreprises zootechniques, l'ordre des opérations, la comptabilité régulière, l'enregistrement de tous les faits capables d'éclairer leur marche, sont toujours des conditions de succès.

Le minimum des objets sur lesquels il convient de recueillir des notes précises et exactes, pour chaque individu d'un troupeau, se réduit à quinze; le registre doit donc contenir, à la page qui lui est consacrée sous son numéro, au moins autant de colonnes. Ces objets sont les suivants : 1° le numéro matricule; 2° la race; 3° le sexe; 4° la date de la naissance; 5° la date de l'immatriculation; 6° le poids de l'animal à cette date; 7° les indications relatives à l'ascendance, jusqu'aux premières générations connues, en notant les mérites de chaque ascendant des deux lignes, à moins qu'on ne puisse référer à des sujets mmatriculés déjà ; 8° les caractères de la laine; 9° la date e la tonte ; 10° le poids de la toison, lavée à dos ou en uint ; 11° la date de la saillie ou lutte, et celle de l'agne- age pour les brebis ; 12° le numéro du bélier qui l'a ffectuée ; 13° la date de la sortie par mortalité, réforme u abatage ; 14° le rendement, dans le dernier cas ; 5° enfin les diverses circonstances de santé ou les parti- ularités de développement qui peuvent se présenter, au ujet desquelles, dans chaque situation, mieux vaut encore uvrir des colonnes spéciales.

Le moment d'immatriculer les agneaux est nécessaire- nent indiqué par celui de la possibilité du numérotage. ce compte, il n'arrive guère avant le sevrage, et c'est lors, du reste, que le sujet prend une existence indépen- ante.

Lutte. — Ce qui concerne, dans la conduite des trou- eaux, l'opération de la lutte proprement dite, ou de l'ac- ouplement, est du ressort de l'hygiène. A ce point de ue, le sujet a été traité déjà (1). Un seul point appartient la zootechnie, c'est celui du choix de l'époque à laquelle l convient le mieux de l'effectuer, les instincts naturels ouvant en cela se plier à nos convenances économiques articulières. Cette époque est commandée par celle de 'agnelage le plus profitable. Les brebis mettent bas, omme on sait, cinq mois après leur fécondation. Nous vons donc à rechercher d'abord en quelle saison il est lus avantageux que l'agnelage se produise.

L'*agnelage de printemps*, la lutte ayant lieu à la fin de eptembre et dans le courant d'octobre, est le plus ordi- aire ; mais il est condamné par tous les éleveurs compé-

(1) Voy. *Hygiène*, ch. VIII, p. 354 et 363.

tents. Il n'a pour lui que d'être naturel. Ce n'est pas un mérite suffisant, aux yeux du zootechniste. Passons donc.

L'*agnelage d'hiver*, qui nécessite d'avancer le moment de la lutte entre la fin de juillet et le commencement de septembre, de façon à ce qu'elle s'effectue dans le courant d'août, par conséquent, et que les naissances aient lieu en janvier, offre deux avantages considérables, qui l'ont fait adopter par les meilleurs éleveurs de mérinos.

Premièrement, il se produit à une époque où la surveillance des brebis est rendue plus facile par leur présence à la bergerie et par le nombre moindre des travaux urgents de la ferme. Secondement, les agneaux atteignent leur développement à une époque de l'année plus favorable, et ils sont déjà grands lorsque vient la saison du pâturage. A tous égards, c'est gagner du temps, la chose précieuse par excellence. En janvier, toutefois, les agneaux exigent plus de soins qu'au printemps ; il faut les préserver du froid et bien nourrir les mères à la bergerie; mais la rémunération de ces soins est largement trouvée dans la plus grande valeur des agneaux hâtifs.

Weckherlin recommande fortement l'*agnelage d'été*, qu'il préconise en se fondant sur la plus-value des toisons obtenues, en 1841, sur un lot d'agneaux nés dans les mois de juillet et d'août. Des comptes établis par lui, il résulte que pour une quantité d'aliments équivalente en foin à 100 quintaux, on a réalisé pour une valeur de 81 florins en laine, dans l'agnelage d'été, tandis que le rendement n'a été que de 65 florins, dans l'agnelage d'hiver.

S'il ne s'agissait que de la production des laines fines, peut-être y aurait-il lieu d'examiner de plus près les calculs de Weckherlin ; mais les avantages de l'agnelage l'hiver sont trop évidents pour la production de la viande, qui domine chez nous toute la question, pour qu'il y ait ieu de mettre en balance la méthode nouvelle préconisée ar l'auteur allemand. Nos meilleurs éleveurs tendent à aire avancer le plus possible l'époque de la lutte d'été, fin d'avoir leurs agneaux plus tôt en hiver. Les résultats le leur comptabilité indiquent qu'ils ont parfaitement raion. C'est qu'ils ne comparent pas seulement, comme Veckherlin, la valeur de la laine produite à la nourriture onsommée : ils savent que celle-ci se paye toujours par 'accroissement du poids vif des animaux devant donner lus tard de la viande.

Amputation de la queue. — La queue, chez le mouon, est un appendice inutile économiquement. Elle ne lonne qu'une laine très-inférieure; elle se charge d'excréments, de boue, et devient gênante chez les brebis partiulièrement, au moment de la lutte. C'est donc une ratique nécessaire de l'amputer, comme cela se fait lepuis longtemps sur les mérinos et sur les races anglaies en général.

L'amputation doit être effectuée chez les agneaux de quinze jours à trois semaines. C'est une opération des lus simples. Avec des ciseaux ou un couteau l'on enlève, ntre deux coccygiens, tout ce qui excède la longueur nécessaire pour que l'anus et la vulve, chez les femelles, lemeurent couverts. Il n'y a qu'une hémorrhagie insigniiante, et la plaie se cicatrise ensuite toute seule sans ucun accident.

Émasculation. — Pour les individus mâles du troueau qui ne doivent pas devenir des béliers, le mieux est le pratiquer l'émasculation lorsqu'ils sont encore à l'état l'agneaux. Les raisons que nous avons fait valoir en faveur de l'émasculation hâtive, à propos de l'espèce bovine (p. 281), s'appliquent également à celle du mouton.

Il en est de même pour le choix de la méthode. Ici encore l'ablation des testicules est préférable à leur atrophie plus ou moins complète, telle que la procure le bistournage, pourtant le plus souvent usité. Et parmi les procédés de castration, les meilleurs sont ceux qui ne comportent point l'emploi de l'instrument tranchant.

Récolte de la laine. — La toison du mouton est récoltée chaque année à une époque et par des procédés que nous examinerons tout à l'heure. Outre qu'il s'agit de tirer parti d'un produit, l'opération de la tonte exerce sur la santé de l'animal une influence favorable, surtout chez les sujets où la laine abondante, tassée et aglutinée à son extrémité libre par le suint concrété, met obstacle durant l'été aux fonctions si importantes de la peau.

On s'est posé les questions de savoir s'il ne serait pas plus avantageux de ne tondre les moutons que tous les deux ans ou de les tondre deux fois par an. L'expérience a démontré que, dans le premier cas, la quantité de la laine récoltée subissait une diminution très-sensible, la pousse de la seconde année étant bien inférieure en longueur et en qualité à celle de la première. Quant à la double tonte, ce sont les besoins de l'industrie qui commandent d'y renoncer. Les laines propres au peignage sont les plus recherchées. Une pousse de six mois, si active qu'elle soit, ne peut en fournir.

C'est donc la tonte annuelle qui est, à tous égards, la plus avantageuse. Elle est, du reste, universellement pratiquée. Les usages du commerce ont imposé certaines habitudes auxquelles il faut bien se conformer. Celui-ci, dans quelques régions, achète les laines dites *en suint*, c'est-à-dire les toisons brutes; dans d'autres, il préfère les toisons qui ont subi un lavage avant la tonte. L'opération porte le nom de lavage à dos. Il faut d'abord nous en occuper.

Lavage à dos. — Plus les toisons offertes au commerce sont propres, meilleur est le parti qu'en tire le vendeur. On se figure souvent qu'une surabondance de suint mêlé d'impuretés, qui augmente beaucoup le poids brut, tourne à bénéfice. C'est une profonde erreur. L'acheteur, dans son appréciation du poids net probable, défalque toujours plutôt au delà qu'en deçà de la réalité. Il vaut donc mieux livrer toujours des toisons très-propres. Leur valeur s'en trouve augmentée dans une proportion qui dépasse de beaucoup celle des frais de main-d'œuvre occasionnés par le lavage à dos. L'écart, entre le prix des laines en suint et celui des laines lavées, est constamment plus du simple au double. Or, la toison ne perd jamais, au lavage, plus de 50 pour 100 de son poids. En consultant les mercuriales, on trouve que l'opération procure un bénéfice absolu qui ne descend jamais au-dessous de 5 centimes par kilogramme net, et qui va souvent jusqu'au delà de 40 centimes. Il n'y a pas de procédé de lavage qui coûte cela.

Les eaux ne sont pas toutes également propres à l'opération. Dures et séléniteuses, elles durcissent le suint et ne l'entraînent qu'imparfaitement. Une eau douce, claire, qu'elle soit courante ou non, est la plus convenable, pourvu qu'elle soit exposée au soleil, car sa température est à considérer, autant pour la santé du mouton que pour son effet sur le suint. Trop froide, elle le durcit. Le mieux est qu'elle marque environ 20 degrés au thermomètre centigrade.

Lorsqu'on dispose d'un cours d'eau d'une profondeur suffisante, voici la meilleure manière de procéder au lavage à dos (grav. 72). On y fait d'abord nager les moutons à

Grav. 72. — Lavage à dos des toisons dans l'eau courante.

plusieurs reprises, afin de débarrasser leur toison des plus grosses impuretés et de ramollir le suint. Ils sont ensuite placés sur le bord, dans un petit parc, puis repris un à un, en commençant par les premiers trempés. Deux hommes reçoivent dans le courant chaque mouton; ils l'y plongent en le retournant dans différents sens et frottent

Grav. 73. — Lavage à dos des toisons dans une baignoire.

fortement la laine avec leurs mains sur toutes les parties de la toison. Le lavage est achevé lorsqu'en pressant celle-ci l'on n'en fait plus sortir que de l'eau claire. En l'absence d'eau courante, on est obligé d'avoir recours à des cuves ou à des baignoires dans le genre de celle que nous représentons ici (grav. 73).

Grav. 74. — Premier temps de la tonte du mouton.

Pour opérer le lavage à dos, il faut, bien entendu, choisir une belle journée d'été, placer les moutons sortant de l'eau sur un gazon, loin de la poussière, des rayons trop ardents du soleil ou d'un vent sec. Une dessiccation trop rapide rendrait la laine dure et cassante, et lui ferait perdre tout au moins de son moelleux. Il faut deux ou trois jours, dans des conditions convenables, pour qu'elle soit complète. On peut procéder à la tonte lorsque la laine

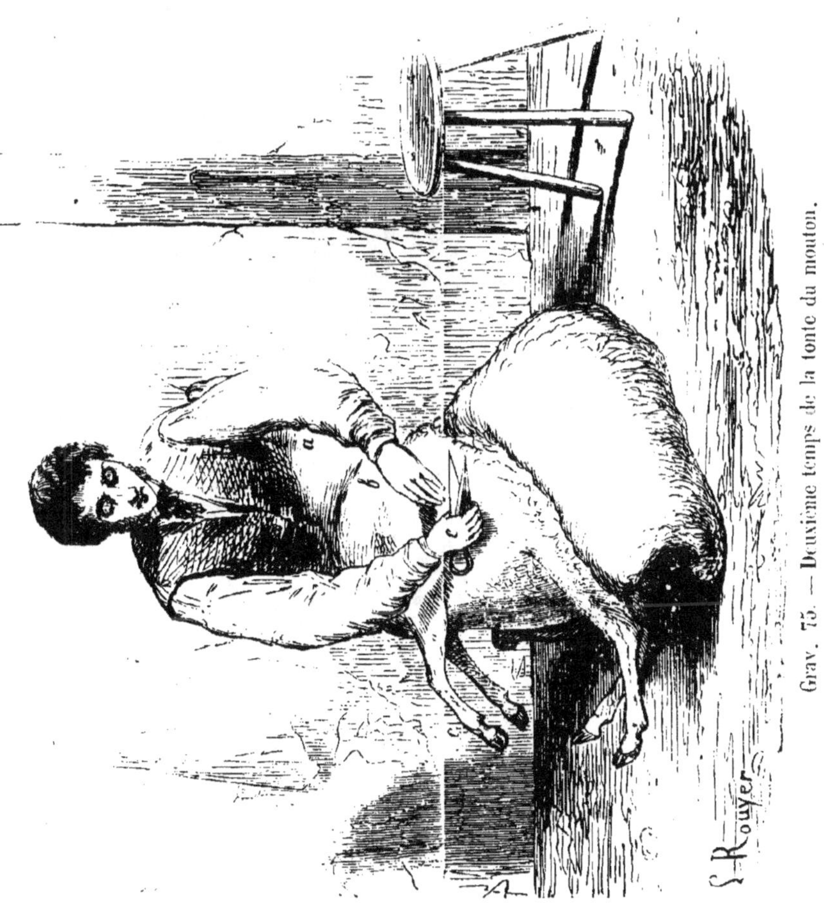

Grav. 75. — Deuxième temps de la tonte du mouton.

n'est plus humide sur le cou et au poitrail. C'est un signe certain qu'elle est assez sèche partout ailleurs.

Tonte. — En général, les moutons sont tondus en mai et en juin. L'opération se pratique avec des ciseaux ou des forces, l'animal ayant les quatre membres réunis par un lien, ou libre, couché sur le sol (grav. 74, 75, 76), ou sur une table afin que le tondeur ou la tondeuse puisse rester debout. Un peintre de l'école réaliste (que

Grav. 76. — Troisième et dernier temps de la tonte du mouton.

l'on pourrait appeler peut-être plus exactement, dans son exagération, l'école du laid et du trivial en peinture), Millet, nous a représenté sa tondeuse de moutons dans cette attitude, qui est en réalité préférable.

Nous n'avons rien à dire sur l'exécution de la tonte, si ce n'est que, pour être bonne, elle ne doit laisser aucune inégalité sur aucun point du corps, et que toutes les parties de la toison enlevée se doivent bien tenir agrégées ensemble, sans lacune ni déchirure. Il va de soi que les blessures seront épargnées à la peau du mouton. La production ultérieure de la laine y est autant intéressée que la propre sensibilité du mouton.

Grav. 77. — Femme roulant une toison.

Préparation des toisons. — C'est un principe, en industrie, qu'il faut parer sa marchandise de manière à ce qu'elle puisse être présentée à l'acheteur dans les meilleures conditions. Il conviendrait donc, dans la préparation des toisons pour la vente; de commencer par opérer un triage des diverses qualités de laine que chacune d'elles contient nécessairement, d'après les bases qui ont été indiquées à propos de l'appréciation générale des laines.

Lorsqu'on vend la toison entière et telle que le mouton l'a donnée, l'acheteur exagère toujours la proportion de laine inférieure qu'elle contient. Une marchandise homogène acquiert sur le maché le maximum de sa valeur.

La toison ainsi triée est étendue sur une table (grav. 77), la face de la tonte en bas, ses bords repliés en dedans, puis roulée dans le sens de sa longueur, pour en faire un paquet cylindrique et régulier (grav. 78), qui est ensuite lié avec une corde solide, mais aussi peu grosse que possible.

Grav. 78. — Toison roulée et attachée.

Il vaut toujours mieux présenter à la vente des toisons séparées de cette façon, que d'en réunir plusieurs en un seul paquet. L'acheteur pouvant les apprécier avec plus de certitude les paye davantage. C'est alors qu'il convient de les peser et d'inscrire leur poids sur le registre matricule au compte de chaque individu.

Si la vente ne peut être effectuée aussitôt après la tonte, il convient de conserver les toisons dans un local modérément sec et à l'abri du soleil. Elles perdent une partie de leur poids, dans le premier mois qui suit. On doit donc tenir compte de la diminution dans la fixation du prix de chaque kilogramme à vendre.

CHAPITRE VI

DE L'ENGRAISSEMENT DANS L'ESPÈCE DU MOUTON

Procédés d'engraissement. — Dans l'espèce du mouton, les procédés usités pour amener les animaux à l'état d'embonpoint qui permet d'en tirer le meilleur parti sur les marchés d'approvisionnement de la boucherie, ne diffèrent point au fond de ceux qui ont été précédemment indiqués pour l'espèce bovine. Bornons-nous donc à y renvoyer le lecteur, en signalant seulement les particularités de l'opération.

Conditions économiques. — L'engraissement des moutons, dans des conditions favorables, est sans contredit la plus profitable des spéculations zootechniques. Nous ne nous livrerons point à des calculs pour le démontrer. Les ouvrages sur l'économie du bétail sont remplis, à cet égard, de comptes dont les meilleurs, je ne crains pas de l'avancer, ne valent pas grand'chose.

Il s'est formé chez nous, il y a une trentaine d'années, une école de comptabilité agricole en quelque sorte quintescenciée, qui, à l'aide de formules absolues supposées exactes et de tables d'équivalents, a si bien établi les prix de revient des denrées, qu'on ne s'y reconnaît plus du tout. Avec l'intention formelle d'apporter la lumière, elle n'a réussi qu'à épaissir l'obscurité. Tandis que les engraisseurs de bœufs et de moutons, par exemple, s'enrichissent tout bêtement, les adeptes de cette école se font forts de vous démontrer par principes qu'ils ne peuvent faire autrement que de perdre sur leurs opérations. Dans leurs comptes, les frais de production balancent toujours au moins le prix de vente du produit. Ce qui n'a pas empêché la richesse agricole d'aller toujours croissant, sans qu'ils aient eu l'idée de supposer, toutefois, qu'il pourrait bien y avoir un vice dans leur méthode de calcul.

Nous avons déjà signalé ce vice à propos de l'engraissement des bœufs ; nous n'y insisterons pas. Remarquons seulement, encore ici, que la transformation des fourrages en viande, des matières végétales en matières animales, outre qu'elle est une nécessité fondamentale des harmonies économiques d'une exploitation rurale, ne peut qu'accroître leur valeur, lorsqu'elle est conduite d'après les principes de la science et suivant les règles d'une pratique éclairée. C'est ce qu'une comptabilité réelle et non basée sur de pures fictions démontre dans tous les cas. Les principes, nous les avons posés; il ne reste qu'à signaler les règles pour ce qui concerne les moutons.

Choix des bêtes d'engrais. — Nous n'avons pas à nous occuper de la conformation. Le type du mouton de boucherie par excellence, à cet égard, a été décrit (p. 308).

L'aptitude comparative, par rapport à la race, au sexe et à l'âge, doit seule nous arrêter.

L'étude des rendements constatés dans les concours d'animaux gras va nous fournir, dans ce cas comme dans celui du bœuf, des indications utiles. Ces rendements ont été relevés pour les concours de 1844 à 1852. On peut donc avoir une certaine confiance en les moyennes qu'ils représentent. Voici les chiffres et les races ou leurs métis qui s'y rapportent :

Ayant rendu entre	68 et 69	p. 100	du poids vif :	dishley.
—	64 et 65	—	—	larzac; charmoise; champenois.
—	62 et 63	—	—	gascons.
—	61 et 62	—	—	dishley-mérinos.
—	60 et 61	—	—	mérinos; southdown-berrichons.
—	57 et 58	—		poitevins; dishley-flamands.
—	56 et 57	—	—	vendéens; flamands.
—	55 et 56	—	—	landais; périgourdins; agenais; charolais
—	53 et 54	—	—	southdowns; anglo-mérinos (?)
—	52 et 53	—	—	berrichons.
—	51 et 52	—	—	dishley-berrichons.

Ces indications ne sont que comparatives, bien entendu. Elles n'ont pas une valeur absolue. Elles doivent être corrigées surtout par la considération relative à la qualité de la viande, classée ainsi qu'il suit par Baudement :

Berrichons, charmoises, southdowns, dishley-mérinos, cotteswold-berrichons, dishley-flamands de l'Artois, dishley-berrichons, mérinos.

Les autres n'ont pas été appréciés. En tenant compte des facilités de la situation pour le choix des bêtes à engraisser, les deux éléments combinés fournissent le moyen de tirer le meilleur parti possible dés aliments à faire consommer.

Sous le rapport du sexe, il est admis que les agnelles profitent mieux de la nourriture que les agneaux; quant aux antenoises, rien ne permet de dire si elles valent plus ou moins pour l'engrais que les moutons. Il va de soi que les vieilles brebis qui ont porté sont inférieures. On ne les choisit pas, on les engraisse après leur réforme, pour s'en défaire plus avantageusement.

« En comparant l'une à l'autre les deux grandes classes de moutons français et de moutons anglais ou croisés, on trouve que la moyenne de qualité est inférieure dans la première de ces classes, soit qu'on considère les animaux au-dessous de dix-huit mois, soit qu'on prenne ceux qui ont dépassé cet âge.

« Pour l'une et l'autre classe, les moutons les plus âgés, c'est-à-dire ceux qui ont atteint ou dépassé deux ans, ont une qualité supérieure à celle des moutons les plus jeunes. Il y a moins d'écart dans les nombres qui représentent cette qualité des deux catégories, pour la classe des moutons anglais ou croisés, en d'autres termes, cette classe se montre plus précoce et d'une qualité plus uniforme (1). »

Le savant auteur de ces remarques a raisonné d'après ce qu'il avait pu constater, et elles sont justes en général. On comprend qu'il ait, avant de les formuler, dénié à la race mérinos la faculté d'atteindre à la précocité. « Si nous en jugeons, a-t-il écrit, d'après les faits qui ont passé sous nos yeux, il semble qu'on doive, pour aujourd'hui du moins, renoncer à demander la précocité à la race mérine, qui ne possède même pas une qualité suffisante à l'âge adulte. » Les mérinos précoces, en effet, n'ont jamais encore été exposés à Poissy. S'il les avait connus comme nous, sous les deux rapports de l'aptitude et de la qualité de viande, son jugement en eût été certainement réformé.

Degré de l'engraissement. — Autant pour la qualité de la viande que pour le résultat économique de l'opération, il convient de ne point pousser les animaux jusqu'à cet état que l'on appelle le fin-gras. Dans les derniers moments, le poids acquis ne paye plus les frais. Dans un engraissement expérimental effectué à Grand-Jouan, M. Cha-

(1) ÉMILE BAUDEMENT, *Livre de la ferme*, t. Ier, p. 938.

zely a calculé qu'il fallait dans ce cas dépenser 1 fr. 45 c. de nourriture pour obtenir 1 kilogr. de poids, qui ne peut être alors que de la graisse ou du suif d'une valeur bien inférieure. Le plus avantageux est d'arrêter l'opération lorsque les animaux n'augmentent plus que faiblement, ce que l'usage de la bascule, préférable à toute autre pratique et facile à employer pour les moutons, révèle d'une manière certaine.

Dans des conditions moyennes, le résultat est obtenu généralement au bout d'une période de 90 jours, en supposant les moutons communs et seulement en bon état de chair au commencement de l'opération. Les sujets précoces s'engraissent pour ainsi dire normalement, lorsqu'arrive l'âge de leur maturité, et sans de bien grands changements dans le régime ordinaire du troupeau. C'est ce qui constitue un de leurs principaux avantages.

Engraissement des agneaux.— L'expression ne convient peut-être pas tout à fait, appliquée aux jeunes animaux de l'espèce ovine; il s'agit en effet plus de leur faire acquérir en peu de temps le développement qui permet de les livrer à la consommation, que de les engraisser. Au point de vue de l'hygiène publique, c'est une spéculation qu'il est désirable de voir plutôt se restreindre que s'étendre, car la viande d'agneau ne jouit pas de propriétés nutritives bien remarquables.

Quoi qu'il en soit, tant que cette viande sera demandée, les éleveurs devront la produire, et cela dans les meilleures conditions économiques.

La production des agneaux gras est commandée dans deux cas : ou bien au voisinage des grandes villes, dans lesquelles la consommation est considérable; ou lorsque les brebis sont exploitées principalement pour la fabrication des fromages. Il y a encore, par exception, le cas dans lequel les mères font ordinairement deux agneaux, dont un doit leur être enlevé le plus tôt possible. Dans la pratique, cette circonstance se confond avec la précédente, et il s'agit alors de sevrer les jeunes le plus tôt possible et de les nourrir artificiellement, comme nous l'avons indiqué pour les veaux (p. 288). Il n'y a rien à cet égard qui soit particulier aux agneaux. Alimentés avec soin, ils sont ordinairement en état d'être vendus vers la dixième semaine de leur vie.

Lorsque la production des agneaux pour la boucherie est la spéculation principale, ce qui suppose une culture intensive, le premier soin doit être de choisir une race précoce et présentant un certain développement, afin d'en obtenir des agneaux lourds. La spéculation peut consister à mener de front l'engraissement des mères de la race locale, et alors les agneaux doivent être des métis d'une race plus avancée.

Supposons des brebis berrichonnes, solognotes ou autres. Saillies par des béliers southdown ou leicester, par exemple, elles sont abondamment nourries avant l'agnelage d'hiver et après, avec du regain et des racines ; ainsi traitées, elles ont beaucoup de lait ; en mars ou en avril au plus tard, les agneaux sont gras et peuvent être vendus. Dès qu'elles ont tari, les mères, que l'allaitement n'a point épuisées dans ces conditions, sont en bon état et s'engraissent ensuite facilement.

Engraissement des moutons. — Ainsi que nous l'avons dit, les moutons s'engraissent, comme les bœufs, par trois procédés. Toutefois, l'engraissement au pâturage ne s'effectue pas en général dans des conditions identiques.

Les herbagers de la Normandie et de la Nièvre font achever par des moutons à l'engrais les restes laissés par les animaux de l'espèce bovine, qui ne tondent pas les prairies de manière à ce que les moutons n'y puissent encore trouver de quoi se livrer à d'abondants festins; mais ceci est exceptionnel. Dans le plus grand nombre des cas, ce sont les terres en friche ou les chaumes qui contribuent pour la plus forte part à l'engraissement des troupeaux. L'art consiste à graduer la consommation des pâturages, à les faire alterner de manière à stimuler l'appétit des consommateurs, à les conduire d'abord sur les plus éloignés et les moins riches, puis à les pousser sur les regains et sur les chaumes de blé, où ils trouvent les épis oubliés.

Ce mode d'engraissement donne rarement des animaux très-gras; mais, bien conduit, il n'en est pas moins l'un des plus économiques et celui qui fournit la viande la plus estimée, surtout lorsque, comme en Bretagne, il s'effectue sur des pâturages un peu salés, et même seulement salubres, comme dans le Berry, les Ardennes et ailleurs.

L'engraissement à la bergerie, qui ne diffère en rien de celui des bœufs à l'étable (p. 293), laisse à désirer autant sous le rapport de la qualité de la viande que par ses résultats économiques, à moins qu'il ne s'agisse d'animaux précoces, nourris de lupin et de farine de maïs, qui communiquent à la viande une saveur agréable. En somme, ce qu'il y a de mieux à faire c'est de le combiner avec le premier, de faire arriver les animaux en bon état au pâturage, puis d'achever l'engraissement par des rations spéciales, racines, pulpes, fourrages hachés, tourteaux et farineux, assaisonnés d'un peu de sel, suivant les principes que nous avons posés en hygiène. Cela diminue de beaucoup le prix de revient.

C'est ici le lieu d'insister, toutefois, sur l'influence encore assez mal appréciée qu'exerce sur le goût de la viande de mouton et sur ses propriétés comestibles en général, la nature des aliments dont se composent les rations d'engraissement. L'art de l'engraisseur ne consiste pas seulement à faire accumuler de la graisse. Il doit autant viser à la qualité de produit qu'à sa quantité. C'est surtout lorsqu'il s'agit des animaux précoces, et particulièrement de ceux des races anglaises ou de leur métis, que la considération est importante. Ces animaux, en effet, ont en général la viande un peu fade, et il en est ainsi même pour plusieurs de nos races françaises, que nous avons d'ailleurs signalées. Dans ces cas, des rations composées de lupin ou d'un autre fourrage aromatique et de farine de maïs, hâtent la maturité de la chair et lui communiquent plus de saveur. M. de Béhague nous a fait déguster un gigot de métis southdown-berrichon, nourri ainsi, qui a donné un jus très-rouge, de la viande mûre et très-savoureuse, bien que l'animal eût été tué à l'âge de dix mois seulement et qu'aucune de ses épiphyses ne fût soudée.

LIVRE II

CHÈVRE (O. capra)

CHAPITRE PREMIER

CARACTÈRES SPÉCIFIQUES ET ORIGINES

Caractères spécifiques. — Nous avons fait connaître la caractéristique de l'espèce des chèvres, en discutant celle des moutons, pour montrer que l'une et l'autre appartiennent au même genre naturel. Pour éviter une répétition inutile, il convient donc d'y renvoyer purement et simplement.

Origines. — On a vu Isidore Geoffroy Saint-Hilaire avouer son embarras pour indiquer la souche primitive des races de moutons, qu'il croyait unique. « La question, dit-il, est moins obscure à l'égard des chèvres. Nos races caprines descendent certainement, au moins en grande partie, de la *capra ægagrus*, des montagnes de la Perse et de l'Asie mineure ; ce que Güldenstædt, Pallas, et, d'après Pallas, Cuvier, avaient déjà admis et rendu très-vraisemblable ; et ce que M. Brandt a achevé de démontrer dans un mémoire spécial, où il indique en même temps, comme seconde souche, la *capra Falconeri*, des montagnes de l'Inde. Grâce à la diversité très-caractéristique des cornes dans les espèces sauvages, il y a des éléments de détermination qui circonscrivent du moins les incertitudes dans un champ très-étroit. Les cornes, comprimées, carénées, chez l'égagre et la *capra Falconeri*, ont au contraire, chez les autres bouquetins, leur face antérieure élargie, ordinairement avec des bourrelets transversaux : deux types non-seulement différents, mais opposés. C'est ce dernier que présentent nos trois bouquetins d'Europe; c'est le premier que reproduisent les chèvres domestiques, souvent avec de semblables courbures. Les caractères ostéologiques, parfois même les couleurs du pelage, rapprochent également les chèvres de l'égagre. C'est donc celui-ci qui est le père de nos races caprines; et s'il n'en était pas le seul père, ce ne serait nullement en Europe, mais dans l'Inde, qu'il faudrait chercher une seconde souche.

« D'où il suit que nous pouvons dire la chèvre, non-seulement d'origine orientale, comme le cochon et le mouton, mais en termes plus précis, d'origine asiatique, comme le cheval, et, ainsi que nous allons le voir, comme le bœuf (1). »

Ce qu'il en est du fondement des argumentations du naturaliste cité, relativement à l'origine orientale de toutes les races bovines, chevalines et ovines, on l'a déjà vu. Les mêmes raisons physiologiques s'opposent, quant aux chèvres, à ce que sa conclusion puisse être acceptée. Ces raisons font une obligation d'admettre également autant de souches originelles distinctes qu'il y a de races caprines, et il est bien certain que le type de l'égagre, pas

(1) *Hist. nat. gén.*, etc., loc. cit., p. 86.

plus que celui de la chèvre de l'Inde, ne se répète point dans notre chèvre d'Europe, dont la souche sauvage a disparu de nos climats, comme celles de plusieurs de nos races de moutons, pour l'unique motif, sans doute, qu'elle était susceptible de domestication.

Cette conclusion, rendue nécessaire par ce que nous savons de la permanence du type naturel, paraîtra en outre plus logique que celle qui ne peut s'appuyer que sur l'idée préconçue et erronée d'une transformation démontrée impossible, ainsi qu'on le verra par la description des types que nous possédons.

CHAPITRE II

FONCTIONS ÉCONOMIQUES ET TYPES DE CONFORMATION

1. Fonctions économiques.

Spécialités de service. — On n'a pas, dans notre pays, une bien juste idée de l'importance économique de la chèvre. Elle n'a jamais encore éveillé la sollicitude officielle, comme celle de tous nos autres animaux domestiques, auxiliaires du travail agricole ou fournissant des éléments de subsistance. Dans les régions élevées de l'agriculture, on traite même l'espèce dont il s'agit ici un peu en ennemie, en lui reprochant son goût naturel pour les jeunes pousses d'arbres ou d'arbustes et ses instincts vagabonds. Pourtant, la statistique porte sa population en France à 1,400,000 têtes, évaluées ensemble à 12 millions

880,000 francs, et produisant un revenu annuel d'environ 8 millions de francs.

Sans nous porter garant de l'exactitude complète de ces chiffres (les statistiques de ce genre sont, hélas! fort sujettes à caution), il est néanmoins permis d'en conclure que la chèvre répond chez nous à des besoins dignes d'attention, et que dans les situations où elle est exploitée, c'est un des animaux les plus productifs que nous ayons.

La chèvre, en effet, dans ces situations, constitue à elle seule à peu près tout le bétail des cultivateurs qui l'entretiennent. Elle dépense peu et elle produit relativement beaucoup. C'est par excellence la laitière des petits ménages. Si elle vit en troupeaux dans les pâturages des Pyrénées, sous la conduite du chévrier béarnais, fournissant aux montagnards des pays basques, d'une sobriété proverbiale, leur principale nourriture, ailleurs, à l'Est et à l'Ouest, dans le Mont-d'Or lyonnais et dans le Poitou, elle est l'objet d'une exploitation principalement individuelle, qui rémunère largement des soins qui lui sont donnés.

Je sais par exemple telle commune de l'arrondissement de Melle, dans les Deux-Sèvres, où les chèvres, presque aussi nombreuses que les habitants, fournissent en moyenne douze litres de lait par semaine, donnant environ 2 kilogrammes d'un fromage fort estimé des amateurs. Dans le Lyonnais, d'après M. Martegoute, le produit est de 2 litres par jour pendant neuf fois, soit 600 litres par an, donnant 578 fromages d'une valeur de 20 cent. chacun. Le compte établi par cet auteur, en recettes et dépenses, se balance par un bénéfice de 42 fr. 50 par tête, non compris le fumier. On ne connaît pas beaucoup de spéculations zootechniques dans lesquelles le capital engagé produise un tel revenu.

La chèvre adulte, non plus que le mâle de l'espèce ou le *bouc*, ne fournit que très-exceptionnellement sa viande à la consommation. Seuls les jeunes, appelés *chevreaux*, *cabris* ou *biquets*, quand ils sont mâles, *chevrettes*, *cabres* ou *biques*, quand ils sont femelles, remplissent cette fonction économique; mais ils tirent leur valeur bien plus de leur peau, précieuse pour la ganterie, que de leur viande en général fort peu estimée.

Certaines races de l'Orient fournissent ce duvet si renommé qui sert à la fabrication des étoffes de cachemire; celles de nos climats n'ont qu'un poil plus ou moins long, mais toujours rude et grossier, qui n'est point récolté et qui ne sert qu'avec la peau, lorsque l'animal en mourant laisse ses dépouilles. Les cornes sont alors utilisées aussi. Il faut ajouter toutefois que les appendices frontaux s'en vont disparaissant chez nos chèvres domestiques.

En somme, les principales fonctions économiques de l'espèce caprine se réduisent à deux : la production des jeunes, qui valent surtout par leur peau, et celle du lait qui, indépendamment de sa transformation en fromages, est aussi une ressource précieuse comme aliment des organisations faibles et maladives.

Il ne faut pas oublier ce mode de la fonction, car il a par un côté quelque chose de touchant, lorsqu'on songe que la fable de la chèvre Amalthée se réalise plus d'une fois sous nos yeux, et que la mamelle généreuse de la gentille bête apporte au sein de nos familles la vie à nos enfants. C'est en outre un spectacle charmant, de voir un troupeau de chèvres aux mamelles pesantes, ayant en tête la plus brave qui porte la sonnette, parcourir les rues de nos villes et s'arrêter sur le seuil de nos demeures, pour nous donner tout chaud leur lait bienfaisant.

2. Types de conformation.

Beautés absolues. — Les fonctions économiques de l'espèce caprine font comprendre aussitôt que la conformation de cette espèce ne peut guère comporter de beautés absolues. Les formes du corps sont en vérité indifférentes pour l'accomplissement de ces fonctions.

Telle est du moins l'opinion générale à leur égard. Personne ne s'en est jusqu'à présent occupé. Toutefois, il est permis d'admettre, ne fût-ce qu'au point de vue de l'étendue de la peau des jeunes, une certaine analogie, à cet égard, entre l'espèce de la chèvre et celle du mouton. Peut-être aussi qu'en faisant arriver, par les méthodes dont nous disposons, la conformation générale des bêtes caprines au point où en est celle de quelques-unes de nos races améliorées de moutons, qui n'en différaient guère à leur état inculte, ce dont témoignent beaucoup de bêtes algériennes, notamment; peut-être, dis-je, cela pourrait-il ajouter aux fonctions économiques de l'espèce, l'aptitude à produire une viande non moins bonne que celle du mouton. Mais alors il faudrait que la chèvre perdît de sa sobriété et cessât d'être la vache du simple travailleur agricole salarié, ce qui ne serait sans doute pas un réel progrès. Ne soyons point trop ambitieux pour elle. Nous la gâterions peut-être en voulant l'améliorer et la sortir de sa condition.

Beautés relatives. — La chèvre vaut par ses mamelles, c'est-à-dire par son aptitude laitière. Ses beautés relatives s'y rapportent donc exclusivement.

On est en vérité peu incité à s'étendre sur un tel sujet, car il y a peu de chances d'être lu par ceux-là qui exploitent des chèvres et qui ont par conséquent à les choisir ou à les reproduire. Disons cependant, pour ne rien négliger, que les caractères spéciaux de la chèvre laitière ne diffèrent point, proportions gardées, de ceux qui permettent de distinguer la vache au même égard. Un arrière-train développé, des hanches écartées, des mamelles souples et volumineuses, aux pis réguliers et bien égaux; une taille élevée, et autant que possible l'absence des cornes qui, pour la fonction, ne sont qu'un vain ornement : voilà ce qu'il faut rechercher.

Ceci s'applique aux chèvres de nos climats. Pour celles de l'extrême Orient, que l'on a tenté d'acclimater chez nous — ce à quoi l'on a parfaitement réussi — il y aurait lieu de s'occuper de la finesse et de l'abondance de leur duvet, qui est en raison de la longueur du poil, ainsi que nous le verrons en décrivant les races auxquelles elles appartiennent.

CHAPITRE III

DES RACES CAPRINES ET DE L'AMÉLIORATION DE LEURS PRODUITS

Classification des races.— L'espèce caprine n'a pas pu être encore suffisamment étudiée, d'après la caractéristique naturelle de la race, pour qu'on soit en mesure de dire si notre population indigène se compose de plusieurs groupes distincts par leurs caractères typiques, ou si ces caractères typiques sont les mêmes partout, dans les Alpes, dans le Lyonnais, dans les Pyrénées et dans le Poitou, principaux lieux de production. On a jusqu'à présent confondu tous ces groupes et les individus détachés qui se rencontrent à peu près partout en France, en donnant aux bêtes qui les composent le nom de chèvres communes.

Nous n'avons pas eu sous les yeux à la fois la représentation exacte d'un nombre suffisant d'individus, pour qu'il nous ait été permis de résoudre la question. En faisant toutes réserves à cet égard, au point de vue de la science pure, nous sommes donc forcés de prendre les choses en leur état. Pour la pratique, cela n'a d'ailleurs pas d'inconvénient que nous puissions apercevoir. Agissons donc comme s'il n'y avait en réalité, parmi les chèvres connues en France, que quatre races : celle des chèvres d'Europe, celles des chèvres d'Asie dont l'acclimatation a été tentée, et celle des chèvres de Nubie ou d'Égypte, dont nous donnerons la description à titre surtout d'argument en faveur de la réforme que nous proposons d'introduire dans la classification de l'ordre des ruminants.

Race d'Europe.— Le groupe des chèvres appelées communes habite exclusivement l'Europe. Les naturalistes, qui en ont fait une espèce sous le nom de *capra hircus*, croient que cette espèce des boucs et des chèvres domestiques dérive de l'égagre ou chèvre sauvage (*C. ægagra*), qui vit sur les montagnes de la Perse.

Il est peu probable qu'une unique race ait ainsi peuplé de si vastes étendues de terrain. Cela n'est pas conforme à ce que nous savons des autres espèces domestiques. Il doit y avoir chez les chèvres communes les deux types crâniens qui se rencontrent chez toutes ces espèces. Quoi

Grav. 79. — Chèvre commune d'Europe, dessinée d'après nature.

qu'il en soit, nous allons décrire celui des chèvres du Poitou, que nous avons pu le mieux étudier (grav. 79).

Caractères typiques. — Crâne brachycéphale; cheville osseuse implantée perpendiculairement, puis un peu courbée en arrière à son extrémité, aplatie et convexe sur l'une de ses faces, très-souvent absente; front large et plat; arcades orbitaires saillantes; face courte, triangulaire, à chanfrein large et un peu déprimé; crête zygomatique effacée; maxillaire inférieur à branches écartées, relevées à angle droit; arcade incisive petite. Sur le vivant, museau fin, lèvres minces, bouche petite; barbe au menton, souvent absente; oreille longue et pendante; cornes, quand elles existent, rugueuses et aplaties, de longueur moyenne, parallèles, dirigées en haut et en arrière, faiblement arquées; œil grand et vif.

Caractères secondaires. — Poil long, roide, pendant, le plus souvent, mais quelquefois court, et même presque ras, présentant les trois couleurs blanche, brune ou noire, séparées ou combinées en diverses proportions pour donner les pelages gris ou pie : en Poitou, de même que dans les Pyrénées, c'est la couleur uniformément brune qui domine ; tête généralement forte ; taille très-variable ; cou long et mince ; poitrail serré ; poitrine étroite et peu profonde ; épaule plate et petite ; garrot saillant et mince ; dos et reins longs et tranchants; hanches écartées; croupe courte et fortement inclinée ; queue courte et relevée ; cuisse mince ; membres longs et forts, très-agiles ; chez la femelle, mamelles allongées, prismatiques, à trayons se continuant avec elles et leur donnant un aspect fourchu ; caractère vagabond ; grande sobriété ; faisant ordinairement deux petits.

Rendement. — Les bonnes laitières du Poitou, qui ne

reçoivent que peu de chose ou rien; hormis ce qu'elles trouvent au pâturage, dans les friches ou les chaumes, donnent en moyenne 10 à 12 litres de lait par semaine, ainsi que nous l'avons déjà dit plus haut. Ce lait, très-sucré, est fort riche en caséum, puisque 6 litres suffisent pour fabriquer un fromage gras et pesant un kilogramme après qu'il a été égoutté et qu'il a subi la fermentation. Dans le Mont-d'Or lyonnais, où les chèvres sont entretenues en stabulation, elles paraissent donner davantage, puisque M. Martegoute a évalué à 2 litres par jour leur rendement en lait pendant neuf mois.

Mode d'élevage. — Les chèvres de race commune se reproduisent sans qu'aucune vue particulière d'amélioration préside à leur reproduction. Là où elles vivent en troupeaux, dans les montagnes, chaque troupeau a son bouc, qui féconde les femelles en liberté, lorsque vient la saison naturelle des amours, auxquelles le mâle est très-ardent.

Chez les petits cultivateurs, qui les entretiennent isolément, elles sont conduites, au moment du rut, au bouc le plus voisin, qui, en Poitou, fait partie d'un troupeau de moutons. Les paysans de la province croient que son odeur particulière a une influence hygiénique sur le troupeau, qu'elle le préserve des maladies ; aussi, peu de troupeaux en sont-ils dépourvus. On y rencontre fréquemment de même une chèvre au moins. Le bouc, quand il est jeune et ardent, surtout lorsqu'il ne s'est pas encore accouplé avec la chèvre, féconde parfois quelques brebis. Il m'est arrivé d'observer ce fait, qui est d'ailleurs acquis à la science.

La chèvre commune ne se trouve bien ni de l'humidité, ni du froid, ni des fortes chaleurs. Abandonnée à ses instincts, elle les fuit. Elle préfère les broussailles, les plantes ligneuses aux herbes les plus tendres. Les plantes succulentes, les légumineuses surtout, la météorisent facilement. Ses goûts naturels la rendent difficile à garder dans les pays fertiles et boisés, où elle est un fléau pour les haies en général, pour les jeunes pousses en particulier. Les gardes champêtres du Poitou, quand ils ne sont pas d'une indulgence excessive, ont fréquemment à verbaliser contre les chevrières pour ce motif.

L'inconvénient n'existe pas dans les pâturages escarpés des montagnes, et il est évité par le régime de la stabulation permanente usité dans le Lyonnais. Là, paraît-il, les chèvres habitent le rez-de-chaussée de la maison du cultivateur, abandonné, du reste, à tout son bétail, dont l'âne — compagnon naturel de la chèvre — fait le plus souvent partie. Elles y reçoivent une nourriture abondante et variée, composée de fourrages de légumineuses, de feuilles de chou, de pampres pressés et fermentés, en hiver, de résidus, de marc de raisin, de racines, de tubercules mêlés de son, de farine, de graines de foin, tout cela délayé avec de l'eau de vaisselle, et distribué presque à chaque heure du jour. Il n'est pas surprenant qu'ainsi traitées elles donnent beaucoup de lait.

Ce qui, à part sa propension au vagabondage et son goût prononcé pour les arbres, rend la chèvre commune un animal si précieux pour la petite culture, c'est la facilité avec laquelle elle s'accommode de tout pour en tirer bon parti. Elle ne mérite vraiment pas l'espèce de réprobation dont elle est l'objet de la part des grands et des moyens propriétaires, car il n'est point juste de faire peser sur elle la responsabilité des dégâts qu'elle peut causer entre des mains peu soucieuses du respect de la propriété d'autrui. Elle n'a pas, en vérité, de rivales, pour payer généreusement les dépenses que son entretien occasionne. On en aura la preuve par le compte suivant, établi par M. Martegoute, pour une chèvrerie du Mont-d'Or, composée de vingt-quatre têtes :

RECETTES		
48 chevreaux (2 par chèvre) à 3 fr. l'un.	144.00	
14,400 litres de lait ou 13,872 fromages (578 par chèvre), à 20 c. l'un. . . .	2.774.40	
Total des recettes	2.918.40	2.918.40
DÉPENSES		
Intérêts et assurance à 10 pour 100 sur 384 fr.	38.40	
Amortissement, 2 fr. 25 par tête. . .	54.00	
Saillies à 50 c. l'une.	12.00	
Nourriture à 3 kil. par tête et par jour, 26,280 kil. à 5 fr. les 100 kil.. . . .	1.314.00	
Salaires, 20 fr. par chèvre	480.00	
Total des dépenses.	1.898.40	1.898.40
Balance en bénéfice		1.020.00

Soit 42 fr. 50 par tête, plus la valeur de l'engrais produit, défalcation faite de celle des litières, qui ne figure pas non plus au compte.

L'entretien des chèvres dans ces conditions présente donc le phénomène inouï, en économie du bétail, d'un capital initial de 20 à 30 fr. (valeur ordinaire de la chèvre) produisant, tous frais d'exploitation largement comptés, un revenu net qui dépassera encore 100 pour 100, quelque réduction qu'on fasse subir aux chiffres des produits indiqués dans le compte ci-dessus.

En présence d'un tel résultat, on serait malvenu certainement à parler d'une meilleure application des méthodes zootechniques à l'espèce caprine. Elle tire assez de ses propres mérites naturels pour que l'art n'y ait rien à faire. Il faut donc nous borner à les constater.

Races de l'Orient. — Il y a en Orient deux races caprines, celle de Cachemyr et celle d'Angora. La patrie de la race de Cachemyr est l'Himalaya, en Asie. On trouve ses représentants en plus grand nombre dans la vallée magnifique de Cachemyr et dans le Thibet, où son duvet sert à fabriquer ces étoffes de l'Inde, estimées du monde entier pour leur finesse, leur moelleux et leur douceur. Les naturalistes en ont fait deux variétés, désignées sous les noms de *C. lanigera* et de *C. thibetana*. La race d'Angora est dans l'extrême Orient.

On a tenté, à plusieurs reprises, leur acclimatation en France, qui n'a jamais rencontré de réelles difficultés. Elles y vivent très-bien, en raison de la sobriété de l'espèce. Plusieurs, nées à la ménagerie du Muséum d'histoire naturelle de Paris, y subsistent comme sur leur terre natale; mais, pour des raisons faciles à comprendre, ces races ne se sont pas encore multipliées chez nous.

La première introduction paraît dater de 1818. Elle est due à M. Huzard. L'année suivante, un troupeau considérable fut importé par Jaubert et Ternaux. Ce dernier nom est significatif, car il indique que si la production du duvet de Cachemire n'a pu encore devenir dans notre pays une industrie régulière, ce n'est pas faute d'y avoir trouvé des débouchés. Tout le monde sait, en effet, que le nom de Ternaux se rattache à la fabrication des châles.

Si donc le duvet produit dans nos climats n'a pu être exploité par ces premiers importateurs de chèvres de Cachemyr et d'Angora, c'est que par ses qualités ou par les conditions économiques de sa production il ne supportait pas à son avantage la concurrence du produit exotique. C'est là un ordre de considérations capitales, en semblable matière, dont les promoteurs de l'acclimatation des animaux ne paraissent pas s'occuper suffisamment. Beaucoup d'efforts et de capitaux, qui auraient pu être mieux employés par la puissante association qui s'est formée il y a quelques années, par l'initiative d'Isidore Geoffroy Saint-Hilaire, ont échoué pour cet unique motif. Un animal nouveau n'est un gain pour la richesse publique, qu'à la condition de constituer une valeur économique réelle, c'est-à-dire de créer une utilité de plus. Hors de là, la place qu'il prend serait mieux remplie par les premiers occupants. Il ne faut pas confondre le point de vue essentiellement relatif de l'économie rurale avec le point de vue nécessairement absolu de la science zoologique pure.

Cette remarque faite en passant, poursuivons l'exposé des tentatives dont il s'agit, en ajoutant que, dans l'année 1854, un troupeau de 76 chèvres d'Angora, introduit par la Société zoologique d'acclimatation, plus 16 reçues d'Abdel-Kader par le maréchal Vaillant, ont été réparties dans nos montagnes de l'Est, dans les Alpes et le Jura. Il ne nous est point revenu que depuis douze ans elles s'y soient beaucoup multipliées et qu'elles aient fourni à nos fabriques des quantités appréciables de duvet. Vraisemblablement, les circonstances du climat se sont vengées de la violence qu'on a voulu leur faire, en grossissant outre mesure la fourrure des bêtes dépaysées, ou plutôt disons, pour rester dans les termes physiologiques, que ces bêtes se sont purement et simplement accommodées au milieu nouveau, propre à la production de la laine, et non pas à celle du duvet.

C'est ce dont il n'est guère permis de douter, quand on connaît bien l'histoire zootechnique du mouton mérinos français.

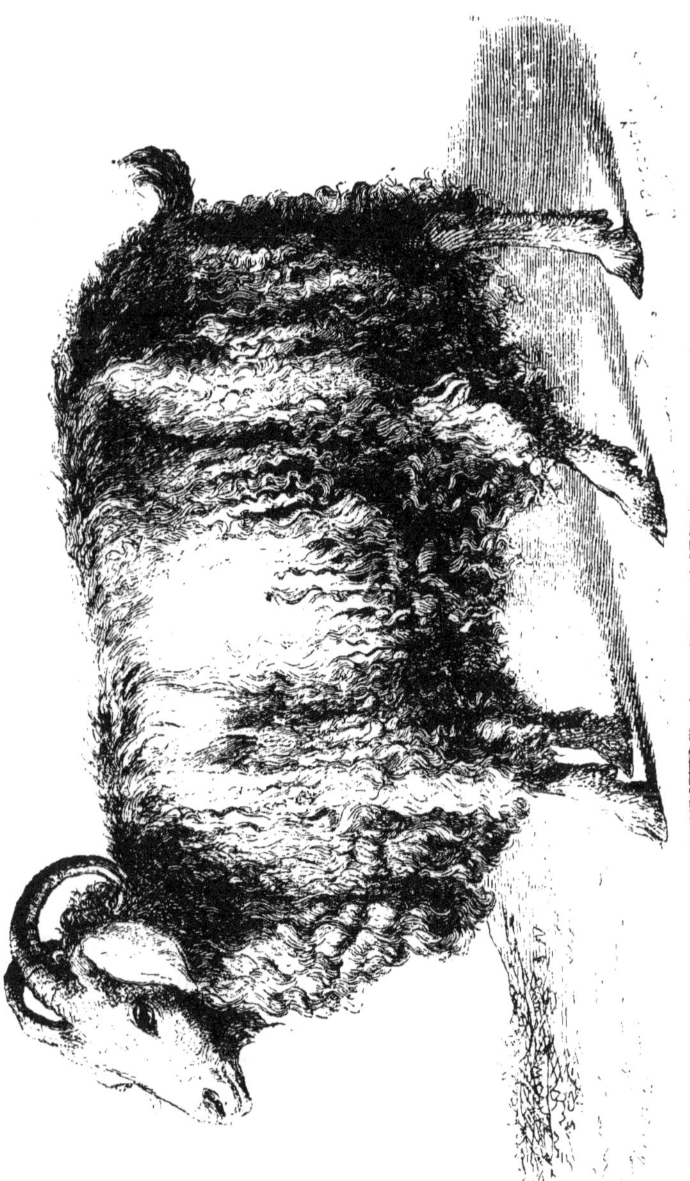

Grav. 81. — Chèvre d'Angora, dessinée d'après nature.

Nous ne croyons pas nécessaire de décrire la caractéristique des races de Cachemyr et d'Angora. Pour faire saisir leurs types, il suffit de les figurer (grav. 80 et 81). Parlons seulement de leurs caractères secondaires.

Caractères secondaires. — Poil long, abondant, de couleur tantôt blanche, noire, bleuâtre, jaunâtre ou tachetée, en mèches souvent vrillées, couvrant tout le corps et la plus grande partie des membres, sous lequel se trouve un duvet fin et soyeux; taille moyenne ou petite; tête fine et relativement peu volumineuse; col court et mince; poitrine ample, poitrail bien ouvert; garrot bas et épais; dos et reins droits et larges; croupe courte et arrondie; corps régulier; membres fins et courts, bien d'aplomb.

Les chèvres d'Angora sont en général de la plus petite taille; elles ont les formes les plus belles, et leur poil, toujours blanc et en mèches vrillées, est le plus long et le plus soyeux : c'est à peine si le duvet y est mêlé de poils grossiers, mais il est moins fin que celui dit de Cachemire.

Rendement. — Au printemps, une mue s'opère chez les chèvres d'Angora, qui fait tomber presque toute leur toison. Elles demeurent mues pendant quelque temps. Cette mue arrive de même chez les autres, mais le duvet y étant moins abondant, il reste sous les poils auxquels il se mêle. Pour le récolter, on peigne les chèvres tous les deux jours, durant la mue, jusqu'à ce que le démêloir n'amène plus de duvet. On prévient la chute chez celles d'Angora, par la tonte, sauf à trier ensuite les poils mêlés au duvet dans la toison. On voit donc qu'elles donnent plus de duvet que celles de Cachemyr, mais que ce duvet est d'une moindre finesse.

Nous n'avons pas d'éléments d'appréciation pour les

quantités produites; et, du reste, d'après ce qui a été dit plus haut, cela nous importe peu.

On dit que la viande et la peau sont préférables à celles de la chèvre de race commune. Nous n'avons pas de peine à l'admettre. Le lait est aussi de meilleure qualité, assure-t-on, mais il est beaucoup moins abondant, ce qui tranche la question en faveur de la chèvre indigène.

Mode d'élevage. — Il n'y a rien de particulier à dire sur l'élevage des chèvres de Cachemyr et d'Angora, qui ne semblent avoir pour nous qu'un intérêt purement descriptif et scientifique, comme celle dont nous allons maintenant parler, pour finir sur ce qui concerne l'espèce.

Race de Nubie. — « Il y a, dit Cuvier, dans la haute Égypte, une race à poil ras, à chanfrein bombé, à mâchoire inférieure avancée, qui est peut-être un produit de bâtardise (1). »

Ce jugement de l'illustre naturaliste, même sous sa forme dubitative, ne peut plus être accepté aujourd'hui. Quelque gênante que soit pour la classification admise la race des chèvres de Nubie, qui ne présente aucun des caractères génériques à l'aide desquels le genre chèvre a été établi; qui n'a jamais eu vraisemblablement de cornes chez la femelle, bien qu'elle fasse partie du sous-ordre des ruminants à cornes, comme la race bovine d'Angus et quelques autres; qui a des mamelles globuleuses, à trayons petits et courts, comme ceux de la brebis; quelque preuve flagrante qu'elle fournisse du vice de la classification admise, il n'est pas possible de prendre pour un produit de bâtardise une race naturelle au même titre que toutes les autres.

(1) *Règne animal*, t. Ier p. 276.

Bâtardise de qui ou de quoi, d'ailleurs?

Il suffira de jeter un coup d'œil sur la gravure représentant le type de la race de Nubie (grav. 82), pour s'apercevoir du peu de rapport qu'il y a entre ces caractères

Grav. 82. — Chèvre de Nubie, dessinée d'après nature à la ménagerie du Muséum d'histoire naturelle de Paris.

et ceux donnés comme appartenant au prétendu genre *capra* dont nous avons combattu l'existence, au bénéfice de la vérité zoologique. Du reste, la race ne nous intéresse pas autrement, au point de vue zootechnique, et nous n'avons point, pour ce motif, à la décrire plus en détail.

ESPÈCES PORCINES

(Genre *Sus*, L.)

Caractères génériques — Il y a peu d'exemples, en zoologie, d'une incertitude pareille à celle qui existe sur la détermination précise des espèces du groupe des suidés. On y considère comme appartenant à des espèces distinctes des individus parfaitement capables de s'unir et de donner des suites indéfiniment fécondes, et nul ne serait en mesure de dire d'une manière précise sur quoi se fondent les caractères génériques de ce groupe, pas plus que les caractères d'espèce sur lesquels les déterminations admises ont été établies. C'est donc un sujet à reprendre entièrement, par la méthode expérimentale.

Blainville, qui passe pour en avoir fait une étude attentive (1), déclare n'avoir pu saisir, entre le sanglier d'Europe et celui de l'Inde, « aucun caractère d'espèce. » En présence de cette déclaration, on se demande ce que pouvait être, pour ce naturaliste illustre, un caractère de valeur spécifique, à son point de vue, lorsqu'on sait, comme nous le verrons tout à l'heure, qu'entre les types considérés par lui il y a une différence dans le nombre des vertèbres. Isidore Geoffroy Saint-Hilaire, de son côté, dit qu'il y a en Orient « des sangliers différents du nôtre,

(1) Voyez *Ostéographie;* des cochons et sangliers, p. 180.

mais par des caractères d'une si faible importance, que la diversité spécifique de ces animaux est loin d'être généralement admise (1). »

Il faut donc se borner à énumérer les espèces considérées comme formant le genre *Sus*, en faisant remarquer que plusieurs d'entre elles ne sont certainement que des races d'une seule et même espèce, attendu que l'expérience démontre tous les jours leur faculté de fécondation réciproque et indéfinie. Les naturalistes admettent, comme espèces distinctes, le sanglier d'Europe (*S. scrofa*); le Phacochère (*S. africanus*) ; le sanglier d'Éthiopie (*S. ethiopicus*) ; le sanglier d'Asie (*S. indicus*), et le sanglier du Malabar (*S. Sinensis*). Il n'y a pas de place, dans cette nomenclature, pour les races qui nous intéressent le plus, pour nos porcs domestiques, à moins qu'on ne les considère comme faisant partie de l'espèce du *S. scrofa*, avec le sanglier de nos forêts, dont ils diffèrent pourtant essentiellement par leur constitution anatomique. Mais comme ils se reproduisent indéfiniment avec lui, aussi bien du reste qu'avec le *S. indicus*, on est forcé de conclure que nos porcs, nos sangliers et les cochons d'Asie, forment ensemble une seule espèce qui, par droit de nationalité, sera pour nous celle du *S. scrofa*, cochon ou porc.

(1) *Histoire générale des règnes organiques*, t. III, p. 83.

LIVRE UNIQUE

PORC (S. scrofa, L.)

CHAPITRE PREMIER

CARACTÈRES SPÉCIFIQUES ET ORIGINES

Caractères spécifiques. — La caractéristique de l'espèce des cochons domestiques dérange complétement la classification adoptée par les naturalistes. Quant à la forme, il y a autant de distance entre un porc chinois ou un napolitain et un porc craonnais, qu'entre celui-ci et un sanglier d'Europe; au point de vue réel de la faculté spécifique de reproduction, il n'y en a aucune, tous ces cochons produisant entre eux non des hybrides, mais seulement des métis; leurs différences typiques ne sont donc que des différences de race.

Le nom de *porc* (du latin *porcus*) donné à l'espèce des cochons domestiques n'est pas encore introduit dans les classifications dites naturelles. Le mâle reproducteur est connu sous le nom de *verrat;* la femelle est dite *truie*, ou encore *porche;* les jeunes sont des *porcelets*, des *gorets* ou des *cochonnets;* les neutres, c'est-à-dire les individus émasculés, sont désignés par les noms de *cochon* ou de *pourceau*, quant à ceux qui ont été mâles, de *coche* ou de *porcelle*, quant à ceux qui ont été femelles.

Origines. — D'Aristote à Pline et de Pline à Cuvier inclusivement, on avait toujours vu dans nos races porcines des dérivés du sanglier d'Europe. C'était même là, jusqu'à ces derniers temps, l'opinion classique, et nul ne songeait à la mettre en doute. I. Jeoffroy-Saint-Hilaire, après Link et Dureau de la Malle, en se basant uniquement sur les documents historiques que nous l'avons vu invoquer à propos de toutes les espèces domestiques de notre pays, a voulu attribuer, non-seulement à nos races de porcs, mais encore à notre sanglier, une origine orientale. Ces races étant, d'après lui, les unes également voisines, les autres également distinctes du *S. scrofa* et du *S. indicus*, il n'y a pas lieu de les rapporter à l'un plutôt qu'à l'autre, au point de vue de l'histoire naturelle; mais si celle-ci laisse le problème indécis, l'*Odyssée*, le *Deutéronome* et l'antique *Chou-King*, établissant que la « domesticité du cochon dans l'extrême Orient daterait au moins de quarante-neuf siècles, » permettent de le trancher.

Et voici comment l'auteur le tranche : « Nos sangliers d'Europe ne sont donc pas, dit-il, les pères des cochons de l'Asie et de l'Égypte; et ce sont, au contraire, les cochons d'Europe qui descendent des sangliers de l'Asie (1). »

Ainsi, pour I. Geoffroy St-Hilaire, loin d'avoir une origine européenne, comme le pensait Cuvier, nos sangliers et nos porcs viennent de l'Asie. Il ne dit pas s'ils en sont venus en même temps et sous leurs formes diverses, si les porcs sont devenus sangliers, ou ceux-ci devenus

(1) *Loc. cit.*, p. 84.

porcs; mais s'il était permis d'interpréter sa pensée, on serait bien forcé de conclure à la première supposition, puisqu'il appuie son raisonnement sur l'antiquité antérieure de la domestication du cochon en Orient. La migration, à ce compte, n'aurait pu porter que sur des animaux domestiques, par conséquent sur des porcs et non sur des sangliers.

J'ai discuté ailleurs (1) les deux thèses qui viennent d'être exposées, et j'ai démontré par des preuves anatomiques irréfutables qu'elles ne sont fondées ni l'une ni l'autre. Nos races de porcs ne peuvent pas plus venir du sanglier d'Europe que des sangliers de l'Asie, à moins que l'hérédité des formes fondamentales du squelette ne doive être, ainsi que je l'ai dit, considérée comme un vain mot. Cela étant, il n'y a pas lieu d'entreprendre une discussion des arguments historiques, si victorieuse qu'elle dût être cependant.

En effet, indépendamment des différences typiques qui distinguent le crâne et la face des cochons, porcs ou sangliers de l'Europe et de l'Asie, comme nous le verrons plus loin, et qui suffiraient toutes seules pour éloigner l'idée d'une souche commune, d'une parenté quelconque, il y a dans la constitution du rachis des variétés de nombre des vertèbres qui, une fois constatées, ne peuvent plus laisser aucun naturaliste dans l'indécision. L'ensemble de ces variétés et surtout leur signification avaient échappé à tous les observateurs, du moins à ma connaissance, jusqu'à ce que je les eusse fait connaître. Chacun des anatomistes qui ont étudié les squelettes isolés du sanglier

(1) *Comptes rendus de l'Académie des sciences*, t. LXIII, p. 843 et 928; et *Journal de l'anatomie et de la physiologie de l'homme et des animaux*, janvier 1867.

d'Europe, du porc et du cochon d'Asie, a noté le nombre des vertèbres composant le rachis; mais aucun n'avait eu l'idée de l'étude comparée à laquelle je devais être conduit par mes recherches sur la loi de permanence des types zoologiques.

Or, voici ce qu'il en est résulté. Le sanglier d'Europe (*S. scrofa* des naturalistes) a cinq vertèbres lombaires, avec dix-sept dorsales ; le cochon d'Asie (*S. indicus*) n'en a que quatre, avec quinze dorsales (Eyton); et nos races de porcs en ont six, avec quatorze dorsales seulement.

Pour admettre, avec I. Geoffroy-Saint-Hilaire et la plupart des naturalistes contemporains, que nos races porcines « descendent des sangliers de l'Asie, » il faudrait supposer que le changement de climat a pu leur ajouter deux vertèbres lombaires en leur retranchant une vertèbre dorsale ; pour se ranger à l'avis de Cuvier, il faudrait concéder que la domestication, non moins puissante, en leur retranchant trois vertèbres dorsales, les a pourvues d'une lombaire de plus.

C'est ce que personne, évidemment, n'osera soutenir. Ce sont donc bien là des différences originelles. D'où il faut conclure que nos cochons domestiques ont toujours été cochons, notre sanglier toujours sanglier, et que les sangliers ou cochons d'Asie n'ont été pour rien dans leur ascendance. Leurs souches primitives n'ont, par conséquent, jamais cessé de résider où nous les observons aujourd'hui.

CHAPITRE II

FONCTIONS ÉCONOMIQUES ET TYPES DE CONFORMATION

1. Fonctions économiques.

Spécialités de service. — Le porc est un animal exclusivement alimentaire. Nous n'avons pas à nous occuper ici, bien entendu, des individus faméliques dont l'instinct, guidé par un odorat spécial, est utilisé pour la recherche des truffes. La fonction du porc est donc seulement pour nous de fournir, après sa mort, des matières animales employées de diverses façons.

Mais il convient d'introduire, dans l'examen de cette fonction unique et générale, une distinction importante, à laquelle les auteurs, même les plus récents, ne paraissent point avoir suffisamment songé. Elle est de nature à faire mettre à son plan véritable chacune des choses qu'ils ont, à notre avis, trop facilement confondues.

Le porc donne à la fois de la chair et de la graisse à la consommation. En termes usuels, il fournit de la viande et du lard. Le lard, comme on le sait, est cette couche épaisse de graisse qui s'étend sous la peau, surtout dans les régions supérieures de l'animal soumis à l'engraissement. Ces deux produits étant dans de certaines proportions relatives, avec prédominance de celle de la viande proprement dite, forment un ensemble fort apprécié des ménages ruraux, et même des ménages urbains, soit qu'il serve, après salaison, à faire de la soupe et du bouilli, ou du jambon fumé, ou le rôti de porc frais qui n'est point à dédaigner.

L'application des méthodes zootechniques à l'espèce porcine est arrivée à faire prédominer, dans des tribus entières, l'aptitude à la production de la graisse dans une telle mesure, qu'il n'est plus possible de considérer ces tribus comme propres à fournir, sous ses diverses formes, de la viande de bonne qualité. C'est ce qu'aucun observateur attentif et de bonne foi ne contestera certainement. En étudiant les races, nous verrons les raisons du fait. Contentons-nous de le poser en ce moment, pour en déduire les conséquences économiques qu'il entraîne.

Ces conséquences, qui ne sont ni à l'avantage des partisans exclusifs des races très-précoces et très-aptes à la production de la graisse, ni à celui de leurs adversaires systématiques, ont pour objet tout simplement de faire considérer l'espèce porcine comme propre à deux spécialités de service, obéissant nécessairement aux lois générales de toutes les fonctions économiques. Elles entraînent à envisager cette espèce comme étant propre également à deux genres de spéculation, celui de la production de la viande et celui de la production de la graisse, suivant les conditions de la situation économique dans laquelle il s'agit d'opérer.

Cela indique donc, dans l'exploitation du porc, la nécessité d'introduire un point de vue relatif, auquel ceux qui ont fait des efforts pour propager son amélioration ne paraissent point s'être suffisamment placés. En présence des conditions du débouché, qui comporte à la fois la prédominance de la viande et celle de la graisse, il est impossible de généraliser. Il faut évidemment avoir en vue la première, si l'on travaille pour les petits consommateurs des campagnes, pour les ménages ruraux qui engraissent et tuent chaque année un porc pour le saler, ou bien pour l'industrie de la fabrication des jambons; la seconde, s'il s'agit des grands consommateurs des villes, fabricants de saindoux et de menue charcuterie.

2. Types de conformation

Beautés absolues. — Chacune des spécialités de service ou chacun des modes d'emploi de la fonction économique du porc correspond-il à une conformation particulière, en vue de laquelle l'espèce doive être spécialisée, pour en tirer le meilleur parti? Telle est la question qu'il nous faut maintenant examiner.

Sans qu'il soit nécessaire d'entrer dans de longs détails, on comprendra facilement, au point où nous en sommes arrivés de nos études zootechniques, que les différences signalées tout à l'heure sont affaire d'aptitude physiologique, plutôt que de conformation, surtout si nous considérons moins le volume absolu du corps que les proportions relatives de ses diverses parties. Toutefois, il y a quelques points par lesquels le côté relatif doit être encore ici envisagé.

Par suite de dispositions anatomiques naturelles, il n'est pas en notre pouvoir, par exemple, de placer au nombre des beautés absolues la plus grande longueur du corps, qui, cependant, à poids égal de l'animal, augmente la proportion de son rendement en viande nette. Cela dépend de la race à laquelle il appartient, le nombre des vertèbres qui commande cette longueur n'étant pas le même dans toutes les races. Tout au plus pourrait-on considérer à cet égard comme les plus belles celles où l'on en compte le plus, si l'aptitude à profiter plus ou moins de la nourriture consommée ne devait intervenir pour contrôler la conclusion.

Il en est autrement pour l'ampleur de la poitrine, qui, chez le porc comme chez tous les autres animaux, entraîne le développement en épaisseur de toutes les autres parties du tronc, dos, lombes et croupe, et l'étendue des masses musculaires qui les recouvrent. Un corps parfaitement cylindrique est toujours une beauté absolue, ainsi qu'une cuisse large et épaisse. De même une peau mince, à l'épiderme uni, non fendillé, munie de soies rares, fines et souples, est à rechercher dans tous les cas.

Dans son état inculte, le porc est un animal à poitrine étroite, à dos tranchant, arqué, à corps mince, à ventre peu développé, haut monté sur des jambes fortes et agiles, grand marcheur, à peau épaisse et couverte de soies grossières et hérissées. Tel est son portrait exact, dans les contrées de nos climats où il vit en troupeaux, cherchant sa nourriture rare par le parcours, en fouillant la terre ou en ramassant la glandée sur le sol des forêts. Une alimentation plus régulière, plus abondante et plus suivie, sous la direction de l'homme, l'éloigne de cette conformation et lui fait acquérir l'ampleur de formes dont l'ensemble se compose des beautés absolues qui viennent d'être signalées.

Mais tout en acquérant cette ampleur, qui change dans son squelette les proportions relatives du tronc et des membres, il peut ou non conserver certaines dispositions de ceux-ci, suivant l'aptitude qui a été le plus développée en lui; et c'est à cela que se rapportent les dispositions qui doivent être diversement appréciées, suivant la spécialité du service attendu.

Beautés relatives. — Chez le porc spécialisé pour la production de la graisse, qui en élabore d'autant plus, en un temps donné, qu'il exerce moins sa fonction locomotrice, les membres ne sauraient jamais être ni trop courts ni trop minces, dussent-ils, ce qui arrive souvent, se montrer impuissants à porter le corps. Si disgracieux que soit, en vérité, un animal ainsi construit, la réduction des membres à leur plus simple expression n'en est pas moins, au point de vue zootechnique, une beauté de premier ordre, qui a été merveilleusement réalisée dans certaines familles de porcs anglais.

Mais la disposition dont il s'agit devient un défaut capital pour le porc producteur de viande, qui, avant la période de son engraissement, doit soumettre ses muscles locomoteurs à une certaine gymnastique, pour accroître autant que possible leur développement. Dans bon nombre de situations économiques, d'ailleurs, il est absolument nécessaire que l'animal aille chercher au dehors une partie de sa nourriture, avec les moutons et les chèvres de l'exploitation du petit cultivateur. Il faut donc, pour cela, qu'il puisse se servir de ses membres; et dans l'une de ces situations, un éleveur de porcs qui voudrait, ne tenant aucun compte des nécessités qu'elles imposent, produire des animaux comme ceux dont nous venons de parler, courrait fort le risque de faire la guerre à ses dépens et de demeurer en définitive vaincu.

Ajoutons qu'il ne lui resterait pas même les honneurs de cette guerre; car pour les usages auxquels ils sont employés, les porcs qui prennent de l'exercice dans une certaine mesure, et auxquels il faut pour cela des membres assez forts, quoique relativement courts, comparés à ceux de l'animal inculte, sont évidemment supérieurs aux individus dits perfectionnés et forcément sédentaires.

Il convient donc de prendre en grande considération, dans l'élevage de l'espèce porcine en vue de la spécialité de service indiquée, l'aptitude à la marche, accusée par la conformation des membres. Entre celle du porc coureur, svelte et élancé, qui n'a que des défauts, et celle de l'animal obèse et podagre, évidemment en dehors de l'état physiologique, mais néanmoins précieux pour sa spécialité, il y a une mesure moyenne dans laquelle il est possible de se tenir. Le sens du praticien le saisira sans qu'il soit besoin de l'indiquer d'une manière plus précise; ce qui présenterait au reste une certaine difficulté, comme toute chose relative.

Il importait seulement d'y appeler l'attention, car je ne connais pas un seul auteur, même parmi les plus récents, qui ait donné sur ce sujet des indications nettes. Les nécessités économiques se trouvent parfois signalées dans leurs ouvrages; mais faut-il passer à l'application? alors on ne trouve plus mentionnées que des beautés absolues dans le type de conformation recommandé; et la pratique ne se trouve par là guère éclairée.

CHAPITRE III

DES RACES PORCINES ET DE L'AMÉLIORATION DE LEURS PRODUITS

Classification des races. — Il n'y a point d'espèce animale domestique dans laquelle les races aient été autant mélangées par le croisement et le métissage, et par suite dont les déterminations arbitraires et abusives soient si multipliées, surtout en Angleterre. Dans les îles Britanniques, on compte presque autant de désignations qu'il y a de localités ou d'éleveurs s'étant occupés du perfectionnement du porc. Les choses en sont venues à ce point, que les meilleurs esprits, parmi les praticiens, ne pouvant se reconnaître au milieu d'une telle multitude de subdivisions fondées sur des nuances imperceptibles dans les caractères secondaires dépourvus de fixité, se demandent s'il ne conviendrait point de diviser la population porcine de l'Angleterre en deux catégories seulement : celle des grandes races et celle des petites races.

En France, le même abus ne se fait guère moins sentir. Chaque localité y veut avoir aussi sa race. C'est une sorte d'application à outrance du principe des nationalités, fort en honneur, par les temps qui courent, dans la politique. Et ici il n'y a même pas le prétexte de l'uniformité de langage ou de mœurs. Dans une monographie récente, en constatant les distinctions admises dans les pays de l'Europe occidentale, on a pù arriver jusqu'à la mention de quatre-vingt-onze races particulières (1).

Les mœurs du porc, à l'état naturel, ne sauraient rendre compte d'une telle multiplicité de types; et il serait permis, pour ce motif, de la rejeter avant toute vérification anatomique, fût-elle réduite même à la proportion d'un dixième seulement. L'espèce est d'une fécondité remarquable et, abandonnée à ses instincts, essentiellement voyageuse. Dans les premiers âges de la contrée que nous habitons, le sol y était presque entièrement couvert de forêts, et les traditions celtiques et gauloises nous ont transmis le souvenir des immenses troupeaux de porcs qui les parcouraient, des Pyrénées aux îles Britanniques, qui n'ont pas toujours été séparées du continent. Cela seul suffirait, pour quiconque a quelque idée de la loi naturelle qui a déterminé la formation des types animaux, pour faire admettre l'hypothèse excessivement probable d'un très-petit nombre de ces types dans l'espèce du cochon, sur le territoire de l'Europe occidentale.

Cette hypothèse acquiert la valeur d'un fait démontré, lorsqu'on la soumet à la vérification expérimentale, en prenant pour critérium la caractéristique de la race. Il en résulte que deux types seulement ont habité de temps immémorial les pays situés en deçà des Alpes et des Pyrénées : celui du sanglier commun et celui du porc domestique, distincts à la fois par le nombre de leurs vertèbres et par la caractéristique de leur tête.

Le second seul doit nous occuper ici, ce qui fait que nous ne pouvons reconnaître qu'une seule race de porcs autochtones. Deux autres types ont été importés dans les

(1) Gustave Heuzé. *Le Porc*. Paris, 1866. Librairie agricole.

temps modernes, et même à une époque assez rapprochée de nous, parce que, appartenant à des civilisations antérieures à la nôtre, ils avaient acquis des aptitudes plus développées que celles de notre cochon gaulois ou celtique, mangeur de glands des forêts druidiques. De ces deux types, l'un est asiatique : il nous est venu de la Chine, de Siam et de la Cochinchine; l'autre, originaire de l'Europe méridionale, est connu en France et en Angleterre sous le nom de cochon napolitain.

C'est du croisement de notre type autochtone avec les deux derniers, que sont issues les nombreuses familles de porcs perfectionnés qui peuplent les îles Britanniques et qui se sont répandues depuis un siècle sur le continent, à partir du moment où Backewell donna une si vive impulsion à l'économie du bétail.

Il est assez difficile de rattacher les prétendues races anglaises à l'un ou à l'autre de ces trois types : leur population, formée par le métissage, est en état de variabilité désordonnée, dans lequel ce sont les types importés qui se montrent le plus souvent, par le fait de la sélection relative qui préside toujours à la reproduction.

Les exigences de la méthode nous font donc une obligation de décrire successivement les trois seules races réelles que nous puissions reconnaître, en commençant par les étrangères, dont le croisement avec la nôtre lui a imprimé quelques modifications secondaires, que cet ordre de description nous permettra de faire remonter à leur véritable source.

Race asiatique. — Connue en Europe sous les noms divers de *race chinoise*, *race tonquine*, *race cochinchinoise*, *race siamoise* ou *de Siam*, *race du Cap*, *race malaise*, la race asiatique y a été introduite dans un temps qu'il n'est pas possible de préciser. Elle n'y compte plus, à l'état de pureté, que de rares représentants. On sait seulement qu'au commencement du siècle, elle a été beaucoup employée en Angleterre à des croisements. Son type (grav. 83), tel que nous allons le décrire, se montre le plus souvent chez les individus des prétendues races anglaises de petite taille, dites d'*Essex*, de *Windsor* et de *New-Leicester*, mais non pas toujours, car l'atavisme multiple de ces métis se manifeste à divers degrés dans les deux autres sens, ainsi que nous le verrons.

Grav. 83. — Verrat de type asiatique, 1er prix, 2e catégorie (race Essex), 3e cl., 2e section (M. Allier, Conc. univ., Paris, 1855).

Caractères typiques. — Crâne brachycéphale; protubérance occipitale peu développée, large et basse; front large et bombé; arcades orbitaires peu accusées; face très-courte, à chanfrein droit et relevé, formant avec le front un angle rentrant à peu près droit; os lacrymal très-court; crête zygomatique saillante; maxillaire inférieur à branches écartées, relevées à angle droit, plutôt aigu; arcades incisives petites; séries dentaires divergentes (Nathusius); quinze vertèbres dorsales (quatorze paires de côtes) et quatre lombaires. Sur le vivant, groin étroit; bouche petite; joue forte et pendante; oreille petite, dressée et pointue; œil petit; physionomie douce.

Caractères secondaires. — Soies peu abondantes, fines, de couleur blanche, noire ou rousse, uniformément ou par places distinctes sur le corps, avec ou sans pigment sous l'épiderme; le pelage est quelquefois noir dans les régions postérieures, et blanc jaunâtre dans les régions antérieures, parfois tout blanc ou tout noir, et aussi mélangé par bouquets de blanc, de noir et de roux : l'important est de constater que, dans le type pur, il présente les trois couleurs; taille petite et tout au plus moyenne; tête courte, petite, dite tête de carlin, ou camarde; col court, épais, renflé; poitrine ample, arrondie; épaule forte; dos et lombes courts, larges; corps épais, cylindrique; hanches écartées, croupe longue, arrondie, cuisse forte, fesse saillante et très-descendue; membres courts et fins, peu propres à la marche; aptitude très-prononcée au développement précoce et à l'engraissement facile.

Rendement. — Il serait assez difficile d'établir le rendement auquel peut arriver chez nous le porc pur de la race asiatique; mais la difficulté disparaît s'il s'agit de se contenter des dérivés de cette race. En 1858, un porc middlessex, âgé de 7 mois et 10 jours, exposé par M. Pavy, au concours de Poissy, obtenait le prix d'honneur. Au moment de l'abatage, il pesait vif 131 kilog.; il a rendu net, viande et lard, pieds compris, 104 kilog., soit 79.39 pour 100 du poids vif, plus 5 kilog. 25 de ratis et crépines et 2 kilog. de fressures.

Dans son rapport sur l'appréciation des viandes des animaux amenés à ce concours, Baudement dit de ce porc que « sa chair était très-fine, bien persillée, d'une très-belle couleur; ses os, ajoute-t-il, étaient excessivement petits; tout révélait chez lui une extrême finesse : il était, en même temps, très-ferme de lard. »

La proportion de ce lard, par rapport à la viande proprement dite, ou au maigre, n'est pas indiquée. En 1861, on trouve encore deux porcs middlessex et un qualifié d'anglo-chinois, parmi les lauréats de Poissy. Des deux premiers, l'un a pesé 178 kilog. et a rendu 136 kilog. net, soit 76.40 pour 100 du poids vif, plus 6 kilog. 5 de ratis et crépines et 3 kilog. de fressures; l'autre, pour 213 kilog. de poids vif, a donné 169 kilog. net, soit 79.34 pour 100, plus 4 kilog. 5 de ratis et crépines et 3 kilog. 25 de fressures. Le premier était âgé de 11 mois, le second de 20. L'anglo-chinois, de robe noire, et âgé de 9 mois et 7 jours, a pesé 218 kilog. vif; il a rendu 174 kilog. net, soit 79.81 pour 100, plus 6 kilog. de ratis et crépines et 3 kilog. 5 de fressures.

Ces chiffres peuvent être considérés comme exprimant le maximum du rendement possible de tous les dérivés de la race asiatique. Pour la qualité de la viande, Baudement a classé, dans ses études, ces dérivés entre les chiffres 8 et 9, le maximum étant 10; mais il est permis de douter un peu de la valeur pratique du critérium du savant zootechniste, lorsqu'on lui voit dire ensuite que, « en moyenne, la qualité des races porcines françaises, ou, du moins, des races normande, augeronne et limousine, est sensiblement inférieure à celle des races anglaises et des croisements (1). » Aucun consommateur de viande de porc ne serait de son avis. Il faudrait d'abord s'entendre sur ce qui est, pour cette viande, la bonne qualité. Évidemment, dans ses appréciations, Baudement s'était placé à un point de vue que nous ne pouvons pas admettre sans restriction, parce qu'il n'est point celui de la masse des consommateurs, seul juge en semblable matière, puisqu'elle achète les produits.

Il est reconnu que la race asiatique est celle qui, étant

(1) *Livre de la ferme*, t I, p. 939.

la plus précoce, donne du lard en plus grande abondance; mais il est également reconnu que ce lard manque de fermeté et se conserve difficilement dans le saloir.

Mode d'élevage. — Cette race compte à présent peu de représentants purs dans l'Europe occidentale. Elle y a été remplacée par les métis qu'elle a servi à former en Angleterre, et qui sont à leur tour employés à des métissages en Belgique, en Allemagne et en France. Il n'y a rien de particulier à noter dans son mode d'élevage, si ce n'est son extrême facilité à l'engraissement, qui la conduirait bientôt à l'infécondité, si l'on n'avait soin de tenir les reproducteurs à un régime substantiel et peu favorable à la formation de la graisse, en leur faisant prendre dans la cour de la porcherie un exercice suffisant.

Race napolitaine. — Nous conservons ce nom moderne de race napolitaine aux porcs de l'Europe méridionale, appartenant à un type distinct et bien déterminé, parce qu'au demeurant il est adopté par l'usage et qu'il n'a pas d'inconvénient. Les individus de cette race qui furent introduits en Angleterre par lord Western, au commencement de ce siècle, avaient été achetés dans le royaume de Naples; c'est de là que la réputation s'en est établie sous le nom de race napolitaine. M. de Nathusius l'appelle *romanique*.

Mais il est bon de savoir que le type dont il s'agit est, selon toutes les probabilités, celui de l'antiquité gréco-romaine, qui a son rôle dans la mythologie des peuples ioniens et dans les récits héroïques de leurs poëtes; rôle considérable, on le sait, car le porc est, de tous les animaux, celui dont il est le plus souvent question dans les récits des faits et gestes des anciens peuples ligures et ibères. Ce type se trouve au midi de notre plateau central, dans l'ancienne Narbonnaise, et il a toujours habité la péninsule ibérique. Il y existe encore aujourd'hui. C'est lui que les Espagnols ont transporté en Amérique, lors de la conquête. De proche en proche, il s'est étendu vers la Gaule centrale; on y retrouve facilement ses traces partout où les anciens peuples ibères ont pénétré.

En Grande-Bretagne, la race dite napolitaine a contribué pour la plus forte part, avec la race asiatique, à transformer le type autochtone en cette multitude de prétendues races nouvelles, qu'on y admet à présent. La méthode de Backewell aidant, un siècle n'a point suffi pour apporter la moindre modification aux types fondamentaux que le croisement y a implantés; mais il a fallu moins que cela pour changer une partie des apparences superficielles. Ces apparences se sont conservées, toutefois, dans la famille créée par lord Western dans le comté d'Essex, grâce aux fréquents retours que son successeur, M. Fisher Hobbs, a dû faire au type pur de la race ibérienne (gr. 84) que nous allons maintenant décrire.

Grav 84. — Verrat du type de l'Europe méridionale, dit napolitain, 1er pr., 1re catég (race Berkshire), 3e cl. 1re sect. (M. Boutton-Lévêque. Conc. univ. Paris, 1855).

Caractères typiques. — Crâne dolichocéphale ; protubérance occipitale élevée, étroite, excavée ou échancrée en forme de V ; crâne et front aplatis, de forme losangique; arcades orbitaires peu saillantes ; face moyenne, à chanfrein droit, comprimé, rectangulaire; angle facial très-obtus (cet angle n'existe pas chez le sanglier commun, le crâne et la face s'y continuant suivant une ligne droite); crête zygomatique effacée; maxillaire inférieur à branches écartées obliquement de dehors en dedans, relevées à angle droit; arcades incisives petites; 15 vertèbres dorsales, 6 lombaires ; sur le vivant, groin étroit, très-incliné ; bouche moyenne; joue forte et tombante; oreille moyenne, pointue et étroite, dirigée horizontalement en avant; œil petit et peu ouvert; physionomie un peu sauvage.

Caractères secondaires. — Soies rares et fines, toujours entièrement noires ou d'un roux foncé sur toute l'étendue de la peau, pourvue de pigment; taille élevée ; tête un peu allongée mais relativement fine ; col court et épais ; corps bien fait, ample, allongé ; membres de moyenne longueur, fins et agiles ; grande facilité d'engraissement, unie à une certaine rusticité ; développement précoce.

Rendement. — Nous n'avons pas de données précises sur le poids brut moyen de la race napolitaine élevée dans son propre pays, non plus que sur son rendement. Il faut encore ici la considérer dans ses dérivés anglais. Nous en donnerons une idée en constatant qu'un porc dit essex-berkshire, exposé en 1860 à Poissy, à l'âge de neuf mois et quinze jours, a pesé 185 kilog. brut, au moment de l'abatage, et qu'il a rendu 150 kilog. de viande nette, soit 81.97 pour 100 du poids vif, plus 4 kilog. 8 de ratis et crépines. Un essex de douze mois, exposé par M. Allier, a pesé vif 224 kilog. et a rendu 180 kilog. nets, soit 80.3 pour 100, plus 6 kilog. de ratis et crépines et 3 kilog. de fressure.

On a vu déjà comment la qualité de la viande des porcs anglais est classée par Baudement. Ajoutons toutefois que dans la classification établie par lui, les dérivés de la race napolitaine ont l'avantage sur ceux de la race chinoise. Tandis que les middlessex sont cotés au chiffre 8, en effet, les essex obtiennent 8.500. Ce sont là des nuances bien difficiles à saisir.

Mode d'élevage. — M. Gustave Heuzé, qui l'a étudiée sur place, dit que la race napolitaine vit une grande partie de l'année en liberté, dans l'Italie méridionale. On la trouve à l'état presque sauvage dans les Maremmes de la Toscane et dans les bois des États romains. Les porcs sont en ces lieux plus méchants, ajoute-t-il, que ceux de la Polésine, entre Ferrare et Bologne. En Espagne et dans les îles de la Méditerranée, où elle est connue sous les noms de *race de Malte* et de *race espagnole*, elle est élevée en demi-liberté, comme dans le Napolitain.

En tous ces pays, la race se reproduit à son état de pureté. Il n'y est pas question de croisements, du moins à notre connaissance.

Race celtique. — Ceci est le type unique qui peuplait à lui seul, avant l'introduction des races asiatique et napolitaine, non-seulement tous les pays faisant partie de l'ancienne Gaule, mais encore les iles Britanniques. Ce type existe complet chez les cochons dits de la *race commune*, appelée ainsi parce qu'on ne lui reconnaît pas assez de qualités saillantes pour qu'une localité ait jugé à propos de se l'attribuer.

Il n'y a pas d'autre motif pour expliquer les noms divers sous lesquels notre race aborigène ou celtique est connue, indépendamment de celui que nous venons de signaler. A mesure que les conditions de l'élevage se sont éloignées de l'état naturel, par les progrès de la culture; à mesure que le parcours dans les forêts ou les terrains vagues a été remplacé en grande partie, sinon en totalité, par une alimentation abondante à la porcherie; depuis l'introduction de la pomme de terre et celle du maïs, surtout, la race commune a subi d'heureuses modifications dans quelques-uns de ses caractères les plus secondaires, au point de vue zoologique, mais principaux pour les yeux de l'économiste. Le croisement a eu sa part aussi, dans des temps plus ou moins anciens; car c'est à lui, sans aucun doute, qu'il convient d'attribuer les taches noires de la robe primitivement jaunâtre de la race autochtone de l'Europe occidentale.

C'est ainsi que l'on en est arrivé à compter en France autant de races distinctes qu'il y avait de provinces, et même bien plus. Pour la curiosité du fait, mentionnons-les par ordre alphabétique. Cela suffira pour en montrer l'abus.

D'après les prétentions des éleveurs, nous aurions donc chez nous les *races alençonnaise*, *alsacienne*, *artésienne*, *augeronne*, *bayonnaise*, *bourbonnaises* (blanche et pie), *bressanne*, *bretonne*, *du Bugey*, *cauchoise*, *champenoise*, *charolaise*, *cotentine*, *craonnaise*, *de Corse*, *flamande* ou *flandrine*, *de Gascogne*, *landaise*, *lauragaise*, *limousine*, *lorraine*, *mancelle*, *marchoise*, *nivernaise*, *normande*, *percheronne*, *périgourdine*, *picarde*, *poitevine*, *du Quercy*, *du Rouergue*, *tarbaise*, *vendéenne* et *vosgienne*.

Cette nomenclature est empruntée à l'ouvrage récent de M. Heuzé; elle n'est pas complète, assurément; mais elle suffira pour l'objet que nous nous proposons.

Qu'on le considère sous l'un ou l'autre de ces noms, il n'est pas moins vrai que le type du porc français se montre toujours le même et tel que nous allons le décrire (grav. 85).

Caractères typiques. — Tête brachycéphale; protubérance occipitale allongée transversalement, basse et peu courbée; front court et aplati, à sommet saillant; arcades orbitaires effacées; face longue, à chanfrein droit, épais et relevé; angle presque facial droit; crête zygomatique accusée; maxillaire inférieur à branches très-écartées, obliques de dehors en dedans, relevées à angle aigu; arcades incisives larges; quinze vertèbres dorsales, six lombaires. Sur le vivant, groin large, relevé, taillé presque droit; bouche grande; joue forte et tombante; oreille large à la base, aplatie, losangique, pendante sur le côté de la face et recouvrant en partie les yeux, souvent munie à l'intérieur et sur ses bords de soies abondantes et grossières; œil petit; physionomie un peu sauvage.

Grav. 85. — Verrat de type celtique ou de l'Europe occidentale, 1er pr., 1re catég. (craonnais), 3e cl. (M. le comte de Galwey. Conc. rég. Le Mans, 1857).

Caractères secondaires. — Soies plus ou moins abondantes, plus ou moins grossières, suivant le degré d'amélioration, mais toujours jaunâtres ou blanches dans le type pur, qui occupe toute la région du Nord-Ouest et celle du Centre-Ouest, sous les noms divers de race normande, bretonne, craonnaise, poitevine, et autres intermédiaires et plus locaux; en Lorraine, dans le Nord-Est en général, dans l'Est, dans le Centre et dans le Midi, la robe présente le plus souvent des taches noires plus ou moins étendues, résultant d'anciens croisements avec la race napolitaine noire, dont le type même se montre avec des altérations diverses et une variabilité plus ou moins accusée dans certaines populations métisses, telle que celles appelées race bressanne, et surtout dans celles de types ibérien du Quercy et du Périgord (gr. 86): ainsi se montre en parties noire et blanche la robe des populations porcines de la Flandre, de la Lorraine, de l'Alsace, du Berry, de la Marche, du Limousin, du Languedoc et des Pyrénées, toutes néanmoins du même type; taille aussi variable que la robe, atteignant des proportions énormes dans l'Ouest et restant moyenne ailleurs et même petite dans le Centre et le Midi; tête en général volumineuse, variant en poids de 10 à 15 kilog., et paraissant d'autant moins grosse que le corps a été plus développé par l'amélioration; cou long et mince dans le type commun, pourvu à son bord supérieur de soies grossières et hérissées, arrondi et épais chez les individus améliorés; corps long, plus ou moins ample, mais toujours disposé suivant une ligne courbe de la tête à la queue, la courbure étant d'autant plus prononcée que le corps est moins long; membres forts et allongés, bien musclés, à la cuisse surtout; aptitude mixte, dans l'état actuel; grande fécondité chez les femelles; développement en général tardif.

Grav. 86. — Porc périgourdin, 1er pr., 1re cl. M. Jean Faure. Concours de boucherie. Bordeaux, 1859).

Rendement. — En 1860, cinq porcs dits normands ou augerons, engraissés dans le département de Seine-et-

Oise, eurent les cinq prix de la catégorie des races francaises pures. Le plus jeune avait huit mois et le moins jeune douze. Ils ont pesé de 240 à 280 kilog. au maximum, et de 229 à 273 kilogr. au moment de l'abatage. Chose à remarquer, s'il n'y a pas eu erreur dans l'énoncé des chiffres officiels, ce qui n'est point probable, ainsi qu'on va le voir, tandis que la plupart des autres ont perdu en moyenne 10 kilogr. de poids vif entre le moment du pesage au concours et celui de l'abattage, le premier prix, exposé par M. Mauguit, de Mousseaux, en a gagné trois : il pesait d'abord 270 kilogr., il en a pesé ensuite 273 et a rendu 215 kilogr. de viande nette, pieds compris, plus 14 kilogr. de tête, 8 de ratis et crépines, 5 de fressures, 5 kilog. 2 de sang et 5 d'intestins. Le porc de M. Pluchet avait 18 kilog. de tête pour un poids vif de 237 kilog. 5, et celui de M. Croiset 22 kilog. 8, pour un de 262 kilogr. et 210 kilogr. de viande nette, tandis que celui de M. Delahaye, deuxième prix, n'en avait que 12 kilog. 5 pour un poids vif de 250 kilog. 5.

Le volume relatif de la tête peut donc varier du simple au double dans une même race; ce qui prouve bien que ce volume n'est absolument pour rien dans sa caractéristique.

En somme, chez les cinq animaux de 1861, le rapport de la viande au poids vif, au moment de l'abatage, a été en moyenne de 80.19 pour 100.

En 1858, un porc périgourdin exposé à Bordeaux par M. Dussol, de Périgueux (1er prix), a pesé vif 284 kilogr.; il a rendu 240 kilogr. de viande nette, 10 kilogr. de tête, 7 de ratis et crépines, 6 de fressure, 7 de sang et 6 d'intestins ; un flamand, exposé à Lille par M. Gantois, de Flêtre (1er prix), a pesé vif 340 kilogr.; il a rendu

302 kilog. 500 de viande nette, 10 de tête, 6 de ratis et crépines, 5 de fressure, 5 kilog. 500 de sang et 4 kil. 500 d'intestins.

Ces chiffres peuvent être considérés comme représentant bien la moyenne du poids et du rendement des porcs de la race de notre pays, lorsqu'ils ont atteint, dans les diverses situations, leur plus grand développement et leur engraissement complet.

Comme qualité de viande, Baudement a coté les limousins à 8.500, les normands à 7.583 et les augerons à 7 seulement. La remarque déjà faite à ce sujet reçoit ici son entière application. Évidemment, pour les usages habituels, on ne peut pas admettre une telle classification, qui place la viande des porcs français en général au dernier rang. Les charcutiers parisiens accordent leurs préférences à ceux qui viennent de la Mayenne, de la Sarthe, de Maine-et-Loire, dits porcs craonnais, comme fournissant de la viande de qualité supérieure; ils estiment moins ceux du Centre, les limousins, les bourbonnais, les champenois, dont la viande se sale plus difficilement. Les jambons du Midi et ceux de la Lorraine peuvent lutter avantageusement avec ceux d'York, du moins à notre goût.

Mode d'élevage. — Rien n'est plus variable que le mode d'élevage du porc, sur toute l'étendue de notre pays: il dépend du système de culture. En général, on peut dire que ce qui domine, c'est le mode mixte, faisant une part au parcours et l'autre au séjour à la porcherie, où sont utilisés pour l'alimentation les débris de cuisine, les lavures de vaisselle, eaux grasses dans lesquelles on fait le plus souvent bouillir des pommes de terre. Les jeunes consomment aussi très-souvent du petit lait.

L'élevage du porc de la race indigène est surtout fait chez nous par la moyenne et la petite culture, qui dominent de beaucoup et qui se divisent le travail, la moyenne faisant naître et la petite élevant les jeunes après le sevrage ; aussi les porcs sont-ils l'objet d'un commerce considérable, que l'amélioration des chemins, la facilité des communications ont encore accru dans ces derniers temps, en permettant le transport plus rapide des animaux. Ils ne voyagent plus à pied, mais bien en voiture et en chemin de fer, qu'ils soient maigres ou gras, pour aller sur les marchés où s'approvisionnent les petits cultivateurs.

La grande culture, la culture intensive, adopte de plus en plus les produits de croisement, auxquels il convient que nous accordions un article spécial, autant pour mettre un peu d'ordre, s'il est possible, dans le dédale de leur multiplicité, que pour donner une idée précise de leur valeur économique.

Métis anglais et anglo-français. — Le type indigène des îles Britanniques a presque entièrement disparu, depuis un siècle. L'espèce porcine y est en un état de variabilité désordonnée, que les efforts des plus habiles éleveurs s'appliquent à contenir, accordant surtout leur attention au maintien et au développement de l'aptitude économique par une sélection relative de tous les instants.

C'est la coutume, en Angleterre comme en France, de s'abuser sur la caractéristique véritable des races ; mais, chose remarquable, l'abus ne sort point, là, de ce qui concerne les porcs, seuls animaux pour lesquels les éleveurs anglais aient enfreint le principe respecté de la pureté. Ils avaient, assurément, de bonnes raisons pour agir comme ils ont agi, quant aux transformations qu'ils ont fait subir à leurs porcs ; mais on comprend difficilement qu'ils se soient laissé entraîner à croire qu'ils avaient créé autant de races nouvelles qu'ils en ont désignées, par le fait des croisements et des métissages auxquels ils se sont livrés, au moyen des races asiatique et napolitaine importées chez eux.

Nous allons passer en revue les groupes de métis existant en Angleterre, sous les noms donnés à chacun, en indiquant leurs souches et leurs principales qualités économiques. Auparavant, faisons une remarque, qui ne sera pas inutile pour se reconnaître dans ce champ si vaste de la variabilité des métis.

On a pu noter, en lisant nos précédentes descriptions des trois types déterminés, ou races, qui se rencontrent présentement dans les populations porcines de l'Europe occidentale, que chacun serait au besoin caractérisé par la forme de ses oreilles. Le type asiatique a les oreilles petites, pointues et dressées; le type méridional ou napolitain les a moyennes, également pointues, mais plantées horizontalement; le type celtique, enfin, les a longues, larges, mousses et tombantes le long des joues.

Eh bien, on peut avoir une idée assez exacte de la part qui revient à l'une ou à l'autre des deux races étrangères qui ont contribué à la formation des métis anglais, rien qu'en considérant la forme de leurs oreilles, ce qui est plus facile que de rechercher les caractères ostéologiques du crâne et de la face, chez des individus vivants dont le squelette est partout enveloppé, même sur le front, d'une épaisse couche de graisse.

La taille paraît ici être de même jusqu'à un certain point un indice à prendre en considération; et on le comprendra sans peine, en songeant à la différence considérable qui existe entre le nombre des vertèbres lombaires.

C'est donc à juste titre que les éleveurs les plus sagaces, dans l'impuissance où ils étaient de trouver d'autres signes distinctifs, ont résolu de diviser la population porcine anglaise en petites races et en grandes races. Je dis que c'est à juste titre. Mon épithète s'applique, bien entendu, au fait en lui-même, mais non pas à l'expression, car il faut dire, pour être exact, petits métis et grands métis, attendu qu'il n'y a plus depuis longtemps en Angleterre de race porcine déterminée, il n'y a que d'admirables machines animales à fabriquer du lard aux meilleures conditions de prix de revient.

Nous allons donc grouper, d'après cette donnée, les métis anglais formant les deux catégories.

Au concours agricole universel de Paris, en 1866, on avait admis dans le groupe dit des grandes races des sujets désignés au catalogue de la manière suivante, avec l'indication de leur pelage :

Surrey, blanc ; yorkshire, blanc ; berkshire, noir et blanc ; manchester, blanc légèrement taché de noir ; wobburn, blanc ; derby ;

Dans le groupe des petites races :

Leicester, blanc ; berkshire, noir et blanc ; yorkshire, blanc ; cumberland, blanc ; windsor, blanc ; folkington, blanc ; new-leicester, blanc ; middlessex, blanc ; essex, noir ; de Bushey, blanc ; chichester, noir ; nottingham, blanc ; suffolk, noir ; hampshire, blanc et noir.

A ce concours, où soixante-douze animaux anglais, mâles ou femelles, étaient exposés, ceux inscrits sous le nom de yorkshire entraient dans le nombre pour vingt-sept, plus du tiers. On remarquera, en outre, qu'ils figuraient à la fois dans les deux groupes des prétendues races, de même que les sujets de Berkshire ; ce qui montre bien que la provenance n'est pour rien dans la distinction.

Quoi qu'il en soit, sans nous astreindre à faire l'histoire sommaire de toutes ces familles anglaises, bornons-nous à passer en revue les plus connues en France, c'est-à-dire celles qui ont été le plus souvent introduites chez nous.

Yorkshire ou Manchester. — Dans les comtées d'York, de Lincoln et de Lancaster, qui sont voisins, on trouve des porcs de petite, de moyenne et de grande taille, dont on a fait, bien entendu, trois sous-races de la race yorkshire. Nous n'allons pas les décrire, assurément; qu'il nous suffise de dire que ces porcs, dont la précocité et l'aptitude à l'engraissement sont très-grandes, ont été formés par le croisement de l'ancienne femelle du yorkshire, appartenant au type à oreilles larges et tombantes, avec les races asiatique et napolitaine ou leurs métis. Au corps plus ou moins long, au squelette léger, les porcs dont il s'agit ont les oreilles moyennes et horizontales, comme le type napolitain, la face moyenne, également, de ce type, mais ils n'en ont point le pelage. Le leur est blanc jaunâtre ou bleuâtre. Ils ont la cuisse charnue, qui fournit le jambon d'York, fort renommé, comme on sait.

Le porc yorkshire de grande taille est celui de tous les métis anglais qui s'éloigne le moins, sinon par son aptitude, du moins par ses formes générales, de la souche mère, représentée chez nous par le porc craonnais.

Leicester ou New-Leicester. — Ce n'est plus l'ancienne race dite de Dishley, que l'on retrouve dans les porcs actuels du comté de Leicester. Backewell s'était borné à développer l'aptitude de la race locale, en lui appliquant ses procédés de gymnastique fonctionnelle et de sélection consanguine. Là comme partout, le croisement est venu apporter la variabilité (voy. les grav. 87 et 88, sur lesquelles les deux types asiatique et napolitain se montrent si clairement); et c'est après que les new-leicester, introduits dans le Yorkshire, ont contribué à métisser sa population. Sur 35 leicesters ayant eu des premiers prix dans nos concours, 10 étaient revenus au type asiatique, 20 au type napolitain, et 5 en voie de retour à l'un ou l'autre.

Les porcs new-leicester sont d'une précocité et d'une facilité d'engraissement que l'on peut qualifier d'excessives; aussi se font-ils remarquer par leur peu de fécondité. Ils atteignent une véritable obésité. Les cas de stérilité y sont très-fréquents.

Grav. 87. — Truie Leicester, ayant fait retour au type asiatique, 1er pr., 2e cat., 3e cl., 1re sect. M. J. Bacary Villiams. Conc. univ., Paris, 1855).

Grav. 88. — Truie new-leicester, ayant fait retour au type napolitain, 1er pr., 2e cat., 3e cl (M. de la Vallette. Conc. rég., Saint-Lô, 1859).

Berkshire. — Lord Barrington et M. Sherrard ont opéré, depuis le commencement du siècle, dans le comté de Berks, des croisements avec la race asiatique de Siam et de Cochinchine et la race napolitaine, en même temps qu'ils soumettaient les produits de ces croisements et métissages alternatifs aux procédés d'élevage dans lesquels excellent les éleveurs anglais. De là est résultée la prétendue race berkshire, au pelage noir et blanc, ou à fond noir parsemé de poils blanc rougeâtre ou jaunâtre, assez constant, qui la distingue des autres métis des mêmes souches, avec lesquels elle se confond d'ailleurs par tous ses autres caractères, surtout par sa variabilité. On peut juger de celle-ci en comparant l'individu de type napolitain (grav. 84) avec celui que représente notre grav. 89, et qui est manifestement en voie de retour au type celtique (grav. 85). Sur 6 premiers prix, on compte 1 asiatique, 4 napolitains, et celui que nous voyons.

Grav. 89. — Verrat berkshire, 1er pr., 1re cat., 3e cl., 1re sect. (M. Edward Bowly. Conc. univ., Paris, 1856).

Les porcs de Berkshire se recommandent surtout par leur rusticité relative. Ils sont assez bons marcheurs, quoique précoces et plus féconds que les précédents.

Coleshill.—Très-analogue au new-leicester par le volume, ainsi qu'au petit yorkshire et aux autres cochons blancs que nous signalerons plus loin, le coleshill, formé par le comte de Radnor, n'a rien qui doive le faire signaler particulièrement.

Essex. — S'il fallait une nouvelle preuve de la supériorité de la sélection sur le métissage, pour arriver en un moindre temps au résultat final, les porcs d'Essex la fourniraient. C'est au commencement du siècle que lord Western commença ses opérations, consistant à croiser et à métisser alternativement la bête du comté par la race napolitaine, et c'est seulement en 1840, soit après quarante années de retours et de tâtonnements, qu'il eut « la satisfaction » de présenter au concours de Cambridge « des animaux symétriques dans leurs formes et remarquables par leur finesse et leurs qualités. » (G. Heuzé). Après sa mort, M. Fisher Hobbs qui continua son œuvre et poursuivit l'amélioration « en croisant l'*essex napolitain* avec l'*essex berkshire*, » de telle sorte que les animaux qu'il présenta en 1857 au concours de Salisbury remportèrent les premiers prix, M. Fisher Hobbs, ajoute le même auteur, s'est trouvé dans la nécessité d'allier à diverses reprises sa race avec la race Napolitaine « pour lui conserver tous ses caractères. »

Et voilà comment les porcs d'Essex peuvent bien être considérés comme constitués en race nouvelle. Depuis 1857, dit M. Heuzé, « M. Clare, de Hindley, près Liverpool, diminua l'ossature de cette *nouvelle race* et augmenta encore son aptitude à l'engraissement.

Courir après la fixité des métis est une tâche devant laquelle la persévérance des plus habiles éleveurs doit nécessairement échouer. On a sur ce sujet des idées bien faussesr en comptant sur le temps pour amener le résultat. Plus le temps avance, plus il éloigne du but, ainsi que nous l'expliquerons plus loin. L'application de la méthode du métissage à l'espèce porcine est la meilleure occasion pour cela, attendu que cette espèce en fournit les exemples les plus nombreux.

Il y a une analogie parfaite entre l'Essex, le Sussex, le Chichester et le Suffolk ; ils sont tous de petite taille et de pelage noir le plus souvent ; tous ils sont très-précoces et de formes symétriques, ce qui est dû aux procédés perfectionnés d'élevage et à la sélection relative dont ils ont été l'objet. Nul doute que si ces procédés avaient été appliqués avec la même persévérance à la souche mère, ils n'eussent conduit plus tôt au même résultat. Personne n'entreprendra de soutenir que plus de soixante années d'efforts en ce genre eussent été nécessaires dans une espèce qui, par sa fécondité, se prête si bien à la sélection.

Les porcs demi-noirs ou blancs que l'on élève dans le comté de Surrey et dans l'Oxfordshire, proviennent de métissages opérés entre l'essex, le berkshire et le yorkshire.

Hampshire. — La souche porcine du comté de Hamp, qui était, paraît-il, très-rustique et dite *race des forêts*, parce que, comme les porcs des premiers temps de notre histoire, elle vivait librement dans les bois, et qui fournissait une viande très-recherchée, a été croisée et métissée de toutes façons avec la race de Cochinchine et les métis d'Essex, de Suffolk, de Leicester et de Berkshire.

Les métis hampshires ont le pelage blanc et noir, comme ceux de Berkshire, avec lesquels on les confond souvent. Ils ont seulement le corps plus allongé, et des formes moins régulières. Le type asiatique y domine aussi plus souvent, car la plupart des porcs de Hampshire ont la face courte et les oreilles petites et dressées. Ils sont plus rustiques et fournissent une viande plus estimée pour les salaisons de la marine anglaise, lorsqu'ils ont vécu dehors, dans les forêts du comté.

Middlessex. — Quelle différence y a-t-il entre le porc de Middlessex et celui dit new-leicester, ou la petite variété du Yorkshire? Aucune, à nos yeux. La famille appelée middlessex n'a pas plus de constance que les autres, bien que les éleveurs qui la produisent se soient appliqués à y fixer le type asiatique pur, en portant ses aptitudes au plus haut degré de développement.

Tous les porcs middlessex que j'ai pu voir, pour mon

compte, étaient en effet ou du type asiatique ou du type napolitain avec un peu moins de taille et de volume seulement. Ce n'est donc point un type intermédiaire et nouveau, méritant une désignation particulière. Sur 12 individus ayant eu des premiers prix dans les concours français et représentés dans les comptes-rendus, 5 sont asiatiques, 4 napolitains et 3 en voie de retour. Telle est la proportion générale.

On s'est appliqué seulement à ne faire reproduire que les soies blanches de la race asiatique.

Windsor. — Ceci est le nom donné, récemment, à la famille des porcs élevés dans les fermes royales d'Angleterre, que dirigeait avec beaucoup de distinction feu le prince-époux ou prince-consort.

Pour donner une idée exacte de l'état des esprits sur les principes fondamentaux de la zootechnie, parmi les praticiens les plus éclairés, au moment où nous écrivons le présent livre, il convient de citer textuellement ce que vient de publier (1866) M. G. Heuzé sur la prétendue race de Windsor. « Elle provient, dit-il, de croisements exécutés successivement depuis 1846 jusqu'en 1854, en alliant entre elles les races suivantes : york-cumberland, york-bedfordshire, suffolk et yorkshire.

« Cette race est de taille très-moyenne, à pelage blanc, et peu élevée sur jambes. Elle est très-précoce et s'engraisse avec une grande facilité.

« Les éleveurs qui l'ont alliée avec des races non améliorées en ont obtenu de bons résultats, mais ils ont reconnu qu'elle n'était pas encore fixée (1). »

(1) *Le Porc, loc. cit.*, p. 54.

La fixité des caractères typiques étant, dans toutes les espèces, le critérium même de la race, on se demande en vertu de quelles notions confuses le nom de race peut être donné à un groupe d'individus dont les caractères ne sont pas encore fixés. La même confusion se montre à propos de toutes les prétendues races porcines anglaises ; et il ne faut pas espérer, sans doute, de ramener les esprits de notre génération à des notions plus exactes. Ce sera l'œuvre du temps, agissant sur ceux qui auront abordé sans parti pris les principes mis en lumière par les études nouvelles.

Au point de vue pratique, il convient maintenant, avant d'arriver à l'examen des métis dits anglo-français, de donner un aperçu des rendements obtenus avec les principales variétés de porcs anglais. Les chiffres qui vont être indiqués ont été constatés par la commission chargée, au concours de Poissy, de suivre l'abatage des animaux primés.

	New-leicester. — 13 mois.	Middlessex. — 7 mois 10 jours.	Berkshire. — 8 mois.	Hampshire — 10 mois.	Essex. — 12 mois.
	kil.	kil.	kil.	kil.	kil.
Poids vif	198.00	131.00	180.00	187.0	158.00
Viande nette, pieds compris	158.00	104.00	152.00	154.00	125.00
Tête.	17 00	7.00	10.00	8.50	8.00
Ratis et crépines	5.60	5 25	6.00	5.50	8 50
Fressure	3.40	2 00	2 50	3.00	2.50
Sang.	3.50	1.50	2 00	4.00	4 00
Intestins	3.70	3.50	2 50	4 00	3.00
Rapport de la viande à 100 du poids vif.	76.77	79.30	84 44	82.36	79.11

Ces chiffres ne représentent pas des moyennes; ils ont été pris au hasard dans les comptes rendus de l'administration de l'agriculture sur des individus déterminés. On trouve, en compulsant ces comptes rendus, des variations considérables, qui montrent à quel point les métis anglais ont peu d'homogénéité. Ainsi, à côté du porc de Hampshire, cité tout à l'heure, et dont la tête ne pesait que 8 kil. 50, on en pourrait mettre un autre ayant une tête du poids de 15 kilogr. On rencontre souvent, comme nous l'avons déjà dit, de ces variations du simple au double. En 1861, deux porcs middlessex ont été primés. La tête de l'un pesait 17 kil. 5, celle de l'autre 18 kilogr. En 1858, celle du middlessex de M. Pavy, prix d'honneur, cité plus haut, ne pesait que 7 kilogr. Et ce n'est pas une question d'âge, puisque ce dernier ayant 7 mois et 10 jours, les autres n'avaient pas plus de 11 mois et de 20 mois. En trois mois la tête d'un porc ne double pas de poids.

Sous le rapport de la valeur économique, c'est-à-dire de l'aptitude à transformer les aliments, la question se pose entre les familles métisses de grande taille et celles de petite taille. Elle fut sur le point de recevoir, en 1856, une solution expérimentale rigoureuse, sur la proposition qu'en fit M. le marquis de Dampierre à M. Chomel-Adam. Celui-ci, dans une lettre adressée au *Journal d'Agriculture pratique* (1), avait préconisé le grand porc du Yorkshire, à l'exclusion des autres de moindre taille, qu'il traitait de « *cochons de salon,* » d'après une expression empruntée à M. Matson. Bientôt M. de Dampierre répondit par cette affirmation : « Pour mon compte, dit-il, voici mon but :

(1) 4e série. T. V. p. 481.

produire, répandre et faire encourager les races porcines qui *produisent le plus de viande proportionnellement à la nourriture consommée*. Or, j'affirme que ce sont les petites races leicester, essex, coleshill, berkshire, qui atteignent ce résultat, et qu'il n'est pas plus donné aux grandes races anglaises qu'aux grandes races françaises de leur être comparées sous ce rapport (1). »

M. de Dampierre conviait, en terminant, son antagoniste à une expérience publique instituée dans ces termes. Sa proposition, d'abord acceptée, fut ensuite éludée un an après. Il n'est pas à notre connaissance que le gant laissé par terre par M. Chomel-Adam ait été relevé par personne. Mais une expérience faite la même année chez M. de la Tullaye, à Château-Gontier, peut donner à cet égard quelques indications. On y opéra comparativement l'engraissement de deux porcs craonnais et de trois new-leicesters.

Les deux premiers étaient âgés de sept mois au 27 novembre 1856, date du commencement de l'expérience; ils pesaient chacun 110 kilogr. Au 31 janvier 1857, leur poids fut, pour l'un, de 160 kilogr., pour l'autre, de 157. Le poids total obtenu en soixante-cinq jours était donc de 97 kilogr. Ils avaient consommé onze hectolitres d'orge évalués 115 fr. 50, et deux hectolitres de pois évalués 32 fr., soit en somme 147 fr. 50, ou 1 fr. 52 par chaque kilogramme de produit.

Des trois new-leicesters, deux étaient âgés de six mois et quinze jours, le troisième, de quatre mois et quinze jours; ils pesaient 50, 45 et 40 kilogr., soit ensemble 135 kilogr. Après les soixante-cinq jours écoulés, ils ont pesé

(1) *Ibid* p. 523.

106, 101 et 99 kilogr. Ils avaient donc gagné 171 kilogr., et n'avaient consommé que huit hectolitres d'orge, d'une valeur de 84 fr., ou 49 centimes par kilogr. de produit.

Ces résultats, rapportés par M. Jamet (1), ne laissent aucun doute sur la facilité de développement et d'engraissement des porcs appartenant à ce qu'on appelle les petites races anglaises, et sur l'avantage qu'il peut y avoir, le débouché étant assuré, à préférer leur élevage à celui des grands animaux français ; mais nous n'avons pas encore à notre disposition les éléments d'une semblable comparaison pour les animaux de Yorkshire. Toutefois, il faut dire qu'en Angleterre, les préférences se dessinent de plus en plus en faveur des petits porcs, qui paraissent décidément d'un entretien plus avantageux. Mais on ne doit point perdre de vue, en présence de cette conclusion, qu'elle ne s'applique qu'aux termes de la question posée plus haut, et nullement à la fonction économique générale de l'espèce. Il servirait peu de produire à meilleur compte, si les consommateurs ne voulaient acheter à aucun prix les produits.

Voyons maintenant ce qui concerne les métis anglo-français. Ils nous montreront que toutes ou presque toutes les variétés anglaises ont été introduites dans notre pays, quelques-unes même depuis fort longtemps, telles que les hampshire et les berkshire à Grignon, les yorkshire, les coleshill, les middlessex, les essex, etc , ailleurs, chez des éleveurs distingués.

C'est en compulsant les catalogues de nos concours régionaux, qu'on peut avoir sur ce sujet des renseignements certains. Les éleveurs qui se livrent à des opérations de

(1) *Ibid.* T. VII, p. 193.

croisement y exposent nécessairement leurs animaux. Le travail que nous allons faire, en indiquant, pour chacune des douze régions de la France, les porcs d'origine anglaise et les métis anglo-français exposés en 1866, donnera une idée exacte de la situation de notre pays, quant à l'élevage des animaux de l'espèce porcine, chez les agriculteurs lancés dans le progrès. Nous indiquerons les régions par le nom de la ville siége du concours, en procédant du Nord au Midi.

Alençon. — Normands, 18 verrats, 15 truies; new-leicester, 9 verrats, 7 truies; berkshire, 3 verrats, 5 truies; essex, 1 verrat, 1 truie; leicester-normands, 4 verrats, 1 truie; berkshire-normands, 2 verrats, 2 truies.

Laon. — Indigènes (craonnais, flamands, ardennais); 7 verrats, 9 truies; yorkshire, 2 verrats, 3 truies; windsor, 2 verrats, 5 truies; leicester-hampshire, 1 verrat; berkshire, 2 verrats, 1 truie; sussex, 1 verrat, 1 truie; middlessex, 1 verrat, 1 truie; windsor-français, 2 verrats, 4 truies; middlessex-craonnais, 1 verrat, 1 truie; berkshire-picard, 1 verrat, 2 truies; woburn-craonnaise, 1 truie; middlessex-boulonnaise, 1 truie; yorkshire-boulonaise, 1 truie; leicester-normande, 1 truie.

Strasbourg. — Alsaciens, 2 verrats, 4 truies; lorrains, 1 verrat, 3 truies; limousine, 1 truie; artésienne, 1 truie; hampshire, 5 verrats, 8 truies; new-leicester, 2 verrats, 3 truies; hampshire-middlessex, 1 verrat, 1 truie; berkshire, 4 verrats, 5 truies; windsor, 1 verrat; hampshire-berkshire, 2 truies; anglo-alsaciens, 2 verrats, 4 truies; middlessex-lorrains, 1 verrat, 5 truies; berkshire-limousin, 1 verrat; windsor-lorraine, 1 truie; hampshire-limousine, 1 truie; alsacienne-chinoise, 1 truie.

Nantes. — Craonnais, 7 verrats, 10 truies; bretons, 2

verrats, 2 truies; augeronnes, 2 truies; coleshill-new-leicester, 1 verrat, 3 truies; yorkshire, 1 verrat, 1 truie; new-leicester, 3 verrats, 11 truies; berkshire, 3 verrats, 4 truies; coleshill-yorkshire, 1 verrat, 1 truie; new-leicester-berkshire, 1 verrat; cochinchinois, 1 verrat; coleshill, 1 verrat, 2 truies; new-leicester-chinoises, 3 truies.

Auxerre. — Craonnais, comtois, vosgiens, normands, 9 verrats, 8 truies; yorkshire, 2 verrats, 3 truies; middlessex, 1 verrat, 2 truies; windsor, 1 verrat; new-leicester, 1 truie; hampshire-middlessex, 2 truies; yorkshire-craonnais, 1 verrat; français-middlessex, 2 verrats, 2 truies; anglo-français, 2 verrats, 1 truie; windsor-champenois, 1 verrat, 1 truie; anglo-craonnais, 1 verrat; yorkshire-bressans, 1 verrat, 1 truie; yorkshire-middlessex-craonnais, 1 verrat, 1 truie; indigène-hampshire, 1 truie; berkshire-comtoise, 1 truie; new-leicester-comtoise, 1 truie; yorkshire-bressane, 1 truie; hampshire-middlessex-craonnaises, 2 truies.

Mâcon. — Indigènes, savoisiens, craonnais-dauphinois, savoisiens-charolais, bressans, charolais, 4 verrats, 7 truies; berkshire, 1 verrat, 4 truies; middlessex, 1 verrat, 1 truie; essex, 1 verrat, 2 truies; yorkshire-new-leicester, 1 verrat, 1 truie; new-leicester, 2 verrats, 2 truies; hampshire, 3 verrats, 3 truies; essex-tonkin, 1 verrat, 1 truie; yorkshire, 1 verrat, 1 truie; coleshill, 2 truies; berkshire-windsor, 1 truie; middlessex-essex-tonkine, 1 truie; middlessex-charolais, 2 verrats, 2 truies; anglo-charolais, 1 verrat; yorkshire-bressans, 1 verrat, 1 truie; middlessex-bressannes, 2 truies; anglo-bressanne, 1 truie; new-leicester-bressanne, 1 truie.

Châteauroux. — Craonnais, charolais, berrichons, 11 verrats, 5 truies; anglais non-désignés, 2 verrats,

7 truies ; berkshire-hampshire, 1 verrat, 2 truies ; windsor, 2 verrats, 2 truies ; middlesex, 1 verrat, 3 truies ; new-leicester, 7 verrats, 8 truies ; suffolk, 1 truie ; berkshire-hampshire, 2 truies ; middlesex-berkshire, 2 truies ; middlessex-hampshire, 1 truie ; middlessex-berkshire-berrichons, 1 verrat, 2 truies ; craonnais-anglais, 2 verrats, 3 truies.

La Rochelle. — Craonnais, limousins, 5 verrats, 9 truies ; anglais non-désignés, 2 verrats, 3 truies ; middlessex, 3 verrats, 1 truie ; manchester-yorkshire, 3 verrats, 4 truies ; berkshire, 2 verrats, 3 truies ; coleshill, 1 verrat, 1 truie ; coleshill-manchester, 1 truie ; berkshire-hampshire, 1 truie ; manchester-poitevins, 1 verrat, 1 truie ; anglo-poitevins, 1 verrat, 1 truie ; craonnais-berkshire, 1 verrat ; limousine-manchester, 1 truie.

Mende. — Indigènes (probablement métis-napolitains), 2 verrats, 4 truies. Étrangers et anglais, non-désignés, 3 verrats, 2 truies ; leicester-hampshire, 1 verrat ; windsor, 1 verrat, 2 truies ; hampshire, 1 verrat, 3 truies ; berkshire-tonkines, 2 truies. Croisés, non-désignés, 3 verrats, 5 truies ; chinois-quercy, 1 verrat ; new-leicester croisés, 2 verrats, 4 truies ; quercy croisée, 1 truie ; berkshire croisée, 1 truie.

Albi. — Limousins, marchois, périgourdins, aveyronnais, albigeois, tarnais, 8 verrats, 14 truies. Anglais, non-désignés, 2 verrats, 1 truie ; berkshire, 4 verrats, 2 truies ; middlessex, 2 verrats ; new-leicester, 3 verrats, 5 truies ; essex-berkshire, 1 verrat ; hampshire, 1 verrat ; tonkin, 1 verrat ; essex-berkshire-yorkshire, 2 truies ; yorkshire, 2 truies ; new-leicester-middlessex, 1 truie ; tonkine-leicester, 1 truie ; essex-berkshire-kentucky, 2 truies. Yorkshire-middlessex-limousins, 1 verrat, 1 truie ; anglo-limousins, 3 verrats, 1 truie; chinois-indigène, 1 verrat; new-leicester-limousine, 1 truie; anglo-périgourdine, 1 truie; limousines-berkshire, 2 truies; chinoise-périgourdine, 1 truie.

Foix. — Indigènes, ariégeois, craonnais, 5 verrats, 6 truies. Anglais, non-désignés, 2 verrats, 3 truies; leicester-kentucky-berkshire, 1 verrat; essex, 2 verrats, 2 truies; new-leicester, 1 verrat, 1 truie; windsor, 1 verrat, 1 truie; manchester, 1 verrat, 1 truie; essex-new-leicester, 1 truie; windsor, 1 verrat, 1 truie; manchester, 1 verrat, 1 truie; essex-new-leicester, 1 truie; new-leicester-essex-manchester, 1 truie; berkshire, 2 truies; kentucky-cumberland, 1 truie. Craonnais-manchester, 1 verrat, 2 truies; yorkshire-gascons, 1 verrat, 2 truies; yorkshire-périgourdin, 1 verrat; croisés non-désignés, 1 verrat, 5 truies.

Avignon. — Indigènes, néant; new-leicester, 1 verrat, 1 truie; berkshire, 1 verrat, 1 truie; middlessex-yorkshire, 1 verrat, 1 truie; middlessex, 1 verrat, 1 truie; essex, 2 verrats, 2 truies; anglais, non désigné, 1 verrat; essex-leicester, 1 truie; bressanne croisée, 1 truie; essex-quercy, 1 truie.

Le relevé qui précède met en lumière plusieurs faits importants. Avant d'y insister, faisons ressortir d'abord les incertitudes de nomenclature dont il est la fidèle image.

« La confusion dans les termes est l'indice certain de la confusion des idées, » disions-nous en esquissant notre aperçu historique sur les origines de la zootechnie. A ce titre, l'exploitation de l'espèce porcine en France nous fournit l'exemple frappant d'un désordre complet. Il est évident que nos éleveurs de porcs se meuvent en plein dans l'empirisme. A de rares exceptions près, ils en sont encore aux tâtonnements, opérant toutes sortes de mélanges, avec des sujets auxquels bon nombre d'entre eux ne savent même pas donner un nom, tandis que beaucoup d'autres leur en donnent arbitrairement plusieurs.

Toutefois, s'il est permis de considérer notre relevé des dernières expositions régionales comme exprimant exactement l'état des choses, chez l'élite des éleveurs, en récapitulant les nombres énoncés, nous arriverons à un résultat intéressant, qui nous donnera la mesure de la transformation que l'élevage des porcs est en train de subir dans notre pays.

Il appert, premièrement, de ce relevé, que les métis anglais sont dès à présent répandus en forces plus ou moins grandes dans toutes les régions, du Nord au Midi et de l'Est à l'Ouest. Nous aurions pu l'affirmer d'après des observations personnelles; l'exposé des faits exclut à cet égard toute espèce de doute.

Sur la question agitée tantôt entre M. Chomel-Adam et M. le marquis de Dampierre, de savoir si la préférence doit porter sur les plus grands ou sur les plus petits de ces métis, nous pouvons avoir par là, secondement, l'indication du sens dans lequel les éleveurs se sont prononcés. En dépit des incertitudes de la nomenclature, nous ne risquons pas beaucoup de nous tromper en considérant comme seuls représentants de ce qu'on appelle les grandes races, les individus inscrits sous les noms de Yorkshire ou de manchester et la moitié de ceux inscrits comme berkshires. Tous les autres métis anglo-chinois ou anglo-napolitains appartiennent aux prétendues races de petite taille.

En somme, il a été exposé 601 individus, mâles ou femelles de l'espèce porcine, dans les concours régionaux de 1866. Sur ce nombre, il y avait 181 individus de race indigène, 296 des prétendues races anglaises, et 124 métis anglo-français; le tout d'après les déclarations des exposants portées aux catalogues.

Si maintenant nous décomposons le chiffre des animaux anglais sur les bases posées plus haut, nous trouvons que les individus de grande taille n'y entrent que pour 55 seulement; et il faut faire remarquer, à ce sujet, que nous avons partagé par égale portion entre les grands et les petits le nombre des individus portés comme anglais, sans autre désignation. Fussent-ils tous de l'une ou de l'autre catégorie, il n'en résulterait pas moins une énorme disproportion entre les deux chiffres. Cette disproportion est en faveur, on le voit, des petites races, comme 241 est à 55; et en parcourant l'exposé des faits, on s'apercevra bien que ce n'est pas une affaire de système de culture, car il se trouve des grands porcs anglais presque partout. L'expérience semble donc avoir démontré que les petits sont préférables. En tout cas, l'observation prouve qu'ils sont préférés.

Elle prouve aussi que leur introduction en France a pris une grande extension et qu'ils y sont exploités plutôt en vue du commerce que du métissage. En effet, s'il en était autrement, on ne verrait point leur nombre être supérieur à celui de leurs métis dans les expositions. Pour 296 sujets anglais, il n'y a eu, en 1866, que 124 anglo-français.

Si l'on faisait le même travail pour la race bovine de Durham, par exemple, on ne manquerait point de constater un résultat inverse. Les proportions seraient renversées et avec un écart bien autrement grand.

Nous dirons, dans le prochain chapitre, si c'est là, pour

l'élevage français, la meilleure voie à suivre, auparavant il faut, pour terminer celui-ci, fournir sur le rendement des métis anglo-français quelques indications puisés aux mêmes sources que les précédentes sur les métis anglais. En voici le tableau :

	Middlessex-craonnais.	New-leicester-augeron. — 11 mois	Berkshire croisé. — 8 mois.	Anglo-limousin. — 14 mois.
	kil.	kil.	kil.	kil.
Poids vif.	209.00	255.00	180.00	228.00
Viande nette, pieds compris	166.00	216 00	152.00	187.00
Tête.	18.00	10.50	10.00	10 00
Ratis et crépines.	7.00	6.50	6.00	6.00
Fressure.	3.20	3.75	2.50	4.00
Sang.	3.20	5.00	2 00	7.00
Intestins.	4.00	3.50	2 50	6.00
Rapport de la viande à 100 du poids vif.	79.43	84.70	84.44	82 01

En comparant ce tableau à celui des métis anglais, on remarquera que les chiffres du rendement en viande nette sont ici partout supérieurs, même en proportion du poids vif. D'un autre côté, dans la classification de la valeur des viandes de porc, par Baudement, les new-leicester-craonnais et les middlessex-craonnais ont eu le pas sur les cochons anglais. Le savant zootechniste les cote au chiffre 9.600, le maximum de qualité étant 10, comme l'on sait. Même en se plaçant à son point de vue, ils méritent donc la préférence sous tous les rapports. Cela est encore plus vrai, si l'on songe que l'exagération de l'épaisseur du lard n'est pas chez nous une chose qui soit partout recherchée.

La question a une autre face qu'il ne faut point négliger. Je veux parler de l'aptitude comme consommateur. Elle est, sans aucun doute, résolue en faveur des individus de souche anglaise, ainsi que nous l'avons montré; mais elle se complique de la considération du débouché et ne peut être appréciée exactement, en conséquence, que pour chaque situation particulière. Nous y reviendrons.

CHAPITRE IV

APPLICATION DES MÉTHODES ZOOTECHNIQUES AUX RACES PORCINES

Méthodes applicables. — Nous avons vu que toutes les méthodes zootechniques ont été appliquées à l'espèce porcine et le sont encore d'une manière indiscontinue, en Angleterre et en France.

Il n'y a guère d'espèce domestique, en vérité, qui puisse se prêter plus facilement à toutes les tentatives d'amélioration, en raison de la facilité même avec laquelle elle pullule et du peu de temps qu'il faut à l'individu pour atteindre le degré de développement nécessaire à la manifestation de sa faculté de reproduction. Les femelles les moins fécondes donnent cinq ou six gorets à chaque portée, et il y a beaucoup de truies qui peuvent faire jusqu'à trois portées par an, bien qu'il soit préférable de ne leur en faire faire que deux; la plupart en donnent de huit à dix, et elles peuvent sans inconvénient mettre bas avant l'âge d'un an.

Ces circonstances sont singulièrement favorables à toutes sortes d'essais, le temps étant, dans toutes les opérations zootechniques, celui de tous les facteurs dont il importe le plus de pouvoir disposer à son gré. Aussi voit-on bon nombre d'éleveurs mener de front, dans la même porcherie, l'application de la gymnastique fonctionnelle, de la sélection, du croisement et du métissage, afin de pouvoir faire, en connaissance de cause, un choix entre ces diverses méthodes, toutes applicables par conséquent, dans des conditions que nous avons à déterminer.

Gymnastique fonctionnelle. — Comme pour toutes les autres espèces, la gymnastique fonctionnelle se combine nécessairement dans l'exploitation économique de celle du cochon, avec chacune des autres méthodes. Quel que soit le mode de reproduction employé, le développement de l'aptitude transmise par la génération dépend toujours de l'exercice qui lui est imprimé. Au point où nous en sommes arrivés, il serait surabondant d'insister à cet égard.

Après ce qui a été dit, en outre, de la fonction économique de l'espèce, il va de soi que la seule gymnastique applicable ici est celle des fonctions de nutrition, qui procure la précocité; mais on a compris, sans aucun doute, que les avantages de la précocité, chez le porc, ne peuvent pas être envisagés d'une façon absolue. Elle a deux écueils, l'un physiologique, l'autre économique, qui commandent de la modérer à divers degrés.

S'il s'agit de la production de la graisse, elle ne saurait en principe être poussée trop loin. Plus l'animal est précoce, plus il s'engraisse facilement. C'est un fait qui n'a plus besoin de démonstration. Mais là se présente l'écueil physiologique dont nous venons de parler, et sur lequel l'attention a été appelée déjà dans le chapitre consacré à l'étude des effets de la consanguinité (1). L'aptitude à l'accumulation de la graisse cesse d'être normale au delà d'une certaine limite. Dès qu'elle devient l'obésité, c'est un état pathologique, et sa conséquence la plus ordinaire, sinon obligée, est de porter atteinte à la faculté de reproduction: elle entraîne le plus souvent un affaiblissement de la fécondité, qui devient bientôt, si l'on n'y met ordre, une complète stérilité. Tous ceux qui ont élevé des porcs très-précoces et très-aptes à l'engraissement ont observé ce fait.

Il importe donc, dans l'application de la gymnastique fonctionnelle en vue de l'aptitude dont nous nous occupons, d'être toujours en garde contre cet écueil, de ne pas dépasser la limite au delà de laquelle commence l'état pathologique. Cette limite, il n'y a pas de signes objectifs qui puissent permettre de la fixer d'une manière précise; elle varie suivant les individus; c'est l'observation attentive qui la fait saisir. Toutefois, on peut dire en thèse générale que les individus issus de parents très-précoces, et devant eux-mêmes se reproduire, seront toujours avantageusement maintenus à un régime substantiel et tonique, qui les entretienne en bon état, sans les engraisser outre mesure; et cela d'autant mieux que leur propension individuelle les y porterait davantage.

Il arrive un moment où la gymnastique fonctionnelle ne peut plus que faire dépasser le but. Ce but une fois atteint, il convient de renoncer à son usage, ou tout au moins de le modérer, en ne donnant aux jeunes animaux que la ration nécessaire pour leur faire atteindre un développe-

(1) Voy. *Principes généraux*, p. 147.

ment égal à celui de leurs parents. Les reproducteurs, dans tous les cas, ne doivent recevoir que la ration d'entretien. C'est ici l'un des cas rares où il soit permis de dire que le mieux est l'ennemi du bien.

La modération de la méthode est encore commandée, avons-nous dit, par une considération de l'ordre économique. L'écueil, en l'occurence, se présente plus tôt. Bien avant que l'aptitude à l'engraissement précoce puisse avoir la stérilité pour conséquence, elle communique à la viande du porc des qualités qui ne sont pas celles dont la plupart des consommateurs français font le plus grand cas ; elle nécessite aussi pour les porcs un genre de vie, un régime auquel les habitudes du plus grand nombre des nourrisseurs, dans certaines régions de la France, ne peuvent pas se prêter.

Nous n'avons pas à discuter ici le goût des consommateurs, ni leurs habitudes; il nous suffit de les constater pour en déduire la nécessité de s'y conformer, tant qu'ils subsisteront, si l'on veut opérer l'élevage dans les conditions du succès de toute entreprise zootechnique.

Mais dans le présent cas, ce n'est pas en elle-même que la gymnastique des fonctions de nutrition peut être utilement modérée, c'est par celle des fonctions de relation. L'exercice musculaire que procure un parcours de quelques heures, combiné avec une alimentation abondante et très-nutritive, dans le jeune âge, maintient la précocité dans les limites compatibles avec les nécessités économiques énoncées.

Le conseil pratique à donner au commun des éleveurs de porcs français, remarquables par la bonne qualité de leur viande pour les usages auxquels cette viande est utilisée dans les campagnes, c'est donc seulement de nourrir plus abondamment et avec des aliments de meilleur choix les truies mères qui allaitent, et les jeunes gorets, avant et après le sevrage. Par cela tout seul, l'aptitude de la race s'améliorera, et leurs élèves payeront largement la nourriture consommée ; car il ne faut pas oublier que les porcs se vendent au poids, et que chaque kilogramme de ce poids coûte d'autant moins à produire, toutes choses égales d'ailleurs, qu'il a été obtenu en moins de temps.

Sélection. — L'application de la sélection absolue à l'espèce porcine ne comporte pas de règles particulières. Grande puissance d'atavisme des reproducteurs, attestée par une longue lignée d'ascendants purs : telle est ici comme partout la nécessité essentielle; car l'existence des caractères typiques de la race ne suffit point toute seule pour assurer le résultat, l'hérédité individuelle pouvant être contrebalancée par un atavisme étranger, surtout si cet atavisme ne remonte pas au delà de quatre générations.

Quant à la sélection relative, elle a pour base les formes et les aptitudes indiquées au chapitre des types de conformation (p. 511). Elle s'exerce en cherchant à réaliser chez les deux reproducteurs à la fois — ce qui est la condition la plus favorable à l'hérédité individuelle — celles de ces formes et de ces aptitudes qui sont le plus propres à mettre le produit en état de remplir complétement sa fonction économique. Le nom de la sélection relative indique assez, d'ailleurs, le mode d'application de la méthode, pour qu'il ne soit pas nécessaire d'insister à propos d'une espèce dans laquelle cette fonction est des plus simples. Les principes généraux étant bien connus, la pratique s'en déduit avec la plus grande facilité.

Croisement. — Dans l'état actuel des choses, la méthode du croisement, en son sens exact, trouve chez nous peu d'applications à l'espèce porcine. A l'énoncé de cette proposition, on se récriera sans doute, en songeant aux faits d'introduction d'animaux étrangers, dont on a lu précédemment le tableau; mais je ferai remarquer que ce tableau même est la meilleure preuve de ce qui vient d'être avancé.

En effet, les métis anglo-français, dont il a mis en évidence la production sur tous les points de nos diverses régions, ne sont pas des produits du croisement, mais bien du métissage; car, ainsi que nous l'avons vu, les animaux anglais importés sont eux-mêmes des métis. Il y a toujours avantage à se servir d'un langage exact : les questions en sont simplifiées.

Quelques rares éleveurs croisent en France la race indigène ou celtique, avec la race asiatique, dite chinoise, tonkine ou siamoise. Quant à ne pas s'en tenir à l'amélioration des aptitudes de la race indigène par la gymnastique fonctionnelle, il y a maintenant mieux à faire que cela. L'aptitude à l'engraissement et la précocité des métis anglais sont évidemment supérieures à celles de leurs souches étangères, asiatique ou napolitaine. Nous en avons donné des preuves en les décrivant. C'est donc au métissage et non pas au croisement que les éleveurs français doivent demander leurs produits améliorés. C'est du reste ce qu'ils font en plus grand nombre, ainsi que nous l'avons vu.

Métissage. — L'application du métissage à l'espèce porcine comporte les deux procédés de la méthode. Les éleveurs qui, multipliant dans leurs porcheries des individus d'origine anglaise, croient faire de la sélection absolue et reproduire une race, n'accouplent que des métis entre eux et font par conséquent du métissage. Cela n'enlève rien au mérite propre de leurs opérations; mais, encore une fois, il importe d'appeler les choses par leur nom.

Ils font encore du métissage, suivant le second mode, ceux qui accouplent des verrats anglais avec des truies françaises, par cela seul que les verrats anglais sont eux-mêmes des métis. Personne ne conteste qu'ils soient des produits de croisement, et nous n'avons plus à démontrer que le croisement n'a jamais pu nulle part donner naissance à aucune race nouvelle.

Cela dit et mis hors de contestation, il reste à savoir seulement si l'opération du métissage avec les métis anglais, si la production des métis anglo-français, en d'autres termes, est une bonne entreprise zootechnique, considérée d'après les bases économiques posées pour toutes les entreprises du même genre.

Nous avons exposé, dans le chapitre précédent, les éléments de la solution à donner à cette question. Elle ne peut être formulée d'une manière absolue, contrairement à l'opinion des auteurs les plus récents; mais il est permis néanmoins de dire que, dans le plus grand nombre des cas, elle se formule par l'affirmative, dès à présent. L'observation oblige d'y apporter une restriction, pour les localités où les porcs ont à chercher leur nourriture dehors, durant la plus grande partie de l'année.

Quoi qu'il en soit, la pratique du métissage n'entraîne point des obligations qui soient spéciales à l'espèce porcine. Le choix du reproducteur étranger s'éclairera de l'étude que nous avons faite des métis anglais, et la nécessité de conserver en même temps pure, à côté, la race indigène, pour effectuer ce métissage dans les meilleures conditions de la production de la viande, ressort de la comparaison faite sous ce rapport entre les métis anglais et les métis anglo-français.

Avec cela, en combinant la sélection relative, la gymnastique fonctionnelle et le métissage, c'est-à-dire en choisissant parmi les verrats anglais des petites variétés les mieux douées de puissance héréditaire, middlessex, new-leicester ou berkshire, et en nourrissant bien les produits, on arrivera nécessairement à de bons résultats, si la situation économique est propre à la production avantageuse des porcs perfectionnés.

Mais il ne faut pas se dissimuler que dans l'espèce porcine, plus encore qu'en aucune autre, l'application de la méthode du métissage est celle qui exige le plus de connaissances, d'attention et d'habileté de la part de l'éleveur, à cause de l'incertitude de ses résultats et des conditions diverses dont le concours seul peut assurer son succès.

CHAPITRE V

DE L'ENGRAISSEMENT DANS L'ESPÈCE PORCINE

Procédés d'engraissement. — Pour le porc qui ne doit pas se reproduire, l'existence se traduit en ces deux termes fort simples : vivre vite, pour mourir le plus tôt possible. On n'attend pas de lui d'autre service que celui de sa dépouille mortelle. Aussi son existence proverbiale se borne-t-elle à manger. On lui en fait un crime ; on le dit à la fois sale et bête, immonde. Encore un cas dans lequel nous chargeons le pauvre animal d'une responsabilité qui nous revient.

Nous n'aurions pas la place d'entreprendre une réhabilitation du cochon; bornons-nous à dire que les bons observateurs qui l'ont étudié abandonné à ses instincts naturels, ont de son intelligence et de ses mœurs une meilleure opinion. C'est une espèce à joindre au chapitre des bêtes calomniées par celui qui les a perverties.

Le cochon domestique, le porc, vit donc pour manger et s'engraisser le plus promptement possible. Son engraissement est la chose la plus simple du monde; il s'opère suivant deux procédés seulement : d'abord à la glandée, dans les forêts, ou bien au parcours dans les champs, puis à la porcherie pour le terminer : c'est le procédé mixte, qui est le plus usité; à la porcherie exclusivement, ce qui est le cas des individus précoces.

L'alimentation des porcs à l'engrais est du ressort de l'hygiène. Les aliments les plus favorables au développement de la graisse, ainsi que les préparations à leur faire subir ont été indiqués (1). Nous n'avons donc à nous occuper ici que du choix des animaux d'engrais et des opérations qui ont pour but de rendre l'engraissement plus économique et plus facile.

Ces opérations sont le bouclement pour les animaux qui vont aux champs, et l'émasculation pour tous. Il n'y a rien à dire sur les conditions économiques de l'engraissement des porcs, par rapport aux autres spéculations dont l'espèce pourrait être l'objet, puisqu'ici le choix n'a point à s'exercer.

(1) Voy. *Hygiène*, p. 251.

Choix des bêtes d'engrais. — Sous les rapports de la conformation individuelle et de l'aptitude de la race pour l'engraissement, nous pouvons renvoyer à ce qui a été dit dans les chapitres précédents. Toute notre étude de l'espèce porcine a dû être dominée, nécessairement, par le point de vue où nous sommes en ce moment placés attendu l'unité de fonction économique de cette espèce. La description des races et de leurs métis, l'examen comparatif de leurs aptitudes, ainsi que l'énoncé des caractères secondaires de la belle conformation, de la conformation parfaite, dans l'espèce, fournissent tous les éléments d'un choix judicieux des bêtes d'engrais, quant à ce qui concerne les deux points essentiels de ce choix.

Pour ce qui est du sexe, il n'a pas d'importance, le premier soin à prendre, chez les bêtes à engraisser, étant de neutraliser de bonne heure son influence par l'émasculation, dont nous nous occuperons plus loin. Ici, la pratique qui devrait, en bonne économie du bétail, s'étendre dans toutes les espèces à tous les individus des deux sexes soumis à l'engraissement, est de temps immémorial généralisée. L'émasculation des gorets est une opération tellement usuelle et si inoffensive, qu'il n'y a même pas, à bien prendre, d'hommes spéciaux pour la pratiquer. Ce sont les marchands de cochons ou les porchers qui s'en chargent le plus ordinairement.

Il reste donc seulement la considération de l'âge le plus convenable pour mettre les porcs à l'engrais.

Cet âge varie, évidemment, suivant le degré de la précocité. D'après l'examen de vingt-cinq animaux gras de la race française ou celtique, et de trente-quatre métis anglais ou anglo-français, Baudement a dressé un tableau qui peut fournir d'utiles indications à cet égard. En le dressant, il s'est placé au point de vue de la qualité de la viande, telle qu'il la comprenait; mais on sait que ce point de vue est surtout celui d'une bonne répartition de la graisse et du fini de l'engraissement. Il est, par conséquent, tout à fait dans les conditions que nous cherchons en ce moment.

Avant de reproduire ce tableau, rappelons que les chiffres placés en regard des âges considérés expriment la cote de la qualité relative, le nombre 10 étant toujours pris comme maximum.

	Porcs français.	Métis anglais ou anglo-français.
5 mois 10 jours	»	9. »
6 mois 15 j. à 6 m. 22 j. .	»	9.500
7 mois à 7 m. 15 j. . .	»	9.400
8 mois à 8 m. 15 j. . .	3. »	8.750
9 mois à 9 m. 15 j. . .	8. »	7. »
10 mois.	10. »	8.500
11 mois à 11 m. 10 j. . .	5.333	7.500
1 an à 1 an 15 j. . . .	8.750	6.333
1 an 1 mois.	8.200	7. »
1 an 2 m.	7. »	7. »
1 an 3 m.	6.500	10. »
1 an 4 m. à 1 an 4 m. 15 j.	»	10. »
1 an 5 m. à 1 an 5 m. 15 j.	6.500	»
1 an 6 m. 15 j. . . .	»	7. »
1 an 10 m.	8.500	»
1 an 11 m.	»	9. »
2 ans.	»	7. »
2 ans 7 m.	»	8. »
Moyennes. . . .	7.360	8.206

On se tromperait peut-être, si l'on considérait les faits ainsi exprimés comme donnant la loi générale de l'âge auquel les porcs s'engraissent le mieux et le plus avantageusement. Il n'en ressort rien qui ressemble à cela. Nous ne les consignons qu'à titre de simples renseignements. On ne s'écartera pas toutefois beaucoup de la vérité, en admettant que l'âge de dix mois à un an est pour les porcs français l'âge le plus favorable, en général, et pour les anglais ou leurs métis, celui de six à dix mois.

C'est la conclusion provisoire à laquelle les études de Baudement l'avaient conduit. « Les races porcines anglaises et leurs croisements peuvent, dit-il, donner des produits âgés de six à dix mois, dont la qualité est supérieure à celle des porcs français de même âge; à une période plus avancée, les porcs des deux classes ont une qualité à peu près égale. »

Avant de clore ce qui, dans le présent ouvrage, peut se rapporter aux questions de rendement et de qualité des viandes, il sera bon de donner au savant et si regrettable zootechniste, dont nous avons souvent invoqué les travaux sur ces questions, acte de la déclaration par laquelle il a terminé le dernier de ceux que nous connaissions. Voici cette déclaration :

« En donnant une idée des résultats fournis par les observations sur le rendement des animaux de boucherie et sur la qualité de leur viande, nous avons répété plusieurs fois que les conséquences auxquelles on est arrivé aujourd'hui ne peuvent pas encore être considérées comme définitives. Elles semblent, cependant, avoir dès à présent une certaine constance; nous avons voulu en présenter le résumé pour constater l'état de nos connaissances sur ces questions, et pour faire mieux sentir l'intérêt qu'il y aurait pour les éleveurs à ce que la valeur de nos machines à viande fût plus rigoureusement établie pour le rendement en quantité et en qualité de leurs produits (1). »

Je m'associe, pour ma part, complétement à cette façon

(1) *Livre de la ferme*, t. Ier, p. 940.

d'envisager le problème de la production de la viande, qui est d'un vrai savant, et j'y joins l'expression de mon vœu que des études si bien commencées en ce sens puissent être continuées. C'est après avoir réuni un très-grand nombre de faits observés dans toutes les conditions possibles, qu'on arrivera seulement à formuler des conclusions précises et rigoureuses, à faire passer définitivement le problème à l'état de théorème, ce qui est la visée nécessaire de toute science sérieuse. Jusque-là nous n'aurons sur ces matières que des approximations, prises trop souvent par les empiriques, les doctrinaires et même les novices, pour des articles de foi.

Émasculation. — Les verrats et les truies réformés sont châtrés avant d'être soumis à l'engraissement ; mais c'est de l'émasculation des porcelets que nous avons surtout à nous préoccuper, pour déterminer le moment le plus convenable de l'opération.

La question est ici la même que dans toutes les autres espèces, et elle a donné lieu aux mêmes controverses. L'idée, purement hypothétique, que la présence des organes essentiels de la génération favorise le développement du sujet, a été invoquée pour faire admettre que la neutralisation devait être effectuée le plus tard possible. Dans l'espèce du cochon, cette idée supporte encore moins l'examen que dans aucune autre ; car la seule considération qui pourrait lui donner quelque caractère de vraisemblance, celle de l'influence sexuelle, chez le mâle surtout, sur le développement des os et de la puissance musculaire, est ici nécessairement absente.

Chez le jeune porc, mâle ou femelle, l'ablation des testicules ou des ovaires est une opération d'une remarquable bénignité. Qui n'a pas vu, sur quelque champ de foire, un porcher extirper sans la moindre précaution les ovaires d'une jeune truie, et souvent avec une portion plus ou moins forte de l'utérus, après lui avoir ouvert le ventre à l'aide de son couteau de poche; puis la truie, sa plaie recousue, se précipiter au milieu de ses compagnons pour leur disputer sa part du maïs jeté sur le sol pour les occuper? L'opération faite, il n'y a plus à s'en occuper. Les parties déchirées et coupées se réparent toutes seules. De même pour l'ablation des testicules, encore plus facile et plus simple.

Eh bien, pour si faibles que soient les chances d'accident, elles diminuent à mesure que l'opération est pratiquée à un âge moins avancé, et la réparation des désordres qu'elle nécessite retentit d'autant moins sur l'économie de la bête, que celle-ci est plus jeune.

Il faut donc renverser la proposition de tout à l'heure et dire que le développement de l'animal s'effectue d'autant mieux, eu égard au but qu'il doit atteindre, que cet animal est privé plus tôt des attributs essentiels de la sexualité. La seule limite imposée à l'émasculation hâtive est, par conséquent, celle du développement même de ces attributs. Dès qu'ils sont accessibles, ils doivent être enlevés.

Le cas se présente vers l'âge de trois semaines à un mois, quelquefois même auparavant, chez les femelles surtout.

Bouclement. — L'instinct du cochon le porte à fouiller la terre avec son groin, pour y trouver des racines ou des tubercules dont il est friand, même des lombries ou des larves, qu'il ne dédaigne pas non plus.

Cette opération de sa part cause du dommage aux cultures, ou dérange l'économie des cours dans lesquelles on lui laisse prendre ses ébats. Pour la prévenir, on a imaginé de ficher dans le groin une ou plusieurs petites tiges de fer recourbées ensuite en forme d'anneau, les extrémités réunies. On se sert pour cela de lames étroites et pointues de fer doux, de fil d'archal, ou simplement de clous à ferrer les chevaux, passés dans le bord saillant du groin, entre les deux narines. Lorsque l'animal ainsi bouclé veut se servir de son boutoir, la pression du fer sur les parties vives lui est douloureuse, et, pour éviter la douleur, il s'abstient du plaisir de fouiller.

Il y a sans doute quelque chose de barbare dans cette pratique, et la Société protectrice des animaux s'en serait certainement émue, si elle ne semblait avoir exclu le cochon du nombre de ses protégés. Mais, hélas! n'est-il pas écrit que le bien s'achète souvent au prix d'une douleur? Et d'ailleurs il n'y a que les porcs vagabonds qui fouillent. Les aristocrates de l'espèce, toujours assis à une table, je veux dire à une auge abondamment, sinon somptueusement servie, n'y songent pas; aussi le bouclement leur est épargné. C'est notre histoire à tous : aux pauvres la besace!

Hygiène des porcs à l'engrais. — Encore deux iniquités graves à signaler, et nous avons fini.

Le porc est sujet à des affections parasitaires, caractérisées par la présence d'helminthes vésiculaires ou filiformes dans son appareil musculaire.

L'une, connue depuis longtemps sous le nom de *ladrerie*, altère profondément la qualité de sa viande et se décèle toujours par l'existence de petites granulations blanchâtres sous la muqueuse inférieure de la partie libre de sa langue, où un examen attentif les fait facilement reconnaître. Ces granulations sont produites par autant devésicules du *cisticerque ladrique* (*Cysticercus cellulosa*, Rud.), qui n'est qu'une des phases de développement du *ver soli-*

taire de l'homme (*Tœnia solium*, L.), dont les œufs ou *proglottis* ont été absorbés par le porc et ont acquis chez lui ce degré de développement, qui ne peut être dépassé ailleurs que dans l'organisme humain.

L'autre affection, n'a encore été observée sur une certaine échelle que chez les porcs de l'Allemagne; mais elle a fait néanmoins dans ces derniers temps beaucoup de bruit, à cause des nombreux cas de mortalité produits chez des malheureux qui avaient consommé de la viande crue de porcs malades. C'est la *trichinose*, caractérisée par la présence dans l'épaisseur de certains muscles de *trichines* (*Trichina spiralis*), petits vers filiformes, longs d'une fraction de millimètre, enroulés en spirale et infestant par myriades les individus atteints. Rien ne peut malheureusement déceler la présence de ces vers sur l'animal vivant. Ils n'apparaissent qu'à l'examen microscopique de la viande rosée du porc; et de son vivant ils ne semblent point troubler sa santé.

Nous parlons ici de ces deux affections, parce qu'il est établi que le cochon ne les peut contracter qu'en avalant des excréments humains ou des débris animaux contenant des proglottis de *tœnia* ou des œufs de *trichine*. Il importe d'appeler l'attention des éleveurs et des engraisseurs de porcs sur le fait, afin qu'ils mettent obstacle, autant que cela leur sera possible, à la satisfaction d'un goût qui était déjà un fort grief contre le cochon, et qui lui sera plus justement reproché désormais, au double point de vue économique et humanitaire.

Préparation et emploi des produits. — Ce qui concerne la préparation et l'usage des produits comestibles du porc est du domaine de l'économie domestique, ou de celui de l'industrie commerciale. Cela n'appartient pas à la zootechnie. Nous n'avons donc point à nous en occuper ici. Le porc gras est vendu vivant au charcutier, qui le tue, le dépèce et l'utilise, selon son métier. S'il a été engraissé pour les besoins du ménage, une fois mort, la ménagère s'en empare. Ce qu'elle en fait ne nous regarde plus.

Notre objet était d'enseigner, en le fondant sur des bases scientifiques, l'art de la production des animaux domestiques ; le cadre que nous nous étions tracé étant rempli, la tâche est accomplie ; ce n'est pas à l'auteur qu'il appartient de prononcer sur la question de savoir si elle a été conduite à bonne fin.

FIN

TABLE DES MATIÈRES

ESPÈCES OVINES

LIVRE PREMIER

Mouton

CHAPITRE PREMIER

CARACTÈRES SPÉCIFIQUES ET ORIGINES

CHAPITRE II

FONCTIONS ÉCONOMIQUES ET TYPES DE CONFORMATION

1. Fonctions économiques

2. Types de conformation

CHAPITRE III

DES RACES DE MOUTONS ET DE L'AMÉLIORATION DE LEURS PRODUITS

1. Races à laine longue

2. Races à laine courte

CHAPITRE IV

APPLICATION DES MÉTHODES ZOOTECHNIQUES AUX RACES OVINES

CHAPITRE V

DE LA CONDUITE DES TROUPEAUX DE MOUTONS

CHAPITRE VI

DE L'ENGRAISSEMENT DANS L'ESPÈCE DU MOUTON

LIVRE II

Chèvre

CHAPITRE PREMIER

CARACTÈRES SPÉCIFIQUES ET ORIGINES

CHAPITRE II

FONCTIONS ÉCONOMIQUES ET TYPES DE CONFORMATION

1. Fonctions économiques

2. Types de conformation

CHAPITRE III

DES RACES CAPRINES ET DE L'AMÉLIORATION DE LEURS PRODUITS

ESPÈCES PORCINES

LIVRE UNIQUE

Porc

CHAPITRE PREMIER

CARACTÈRES SPÉCIFIQUES ET ORIGINES

CHAPITRE II

FONCTIONS ÉCONOMIQUES ET TYPES DE CONFORMATION

1. Fonctions économiques

2. Types de conformation

CHAPITRE III

DES RACES PORCINES ET DE L'AMÉLIORATION DE LEURS PRODUITS

CHAPITRE IV

APPLICATION DES MÉTHODES ZOOTECHNIQUES AUX RACES PORCINES

CHAPITRE V

DE L'ENGRAISSEMENT DANS L'ESPÈCE PORCINE

FIN DE LA TABLE DES MATIÈRES

MONTEREAU. — IMPRIMERIE ZANOTE.

www.ingramcontent.com/pod-product-compliance
Lightning Source LLC
LaVergne TN
LVHW011938220826
846092LV00001B/29

* 9 7 8 2 3 2 9 3 2 8 1 7 1 *